W0255504

Rolf Grützner
(Hrsg.)

Modellierung und Simulation im Umweltbereich

Fortschritte in der Simulationstechnik
im Auftrag der Arbeitsgemeinschaft Simulation (ASIM)
herausgegeben von G. Kampe und D. Möller

Band 1 F. Breitenecker, I. Troch, P. Kopacek (Hrsg.)
Simulationstechnik
6. Symposium in Wien, September 1990

Band 2 F. Breitenecker, H. Ecker, I. Bausch-Gall
Simulation mit ACSL

Band 3 Dj. Tavangarian
Simulation und Entwurf elektronischer Schaltungen

Band 4 Dj. Tavangarian (Hrsg.)
Simulationstechnik
7. Symposium in Hagen, September 1991

Band 5 O. Rathjen
Digitale Echtzeitsimulation

Band 6 A. Sydow (Hrsg.)
Simulationstechnik
8. Symposium in Berlin, September 1993

Band 7 A. Kuhn, A. Reinhardt, H.-P. Wiendahl (Hrsg.)
Simulationsanwendungen in Produktion und Logistik

Band 8 J. Biethahn, J, Hummeltenberg, B. Schmidt, Th. Witte (Hrsg.)
Simulation als betriebliche Entscheidungshilfe

Band 9 G. Kampe, M. Zeitz (Hrsg.)
Simulationstechnik
9. Symposium in Stuttgart, Oktober 1994

W. Krug (Hrsg.)
Simulationstechnik
10. Symposium in Dresden, September 1996

Rolf Grützner (Hrsg.)
Modellierung und Simulation im Umweltbereich

Rolf Grützner
(Hrsg.)

Modellierung und Simulation im Umweltbereich

Mit 119 Abbildungen

Herausgeber der Reihe im Auftrag der Arbeitsgemeinschaft Simulation (ASIM):
Prof. Dr.-Ing. G. Kampe, Esslingen
Prof. Dr. D. Möller, Clausthal

Ursprünglich erschienen bei Friedr. Vieweg & Sohn Verlagsgesellschaft mbH, Braunschweig/Wiesbaden 1997
Softcover reprint of the hardcover 1st edition 1997
Der Verlag Vieweg ist ein Unternehmen der Bertelsmann Fachinformation GmbH.

http://www.vieweg.de

ISSN 0945-6465

ISBN 978-3-322-90907-7 ISBN 978-3-322-90906-0 (eBook)
DOI 10.1007/978-3-322-90906-0

Vorwort des Herausgebers

Der Umwelt wird heute verstärkt Aufmerksamkeit geschenkt. Das liegt darin begründet, daß man ihre Endlichkeit, ihre Verletzlichkeit aber auch ihre Bedeutung für das menschliche Leben erkannt hat. Bedingt durch die immer stärker werdenden Einwirkungen auf die Umwelt treten Veränderungen ein, die ihrerseits wieder auf das menschliche Sein zurückwirken können. Trotz großer Aufwendungen ist es dann oft nicht möglich, diese Umweltveränderungen wieder rückgängig zu machen. Sollte es möglich sein, dann handelt es sich meistens um einen sehr langen und aufwendigen Prozeß.

Die Einwirkungen ergeben sich aus den menschlichen Aktivitäten. Dazu gehören vor allem:

- die Nutzung nicht regenerierbarer natürlicher Ressourcen (z.B. Erdöl, Kohle, Wasser) und
- die Einwirkung auf Umweltprozesse durch anthropogene Aktivitäten (z.B. auf Ökosysteme durch Produktion, Konsumption, Bauten).

Zur Realisierung und Bewahrung angemessener Lebensbedingungen auf dem Planeten Erde müssen die menschlichen Aktivitäten jedoch so gestaltet werden, daß auch die nachfolgenden Generationen menschenwürdige Lebensbedingungen vorfinden. Wir sprechen in diesem Zusammenhang davon, daß sich die durch den Menschen bedingten umweltrelevanten Prozesse nachhaltig entwickeln müssen. Zur Gewinnung von Einsichten in die Dynamik der Umweltprozesse, zur Ermittlung der Umweltveränderungen und -schädigungen durch anthropogene Aktivitäten und zur Abschätzung der Wirksamkeit von Umweltschutzmaßnahmen spielen Modellbildung und Simulation eine wichtige Rolle. Die Modellbildung und Simulation im Umweltbereich entwickelte sich deshalb in den letzten Jahren immer stärker zu einem eigenen Fachgebiet, in dem systemtheoretische Ansätze, Methoden der Modellbildung und Simulation, moderne Werkzeuge und Konzepte der Informatik – speziell der Umweltinformatik – und das Fachwissen der betroffenen Fachgebiete (z.B Ökologie, Geologie, Bodenkunde, Meteorologie, Ingenieurwissenschaften, Gesellschaftswissenschaften und vieler weiterer) im Mittelpunkt stehen.

Insbesondere hat die Umweltinformatik in diesem interdisziplinären Rahmen eine integrative Funktion. Sie ist nicht Hilfswissenschaft, die anderen Fachgebieten ausschließlich Werkzeuge bereitstellt, sondern sie liefert systemanalytisch begründete methodische Grundlagen, um die notwendigen Forschungs-, Entwicklungs- und Lehraufgaben im Umweltbereich zu realisieren.

Bedingt durch die Komplexität der Systeme und die häufig noch fehlenden, geringen oder unscharfen Systemkenntnisse sind spezielle Modellierungskonzepte notwendig. Dazu gehören u.a. Fuzzy-Systeme, neuronale Netze, regelbasierte Systembeschreibungen und Expertensysteme, qualitative Simulation – d.h. Methoden der modernen Informatik.

Es muß jedoch betont werden, daß durch solche Methoden das fehlende Wissen über die zugrunde liegenden Systeme nicht ersetzt werden kann.

Zur Veringerung dieser Wissenslücken stehen theoretische und experimentelle Forschungen gleichberechtigt gegenüber. Da jedoch aktive Experimente mit den Umweltsystemen meist nur eingeschränkt möglich oder sogar unmöglich sind, spielen die mathematische Modellierung und die Simulation eine bedeutende Rolle. Das verlangt die Verfügbarkeit von Methoden zur Analyse, zur objektiven Bearbeitung von Analyseergebnissen sowie zur Trendeinschätzung und Vorhersage von Umweltveränderungen.

Der vorliegende Band der Reihe »Fortschritte in der Simulationstechnik« enthält ausgewählte Beiträge, um den Entwicklungsstand auf dem Gebiet der Modellbildung und Simulation im Umweltbereich vorzustellen. Die Beiträge fassen wesentliche Ergebnisse von Workshops zusammen. Dabei handelt es sich um die Workshops: »Treffen des AK5: Werkzeuge für die Simulation und Modellbildung in Umweltanwendungen«, durchgeführt von der gleichnamigen Fachgruppe der Arbeitsgemeinschaft Simulation – ASIM – und des Fachausschusses »Informatik im Umweltschutz« der Gesellschaft für Informatik. Seit 1992 wurden sieben Workshops durchgeführt, deren Ergebnisse jeweils in den »Wissenschaftlichen Berichten« des Forschungszentrums Karlsruhe publiziert wurden.

Im vorliegenden Band wird einerseits der Versuch unternommen, für wesentliche Schwerpunktgebiete den Stand sowie die Probleme vorzustellen und andererseits über bedeutsame Konzepte und Methoden zu berichten. Die Orientierung liegt vor allem auf der Vermittlung eines Überblickes über Zusammenhänge, Fragestellungen, methodische Konzepte und Werkzeuge, um den Leser die Möglichkeit zu geben, eigene Fragestellungen wiederzufinden und – ich hoffe – sogar einen möglichen Lösungsansatz auswählen zu können. Konkrete Modelle, Algorithmen und Softwarewerkzeuge werden in der Regel nicht im Detail vorgestellt, dafür sind ausreichend Literaturverweise vorhanden. Augenmerk wurde auch auf die Auswahl der Beiträge gelegt, um die notwendige Interdisziplinarität in der Arbeitsweise deutlich zu machen.

Der Band beginnt mit einem Übersichtskapitel. Im Beitrag von *R.Grützner* (Kapitel 1) werden Begriffe und Definitionen, die Einsatzgebiete der Modellbildung und Simulation im Umweltbereich, Methoden und Werkzeuge sowie Probleme und Entwicklungstendenzen vorgestellt. Ihm folgen zunächst eine Reihe von Beiträgen, die Methoden und Konzepte für die Modellierung, Analyse und Entscheidungsfindung im Umweltbereich vorstellen. Im Kapitel 2 von *H.B.Keller* werden regelbasierte Expertensysteme, Fuzzy-Systeme zur unscharfen Informationsverarbeitung, evolutionäre Algorithmen zur Optimierung sowie maschinelle Lernverfahren vorgestellt und ihre Anwendung an ausgewählten Beispielen gezeigt. Im Kapitel 3 geben *J.Gebhard* und *R.Kruse* einen Einblick in den semantischen Hintergrund possibilistischer Netze im Vergleich zu probabilistischen Netzen. Possibilistische Netze bilden einen Ansatz, um bei Tolerierung approximativer Schlußfolgerungsmechanismen neben Unsicherheit auch Nichtpräzision zu modellieren.

Die Grundlagen neuronaler Netze, ihre Anwendung sowie zugehörige Simulationswerkzeuge bilden den Schwerpunkt des Kapitels 4 von *H.B.Keller*. Die Anwendungen konzentrieren sich auf die Steuerung technischer Prozesse mit Umweltwirkung.

Die Modellierung der Stoffflüsse in Produktionssystemen zur Erfassung und Verringerung schädlicher Emissionen nehmen in der Umweltsimulation einen wachsenden Raum ein. *A.Tuma* u.a. zeigen im Kapitel 5, wie Fuzzy-Petri-Netze – eine modifizierte Form der Platz-Transitions-Netze – zur Bilanzierung von Stoff- und Energieströmen einsetzbar sind. Fuzzy-Petri-Netze werden definiert und exemplarisch an einem Produktionssystem aus der Textilindustrie erprobt.

In der klassischen kontinuierlichen Simulation werden für die Modellgleichungen die Parameterwerte benötigt. Liegen diese nicht vor oder sind sie nur näherungsweise bekannt - Größenordnung, Vorzeichen - dann kann der Einsatz der qualitativen Simulation helfen. *R.Hohmann* und *E.Möbus* stellen im Kapitel 6 die qualitative Simulation und ihre Anwendung auf Ökosysteme vor. Die qualitative Simulation ermittelt die ganze Lösungsvielfalt der betrachten Systeme.

In den Kapiteln 7 bis 10 werden Anwendungen in ausgewählten Umweltbereichen vorgestellt. *L.M.Hilty* zeigt in Kapitel 7 eine Anwendung auf Verkehrssysteme und die Nutzung eines objektorientierten Modellbanksystems, basierend auf den Arbeiten im Forschungsprojekt MOBILE. Im Kapitel 8 vergleichen *B.Page* u.a. die Eignung unterschiedlicher Softwarewerkzeuge (E4CHEM, STELLA, EXTEND) zur Modellierung und Berechnung der Ausbreitung von Chemikalien im Boden. Vor- und Nachteile der Werkzeuge werden an einem Beispiel diskutiert.

Die Anwendung der Modellbildung und Simulation auf den Bereich der Regionalplanung (ländlich - touristischer Bereich) beschreibt *N.Grebe* im Kapitel 10. Es wird das auf dem Simulationssystem SIMPLEX (Universität Passau) aufbauende Werkzeug REGIOPLAN[1] an Hand ausgewählter Beispiele vorgestellt. Dabei werden die Zusammenhänge zwischen Wirtschaft, Finanzen, Tourismus, Bevölkerung und Umwelt analysiert. Diesem Kapitel folgt eine Darstellung der Entwicklung und Nutzung komplexer Simulationsmodelle für die Raumentwicklung am Beispiel des Landes »Sachsen« durch *N.X.Thinh* im Kapitel 10. Er führt das Konzept der »integrativen Systemanalyse« ein.

Als klassische Modelle im Umweltbereich gelten die Ausbreitungsmodelle. Im Zusammenhang mit dem DYMOS Modell System berichten *A.Sydow* u.a. im Kapitel 11 über neuere Ansätze und Anwendungen auf diesem Teilgebiet. DYMOS dient als Grundlage für Vorhersagen und operative Entscheidungen bei Luftverschmutzungen, speziell bei Sommersmog. Anwendungen im Raum Berlin und München runden die Darstellung.

In der Mehrzahl der existierenden Modelle ist eine umfangreiche Ansammlung von Wissen enthalten. Zu seiner Bewahrung und zur vollständigen Dokumentation von ökologischen Basismodellen wurde das Dokumentationssystem ECOBAS entwickelt. Über Aufbau, Funktion und Nutzung berichten *J.Benz* und *R.Hoch* im Kapitel 12.

Die letzten Kapitel 13 bis 16 beschäftigen sich mit der Anwendung von Fuzzy-Systemen zur Modellierung im Umweltbereich. Im Kapitel 13 werden durch *G.Lutze* und *R.Wieland* für die Analyse und Bewertung von Landschaftsnutzungs- und Naturschutzstrategien notwendige Instrumentarien vorgestellt und an zwei Beispielen der Habitatsmodellierung mit Neuro-Fuzzy-Technologien beschrieben. Die Auswirkungen von Landschaftsveränderungen auf Tierpopulationen werden damit adäquat modelliert.

P.W.Gräber gibt im Kapitel 14 einen Überblick über Ansätze und Methoden für die Modellierung und Simulation wesentlicher Prozesse im Grundwasserbereich. Die Anforderungen an Softwarewerkzeuge werden anhand eines ausgewählten Systems diskutiert.

Den Fragen der Verbesserung der Aussageschärfe der Wahrscheinlichkeitsverteilung bei Monte Carlo Simulation und der Zugehörigkeitsfunktion bei Fuzzy-Ansätzen widmet sich *W.Paul* im Kapitel 15. Eine Verbesserung wird durch Korrelation und Regeln erreicht.

Im Kapitel 16 stellen *D.F.P.Möller* u.a. den Einsatz von neuronalen Netzen und Fuzzy-Klassifikatoren zur umweltgerechten Steuerung eines Kohlekraftwerkes vor. Aus kleinsten Veränderungen der Systemparameter werden frühzeitig die aus ihnen folgenden Zustandsänderungen erkannt und gegensteuernde Maßnahmen vorgenommen.

Es wird erwartet, daß mit dem vorliegenden Band ein Beitrag zur Dokumentation des wissenschaftlichen und anwendungsorientierten Standes der Modellbildung und Simulation in einigen wesentlichen Teilgebieten des Umweltbereiches geleistet werden konnte. Bedingt durch den verfügbaren Platz mußte eine Auswahl erfolgen. So fehlen solche wichtigen Teilgebiete wie z.B. Kopplung von Geoinformations- und Simulationssystemen, sozio-ökologische Systeme, ökologisch-ökonomische Systeme sowie Global- und Klimamodelle.

Für Anregungen, Vorschläge und Verbesserungen der vorgestellten Konzepte, Methoden und Werkzeuge sind Herausgeber und Autoren dankbar. Das betrifft auch eventuell noch vorhandene Druckfehler.

Allen Autoren sei an dieser Stelle gedankt für die Anfertigung ihres Beitrages. Dank sei auch dem Verlag für die qualitativ anspruchsvolle Gestaltung des Bandes gesagt.

Insbesondere möchte ich aber meiner Mitarbeiterin Frau Dipl.Ing. Nadja Schlungbaum für ihren hohen Einsatz bei der technischen Aufbereitung, Formatierung und Durchsicht der Manuskripte danken. Ohne ihre umsichtige Hilfe wäre ein Erscheinen kaum denkbar gewesen.

Rostock, im Sommer 1997 Rolf Grützner

Inhaltsverzeichnis

Vorwort des Herausgebers V

1 *R. Grützner*
Stand, Probleme und Aufgaben der Umweltsimulation 1

2 *H.B. Keller*
Moderne Informatikmethoden für die Umwelttechnik 33

3. *J. Gebhardt; R. Kruse*
Possibilistische graphische Modelle 55

4 *H.B. Keller; B. Müller*
Anwendungen neuronaler Netze im Umweltbereich 71

5 *A. Tuma; G. Siestrup; H.D. Haasis*
Stoffstrommanagement auf der Basis von Fuzzy-Petri-Netzen 87

6 *R. Hohmann; E. Möbus*
Qualitative Simulation von Ökosystemen 103

7 *L.M. Hilty*
Umweltorientierte Verkehrsmodellierung und ihre Unterstützung
durch ein objektorientiertes Modellbanksystem 121

8 *B. Page; W. Kreutzer; V. Wohlgemuth; R. Brüggemann*
Ein Anwendungsvergleich ausgewählter graphischer Modellierungs-
werkzeuge in der Expositionsanalyse von Chemikalien in der Umwelt 147

9 *N. Grebe*
Das Modell REGIOPLAN+ und seine Anwendungsmöglichkeiten 173

10 *Nguyen Xuan Thinh*
Entwicklung komplexer Simulationsmodelle
ökologische Raumentwicklung 189

11 *A. Sydow; T. Lux; P. Mieth; M. Schmidt; S. Unger*
The DYMOS Model System for the Analysis and Simulation of Regional Air Pollution 209

12 *J. Benz; R. Hoch*
ECOBAS - Ein Modelldokumentationssystem 221

13 *G. Lutze; R. Wieland*
Fuzzy in der Landschaftsforschung und -modellierung 233

14 *P.W. Gräber*
Modellierung und Simulation von Grundwasserprozessen 249

15 *W. Paul*
Monte Carlo und Fuzzy Methoden zur Behandlung von Modellunsicherheiten 265

16 *D.P.F. Möller; M. Reuter; A. Berger; C. Zemke; J. Jungblut*
Neuro-Fuzzy-Systeme und deren Anwendung in der Umwelttechnik 281

Autorenverzeichnis 303

1

Stand, Probleme und Aufgaben der Umweltsimulation

Rolf Grützner

Zusammenfassung

Zur Verbesserung des Umweltzustandes und zur Gewährleistung einer nachhaltigen wirtschaftlichen Entwicklung sind innovative Ansätze und Methoden erforderlich. Die Modellbildung und Simulation im Umweltbereich gehören dazu. Umweltmodellierung und -simulation umfassen die klassischen Gebiete: Schadstoffausbreitung in den wesentlichen Umweltmedien Luft, Wasser und Boden, wasserwirtschaftliche Systeme, Analyse und Steuerung umweltrelevanter technischer Prozesse und Ökosysteme. Diese Gebiete werden zunehmend durch integrierte Systemmodelle ergänzt. Das sind Modelle, in denen u.a. ausgewählte Problemstellungen aus den klassischen Bereichen miteinander verknüpft werden, z.B. die Schadstoffausbreitung und die Wirkung der verteilten Substanzen auf Ökosystemkomponenten oder die Verknüpfung von ökologischen und ökonomischen Systemmodellen. Die Untersuchung dieser Prozesse in Verbindung mit soziologischen Fragestellungen stellt eine Herausforderung der modernen Systemtheorie sowie der Modellierung und Simulation dar.

Der Stand auf den unterschiedlichen Gebieten, methodische Ansätze und auftretende Probleme werden untersucht. Dazu gehören die wesentlichen Werkzeuge - die Simulationssysteme. Ihre Kopplung mit den im Umweltbereich sehr komplexen Datenspeichern, den Geo- und Umweltinformationssystemen, und deren Handhabung sind aktuelle Fragestellungen. Eine Zusammenstellung der wichtigsten Literatur rundet die Darlegungen ab.

1.1 Einleitung

Der Zustand der Umwelt verändert sich durch menschliche Einwirkung bedrohlich. Um die Umwelt in ihrer Vielfalt und Funktion so zu bewahren, daß menschliches Leben nachhaltig gesichert ist, sind innovative wissenschaftliche Methoden notwendig. Dazu gehören die Modellbildung und Simulation. Die Bedeutung von Modellen ergibt sich daraus, daß es nur selten möglich ist, die immense Komplexität der Umweltsysteme und die Folgen der anthropogenen Einwirkungen ohne den Einsatz von rechnergestützten Modellen zu verstehen.

Unter Umwelt sei die auf den Menschen - als Bestandteil der Biosphäre - bezogene Umgebung verstanden. Sie besteht aus der natürlichen und der künstlichen Umwelt. Die künstliche Umwelt enthält die von den Menschen geschaffenen Systeme und Produkte, d.h. Produktionsprozesse, Maschinen und Anlagen, Städte, Bauten, Verkehrswege und Verkehrssysteme, Werkstoffe sowie andere Objekte. Sie verursacht eine Belastung der natürlichen Umwelt - die Umweltbelastung. Die natürliche Umwelt umfaßt die Biosphäre, Klimasphäre, Hydrosphäre und die Lithosphäre mit dem belebten Teil der Pedosphäre, s. Bild 1. Alle Systeme der natürlichen und der künstlichen Umwelt sowie die menschliche Gesellschaft stehen in enger Wechselwirkung.

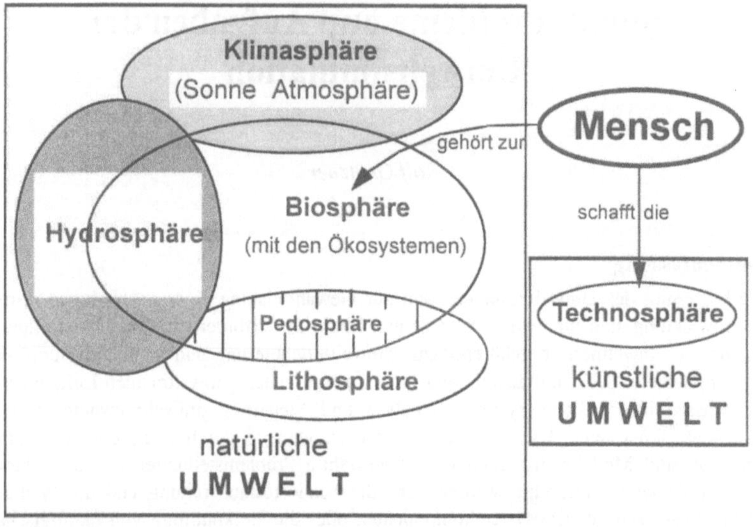

Bild 1 Umwelt als Umgebung des Menschen

Die Modellbildung und Simulation von Umweltsystemen ist ein methodischer Ansatz, der in das Gebiet der Umweltinformatik eingeordnet wird. Dabei muß auf das ganze theoretisch-methodische Spektrum der Informatik, insbesondere auf den Bereich Systemanalyse und seinen systemtheoretischen Hintergrund zurückgegriffen werden. Es existieren zwei unterschiedliche Einsatzgebiete der Modellbildung und Simulation:

- die Erforschung von Umweltsystemen, d.h. der Kausalrelationen und Verhaltensgesetze.
- die praktische Anwendung von Modellen zur Untersuchung von anthropogenen Einwirkungen auf die Umwelt.

Bei der praktischen Anwendung stehen die Ermittlung und die Vorhersage von Auswirkungen, die durch menschliche Aktivitäten verursacht werden, im Vordergrund. Solche Fragestellungen ergeben sich bei der Bewertung von Entscheidungen und Planungen bezüglich ihrer Umweltwirkung, z.B. bei der Projektierung von Umweltschutzmaßnahmen, der Errichtung von Bauwerken, der Gestaltung von technischen Prozessen, der Einführung neuer Technologien, Werkstoffe, Substanzen und Produkte. Auch sind Planungen im Bereich der Stadt-, Regional- und Landesentwicklung zur Bestimmung der Umweltbeeinflussung heute ohne Simulation nicht mehr vorstellbar, [32], [36], [75]. Zunehmend haben anthropogene Aktivitäten neben den lokalen auch globale Auswirkungen auf die ganze Erde (z.B. Klima, Ozon, Schadstofftransport).

Dem systemtheoretischen Ansatz kommt eine steigende Bedeutung zu. Das beruht auf der Erkenntnis, daß die Menschen mit ihren technischen Systemen eng mit der natürlichen Umwelt und ihren Komponenten verbunden sind. Die Untersuchung solcher Vernetzungen erfordert systemorientiertes Denken, da der reine Ursache-Wirkung-Ansatz, von Ausnahmen abgesehen, nicht mehr erfolgreich ist. Eine signifikante Eigenschaft des Systems Mensch-Technik-Umwelt sind die Rückkopplungen zwischen den Komponenten. Anthropogene Einwirkungen bleiben selten auf ihre direkten Wirkungen auf die Komponenten der natürlichen Umwelt beschränkt, sondern sie wirken verstärkt oder abgeschwächt und vielfach stark verzögert über komplexe Wirkmechanismen auf den Menschen zurück.

Bedauerlicherweise hat sich die Umweltinformatik bisher weniger auf die systemtheoretischen Aspekte konzentriert, als darauf, Daten zu sammeln, zu speichern, auszuwerten und darzustellen. Das war und ist eine Zustandserfassung, d.h. die Umweltinformatik ist durch den »Museumsansatz« (d.h. Beobachten, Beschreiben, Einordnen, Darstellen) gekennzeichnet, [13].

1.2 Modellbildung und Simulation im Umweltbereich

1.2.1 Eigenschaften von Umweltsystemen und Modellen

Die Modellbildung und Simulation im Umweltbereich ist eine interdisziplinäre Aufgabe unterschiedlichster Fachgebiete: Biologie, Ökologie, Medizin, Chemie, Physik, Meteorologie, Mathematik, Informatik, Ingenieurwissenschaften, Soziologie, Umwelttechnologie, Umwelt- und Naturschutz sowie Jura. Allein daraus ergeben sich viele Probleme. Aber das Grundproblem resultiert aus vorhandenen Wissenslücken über die Gestaltungsprinzipien, die Strukturen und Dynamik der nichtlinearen Umweltsysteme. Hinzu kommen (s.a. [34]):

- die hohe Komplexität und ungenaue Information über Wirkbeziehungen in den Systemen;
- die Natur besteht aus selbstorganisierenden adaptiven Systemkomponenten, deren Strategien unvollständig erforscht sind ([91], [92]);
- ungenau vorliegende Systemdaten und schlecht definierte Systemkomponenten (ill-defined);
- große Datenmengen mit räumlicher oder räumlich-zeitlicher Abhängigkeit;
- die realen Systeme können meist nur in Feldstudien beobachtet werden, kontrollierte Experimente sind häufig nicht möglich;
- die Reaktionszeiten in der Natur sind oft lang (Jahre, Jahrzehnte), im Gegensatz dazu haben andere Systemkomponenten sehr kurze Reaktionszeiten – steife Systeme;
- synergetische und antagonistische Effekte treten auf.

Die Modelle sind Approximationen der realen Systeme und ständig besteht die Notwendigkeit zur Verbesserung ihrer Genauigkeit. Eine wichtige Forderung für die Bewertung von Maßnahmen im Umweltschutz ist, daß die Modelle sowohl das vergangene als auch das zukünftige Verhalten adäquat beschreiben.

Um das zu erreichen, müssen die Modelle das Verhalten der realen Systeme angemessen abbilden. Das verlangt eine genügend feine Strukturmodellierung. Dem stehen jedoch verschiedene Fakten entgegen:

- das fehlende Wissen über die Interaktionen der Zustandsgrößen.
- eine ungenügend genaue Auflösung der räumlichen Variabilität oder der biologischen Diversität.
- ein ungenügendes Auflösungsvermögen und zu geringe Genauigkeit der benutzten Meßgeräte bei Systembeobachtungen, so daß gewisse dominante Verhaltensweisen nicht identifiziert werden können. Dadurch kann u.a. die oben beklagte Lücke im Systemwissen durch Messungen nicht geschlossen werden.

Es existieren somit immer Attribute des Systems, die sein Verhalten bestimmen aber unterhalb der Auflösungsgenauigkeit des Modells liegen. Ihr Einfluß ist gegenwärtig (ungewollt) in die Modellparameter einbezogen. Die Situation wird in Bild 2 prinzipiell erläutert. Es werde dabei vorausgesetzt, daß in a) das »korrekte System« mit allen Relationen zwischen den Systemgrößen und in b) das real mögliche Modell dieses Systems dargestellt ist. Das Modell in b) besitzt eine eingeschränkte Struktur und Funktionalität gegenüber dem korrekten System, es entspricht aber dem aktuellen Stand der Wissenschaft und der Meßgerätetechnik.

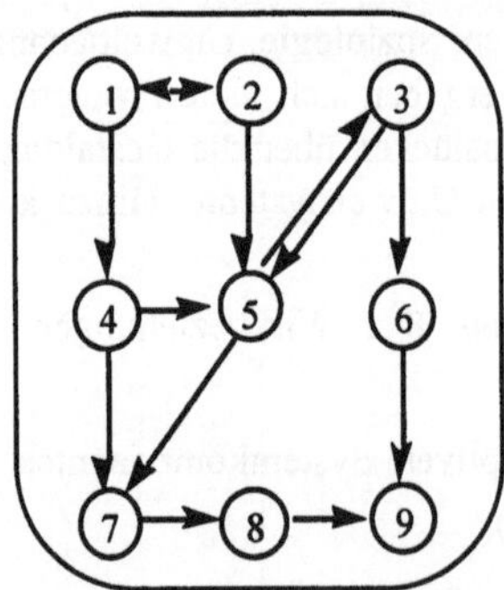

a) strukturadäquates Modell

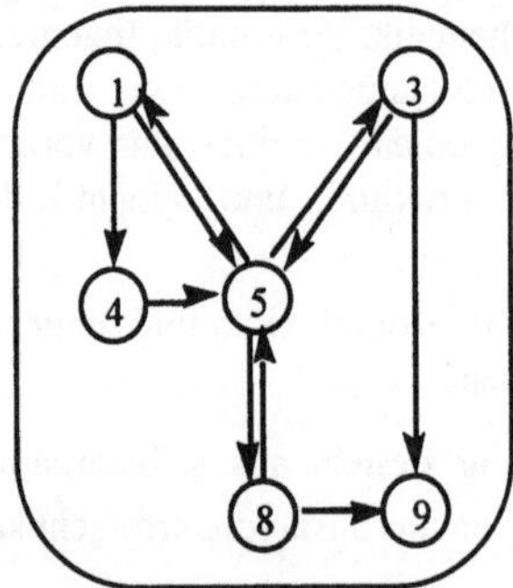

b) reale Modellstruktur auf Basis des Systemwissens und der vorhandenen Meßgenauigkeit

Bild 2 Modellstrukturen eines Systems

Das sind keine strukturadäquaten Modelle, [22] bezeichnet sie als »ill-defined« Modelle. Abgesehen davon, daß es das Ziel der Forschung ist, b) in a) zu überführen, muß täglich mit ill-defined Modellen gearbeitet werden. Es muß jedoch klar sein, daß sich aus diesem

Sachverhalt einige wesentlichen Fragen ergeben. Das betrifft insbesondere die Vorhersage des Systemverhaltens, z.B.: Wie werden sich zukünftig die Einflüsse solcher Attribute, die selbst einschließlich ihrer Wirkung unbekannt sind, auf das Systemverhalten auswirken? Werden sie gar zu bestimmenden Größen?

Bei der Vorhersage des Verhaltens von einigen Systemen stehen wir deshalb einer Reihe von Problemen gegenüber. Dafür einige Beispiele:

- Wie wird das Verhalten eines Umweltsystems verändert, wenn z.B. völlig neue Substanzen eingebracht werden bzw. Eingriffe erfolgen?
- Wie wird der Zeitpunkte bestimmt, zu dem die Zerstörung des Bodens irreversibel wird?
- Die Bestimmung des Ablaufes der klimatischen Veränderungen. Dafür existieren gegenwärtig nur Modelle mit unzureichend beschriebenen Rückkopplungsschleifen.

Die Probleme werden noch dadurch verschärft, daß Systeme im Umweltbereich (z.B. ökologische und sozio-ökologische Systeme) selbstorganisierend und evolutionär sind. Diese Effekte überlagern sich mit den oben genannten (der ill-defined Eigenschaft).

Gegenwärtig werden alle diese Probleme bei nichtadäquater Struktur über die Parameter abgefangen, [12]. Es ist jedoch auch bekannt, welchen Einfluß die Parameter auf das Modellverhalten besitzen, [15], [38].

Trotz der oben erwähnten Schwierigkeiten gibt es sehr viele einsatzfähige Modelle. Sie sind häufig durch eine Vielzahl von Modellparametern und durch große Gleichungssysteme geprägt. Modelle im Umweltbereich sind zudem raum- oder flächenbezogen, was zusätzlich große Mengen von Ein- und Ausgabedaten bedingt. Ihre Erfassung, Speicherung und besonders ihre Wartung ist ein nicht zu unterschätzendes Problem. Diese Aufgaben sollten außerdem so gelöst werden, daß die Daten, neben der Simulation, auch für andere Aufgaben effektiv nutzbar sind, z.B. bei der Stadtplanung, im Katasterwesen, für die Entwicklung von Bebauungsplänen. Sie gehören in umfassendere informationsverarbeitende Systeme – geographische Informationssysteme, Landschafts- oder Umweltinformationssysteme – in denen die Problemlösungsmethode Simulation zusätzlich zu anderen Methoden zur Datenauswertung verfügbar ist. Aufgrund der Problematik der Datenhaltung kann praxisorientierte Simulation im Umweltschutz heute nicht mehr isoliert von Informationssystemen sinnvoll bestehen, s.a. [34].

Eine geeignete Systemarchitektur für ein Analyse- und Informationssystem im Umweltbereich stellt die Datenspeicherung (z.B. ein Datenbanksystem) in den Mittelpunkt. Um den Speicher mit seinen Verwaltungsfunktionen werden die Methoden zur Analyse und Verarbeitung der Daten entsprechend den vielfältig wechselnden Anforderungen angeordnet. Dabei ist ein effektiver Zugriff der Methoden auf den Datenbestand zu gewährleisten. Metainformationen werden notwendig, sie beziehen sich sowohl auf die Daten (gespeicherte und zu erwartende Resultate der Methodenanwendung) als auch auf die Methoden selbst. Sie beschreiben die Strukturen und Semantik von Daten und Methoden, unabhängig von den konkreten Inhalten, d.h. den Datenwerten. Derartige Systeme sollen als Workbench bezeichnet werden. Ihre Entwicklung steht erst am Anfang.

1.2.2 Anwendungsbereiche der Modellbildung und Simulation

Es lassen sich grundsätzlich zwei Einsatzgebiet mit unterschiedlichen Zielrichtungen erkennen. Eines ist die Erforschung von Umweltsystemen. Hier steht das Aufdecken von Wirkungszusammenhängen im Mittelpunkt. Das andere Gebiet ist die Untersuchung und Abschätzung von anthropogenen Einflüssen und ihren Auswirkungen auf die Umwelt. Beide Gebiete sind durch Forschungsarbeiten und Untersuchungen zur Methoden- und Werkzeugentwicklung für den umfassenden Rechnereinsatz zu ergänzen, s. Bild 3.

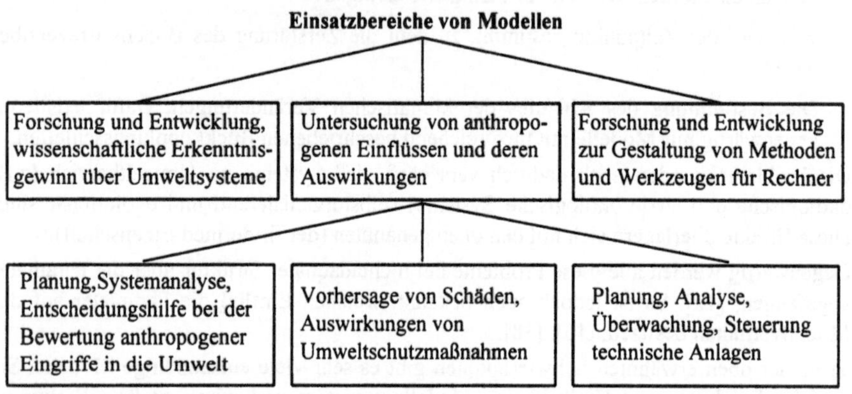

Bild 3 Einsatzbereiche von Modellen

Neben der Vorhersage von Umweltschäden resultieren die zu untersuchenden Problemstellungen häufig aus Planungsaufgaben. Die Ergebnisse von Simulationsstudien dienen als Entscheidungshilfe bei Planungsalternativen. Die Simulation steht dabei neben weiteren typischen Methoden der Entscheidungsunterstützung, die aus der Statistik und dem Gebiet der Operations Research (insbesondere Optimierungsmethoden) stammen. Ein Beispiel für die Anwendung der Simulation im Rahmen lang-, mittel- und kurzfristiger Planungsaufgaben mit Umweltbezug wird in [93] dargestellt. Dabei geht es um die Entwicklung von Szenarien, in denen die Auswirkungen spezieller Investitionsalternativen zur Emissionsminderung von Produktionsanlagen bzw. Waldschutzmaßnahmen abgeschätzt werden sollen. Ein anderes Anwendungsbeispiel gibt [32] an. Die Auswirkungen einer regionalen Gesetzgebung auf die Wirtschaftsentwicklung und den Umweltzustand werden simulativ analysiert.

Auch im globalen Rahmen dient die Simulation zur Untersuchung von Entwicklungen und zur Vorhersage von Fehlentwicklungen auf sozialen, wirtschaftlichen und ökologischen Gebieten. Eine wichtige Plattform für solche Untersuchungen bildet z.B. das System FUGI (offiziell genutzt für Entscheidungsfindungen in UNO-Gremien), das Analysen auf Grundlage der national unabhängigen Ökonomien, des Energieverbrauches, der CO_2-Emission, von Kriegen, Menschenrechtsverletzungen und Umweltschäden durchführt, [76], [77]. Es arbeitet in der Version 7.0 mit ca. 30.000 Gleichungen auf den

Daten von 180 Staaten. Validierte Ergebnisse solcher Rechnungen werden in [109] angegeben.

Umweltmodelle lassen sich neben ihrem Einsatzbereich auch nach anderen Kriterien klassifizieren. Eine gebräuchliche Klassifikation unterscheidet nach der Klasse der Phänomene, die sie nachbilden:

- Modelle zur Nachbildung der räumlichen Ausbreitung von Schadstoffen, Energie und Strahlung in Umweltmedien, ausgehend von einer Emmissionsquelle (Ausbreitungsmodelle);
- Modelle zur Nachbildung und Bewertung von Immissionen (Belastungsmodelle);
- Modelle zur Nachbildung von Wirkungsketten (z.B. Nahrungsbeziehungen) und der Dynamik in Ökosystemen (Ökosystemmodelle);
- Modelle zur Nachbildung von Schadwirkungen auf Lebewesen auf biologisch/medizinischer Ebene (biologisch/medizinische, physiologische, ökotoxikologische Modelle);
- Modelle zur Nachbildung von klimatischen Vorgängen und deren Beeinflussung durch Menschen (Klimamodelle);
- Modelle zur Nachbildung der Nutzung und Belastung von Ressourcen, z.B. Wasser, Boden, Nahrung (wasserwirtschaftliche Modelle, Ressourcenmodelle);
- Modelle zur Nachbildung der Wechselwirkungen zwischen Umwelt, Ökonomie und Gesellschaft (umweltökonomische und sozio-ökonomische Modelle);
- Modelle zur Nachbildung von technischen Prozessen und deren gezielten Beeinflussung zur Minimierung von Ressourcenverbrauch und Emissionen (Prozeßmodelle);
- Modelle für übergreifende Untersuchungen in den genannten Anwendungsgebieten, z.B. Ausbreitungsmodelle in Verbindung mit Ökosystemmodellen zur Nachbildung der Auswirkung von Emissionen auf Ökosysteme (integrierte Umweltmodelle).

Die Unterteilung entsprechend den nachgebildeten Phänomenen kann präzisiert werden, indem die Modelle den Umweltbereichen (s.Bild 1) zugeordnet werden. In Bild 4 sind den Umweltbereichen wesentliche modellierte Phänomene zugeordnet. Die Modelle der künstlichen und natürlichen Umwelt bilden in einer ersten Stufe ausschließlich die Prozesse aus ihrem Bereich ab. In einer zweiten Stufe berücksichtigen sie den Einfluß des jeweils anderen Umweltbereiches. Das erfolgt als Eingabe ohne Rückwirkung. Wir bezeichnen diese zweite Stufe als lose Systemkopplung. In der dritten Stufe erfolgt eine enge Kopplung der natürlichen und künstlichen Umwelt mit Rückkopplung. Wir bezeichnen die Modelle dieser Kategorie auch als integrierte Modelle.

Die Modelle der verschiedensten Phänomene und Umweltbereiche können für globale und lokale Anwendungsbereiche erstellt werden, z.B. Klimamodelle für eine Stadt (lokal) oder für die Erde (global).

natürliche Umwelt	enge Kopplung natürliche - künstliche Umwelt	künstliche Umwelt
	integrierte Modelle beider Umweltbereiche	
• Stoff- und Energiekreislaufmodelle • ökologische Modelle Populationsentwicklungen Wachstumsmodelle Wirkungsketten Modelle von Regulationsprozessen • Wassermodelle (Grund- und Oberflächenwasser) • Bodenmodelle • Klimamodelle • Meteorologische Modelle • Ozonmodelle • Landschaftsmodelle	• ökologisch – ökonomische Modelle • ökologisch-sozioökonomische Modelle • Schadwirkungsmodelle ökotoxikologische Modelle, biologisch/medizinische Modelle, physiologische Modelle • Ressourcenbilanz- und -entwicklungsmodelle • Technikfolgenabschätzung	• ökonomische Modelle Finanzmodelle Ökobilanzierungen • Modelle zur Steuerung technischer Prozesse • Verkehrs-, Logistikmodelle • Schadstoffausbreitungsmodelle • Ressourcenverbrauchs- und Bedarfsmodelle, erneuerbare Energien, nachwachsende Rohstoffe • Produkt-Life-Time-Analyse • sozio-ökonomische Modelle • soziologische Modelle • Raum-, Landschafts–planungs- und -entwicklungsmodelle

Bild 4 Modelle und Umweltbereiche

1.2.2.1 Modelle von Ökosystemen

Anwendungsbereiche

Die Biosphäre stellt das größte und umfassendste Ökosystem der Erde dar. Sie ist der Raum, in dem sich alles Leben abspielt und der die Art und Weise des Lebens - d.i. auch seine Qualität - bestimmt. Ökosystemmodelle nehmen deshalb zwangsläufig eine herausragende Stellung im Umweltschutz ein. Dabei werden heute Modelle genutzt, die

- ökologische Prozesse ohne anthropogene Einwirkungen nachbilden. Das sind mathematische Modelle von Ökosystemen auf den Aggregationsebenen: genetische Prozesse, molekulare Modelle und von der Populationsdynamik bis hin zu Ökosystemen.
- die Belastung durch die Noosphäre zusätzlich erfassen; das betrifft dieselben Aggregationsebenen wie oben.

Durch die Belastung werden die Auswirkungen von Schadstoffen und von Eingriffen in die Natur (z.B. Bauten, Flußregulierungen, Abholzung) repräsentiert. Simulative Untersuchungen beziehen sich vorwiegend auf ausgewählte Teilbereiche:

- molekularbiologische Untersuchungen (das sind u.a. Fragestellungen der Bioinformatik), s. [52], [90],
- Populationsentwicklungen ([70], [6], [96]),

- Wachstumsmodelle,
- Lebensgemeinschaften in Gewässern und auf dem Land, im Boden, im Wald, der Wald selbst ([11], [78]),
- Nahrungsketten und Konkurrenzbeziehungen,
- Stoffkreisläufe (z.B. Stickstoff-Haushalt im Boden, Phosphor-, Schwefelkreisläufe), Stoffflüsse, [26].

Einen Überblick über ökologische Modellbildung geben [41], [54], [75] und [84] mit Orientierung auf simulative Nutzung. Flüsse und Seen gehören zu den am intensivsten untersuchten Ökosystemen. Tab.1 gibt eine Übersicht über die relative Häufigkeit der modellierten Gebiete.

Ökosystem / Anwendungsbereich	**relative Häufigkeit**
Flüsse	0,125
Seen, Teiche, Staubecken	0,125
Mündungsgebiete, Buchten - Estoare	0,125
Küstenbereiche	0,075
offene Meere	0,075
Feuchtegebiete	0,075
Weidegebiete, Grasland	0,100
Wüstengebiete	0,025
Wald	0,100
landwirtschaftlich genutzte Gebiete	0,125
Savannen	0,050
alpine Gebiete oberhalb der Baumgrenze	0,000
arktische Ökosysteme	0,000

Tabelle 1 Anwendungsgebiete von Ökosystemmodellen ohne anthropogen bedingte Störgrößen (nach [54])

Tab.2 gibt eine Übersicht über die relative Häufigkeit der Modellierung von Ökosystemen unter Beachtung der anthropogenen Einflüsse. In diesen Fällen stehen die Ermittlung der Schadwirkung auf die Ökosysteme, die Minimierung der Schäden und die Elastizität der Ökosysteme im Mittelpunkt der Untersuchungen. Elastizität ist die Fähigkeit von Ökosystemen, bestimmte Schadstoffe aufzunehmen, ohne das ökologische Gleichgewichte zu beeinträchtigen.

Anwendungsbereich	**relative Häufigkeit**
Sauerstoffgleichgewicht	0,119
Eutrophierung	0,119
Schwermetallverschmutzung	0,095
Pestizideinwirkung	0,095
Schutz von Nationalparks	0,071
Grundwasserverschmutzung	0,095
CO_2	0,119
sauerer Regen	0,095
globale oder regionale Verteilung der Luftverschmutzung	0,119
Veränderung des Mikroklimas	0,071

Tabelle 2 Anwendungsgebiete von Ökosystemmodellen mit anthropogen bedingten Störgrößen (nach [54])

Es werden grundsätzlich zwei Arten von Schadwirkungen unterschieden:

- eine Schädigung erfolgt erst oberhalb einer Mindestkonzentration (Schwellwert),
- eine permanente Schädigung erfolgt schon ab kleinsten Dosen (linear-Dosis-Beziehung), z.B. karzinogene Stoffe, radioaktive Strahlung.

Die Modellierung von Schadwirkungseinflüssen kann auf drei Ebenen ausgeführt werden. Auf der *molekularen*, der *ökotoxikokinetischen* sowie auf der Ebene der *Populationsdynamik* und *Ökosysteme*. Auf molekularer Ebene wird die Wirkung der Substanzen infolge ihrer Reaktionen mit den Enzymen der Nukleinsäure und anderen Biomolekülen simulativ untersucht. Durch Untersuchungen an unterschiedlichen Spezies wurde festgestellt, daß dabei spezifische Interaktionen ablaufen, wobei auch metabolische Veränderungen beachtet werden müssen, Details s. [89]. Die Methoden der molekularen Modellierung und Molekularchemie nehmen deshalb bei der Bestimmung biologischer Effekte durch Schadwirkungen eine wachsende Bedeutung ein.

Während konzentrationsabhängig die Wirkung von toxischen Substanzen einerseits durch Versuche und der Abbau der Chemikalien andererseits durch Modelle erfaßt werden können, sind dringend Modelle zu entwickeln, die den Zusammenhang zwischen der Substanzkonzentration in der Umwelt und ihren Einfluß auf das biochemische System beschreiben. Für ökotoxikokinetische Simulationsuntersuchungen werden vornehmlich hochaggregierte Kompartimentmodelle eingesetzt: [7], [42], [43].

Die Modelle in der Populationsdynamik spiegeln die Einbindung der Organismen in ein dynamisches System, bestehend aus

- einer anorganischen und organischen Ernährungsbasis,
- den Beziehungen zwischen den Organismen: Räuber-Beute-Konkurrenz,

- Reproduktion und Absterben,
- Migrationsvorgängen

wider. Heute existierende Systeme sind in der Regel noch durch Schadstoffe belastet.

Bei ökologischen Modellen werde zwei Modellierungsansätze unterschieden, der *kompartimentorientierte Ansatz* und der *individuenorientierte Ansatz*. Im ersten Fall werden aus der potentiell unendlichen Vielfalt der physikalischen, chemischen, biotischen und der anderen Objekte eines Raumausschnittes der Noosphäre bestimmte Teilmengen ausgewählt und als Gesamtheit - als Kompartiment - des Systems definiert. Das Charakteristische ist, daß verschiedene Individuen, z.B. die zu einer Population gehörenden Organismen einer Art, zu einer Gesamtheit zusammengefaßt werden. Es wird von Individuen abstrahiert und das Kompartiment als Ganzes hinsichtlich quantitativer Veränderungen analysiert. Alle Individuen einer Art besitzen in einem Kompartiment die gleichen Eigenschaften und denselben Zustand zu einem Zeitpunkt. Der Ansatz hat dort seine Stärken, wo sehr viele einander ähnliche Objekte zu modellieren sind. Sie werden dann zu einem Kompartiment zusammengefaßt. Modelle auf der Basis von Lhotka-Volterra-Gleichungen ([6], [17], [85]) gehören dazu. Ein Beispiel sind die Räuber-Beute Modell mit denen beispielsweise die Populationsentwicklung des Kompartimentes „Hasen auf einer Weide“ unter dem Fraßdruck von Füchsen, dem Räuberkompartiment, beschrieben werden kann. Die Grenzen des Ansatzes zeigen sich, wenn die Anzahl der Organismen gering oder die Interaktionen zwischen den Organismen bedeutsam werden. In diesen Fällen wird der zweite, der individuenorientierte Ansatz genutzt, [9], [99].

Der individuenorientierte Ansatz beruht darauf, daß jedes Individuum einer Population in Interaktion mit anderen Individuen (Hunger, Paarung, Verdrängung) modelliert wird. Die Dynamik des Systems wird wesentlich durch Aktionen und den Lebenszyklus zwischen Geburt und Tod geprägt. Der Ansatz erlaubt die simulative Erforschung komplexer Zusammenhänge in Bereichen, die nur schwer einer Formalisierung durch Kompartimentbildung zugänglich sind. Anwendungsbeispiele sind: Ökosysteme mit einer sehr geringen Zahl von Organismen, die Entfaltung räumlicher und zeitlicher Differenzierungen, Habitatsuntersuchungen, Nischenbesiedlung, Überlebensstrategien, informelle Aspekte individuellen Verhaltens: z.B. von Vögeln, Bienenschwärmen, Ameisen ([64], [65], [71], [106]) und die Bewertung des Aussterberisikos bei kleinen Populationen, [103], [105].

Im forstwirtschaftlichen Bereich wird aus einer Reihe von Erkenntnissen vom Rein- zu Mischwaldbeständen übergegangen. Die bisher genutzten Kompartimentmodelle werden durch strukturadäquate Einzelbaummodelle ersetzt (für jeden Baum ein eigenes Modell). Die Modelle der einzelnen Bäume interagieren in der gleichen Weise, wie sich die Baumindividuen im Wald beeinflussen. Moderne forstwirschaftliche Einzelbaummodelle repräsentieren erfolgreich den individuenorientierten Ansatz, [110]. Mit diesem Ansatz kann u.a. die Wirkung von Schadstoffen auf die verschiedenen Baumarten adäquat nachgebildet werden.

Zu bedenken ist, daß die Modellvalidierung ebenso wie die Erzielung statistisch gesicherter Simulationsergebnisse nicht anhand eines einzigen Simulationsläufes möglich ist, hierzu sind Simulationsexperimente mit einer Vielzahl von Simulationsläufen notwendig.

Fragen der Validierung und der Sensivitätsanalyse individuenorientierter Modelle sind Gegenstand von Forschungen.

Modellbeschreibung und Simulationsmethoden

Abhängig von der Modellbeschreibung ergeben sich verschiedene Methoden für die Simulation. Die klassische Form der Modellbeschreibung von ökologischen Systemen im Umweltschutz sind immer noch Differenzengleichungssysteme und Differentialgleichungssysteme (Systeme von gewöhnlichen Differentialgleichungen). Letztere sind auch unter dem Begriff „System Dynamics" bekannt. Beide Formen sind für die Kompartimentmodellierung sehr gut geeignet.

Werden räumliche Effekte einbezogen, dann ist der Übergang zu partiellen Differentialgleichungen notwendig, z.B. räumlich verteilte Populationsentwicklungen, die Wirkung von Baumaßnahmen auf Lebensgemeinschaften.

Störungen durch Ökofaktoren können in beiden Fällen durch zusätzliche Terme in den Gleichungen nachgebildet werden. Differentialgleichungsbasierte Modelle besitzen folgende Grundstruktur:

$$\dot{\boldsymbol{q}}(t) = f(\boldsymbol{q},\boldsymbol{s},\alpha,t) + \xi(t) \quad \text{Zustandsgleichungen}$$

$$\boldsymbol{r}(t) = g(\boldsymbol{q},\alpha,t) + \eta(t) \quad \text{Ausgabefunktionen}$$

mit:

- $\boldsymbol{q}$: Zustandsvektor (z.B. Schadstoffkonzentration in einem Raum)
- $\boldsymbol{s}$: Eingabevektor (meßbare Größen)
- α: Parametervektor (z.B. Wachstumsraten, Ausbreitungskoeffizienten)
- t: Zeit
- ξ: nicht meßbare Störungen (Systemrauschen, z.B. durch eine stochastische Funktion beschreibbar)
- η: Vektor von Fehlern der Ausgabefunktion (Rauschen der Systemausgabewerte)
- $\boldsymbol{r}$: Ausgabevektor
- f, g: nichtlineare Funktionen

Räumliche Effekte können ebenso durch zellulare Automaten beschrieben werden, [107]. Dabei wird ein Raumgitter in den Untersuchungsraum eingeführt, und jeder Gitterpunkt agiert mit einer definierten Umgebung (d.s. andere Gitterpunkte, die durch eine Umgebungsfunktion erreichbar sind). Einem Gitterpunkt werden Zustände zugeordnet, die sich in Abhängigkeit von Zuständen der jeweiligen Umgebungspunkte verändern (Zustandsfunktion). Zellulare Automaten sind geeignet für die Modellierung von Wachstumsprozessen von Organismenkulturen (Bakterien, Viren, Karzinomen), Besiedelungsprozessen und -strukturen, Ausbreitungsprozessen einschließlich der Berücksichtigung von äußeren Einwirkungen auf die Prozesse, z.B. durch Schadstoffe, Strahlen u.a. Von Interesse sind zelluläre Automaten auch zur Berechnung der zeitlichen Entwicklung von Siedlungsräumen in Verbindung mit Geoinformationssystemen, [20].

Wesentlich ist die Tatsache, daß sich einige partielle Differentialgleichungssysteme (z.B. Wärmeleitung, Telegraphengleichung) exakt in eine zelluläre Automatendarstellung transformieren lassen, und daß für zelluläre Automaten zahlreiche Simulationssoftware verfügbar ist.

Werden die den Gitterpunkten fest zugeordneten Funktionalitäten frei beweglich im Raum - also von ihrer Bindung an einen Punkt befreit - so würde nach einer Erweiterung der Funktionalität der Umgebungs- und Zustandsfunktionen ein individuenorientiertes Modell entstehen.

Eine vergleichende Gegenüberstellung der besprochenen Modellbeschreibungsformen stellt [63] vor.

Neue Modellansätze versuchen durch Einführung von optimierenden Komponenten einige der bisherigen Modelldefizite zu überwinden, [54]. Durch Einführung einer Zielfunktion wird versucht, das den äußeren Bedingungen angepaßte optimale Verhalten der biologischen Systeme zu modellieren, d.s. z.B. die Maximierung der Biomasse in einem Gewässer. Ansätze in dieser Richtung entwickeln [92], [91]. Auch gewinnen paretooptimale Steuerungen in Ökosystemmodellen wachsende Bedeutung, [73].

Inzwischen finden auch mehr und mehr moderne Methoden der Informatik ihre Anwendung im Bereich der Simulation, was auch an den Beiträgen dieses Bandes zu ersehen ist. Dazu gehören neuronale Netze, Fuzzy-Ansätze und andere, z.B. [2], [82].

1.2.2.2 Schadstoffausbreitung

Bei zahlreichen Umweltschutzaufgaben ist die Ermittlung der Immissionen, die durch umweltrelevante Emissionen verursacht werden, eine zentrale Aufgabenstellung. Die meisten Umweltprobleme werden durch die Emission von Schadstoffen verursacht, die sich in den Umweltmedien Luft, Wasser und Boden nach unterschiedlichen Gesetzmässigkeiten ausbreiten. Jedoch besitzen auch die Emissionen von Energie (in Form von Abwärme, Lärm, Erschütterungen, Strahlung) und ihre Ausbreitung eine erhebliche Umweltrelevanz.

Zur Untersuchung derartiger Problemstellungen werden Ausbreitungsmodelle geschaffen, die von der Emission ausgehend die räumliche Ausbreitung der Schadstoffe oder der Energie im jeweils betrachteten Medium nachbilden und damit geeignet sind, die resultierenden orts- und zeitabhängigen Immissionen zu prognostizieren. Die betrachteten Schadstoffe können dabei gasförmig, fest, flüssig, chemisch resistent oder aktiv sowie radioaktiv sein.

Bei Ausbreitungsmodellen lassen sich folgende Zielrichtungen unterscheiden (s.a. [81]):

- *Ersatz von Immissionsmeßstellen*: an Stellen, an denen keine Meßstation verfügbar ist, wird die Immission berechnet.
- *Rückschlüsse auf erhöhte/unerlaubte Emissionen*: wenn Meßstationen erhöhte Immissionen registrieren, kann mit Hilfe der Ausbreitungsmodelle auf den Ort der Emission zurückgeschlossen werden.
- *Standortplanung/Genehmigungsverfahren*: auf der Basis der bekannten Immissionssituation werden die Zusatzbelastung durch die zu erwartenden neuen Emissionen berechnet.
- *Katastrophenvorsorge*: Simulation von Störfällen und Berechnung der resultierenden Immissionen sowie Berechnung der aktuellen Belastung bei einem akuten Störfall.

Diese Zielstellungen gelten für Ausbreitungen in allen Umweltmedien. Im folgenden werden die spezifischen Ansätze kurz vorgestellt.

a) *Atmosphärische Schadstoffausbreitung*

Ausbreitungssimulationen im Medium Luft gehören zu den ältesten Berechnungen, die im Umweltbereich durchgeführt werden und bilden das klassische Anwendungsgebiet. Das Basismodell bildet die Advektions-Konvektionsgleichung (eine Anwendung s. z.B. THD-Modell, [61]):

$$\frac{\partial c}{\partial t} = -v\nabla c + \nabla\left[K_x \cdot \frac{\partial c}{\partial x} + K_y \cdot \frac{\partial c}{\partial y} + K_z \cdot \frac{\partial c}{\partial z}\right] - D_w - D_d - C + S$$

mit:

c:	mittlere Stoffkonzentration
t:	Zeit
K_x, K_y, K_z:	Diffusionskoeffizient für die drei Ausbreitungsrichtungen
v:	Windvektor mit den Komponenten u, v, w
D_w:	Ablagerung von trockenen Substanzen (z.B. Staub)
D_d:	Ablagerung durch Feuchtigkeit (z.B. Regenauswaschungen)
C:	Konzentrationsveränderung durch chemische Reaktionen
S:	vorhandene (Basis)konzentration an Schadstoffsubstanzen
∇:	Differential oder Laplace-Operator.

Die Bestimmung des Windfeldes ist eine wesentliche Voraussetzung für die Berechung. Es kann auf Grund meteorologischer Meßdaten, durch Windmodelle oder durch die Anwendung der Strömungsgleichungen (Navier-Stokes-, Kontinuitäts- und Gasgleichungen) unter Beachtung der Orographie der untersuchten Region ermittelt werden, [57].

Zur Bestimmung der Ablagerungen sowie der chemischen Reaktionen kommen in der Regel für D_w, D_d und C hoch komplexe Modellsysteme zum Einsatz, s. z.B. [30], [94], [95].

Die Anwendung der Grundgleichungen erfolgt angepaßt an unterschiedliche Raum- und Zeitbereiche, die sogenannten *Modellscales*. Für beide Bereiche wird nach Mikroscale, Mesoscale und Makroscale unterschieden, s.Bild 5.

	Mikroscale	Mesoscale	Makroscale
Zeitbereich	0 bis ca. 1h	~ 1h bis ca. 1 d	~ 1d bis Jahre
Raumbereich	0 bis 2 km	~ 2 km bis ca. 2000km	~ 2000 km bis global

Bild 5 Modellscales: grobe Einteilung der Einsatzbereiche von Ausbreitungsmodellen im Medium Luft

Dieser Einteilung liegt die Tatsache zugrunde, daß ein Modell z.B. für die Berechnung des großräumigen Schadstofftransportes (global) nicht ohne Änderung für die Analyse einer Industrieanlage und dessen Umfeldes eingesetzt werden kann, da seine Auflösung nicht klein genug ist und bestimmte kurzzeitig ablaufende Prozesse nicht beschreibbar sind (z.B. Konvektion, Thermik). Ein „state of the art Report" über Ausbreitungsmodelle im makroskaligen Bereich wird unter Beachtung der Prozesse, die D_w, D_d und C repräsentieren, durch [30] gegeben.

Eine weitere Unterteilung kann nach der Art des Lösungsansatzes der Advektions - Diffusionsgleichung erfolgen. Eine Klassifikation entsprechend des Lösungsansatzes ist gegeben durch:

- *Modelle mit momentenreduzierter Gleichung*
  Die Schadstoffverteilung in gewissen Ebenen, z.B. y-Richtung, wird als normalverteilt angenommen, das Windfeld ändert sich nur mit der Zeit. Dieser Ansatz reduziert den Rechenaufwand. Ein Anwendungsbeispiel ist z.B. das für Genehmigungsverfahren vorgeschriebene Verfahren TA-Luft, s. [5].
- *Modelle mit Eulerschen Differenzenverfahren* (z.B. [68]).
  Bei großräumigen Gradienten kann Pseudodiffusion in der Größenordnung der physikalischen Diffusionskoeffizienten auftreten.
- *Modelle mit Lagrangscher Advektion.*
  Ein rechenzeitaufwendigerer Ansatz ohne Pseudodiffusion, aber mit möglichen Fehlern im Ankunftszeitpunkt der Schadstoffwolke.
- *Modelle mit Umverteilung der Konzentration* auf benachbarte Gitterpunkte zur Verminderung der Pseudodiffusion. Bei höherer Genauigkeit als bei Eulerschen Modellen ergeben sich aber höhere Rechenzeiten.
- *Teilchen Modelle*
  Die Schadstoffkonzentration wird bestimmt durch Verfolgung von Massepartikeln auf ihrer Trajektorie. Der Rechenzeitaufwand ist hoch. Anwendungen und vergleichende Wertung verschiedener Ansätze s. [97].

Zur Lösung der Gleichungssysteme bei Ausbreitungsrechnungen mit komplexen Randbedingungen wird in der Regel auf Hochleistungsrechner zurückgegriffen.

b) *Schadstoffausbreitung in Wasser*

Wasser tritt auf in der Atmosphäre, auf der Erdoberfläche (Ströme, Seen, Meere), in erdoberflächennahen und -fernen Bodenschichten und als Wasser in der Lithosphäre, s. Bild 6.

Im folgenden wird schwerpunktmäßig die Modellierung und Simulation von Strömungen im Grundwasserbereich betrachtet (Wurzelzone, Vadose Zone, d.i. Wurzelzone und das Aquifer). Strömungen in diesen Komponenten, zwischen ihnen und den umgebenden Komponenten werden als Grundwasserströmungen bezeichnet.

Grundwassermodellierung und -simulation ist eine rechnergestützte Methode zur mathematischen Analyse der Mechanismen und der Steuerung der Grundwassersysteme sowie der Bewertung der aktuellen und künftigen Veränderungen dieser Systeme z.B. durch den Einfluß von Förderbrunnen, von Entwässerungssystemen in Bergwerken, Baugruben, durch die Sanierung von Altlasten und Deponien sowie durch die Verschmutzung des Bodens, der Atmosphäre und von Oberflächengewässern.

Für die überwiegende Mehrheit hydrologischer Prozesse lassen sich folgende Grundaufgaben angeben: Beschreibung von

- physikalischen (Strömung und Stofftransport im Untergrund),
- chemischen (Stoffaustausch und -umsetzung) und
- biologischen Prozessen.

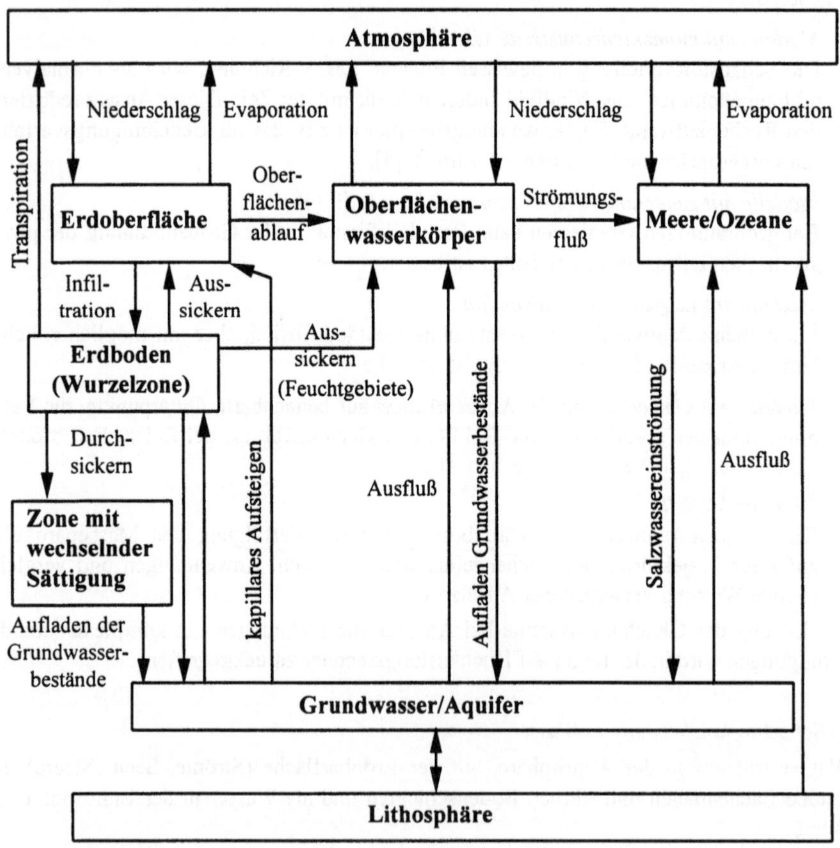

Bild 6 Komponenten des hydrologischen Zykluses und ihre Interaktionen (nach [47])

Analog zu atmosphärischen Ausbreitungsmodellen werden diese Modelle ebenfalls in unterschiedliche Raum- und Zeitbereiche unterteilt. Sie gehen vom Nanometerbereich (molekulare Reaktion) bis zu Kilometern (Schadstoffverteilung) und im Zeitbereich von

Wochen (Regeneinfluß) bis zu Jahrtausenden und mehr (paleohydrologische Studien) zur Untersuchung von Isolationseffekten nichtabbaubarer chemischer Substanzen und Radionukliede. Durch unterschiedliche Zeitskalen in einem Modell können erhebliche numerische Problem auftreten.

Die Grundgleichungen sind die des Energie- und Massenerhaltungsgesetzes sowie des Stoff- und Energietransportes, sie bilden ein System gekoppelter partieller Differentialgleichungen ([29]). Bei der Modellbildung muß für jeden Wasserinhaltsstoff bzw. jede Stoffgruppe (bei nichtmischbaren Stoffprozessen) und für jede Phase des Mehrphasensystems 'Boden' das Gleichungssystem aufgestellt werden. Das Mehrphasensystem 'Boden' spiegelt dabei die unterschiedlichen Bodenarten wider. Zu diesen Grundgleichungen kommen noch die chemischen und biologischen Reaktionsgleichungen hinzu.

Das Gleichungssystem besteht somit aus einer Vielzahl gekoppelter Modellbausteine, wobei die Bausteine spezielle Systemkomponenten repräsentieren. Von [3] und [4] wurde der Prozeß der Modellbildung, -parametrisierung, -validierung und -nutzung teilweise automatisiert. Entsprechend einer Zielbeschreibung - einer Modellhypothese - werden die verschiedenen Modellbausteine so zu einem Modell zusammengefügt, daß die Hypothese erfüllt wird. Dazu wird die Konstruktionsmethode der künstlichen Intelligenz zur Modellkonfiguration genutzt. Die automatisierte Prüfung von Modellhypothesen und Szenariountersuchungen sind mit diesem Ansatz möglich.

Die große Bausteinvielfalt, sowie die sehr große Datenmenge (geologische, hydrologische, chemische und biologische) verlangen mindestens die Kopplung der Simulation mit einem Geoinformationssystem; [48] schlägt sogar den Entwurf einer spezialisierten Grundwassermodellier- und -simulationsworkstation vor. Auf diesem Konzept, erweitert um Bewertungsfunktionen, Oberflächengewässermodelle und die Kopplung mit einem Geoinformationssystem, basiert das mit vielen Modellier-, Simulations- und Visualisierungsmethoden ausgestattete System EIS/GWM, ([19]).

Zur Klassifikation dieser sogenannten „*klassischen*" Grundwassermodelle und ihrer Lösungsansätze sei auf [46] und [47] verwiesen. Sie haben heute einen Stand erreicht, der die Beschreibung einer Vielzahl weiterer Eigenschaften und deren Kombination erlauben. Sie sollen „*neue Modelle*" genannt werden ([47]):

- spezielle Randbedingungen (Evapotranspiration, Strömung ungesättigter Komponenten, raum- und zeitabhängiger Input/Output);
- Prozesse zur Lösung von Substanzen, zum radioaktivem Zerfall, Prozesse im chemischen Gleich- und Ungleichgewicht, [35], [100];
- biologische Abbauprozesse, [10];
- Mehrphasenströmungen, [87] und
- Strömungen in Felsgesteinbrüchen, in Karst (z.B. Massenfazies, s. [80], der zur Ermittlung von Schadstoffverteilungen einen worst-case Ansatz nutzt).

Auf Grund ihrer räumlichen und zeitlichen Variabilität von Grundwassersystemen bezüglich relevanter geologischer, hydrologischer und chemischer Eigenschaften, behaupten sich auch stochastische Prozeßmodelle, z.B. [48]. Eine weitere Eigenschaft dieser Systeme sind fehlende oder unscharfe Daten sowie Kenntnisse über Prozesse, insbesondere über biologische Daten. Durch moderne Informatikmethoden: wie z.B.

Fuzzy-Logik und neuronale Netze kann eine Unterstützung bei der Analyse solcher Systeme (ill-defined) erfolgen. Auch zwingt die Komplexität der Modellgleichungssysteme zur Parallelisierung der Simulation, dazu sei auf die entsprechende Literatur verwiesen: [28].

Für den Interessenten existiert eine Vielzahl nutzbarer Simulationsmodelle von unterschiedlicher Komplexität. Einige seien genannt: FEFLOW: ohne Wechselwirkungen der Inhaltsstoffe ([21], [23]); PHREEQE: chemisches Gleichgewicht, vielseitiger und flexibler Anwendungsbereich ([79]) HYDROGEOCHEM: aufwendiger physikalischer Stofftransport gekoppelt mit geochemischen Modellen ([108]), zu dieser Gruppe gehört auch das System CoTAM ([44]). Weitere Informationen über existierende Modelle und Systeme sind erhältlich über: International Ground Water Modeling Center, Colorado School of Mines, Golden, Colorado, 80401, U.S.A. oder vom Institute of Applied Geosiences TNO, P.O. Box 6012, 2600 JA Delft, The Netherlands.

1.2.2.3 Prozeß- und Produktionssteuerung

Ein großer Teil der Probleme im Umweltbereich wird durch technische Prozesse verursacht, die die Umwelt durch Ressourcenverbrauch und Emissionen schädigen. Ansatzpunkt zur Minimierung der Umweltbelastung ist vor allem die Steuerung und Regelung der Prozesse. Modellgestützte Verfahren können einen wesentlichen Beitrag zur umweltorientierten Prozeßoptimierung leisten, z.B. [27], [25], [59]. Der Ansatz basiert auf mathematischen Modellen, mit deren Hilfe technische Prozesse simuliert werden. Die Prozesse umfassen einzelne Verfahren, z.B. den Müllverbrennungsprozeß, die Energieversorgung eines Gebäudes bis hin zur Gestaltung ganzer Fabrikanlagen oder Industriekomplexe, die Simulation von Verkehrssystemen u.a.. Die Prozeßsimulation kann nicht nur zur Steuerung von existierenden Prozessen eingesetzt werden ([59], [58]) sondern auch zur Planung von neuen Prozessen und Industrieanlagen hinsichtlich ihrer Auslegung und der Steuerstrategien ([101]). In die Betrachtung werden dabei umweltbezogene Kriterien (Minimierung von Schadwirkungen und Ressourcenverbrauch) vorrangig einbezogen, um eine umweltverträgliche Gestaltung zu erreichen ([16]). Das erfordert eine vergleichende Analyse von Alternativen und komplexen Szenarien (z.B. Ozon-Verminderung). Auch schließt es Wirtschaftlichkeitsuntersuchungen über den Einsatz alternativer Energiesysteme unter Beachtung aller vor- und nachgelagerten Prozesse ([40]) und Entwicklungen ein.

Das Bild 7 zeigt, wie Prozeßmodelle im Rahmen einer dynamischen Prozeßsteuerung benutzt werden. Die Prozeßdaten umfassen Zustandsgrößen, Ressourcen und Prozeßoutputgrößen (Stoffe, Energie). Die Optimierung hat die Aufgabe, die Steuergrößen für ein optimales Prozeßverhalten (minimaler Verbrauch, minimaler Schadstoffausstoß, maximale Leistungsgrößen) zu bestimmen. Das Strukturmodell in Bild 7 ist sowohl für die Regelung im laufenden Betrieb als auch für die Entwurfsphase verwendbar. Beim Entwurf ist in der Regel die Mehrzahl der Prozeßparameter veränderlich, während im Betrieb nur ausgewählte Steuerparameter variabel sind.

In vielen Bereichen (z.B. Verfahrenstechnik, Energieerzeugung, Verkehr) werden Prozeßmodelle auch zur Schulung des Bedienungspersonals eingesetzt. Das ist wesentlich günstiger als eine Schulung am laufenden Prozeß, da ausbildungsrelevante Situationen und damit verbundene Aktionen des Bedienungspersonals im Normalbetrieb selten auftreten. Zum anderen können Stör- und Notfälle, die in bezug auf Umweltschutz besondere Relevanz besitzen, sehr einfach trainiert werden.

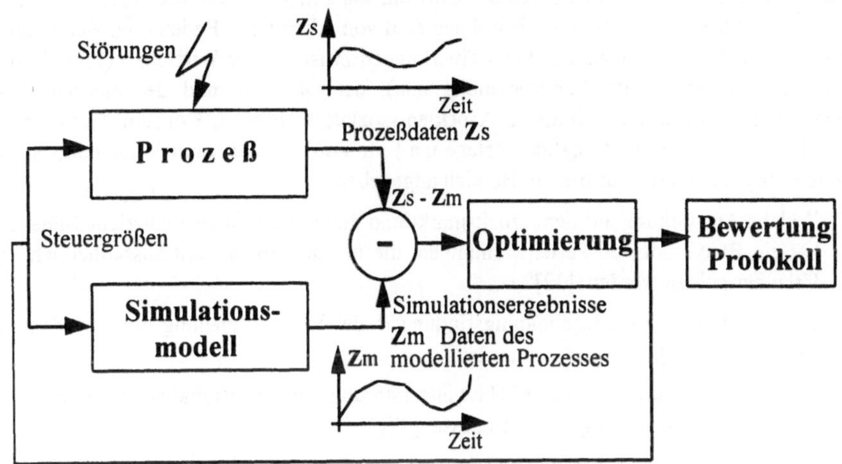

Bild 7 Einbindung eines Prozeßmodelles (Simulationsmodell) in den Regelkreis

Anwendungsbereiche für die Simulation von technischen Prozessen, alternativen Prozeßstrategien und Szenarien mit Umweltwirkung sind die Produktionsprozesse allgemein, die verfahrenstechnische Produktion, der Energieerzeugungsbereich (z.B. die Modelle EFOM-ENV, PERSUS-IPR für eine umweltorientierte Planung und Betriebsweise, [24]), die Müllverbrennung ([58]), die Abwasserreinigung in Kläranlagen ([55], [56], [1]) z.B. mit dem allgemein akzeptierten Modell „*Sludge Model No.1*" und der gegenwärtig weiterentwickelten Version „*Activated Sludge Model No.2*", Verkehrssysteme mit Umweltwirkung ([50], [51]) u.a. Prozesse. Zur Unterstützung bei der Bewertung der Umweltwirkung kann die Informatik durch geeignete Werkzeuge beitragen. Ansätze verkörpern die Systeme EXCEPT ([83]) und auch exupro ([72]).

Die Analyse von technischen Prozessen bildet die Basis der Stoffstromanalyse ([86], [88]) z.B. mit dem Softwaresystem UMBERTO und der komplexen Bewertung der Umweltwirkung eines Produktes, ausgehend von seiner Produktion, über den Gebrauch bis hin zum Recycling, d.i. „life-cycle-analysis". Über die Gesamtheit dieser Prozesse werden die Stoffumwandlungen und die umweltrelevanten Stoffströme erfaßt und als Bewertungsgrundlage für die Prozeß- und Produktgüte genutzt. Erst ein solcher umfassender Ansatz bietet die Gewähr für eine fundierte Umweltbewertung von Produkten, siehe z.B. [33]. Allerdings sind dazu in der Regel Änderungen in bisherigen technologischen Abläufen - während der Produkt- und Produktionsplanung - notwendig, um die erforderlichen Daten zu erfassen. Weiter Arbeiten und Methoden (z.B. Fuzzy-Petri-Netze) sind in den Berichten über die Symposien: „Informatik für den Umweltschutz" zu finden.

1.2.2.4 Soziologische Aspekte in Umweltmodellen

Im Rahmen von Umweltanalysen nimmt das menschliche Leben eine besondere Stellung ein. Nicht allein die Veränderungen der Umwelt, sondern vor allem ihre Wechselwirkungen mit den Menschen und zwischen ihnen sind von erheblicher Bedeutung. Bei derartigen Untersuchungen stehen die Wechselwirkungen zwischen der Wirtschaft (Produktion, Verkehr. Landwirtschaft, Landesplanung u.a.), der Ökologie und der menschlichen Gemeinschaft mit ihren vielfältigen Aspekten (soziale Sicherheit, Konsum, Gesundheit, Mobilität, Migration, Kriminalität, Kriege u.a.) im Vordergrund. Zum Verständnis seien einige Fragestellungen aus diesem Bereich angegeben:

- Welche Auswirkung auf den Arbeitsmarkt und die wirtschaftlich-finanzielle Situation hat ein Bauverbot von Ferienwohnungen, die in sehr großer Zahl ausschließlich für Urlauber gebaut werden, [32]?
- Untersuchungen zur Entscheidungsfindung in der Regionalplanung mit dem System RegioPlan$^+$, [32], [31].
- Welche Auswirkungen haben Umweltzerstörung und Wirtschaftsentwicklung auf länderübergreifende Migrationsprozesse, [77]?
- Welche Auswirkung hat die Errichtung einer Stadtautobahn auf die Umwelt, die Sozialstruktur der Bevölkerung und den Verkehr in der betroffenen Region?

Zur Beschreibung und Analyse solcher hochgradig vernetzter Systeme ist ein ganzheitlicher Ansatz notwendig. Mathematische Modelle spielen dabei eine wachsende Rolle, obwohl bis zu ihrem breiten Einsatz noch ein großer Schritt erforderlich ist. Derartige Ansätze nutzten u.a. schon [14] und [75]. Beherrschbar wird die Komplexität jedoch erst durch neuere Modellierkonzepte - modular-hierarchische und objektorientierte (s. [49]) Konzepte.

Die mathematischen Beschreibung basiert auf unterschiedlichen Ansätzen, auf:

- *empirischen Modellen*
  z.B. zur Untersuchung der Wechselwirkungen zwischen CO_2-Ausstoß, Umweltzerstörung, Bevölkerungsmigration und wirtschaftlichem Wachstum in 180 Staaten der Erde, [77].
- *System Dynamics Konzept* nach Forrester
  Die klassische Methode wurde in der Vergangenheit vielfach angewandt. Sie nutzt zur Beschreibung Systeme expliziter gewöhnlicher Differentialgleichungen, z.B. [31], [75].
- *Zellularautomaten*
  Im Rahmen des US Geological Surveys Global Change Research Program erfolgt die Bearbeitung eines räumlichen Modells zur Beschreibung der Wechselwirkungen Mensch - Landschaft für Entscheidungsunterstützungen, [60]. Es werden Topologie, Klima, Vegetation, Verkehr und Ökonomie berücksichtigt.
  Im Buffalo Project werden in einem räumlich differenzierten Modell die Zusammenhänge zwischen Straßenverkehr, Industrie. und Bevölkerungsentwicklung untersucht, [20]. Die für die Modelle notwendigen Daten werden aus Satellitenaufnahmen, Straßenkarten, statistischen und soziologischen Studien gewonnen.

- *neuronale Netze und Fuzzy-Ansätze*
  Untersuchungen der Wechselwirkungen zwischen Landschaft, Habitatsbesiedlung und anthropogenen Einwirkungen, [66].

Untersuchungen in diesem Umfang bilden eine Grundlage, um die Auswirkungen von Entscheidungen unterschiedlichster Art z.B. auf das Verhalten sowie Wohlergehen der Menschen, auf die Umwelt und die Wirtschaft möglichst umfassend abzuschätzen.

1.3 Methoden zur Unterstützung der Modellierung und Simulation

Der Umweltbereich stellt neue Anforderungen an die Simulationssoftware. Das resultiert einerseits aus den inhaltlichen Problemstellungen und anderseits aus dem Anwenderkreis. Dabei ist zu berücksichtigen, daß diese Werkzeuge typischerweise für reine Anwender, d.h. Fachspezialisten aus einem umweltrelevanten Fachgebiet - Ökologen oder Umweltplaner - nutzbar sein müssen, die nur begrenzte methodische Simulationskenntnisse und geringe EDV-Erfahrungen besitzen. Viele Anforderungen an leistungsfähige Simulationssoftware gelten auch für andere Anwendungsbereiche der Simulation. Einige sind jedoch spezifisch für die Umweltmodellierung (vgl. auch [45], [39]). Im folgenden werden nur inhaltlich bedingte Anforderungen betrachtet.

1.3.1 Simulationsmethoden und ihre Anwendungsbereiche

Die spezielle Software, die im Rahmen der Modellbildung und Simulation zum Einsatz kommt, wird als Simulationssoftware bezeichnet. Von großer Bedeutung sind die Simulationssysteme. Sie unterstützen den Benutzer in allen Phasen der Modellbildung, Planung und Durchführung von Simulationsexperimenten, der Ergebnisanalyse und -visualisierung sowie der Verwaltung der Modelle, Experimente und Daten. Sie entsprechen damit den Anforderungen nach einer vollständigen Arbeitsumgebung für die Modellbildung und Simulation.

Simulationssysteme können in zwei Gruppen unterteilt werden. In solche, die Modelluntersuchungen mit nur einem generischen Modell (z.B. für die Ausbreitung von Öl im Grundwasser und im Sandboden) und in solche für eine Klasse von generischen Modellen (z.B. alle Modelle, beschrieben durch Systeme expliziter gewöhnlicher Differentialgleichungen). Erstere werden auch Simulationsprogramme oder spezielle Simulationssysteme genannt, sie besitzen einen eingeschränkten Anwendungsbereich (im Beispiel: nur Ölausbreitung im Grundwasser bei Sandboden). In der Regel sind es programmierte Modelle, die häufig durch partielle Differentialgleichungen beschrieben sind. Simulationssysteme für eine Klasse von generischen Modellen, die allgemeinen Simulationssysteme, sind z.B. die herkömmlichen Systeme: ACSL, MATLAB, EXTEND, ITHINK, STELLA, die auch erfolgreich bei Umweltuntersuchungen genutzt werden (z.B. ACSL in [53] sowie alle in der umweltspezifischen Lehre im Fachbereich Informatik der Universität Rostock)

Während herkömmliche Simulationssoftware häufig ein monolithisches System darstellt, wird in modernen Systemen eine modulare offene Struktur angestrebt. Für diese neue Generation der Simulationssysteme sind folgende Eigenschaften kennzeichnend:

- Interaktionen in allen Phasen des Ablaufes (Modellbildung, -nutzung und Ergebnisauswertung),
- weitgehende graphische Unterstützung (Modellbeschreibung, Ergebnisdarstellung und -animation),
- objektorientierte Modellbeschreibung,
- Verfügbarkeit von Modell-, Methoden-, Daten- und Experimentbanken,
- wissensbasierte Unterstützung in allen Phasen des Ablaufes.

Bei der Anwendung im Umweltbereich ergeben sich spezielle Anforderungen an Simulationssysteme, s.[34]. Besonders hervorzuheben ist jedoch die Heterogenität in der Modellbeschreibung. Darunter sei verstanden, daß die Komponenten eines modular aufgebauten Modelles nicht einheitlich beschrieben sind, d.h. einige Komponenten des Modells sind z.B. durch Differentialgleichungen andere durch neuronale Netze und weitere regelbasiert beschrieben. Jede dieser unterschiedlich beschriebenen Komponenten erfordert dann eine der Beschreibung angepaßte Methode - eine spezielle Simulationsmethode. Die zugehörigen Simulationssysteme erfordern ein eigenes Architekturkonzept. Einzelheiten dazu wurden im DFG-Projekt SAMEC bearbeitet und in [34], [69] und [74] dokumentiert. Das Lösungskonzept beruht darauf, daß für jede der heterogenen Modellkomponenten ein eigener Simulator zur Verfügung steht, die über sogenannte Rootprozesse interagieren und gesteuert werden. Durch die Rootprozesse werden die Koppelbeziehungen zwischen den Modellkomponenten realisiert. Wesentlich sind hierbei auch Schnittstellenprozessoren oder Adapterprogramme, die beim Datenaustausch zwischen unterschiedlich beschriebenen Modellkomponenten eine Datenanpassung vornehmen (Adapterfunktionen: diskret ⇔ analog, Mittelwert ⇔ räumlich/zeitlich differenzierter Wert).

Diese Vorgehensweise verlangt, daß neben den klassischen Simulationsmethoden zur Lösung von Differentialgleichungen auch solche für die Fuzzy-Logik, Fuzzy-Petri-Netze, neuronale Netze oder wissensbasierte Regelverarbeitung verfügbar sind. Unscharfe Systembeschreibungen sowie fehlende und ungenaue Daten sind Gründe für die Nutzung dieser Methoden, des sogenannten „Soft Computing". Erste Modellansätze existieren: [66], [67], [98], [102].

1.3.2 Simulation und Informationssysteme

Die Simulation im Umweltbereich ist in der Mehrzahl der Fälle mit geographischen, umwelt- und systemspezifischen Daten verknüpft. Zur Speicherung werden Geoinformationssysteme (GIS) und Umweltinformationssysteme (UIS) genutzt (im folgenden als Informationssystem bezeichnet). Daten, die in der Simulation verarbeitet werden, müssen aus den Informationssystemen bereitgestellt werden. Dabei existieren zwei Ansätze:

- die Simulationssoftware (-methoden) ist Bestandteil eines Informationssystems,
- Kopplung von Simulationssoftware und Informationssystem.

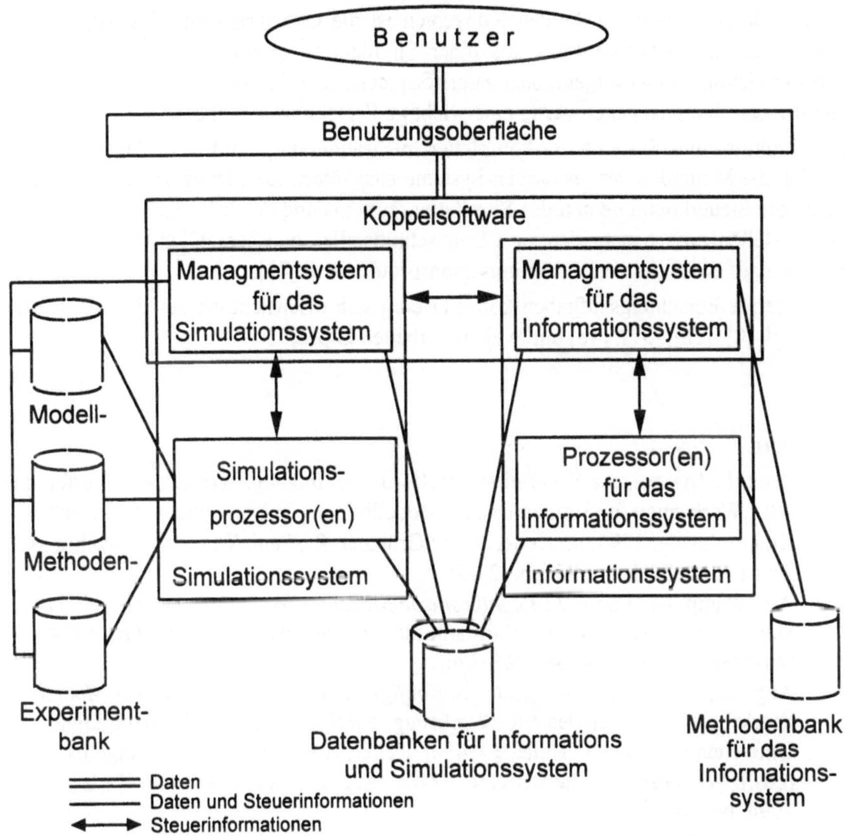

Bild 8 Struktur eines Systems mit Kopplung von Informations- und Simulationssystem.

Beide Varianten besitzen Vor- und Nachteile, sie sind noch Gegenstand intensiver Forschung, vgl. auch [69], [104].

Die Kopplung ist nach [18] auf drei Arten möglich: ad-hoc, partielle und komplette Integration. Während die ad-hoc Integration über (meist manuell) erstellte Datenfiles erfolgt, beinhaltet die komplette Integration direkte Interaktion zwischen Modellen, GIS/UIS und Ergebnisrepräsentation. Grundlage dafür bildet eine Metasprache für E/A: DMSQL.

Ist die Simulationssoftware Bestandteil des Informationssystems, so heißt das, die Simulationsmodelle, -daten und -methoden gehören ebenfalls zum Informationssystem und zu deren Verwaltung, Prüfung und Verarbeitung können die Methoden genutzt werden, die ohnehin Bestandteil des Informationssystems sind. Beim zweiten Ansatz existieren diese u.U. in beiden Systemen (im Informations- und Simulationssystem). Die zweite Variante ist anderseits durch klare Strukturen und transparente externe Schnittstellen gekennzeichnet, so daß sie Kopplungen zwischen unterschiedlichen Softwaresystemen einfach ermöglichen.

Eine wichtige Aufgabe in beiden Konzepten ist die Gewährleistung des Zugriffes auf Daten des Informationssystems aus einer Simulationsexperimentbeschreibung heraus. Die Entwicklung einer allgemeinen Zugriffssprache und ihre Integration in eine Experimentbeschreibung ist gegenwärtig eine wichtige Forschungsaufgabe.

Die Struktur eines Systems mit kompletter Integration zeigt Bild 8. In den Prozessoren werden die Methoden der jeweiligen Systeme ausgeführt, die Managersysteme repräsentieren die Steuerkomponenten des Simulationssystems und des Informationssystems. Die Schnittstellen zwischen beiden sind Dateischnittstellen und sprachlich gesteuerte Interaktionen auf der Basis von Kommunikationsprotokollen, [74].

Existierende Forschungsaufgaben konzentrieren sich offensichtlich auf die zweite Variante, vgl. [8], [18], [37], [48] und weitere Arbeiten in [62].

Literatur

[1] Alex, J.: *Dynamische Simulation der Abwasserreinigung*. Workshop 5.Treffen des AK „Werkzeuge für Simulation und Modellbildung in Umweltanwendungen", Braunschweig, 1995. in: Keller, H.B.; Grützner, R.; Paul, W. (eds.): Forschungszentrum Karlsruhe. 1995. pp.: 27-38.

[2] Ameskamp, M.; Lamp, J.: *Regelgestützte Modellierung kontinuierlicher dreidimensionaler Bodenkörper*. Informatik für den Umweltschutz, Hamburg, 1994. Springer Verlag, 1994. pp.: 269-276.

[3] Angelus, A. et al.: *Rechnergestützte Konfigurierung hydrogeologischer Modelle*. Workshop: 4. Treffen des AK „Werkzeuge für Simulation und Modellbildung in Umweltanwendungen" Halle, 1994. in: Keller, H.B.; Grützner, R. ; Angelus, A. (eds.): Wissenschaftliche Berichte, FZKA 5552, Forschungszentrum Karlsruhe. 1994. pp.: 9-20.

[4] Angelus, A.; Kathe, A.; Senf, I.: *Wissensbasierte Modellierung von Migrationsprozessen in der Hydrologie*. Informatik für den Umweltschutz, 10. Symposium, Hannover, 1996. in: Lessing,H.; Lipeck,W.U. (eds.): Umweltinformatik Aktuell. Marburg: Metropolis Verlag. 1996. pp.: 368-376.

[5] Beckert, A.: *Implementation und Anwendung des Berechnungverfahrens für die Schadstoffausbreitung in der Atmosphäre, den Vorschriften der TA-Luft entsprechend*. Rostocker Informatik-Bericht, Vol. 15. 1994. pp.: 25 -40.

[6] Berryman, A.A.: *The Origins and Evolution of Predator-Prey Theory*. Ecology, Vol. 75 (5),1992. pp.: 1530-1535

[7] Brüggemann, R.; Drescher-Kaden, U.; Münzer, B.: *E4CHEM - A Simualtion Program for the Fate of Chemicals in the Environment*. Report of GSF - Forschungszentrum für Umwelt und Gesundheit, GSF-Bericht 2/96. 1996.

[8] Blaschke, T.: *GIS in Ökologie und Naturschutz. Notwendigkeit der Modellbildung und Probleme der Modellierung am Beispiel faunistischer Daten*. in: Lessing, H.; Lipeck, U.W. (eds.): Informatik für den Umweltschutz. Hannover, 1996. Umweltinformatik aktuell. Marburg: Metropolis Verlag. 1996. pp.: 317-326.

[9] Breckling, B.; Mathes, K.: *Systemmodelle in der Ökologie: individuen-orientierte und kompartment-bezogene Simulation, Anwendung und Kritik*. Verhandlungen der Gesellschaft für Ökologie, Osnabrück, 1989. pp.: 635-646.

[10] Borden, R.C.; Bedient, P.B.: *Transport of Dissolved Hydrocarbons Influenced by Reaeration and Oxygen-Limited Biodegradation*, 1. Theoretical Development. Water Resource Research, Vol. 22 (13), 1986. pp.:1973-1982.

[11] Bossel,H.: *Dynamics of forest dieback systems analysis and simulation*. Ecological Modelling (34). 1986. pp.: 259-288.

[12] Bossel, H.: *Understanding Dynamic Systems: Shifting the Focus from Data to Structure*. 8. Symposium Informatik für den Umweltschutz, Hamburg, 1994. Metropolis Verlag, 1994. pp.: 63-75.

[13] Bossel,H.: *Umweltproblematik und Informationsverarbeitung*. in: Page, B; Hilty, L.M.. (Hrsg): Umweltinformatik - Informatikmethoden für Umweltschutz und Umweltforschung. München, Wien: Oldenbourg Verlag, 1994, S. 13 - 26

[14] Buhr, W.; Pauck, R.: *Stadtentwicklungsmodelle - Analytische Instrumente empirisch orientierter Simulationsansätze zur Lösung von Projektions- und Planungsproblemen der Städte*. Schriften zur öffentlichen Verwaltung und öffentlichen Wirtschaft, Vol. 39. Baden-Baden: Nomos Verlagsgesellschaft, 1981.

[15] Canty, M.J.: *Chaos und Systeme - Eine Einführung in die Theorie und Simulation dynamischer Systeme*. Braunschweig: Vieweg Verlag, 1995.

[16] Cartledge, B.: *Energy and the Environment*. Oxford, New York: Oxford University Press, 1993.

[17] Cellier, F.E.: *Continuous System Modeling*. New York, Berlin, Heidelberg: Springer Verlag, 1991.

[18] Conrad, R.: *Konzepte bei der Kopplung von Umweltsimulationssystemen und einem GIS*. in: Kremers, H.; Pillmann, W. (eds.): 9. Symposium Informatik für den Umweltschutz. Berlin, 1995. Umweltinformatik Aktuell. Marburg: Metropolis Verlag. 1995. pp.: 354-360.

[19] Dendrou, B.; Dendrou, S.: *Environmental Impact System for Contaminant Migration Simulations & Risk Assessment*. Report of Micro Engineering Inc., P.O. Box 1344, Annandale, VA 22003, Introductory Manual, 1995.

[20] Dibble, C.: *Representing Individuals and Societies in GIS. Report of the NCGIA Initiative 19 - GIS and Society: The Social Impactions of How People, Space, and Environment Are Represented in GIS*. Department of Geography, Uni. of California. Feb.1996. email: cath@geog.ucsb.edu

[21] Diersch, H.J.: *Interactive, Graphic Based Finite-Element Simulation System FEFLOW for Modeling Groundwater Flow and Contaminant Transport Processes*. Report of Gesellschaft für wasserwirtschaftliche Planung und Systemforschung, Berlin. 1992.

[22] Dietrich, C.R.; Norton, J.P.; Jakeman, A.J.: *Ill-Conditioning in Environmental System Modelling*. in: A.J. Jakeman, M.B. Beck and M.J. McAleer (ed.): Modelling Change in Environmental Systems. New York: John Wiley&Sons, 1993. pp.: 37-57.

[23] *FEFLOW Simulationssystem für Grundwasserströmungs und Stofftransportprozesse*. Computerprogramm der Gesellschaft für wasserwirtschaftliche Planung und Systemforschung, Berlin. 1993.

[24] Fichtner, W. et al.: *Entwicklung eines entscheidungsunterstützenden Instrumentariums für umweltrelevante Problemstellungen bei Energieversorgungsunternehmen*. Informatik für den Umweltschutz, 10. Symposium, Hannover, 1996. in: Lessing,

H.; Lipeck, U.W. (eds.): Umweltinformatik Aktuell. Marburg: Metropolis Verlag. 1996. pp.: 418-427.

[25] Früh, K.F.: *Informationsorientierte Prozeßleittechnik für die Chemische Industrie.* atp - Automatisierungstechnische Praxis, Vol. 31(7), 1989. pp.: 301-305.

[26] Gerke, H.; Förster, R.: *Modellversuche zur Stoffverlagerung in einem ackerbaulich genutztem Sandboden.* in: Riewenherin, S.; Lieth, H. (ed.): Verhandlungen der Gesellschaft für Ökologie. 1991. pp.: 663-669.

[27] Gilles, E.D.: *Auf dem Weg zu einer modellgestützten Prozeßleittechnik.* atp - Automatisierungstechnische Praxis, Vol. 30 (6 und 7), 1988. pp.: 265-270; 326-331.

[28] Gräber, P.W.: *Parallele Simulation von Grundwasserströmungen.* Workshop: 5. Treffen des AK "Werkzeuge für Simulation und Modellbildung in Umweltanwendungen", Braunschweig, 1995. in: Keller, H.B.; Grützner, R.; Paul, W. (eds.): Wissenschaftliche Berichte FZKA 5622, Forschungszentrum Karlsruhe. 1995. pp.: 39-50.

[29] Gräber, P.W.; *Gottschling, P.: Massiv-parallele Simulation von Grundwasserprozessen.* 10. Symposium Simulationstechnik ASIM'96, Dresden, 1996. in: Krug,W. (eds.): Fortschritte in der Simulationstechnik. Wiesbaden: Vieweg Verlag. 1996. pp.: 335-342.

[30] Graziani, G.: *Survey of long range transport models.* in: Zannetti, P. (ed.): Environmental Modeling. 2 vols. Southampton, Boston: Computational Mechanics Publications. 1994. pp.: 103-142.

[31] Grebe,N.: *Das übertragbare Regionalplanungsmodell REGIOPLAN*$^+$. in: Sydow, A. (Hrsg.): Fortschritte in der Simulationstechnik. Braunschweig: Fried. Vieweg Verlag. 1993

[32] Grebe,N.: *Anwendung des Simulationsmodells RegioPlan auf die Region Oberengadin.* in: Keller, H.B.; Grützner, R.; Hohmann, R.: 6. Arbeitstreffen des AK „Werkzeuge für die Modellbildung und Simulation in Umweltanwendungen". Forschungszentrums Karslruhe. Wissenschaftliche Berichte, FZKA 5829. 1996.

[33] Grey, D.: *Dynamische Ökobilanzen, dargestellt am Beispiel eines produktrecycelten Motorenbauteiles.* 9. Symposium Informatik für den Umweltschutz, Berlin, 1995. in: Kremers, H.; Pillmann, W. (eds.): Umweltinformatik Aktuell. Metropolis Verlag. 1995. pp.: 811-820.

[34] Grützner, R.; Häuslein, A.; Page, B.: *Werkzeuge für die Umweltmodellierung und -simulation.* in: B. Page and L.M. Hilty (ed.): Umweltinformatik - Informatikmethoden für Umweltschutz und Umweltforschung. Handbuch der Informatik. München: Oldenbourg, 1995. pp.: 191-218.

[35] Grove, D.B.; Stollenwerk, K.G.: *Chemical Reactions Simulated by Groundwater-Quality Models.* Water Resouces Research, Vol. 23 (4), 1987. pp.: 601-615.

[36] Grossmann, W.D.: *Regionales Tourismus-Managment - Tools für die Entwicklung eines Konzeptes zum „Sanften Tourismus".* FBU Östereichisches Forschungs- und Beratungszentrum für Umweltangelegenheiten, 1992

[37] Grützner, R.: *Simulation in Umweltinformationssystemen.* in: R. Denzer; R. Güttler; R. Grützner (Hrsg.): Visualisierung von Umweltdaten, 1991. Informatik aktuell. Berlin: Springer Verlag. 1992.

[38] Grützner, R.: *Umweltinformatik - Chance oder Feigenblatt*. Rostocker Informatik Berichte, Vol. 18. 1995. pp.: 19-30.

[39] Grützner, R.: *Environmental Modeling and Simulation - Applications and Future Requirements*. in: Denzer, R.; Russel, D.; Schimak, G. (eds.): Environmental Softwaresystems. London, Chapman & Hall, 1995. pp.: 113-122.

[40] Grüttner, F.: *Modellierung regionaler und lokaler Energie-Umwelt-Systeme mit vorgelagerten Prozeßketten zur Bereitstellung von nachwachsenden Energieträgern*. Dissertation. Universtät Rostock, Fakultät für Ingenieurwissenschaften, 1996.

[41] Hall, A.S.C.; Day, J.W.: *Ecosystem Modeling in Theory and Practice*. New York: John Wiley & Sons, 1977.

[42] Hallam, T.G.; Clark, C.E.; Jordan, G.S.: *Effects of Toxicants on Populations: A Qualitative Approach, II: First-Order Kinetics*. J. Math. Biology. Vol. 18. 1983. pp.: 25-37.

[43] Hallam, T.G.; Clark, C.E.; Lassiter, R.R.: *Effects of Toxicants on Populations: A Qualitative Approach, I: Equilibrium Environmental Exposure*. Ecological Modelling. Vol.18. 1983. pp.: 291-304.

[44] Hamer, K.; Sieger, R.: *Anwendung des Modells CoTAM zur Simulation von Stofftransport und geochemischen Reaktionen*. Verlag Ernst & Sohn, 1993.

[45] Häuslein, A.; Page, B.: *Softwareunterstützung der Modellbildung und Simulation im Umweltbereich*. in: Grützner, R. (eds.): Proceedings des Workshop „Modellbildung und Simulation im Umweltbereich", Rostock, 1992. Universität Rostock, FB Informatik. 1992. pp.: 1-13.

[46] Heijde, P.K.M.v.d. et al.: *Groundwater Managment*: The Use of Numerical Models. in: Heijde, P.K.M. van der (ed.): Water Resources Monograph 5. 2nd ed. Washington, D.C.: American Geophysical Union. 1985.

[47] Heijde, P.K.M.v.d.: *Computer Modeling in Groundwater Protection and Remediation*. in: Melli, P. ; Zannetti, P. (ed.): Environmental Modelling. Southampton, Boston: Computational Mechanics Publications. 1992. pp.: 1-21.

[48] Heijde, P.K.M.v.d.: *Developments in Computer Technology Enhancing the Application of Groundwater Models*. in: Melli, P. ; Zannetti, P. (ed.): Environmental Modelling. Southampton, Boston: Computational Mechanics Publication. 1992. pp.: 23-33.

[49] Hill, D.R.C.: *Object-Oriented Analysis and Simulation*. Reading; New York: Addison-Wesley Publishing Company, 1996.

[50] Hilty, L.M.: *Umweltorientierte Verkehrsmodellierung*. Informatik für den Umweltschutz, 10. Symposium, Hannover, 1996. in: Lessing, H.; Lipeck, U.W. (eds.): Umweltinformatik Aktuell. Marburg: Metropolis Verlag. 1996. pp.: 18-35.

[51] Hilty, L.M.: *Verkehrs-und Logistikmodellierung unter Umweltaspekten im Forschungsprojekt MOBILE*. in: Keller, H.B.; Grützner, R.; Hohmann, R. (eds.): Workshop: 6. Treffen des AK „Werkzeuge für Modellbildung und Simulation für Umweltanwendungen"., Forschungszentrum Karlsruhe. Wissenscchaftliche Berichte, FZKA 5829. 1996.

[52] Hofestädt, R.; Krückeberg, F.; Lengauer, T.: *Informatik in den Biowissenschaften*. Informatik aktuell: Berlin: Springer Verlag, 1993.

[53] Hohmann, R.; Möbus,E.: *Qualitative Simulation von Ökosystemen.* in diesem Band. 1997.

[54] Jørgensen, S.E.: *Recent and Future Development in Environmental Modelling.* in: Melli, P.; Zannetti, P. (ed.): Environmental Modelling. Southampton: Computational Mechanics Publications, Elsevier Applied Science. 1992. pp.: 351-372.

[55] Jumar, U.: *Klärende Simulation-Simulation für den Umweltschutz am Beispiel biologischer Kläranlagen.* 10.Symposium Simulationstechnik, ASIM'96, Dresden, 1996. in: Krug, W. (eds.): Fortschritte in der Simulationstechnik. Wiesbaden: Vieweg Verlag. 1996. pp.: 379-386.

[56] Jungblut, J. et al.: *Simulation eines komplexen biologischen Abwasserreinigungsverfahrens.* 10.Symposium Simulationstechnik, ASIM'96, Dresden, 1996. in: Krug, W (eds.): Fortschritte in der Simulationstechnik. Vieweg Verlag. 1996. pp.: 393-398.

[57] Kaufmann, P.; Weber, R.O.: *Cluster Analysis of Wind Fields in Complex Terrain.* in: Baldasano, J.M., et al. (ed.): Pollution Control and Monitoring. Air Pollution II. 2 vols. Southampton, Boston: Computational Mechanics Publications. 1994. pp.: 253-260.

[58] Keller, H.B.; Kugele, E.; große Osterhues, B.: *Einsatz neuronaler Netze im Umweltbereich am Beispiel der Müllverbrennung.* Informatik für den Umweltschutz, Hamburg, 1994. in: Hilty, L.M., et al. (eds.): Umweltinformatik Aktuell. Marburg: Metropolis Verlag. 1994. pp.: 405-414.

[59] Keller, H.B.; Müller, B.; Weinberger, T.: *Maschinelle Modellierung im Umweltbereich am Beispiel der thermischen Abfallbehandlung. Informatik für den Umweltschutz,* 10. Symposium, Hannover, 1996. in: Lessing, H.; Lipeck, U.W. (eds.): Umweltinformatik Aktuell. Metropolis Verlag. 1996. pp.: 377-386.

[60] Kirtland, D.; Gaydos,L.; Clarke,K.; De Cola,L.; Acevedo,W.; Bell, C.: *An Analysis of Human-Induced Land Transformations in the San Francisco Bay/Sacramento Area.* World Resource Review, 6, 1994. pp.: 206-217

[61] Klug, W.: *A Comparison between four different Interregional Air Pollution Models.* in: NATO Berichte 1555. Berlin: Springer Verlag. 1984

[62] Kremers, H.; Pillmann, W.: *Raum und Zeit in Umweltinformationssystemen.* 9th International Symposium on Computer Science for Environmental Protection. Umweltinformatik Aktuell, Marburg: Metropolis Verlag, 1995.

[63] Laan, J.D.; Lhotka, L.; Hogeweg, P.: *Sequential Predation: A Multi-model Study.* J. theor. Biol., Vol. 174 (2), 1995. pp.: 149-167.

[64] Lorek, H.; Rössig, K.; Sonnenschein, M.: *Verteilte Simulation individuenbasierter Modelle.* 8. Symposium Informatik für den Umweltschutz, Hamburg, 1994. Marburg: Metropolis Verlag, 1994. pp.: 319-326.

[65] Lorek, H.; Sonnenschein, M.: *Using Parallel Computers to Simulate Individual-Oriented Models in Ecology: A Case Study.* Modelling and Simulation - ESM, 1995. SCS-Publication, 1995. pp.: 526-531.

[66] Lutze,G.; Wieland,R.: *Fuzzy-Methoden und Neuronale Netze in der Landschaftsmodellierung.* in: Keller, H.B.; Grützner, R.; Hohmann, R.: Workshop: 6. Arbeitstreffen des AK „Werkzeuge für die Modellbildung und Simulation in Umweltanwendungen“. Forschungszentrums Karslruhe. Wissenschaftliche Berichte, FZKA 5829. 1996.

[67] Lutze, G.; Wieland, R.: *Habitatsmodelle im Rahmen der dynamischen Landschaftsmodellierung.* in: Keller, H.B.; Grützner, R.; Paul, W. (eds.): Workshop 5.Treffen des AK „Werkzeuge für Simulation und Modellbildung in Umweltanwendungen", Braunschweig, 1995. Forschungszentrum Karlsruhe, wiss. Berichte: FZKA 5622. 1995. pp.: 95-106.

[68] Marsal, D.: *Finite Differenzen und Elemente.* Berlin, Wien: Springer Verlag, 1989.

[69] Martini, F.: *Struktur und Verwaltung von Simulationsbanken als integrativer Bestandteil moderner Simulationssysteme.* Report of Universität Rostock, FB Informatik, Lehrstuhl Modellierung/Simulation. Preprint: CS-07-96. 1996.

[70] May, R.M.: *Modelle für zwei interagierende Populationen.* in: R.M. May (ed.): Theoretische Ökologie. Weinheim: Verlag Chemie, 1980. pp.: 47-65.

[71] Millonas, M.M.: *Cooperative Phenomena in Swarms.* in: Boccara, N. u.a. (ed.): Cellular Automata and Cooperative Systems. 1993. pp.: 507-518.

[72] Müller, M.; Ranze, K.C.: *exupro: Konzeption eines Systems zur ökologischen Bewertung alternativer Produktionspläne.* 10. Symposium Informatik für den Umweltschutz, Hannover, 1996. in: Lessing, H.; Lipeck, U.W. (eds.): Umweltinformatik Aktuell. Marburg: Metropolis Verlag. 1996. pp.: 428-438.

[73] Model, N. et al.: *Multi-criterial Decisions for Air Pollution Reduction in Urban Regions.* in: Parrucini, M. (ed.): Applying Multiple Criteria Aid for Decision to Environmetal Managment. Dordrecht: Kluwer. 1994. pp.: 63-79.

[74] Nekien, T.: *Entwurfskonzepte und Ansätze zur Realisierung einer verteilten und parallelen Simulations- und Experimentierumgebung.* Report of Universität Rostock, Fachbereich Informatik, Lehrstuhl Modellierung/Simulation. Preprint: CS-06-96. 1996.

[75] Odum, H.T.: *Ecological and General Systems - An Introduction to Systems Ecology.* Colorado University Press, 1994.

[76] Onishi, A.: *FUGI Global Model 7.0 - A New Frontier Science of Global Economic Modelling.* Economic & Financial Computing, Vol. 3(1), pp.: 3-67, 1993.

[77] Onishi, A.: *Global Model Simulation*: A New Frontier of Economics and Systems Science. Soka University, Institute for System Science, Hachiojishi, Tokyo. 1994. pp.: 1-251

[78] Oertel, D.; Poethke, H.J.; Seitz, A.: *Zur prognostischen Qualität komplexer Ökosystem-Simulationsmodelle.* Informatik für den Umweltschutz, Ulm. Springer Verlag, 1993. pp.: 89-100.

[79] Parkhurst, D.L.; Thorstenson, D.C.; Plummer, L.N.: *PHREEQE - computer program for geochemical calculation.* Report of U.S. Geological Survey Water Resources, Invest. Report 210. 1980.

[80] Pfaff, T.: *Grundwassermodelle als Werkzeuge zur Qualitätssicherung des Grundwassers.* Workshop: 4. Treffen des AK „Werkzeuge für Simulation und Modellbildung in Umweltanwendungen", Halle, 1994. in: Keller, H.B.; Grützner, R. ; Angelus, A. (eds.): Wissenschaftliche Berichte FZKA 5552, Forschungszentrum Karlsruhe. 1994. pp.: 79-99.

[81] Pillmann, W.: *Luftschadstoff-Prognosemodelle - Stand der Anwendung, Fortentwicklung und operationeller Einsatz.* Informatik im Umweltschutz, Karlsruhe, 1989. In: Jaeschke, A.; Geiger, W.; Page, B. (eds.): Informatik Fachberichte 228; Berlin: Springer Verlag. 1989. pp.: 110-119.

[82] Petzold, T. et al.: *Prognose der Phytoplanktondynamik: Anwendung fallbasierter Methoden auf einen dynamischen ökologischen Prozess.* Informatik für den Umweltschutz, Hamburg, 1994. Marburg: Metropolis Verlag, 1994. pp.: 259-268.

[83] Ranze, K.C.: *Erweiterung des Expertensystems EXCEPT durch unscharfe Modellierung.* in: Keller, H.B.; Grützner, R.; Paul, W. (eds.): Workshop 5. Treffen des AK „Werkzeuge für Simulation und Modellbildung in Umweltanwendungen", Braunschweig, 1995. Forschungszentrum Karlsruhe, Forschungsberichte FZKA 5622. 1995. pp.: 51-60.

[84] Rauch, H.: *Modelle der Wirklichkeit -Simulation dynamischer Systeme mit dem Microcomputer.* Hannover: Heise Verlag, 1985.

[85] Richter, O.: *Simulation des Verhaltens ökologischer Systeme.* Weinheim:VCH, 1985.

[86] Schmidt, M.; Schorb, A.: *Stoffstromanalysen in Ökobilanzen und Öko-Audits.* Berlin, Heidelberg, New York: Springer Verlag, 1995.

[87] Schäfer, G.; Helmig, R.; Le Thiez, P.: *Vergleich numerischer Mehrphasenströmungsmodelle zur Simulation von NAPL - Migrationsvorgänge in porösen Medien.* 10. Symposium Simulationstechnik, ASIM'96, Dresden, 1996. in: Krug, W. (eds.): Fortschritte in der Simulationstechnik. Vieweg Verlag. 1996. pp.: 350-355.

[88] Siestrup, G.; Tuma, A.; Haasis, H.D.: *Stoffstrommanagment in verteilten Produktionssystemen.* 9. Symposium Informatik für den Umweltschutz, Berlin, 1995. in: Kremers, H.; Pillmann, W. (eds.): Umweltinformatik Aktuell. Metropolis Verlag. 1995. pp.: 821-828.

[89] Steinberg, C. et al.: *Ökotoxikologische Testverfahren.* Handbuch des Umweltschutzes 79, Erg.Lfg. 6/95; Chemie und Umwelt II-3. Landsberg: Ecomed Verlag, 1995.

[90] Stöffler, W.: *Bioinformatik - ein Beitrag zu der Technologie des 21. Jahrhunderts.* Informatik in den Biowissenschaften, Bonn, 1993. Springer Verlag, 1993. pp.: 1-10.

[91] Straskraba, M.: *Cybernetic Theory of Ecosystems.* in: Gnauck,A.; Frischmuth, A.; Kraft, A.(ed.): Ökosysteme: Modellierung und Simulation. Taunusstein: Eberhard Blottner Verlag, 1995. pp.: 31-52.

[92] Straskraba, M.; Gnauck, A.: *Aquadische Ökosysteme.* Jena: Fischer Verlag, 1983.

[93] Sydow, A.: *Models and Multicriterial Control of Complex Environmental Systems.* in: Proceedings of the 2nd European Simulation Congress. Antwerpen, Sept. 1986. S.14-16.

[94] Sydow, A.; Lux, Th.; Mieth, P.; Schmidt, M.; Unger, S.: *The DYMOS Model System for the Analysis and Simulation of Regional Air Pollution.* s. in diesem Band. 1997.

[95] Tesche, T.W.: *Application of Photochemical Models.* in: Melli, P.; Zannetti, P. (ed.): Environmental Modelling. Southampton, Boston: Computational Mechanics Publications. 1992. pp.: 88-118.

[96] Tilman, D.: *Competition and Biodiversity in Spatially Structured Habitats.* Ecology, Vol. 75 (1), 1994. pp.:2-16.

[97] Uliasz, M.: *Lagrangian particle dispersion modeling in mesoscale applications.* in: Zannetti, P. (ed.): Environmental Modeling. 2 vols. Southampton, Boston: Computational Mechanics Publications. 1994. pp.: 71-101.

[98] Ultsch, A.: *Einsatzmöglichkeiten von Neuronalen Netzen im Umweltbereich.* in: Page, B.; Hilty, L.M. (ed.): Umweltinformatik - Informatikmethoden für Umweltschutz und Umweltforschung. Handbuch der Informatik. München, Wien: Oldenbourg Verlag. 1995. pp.: 219-244.

[99] Uchmanski, J.; Grimm, V.: *Individual-Based Modelling: A New Approach to Description of Ecological Systems.* in: Gnauck, A.; Frischmuth, A.; Kraft, A. (ed.): Ökosysteme: Modellierung und Simulation. Taunusstein: Eberhard Blottner Verlag, 1995. pp.: 93-108.

[100] Wagner, B.J.; Gorelick, S.M.: *Optimal Groundwater Quality Managment under Parameter Uncertainty.* Water Resources Research, Vol. 23 (7), 1987. pp.: 1162-1174.

[101] Wirth, S.; Kobylka, A.: *Effiziente Simulation in der Fabrikplanung durch adaptive Kopplung von Planungstools.* Simulationstechnik, 10. Symposium ASIM'96, Dresden, 1996. in: Krug, W. (eds.): Fortschritte in der Simulationstechnik. Wiesbaden: Vieweg Verlag. 1996. pp.: 101-106.

[102] Wieland, R.; Schultz, A.: *Einsatz neuronaler Netze in der Umwelt-Modellierung.* in: Kremers, H. ; Pillmann, W. (eds.): 9. Symposium Informatik für den Umweltschutz. Berlin, 1995. Umweltinformatik Aktuell. Marburg: Metropolis Verlag. 1995. pp.: 324-331.

[103] Wissel, C.; Stephan, T.; Zaschke, S.H.: *Modelling Extinction and Survival of Small Populations. in: Remment*, H. (ed.): Minimal Animal Populations. Berlin: Springer Verlag, 1990. pp.: 67-103.

[104] Wittmann, J.: *Ein Systemmodell als Grundlage für die Integration von Simulationssystem und Datenbank.* 10. Symposium Simulationstechnik, ASIM, Dresden, 1996. in: Krug, W. (eds.): Fortschritte in der Simulationstechnik. Braunschweig /Wiesbaden: Vieweg Verlag. 1996. pp.: 477-482.

[105] Wissel, C.; Zaschke, S.H.: *Ein Modell zu Überlebenschancen von Kleinpopulationen.* Verhandlungen der Gesellschaft für Ökologie. 1993.

[106] Wolff, W.F.: *Individuen-orientierte Modelle für Watvögelkolonien in den Everglades:* in: Gnauck, A.; Frischmuth, A.; Kraft, A. (ed.): Ökosysteme: Modellierung und Simulation. Taunusstein: Eberhard Blottner Verlag, 1995. pp.: 205-243.

[107] Wunsch, G.: *Zellulare Systeme.* Berlin: Akademie Verlag, 1977.

[108] Yeh, G.T.; Tripathi, V.S.: *A Model for Simulating Transport of reaktive Multispecies Components: Model Development and Demonstration.* Water Resource Research, Vol. 27 (12), 1991. pp.: 3075-3095.

[109] Onishi, A.: *Global model Simulation -A New frontier of Economics and System Sciences.* Simulation, Vol. 65 (5). 1995. pp.: 346-352.

[110] Pretzsch, H.: *Konzeption und Konstruktion von Wuchsmodellen für Rein- und Mischbestände.* Ludwig-Maximilians-Universität München, Lehrstuhl für Waldwachstumskunde. Forstliche Forschungsberichte München, Nr. 115. 1992.

2

Moderne Informatikmethoden für die Umwelttechnik

Hubert B. Keller

Zusammenfassung

Komplexe Problemstellungen aus umwelttechnischen oder ökologischen Bereichen sind einer Analyse und Beschreibung oft nur schwer zugänglich. Ökologische Systeme sind stark vernetzt, das Wissen für analytische Modellierung ist lückenhaft. Existierende, umweltbezogene technische Systeme sind durch eine stärkere Abgeschlossenheit (interne Rückführungen) komplexer geworden, viele Prozeßparameter lassen sich nicht direkt bestimmen. Außerdem sind neue Aufgaben/Prozesse entstanden, z. B. Sortierung in der Wiederverwertung, die durch klassische Ansätze nur ungenügend beherrschbar sind. Hier bieten sich moderne Verfahren der Informatik wie regelbasierte Expertensysteme, Fuzzy Systeme zur unscharfen Informationsverarbeitung, evolutionäre Algorithmen für Optimierungsrechnungen oder maschinelle Lernverfahren zur selbsttätigen Ableitung von kategorischem, kausalem oder funktionalem Wissen an. Neuronale Netze können unter anderem zur Verarbeitung bildhafter Informationen (z. B. abstrakte Klassifikation) eingesetzt werden. Nach einer kurzen Darstellung von wesentlichen Verfahren wird jeweils auf Beispielanwendungen detailliert eingegangen.

2.1 Einleitung

Die klassische Systemanalyse erfolgt auf Basis chemisch-physikalischer, biologischer etc. Beziehungen und führt zu einer mathematischen Beschreibung des untersuchten Gegenstands. Diese Vorgehensweise in der klassischen Modellbildung scheitert aber dann, wenn nicht alle Systemzusammenhänge bekannt sind, zu wenig Daten verfügbar oder die Systemkomplexität zu hoch ist. Dann sind Verfahren einzusetzen, welche es erlauben z. B. Erfahrungswissen des Menschen direkt einzusetzen, implizit vorliegende Beziehungen automatisch ableiten oder gar aus Datensätzen/Meßwerten Informationen selbsttätig zu erkennen. Im wesentlichen sind folgende Verfahren zu nennen:

- automatische Inferenzbildung (z. B. mit Prolog) auf Basis der klassischen Logik, sowie Erweiterungen,
- regelbasierte Systeme,
- Modellierung mit frames, scripts und semantischen Netzen, Merkmalsvektoren und algebraische Verfahren,
- maschinelles Lernen zur automatischen Wissensakquisition,
- Fuzzy Systeme zur unscharfen Informationsverarbeitung,

- neuro-fuzzy Systeme als Kombination von unscharfer und konnektionistischer Informationsverabeitung,
- künstliche neuronale Netze bzw. konnektionistische Systeme, sowie
- evolutionäre Algorithmen zur „Züchtung von Problemlösungen".

Bei den symbolorientierten Verfahren (z. B. Expertensysteme) wird die Aneignung von Wissen im allgemeinen als Wissensakquisition bezeichnet und man kann in die (direkte oder indirekte) manuelle und die (überwachte oder nichtüberwachte) automatische Wissensakquisition unterscheiden. Bei subsymbolischen Verfahren (z. B. neuronale Netze) bezeichnet man den Vorgang des Wissenserwerbs als Lern- bzw. Trainingphase. Zur Darstellung neuronaler Netze wird auf das entsprechende Kapitel in diesem Buch verwiesen. Ein umfassendere Einführung in die genannten Verfahren ist in [16] und [25] zu finden.

2.2 Symbolorientierte Wissensdarstellung und -verarbeitung

Die wichtigsten Verfahren zur symbolischen Wissensdarstellung/-verarbeitung sind Logik, Regeln und strukturierte Objekte (frames, scripts usw.).

2.2.1 Wissensverarbeitung mit Logik / Prolog

Der älteste Mechanismus zur Formalisierung von Wissen und seiner Verarbeitung ist die **Logik von Aristoteles**, die Ende des letzten Jahrhunderts von Frege zur heutigen Prädikatenlogik weiterentwickelt wurde. In ihr können Sätze wie

> Alle Menschen sind sterblich, und
> Sokrates ist ein Mensch

ausgedrückt, und daraus der Schluß

> Sokrates ist sterblich

gezogen werden. Schwierig wird die Beschreibung, wenn unsicheres Wissen ausgedrückt werden soll. Mit der Regel

> Wenn der Motor nicht anspringt, dann ist mit einer gewissen Wahrscheinlichkeit der Tank leer

kann nicht mit Bestimmtheit geschlossen werden, daß der Tank leer ist, denn der Inhalt des Tanks muß nicht die einzige Ursache für den Fehler sein. Entsprechende Erweiterungen der Logik erlauben z. B. die Verarbeitung von unsicherem Wissen, nichtmonotones Schließen usw. (siehe z. B. [25]).

In der **Prädikatenlogik** formuliert man gültige Aussagen eines Gegenstandsbereichs, sogenannte Axiome, und leitet mit Ableitungsregeln, sogenannten Inferenzregeln, die Gültigkeit neuer Sätze her. Ein Problem wird durch eine Menge von Aussagen beschrieben, die Lösung des Problems kann als gültiger Satz hergeleitet werden, oder wird durch die Herleitung beschrieben. Basis für diese Vorgehensweise ist eine feste Menge von logischen Axiomen und Inferenzregeln. Diese beiden Mengen definieren einen logischen Kalkül, den Prädikatenkalkül erster Stufe. Er ist unabhängig vom Problembereich. Das Problem selbst wird dann durch weitere grundlegende Aussagen (nichtlogische Axiome,

Semantik des Problems) formuliert, und die Lösung für das Problem aus dem Gegenstandsbereich entsteht durch Anwendung der Inferenzregeln auf die grundlegenden Aussagen (nichtlogische Axiome) auf Basis der logischen Axiome. Für die Prädikatenlogik gibt es Beweistheorien, d.h. Möglichkeiten, wahre Sätze syntaktisch abzuleiten [4].

Neben dem Einsatz der klassischen Logik zur Beweisführung kann sie in Form der Programmiersprache PROLOG (*Prolog=Programming in Logic)* auch zur **Wissensverarbeitung** verwendet werden. In PROLOG (vgl. [26]) wird ein Problem durch Hornklauseln, einer speziellen Form von Klauseln, beschrieben und mit Hilfe des «PROLOG-Systems» durch Anwendung des Resolutionsprinzips gelöst. Ein PROLOG-Programm besteht aus einer Menge von Fakten, einer Menge von Klauseln, auch Regeln genannt, und einem Ziel, auch Anfrage genannt. Es gilt, das Ziel zu erfüllen. Dies ist dann der Fall, wenn es mit einem Fakt übereinstimmt bzw. an einen Fakt angeglichen werden kann, oder wenn es eine Klausel gibt, deren linke Seite mit dem Ziel in Übereinstimmung gebracht werden kann, und alle Prädikate der rechten Seite als Ziele erfüllt werden können. Alles, was nicht in der PROLOG-Datenbasis enthalten ist, wird als falsch angenommen. Diese Interpretation von Wissen nennt man «Closed World Assumption», die besagt, daß alles, was nicht gewußt wird, falsch ist. Wird Wissen hinzugefügt, so kann ein vorher erfüllbares Ziel nun eventuell nicht mehr abgeleitet werden (Belief Revision). Dies entspricht nicht der klassischen Logik, in der die Ableitungen monoton sind, d. h. in der bei Hinzunahme konsistenter Axiome abgeleitete Sätze weiterhin gültig sind. Es entspricht aber dem natürlichen Schließen, bei dem der Mensch Schlüsse zurückzieht, wenn er neues Wissen erwirbt. Diese Vorgehensweise erfordert die Neuberechnung von Ableitungsschritten. Hierfür wurden sogenannte Truth Maintenance (TMS) Systeme und Assumption TMS-Systeme entwickelt [25].

Die Basis des **probabilistischen Schließens** ist die Bewertung jeder Aussage mit einer Wahrscheinlichkeit, die den Grad der Unsicherheit widerspiegelt. Ein wichtiger Problembereich für den Umgang mit Unsicherheiten ist die Diagnostik, bei der Muster (die Diagnose) anhand ihrer Eigenschaften wiedererkannt werden sollen. In diesem Problembereich stammen die Unsicherheiten aus folgenden Quellen:

- Symptomerhebung (Feststellung der Evidenz der Symptome),
- Symptombewertung (Zuordnung der Symptome zu Diagnosen),
- Unzulänglichkeiten des Verrechnungsschemas.

Meistens werden Unsicherheiten bei der Symptomerhebung vom Benutzer und Unsicherheiten bei der Symptombewertung vom Experten geschätzt. Die Verrechnung dieser Unsicherheiten kann die Gesamtunsicherheit beträchtlich vergrößern. Zur Lösungsberechnung benötigt man Berechnungen oder Abschätzungen der Symptom-Diagnose-Wahrscheinlichkeiten aller relevanten Symptom-Diagnose-Paare und der symptomabhängigen a priori Wahrscheinlichkeiten der Diagnosen. Eine Möglichkeit zur Berechnung der wahrscheinlichsten Diagnose liefert **das Theorem von Bayes** (vgl. [16]).

2.2.2 Regelbasierte Systeme

Regeln sind eine natürliche Ausdrucksweise für Zusammenhänge und Schlußfolgerungen. Verknüpfen wir mehrere Regeln in geeigneter Weise, so können wir zu einer Fragestellung, d. h. einem Problem, eine Antwort, also eine Lösung des Problems, finden. Jede einzelne Regel ist ein Teil der Beschreibung des Problems und trägt durch ihre Anwendung zur Lösung bei. Der Mechanismus, der die Regeln anwendet, heißt **Regelinterpreter** oder **Inferenzmechanismus**. Er ist problemunabhängig, und dies ist die grundlegende Idee der regelbasierten Systeme. Das Problem wird in Form von Fakten und Regeln beschrieben, seine Lösung wird mit Hilfe einer problemunabhängigen Kontrolle erarbeitet. So erreicht man eine explizite, übersichtliche und leicht änderbare Darstellung des Problems, die nicht mit Verarbeitungsdetails vermischt ist. Jede Regel besteht aus einer Prämisse und einer Aktion, hat also ganz allgemein die Gestalt:

IF <Prämisse> THEN <Aktion>

Sind nun bestimmte Fakten in der Faktenbasis vorhanden, so kann die Prämisse einer Regel dagegen geprüft werden. Ist die Prämisse erfüllt, wird die Aktion der Regel ausgeführt. Man sagt, die Regel feuert. Diese verändert üblicherweise die Faktenbasis und liefert einen neuen Zustand, gegen den die Regeln erneut geprüft werden. Dies geschieht in einer Schleife solange, bis eine Endebedingung erreicht ist, oder keine Regel mehr angewendet werden kann.

Um viele ähnliche Fälle mit einer Regel abzudecken, formuliert man die Regeln mit Hilfe von Variablen. Die Fakten der Faktenbasis sind dagegen spezifisch. Will man Regeln anwenden, muß man die allgemein formulierten Prämissen mit den konkreten Fakten in Übereinstimmung bringen. Dies nennt man Unifikation. Man ersetzt dabei die Variablen durch geeignete Werte, so daß Prämissen und Fakten identisch werden. Die so entstandenen Regeln heißen Regelinstanzen. Sie bilden eine Menge, aus der der Regelinterpreter eine Regelinstanz zur Anwendung auswählen muß. Der prinzipielle Algorithmus des Regelinterpreters ist einfach, er läßt sich in fünf Zeilen notieren:

1. initialisiere Datenbasis,
2. solange Endebedingung nicht erfüllt ist:
    3. bestimme die Menge **R** der anwendbaren Regelinstanzen,
    4. wähle eine Regelinstanz **r** aus **R** aus,
    5. wende **r** auf die Datenbasis an.

Die **Kontrollstrategie** besteht genau in der Bestimmung der Regelinstanz r in (3) und (4). Dahinter verbirgt sich aber ein gravierendes Problem: Gibt es mehrere Regelinstanzen, die angewendet werden können, welche ist dann die richtige? Die Kontrollstrategie liefert die Entscheidung. Sie kann ganz allgemein und problemunabhängig sein, dann hat sie den Vorteil, daß sie für die Lösung jedes Problems eingesetzt werden kann, aber auch den Nachteil, daß Probleme oft nicht effizient gelöst werden können. Um ein Problem vollständig lösen zu können, muß die Kontrollkomponente aber systematisch vorgehen. Es ist also entweder zum Zeitpunkt der Wahl der nächsten anzuwendenden Regel soviel Information vorhanden, daß die Regel eindeutig feststeht, oder die Kontrollkomponente muß nach der trial-and-error Methode arbeiten. Letzteres bedeutet, daß sie sich bei jeder Entscheidung merkt, welche Regeln als Alternativen zur Wahl stehen, und bei «Stagnation», wenn weder die Endebedingung erreicht ist, noch eine anwendbare Regel existiert, systematisch auf die letzte Alternative zurücksetzt. Das zuletzt beschriebene Verfahren heißt **backtracking** und erfordert eine genaue Definition der Seiteneffekte und wie sie zurückgesetzt werden können. Entscheidet man sich aus Effizienzgründen gegen diese Methode, so muß entweder die Entscheidung der Kontrollkomponente durch Metaregeln unterstützt werden, oder die Regelauswahl erfolgt nicht systematisch sondern mit Hilfe einer heuristischen Funktion (ohne Vollständigkeit der Problemlösung). Best-first-search, Hill-climbing und Branch-and-bound sind solche Kontrollstrategien (vgl. [16]).

Es gibt zwei grundsätzlich verschiedene Vorgehensweisen der Regelanwendung:

1. Die **Vorwärtsverkettung**, bei der ausgehend von einem Startzustand durch Vorwärtsregeln ein Zielzustand hergeleitet wird, und
2. die **Rückwärtsverkettung**, bei der ausgehend von einem Zielzustand durch Rückwärtsregeln ein Startzustand abgeleitet wird.

Darüber hinaus gibt es Kombinationen dieser beiden Systeme.

In den 60er Jahren begannen Forscher an amerikanischen Universitäten Systeme (sogenannte Expertensysteme) zu entwickeln, die statt den allgemeinen Methoden der „künstlichen Intelligenz", Wissen und Heuristiken in eingeschränkten Bereichen (Domänen) enthielten. Die Entwicklungen fanden zunächst vor allem im medizinischen Bereich statt, wo die Diagnose meistens auf der Beobachtung von Symptomen und damit auf der Erfahrung des Arztes basiert. Das erste Programm, DENDRAL, entstand an der Stanford Universität. DENDRAL bestimmt die Struktur einer chemischen Verbindung auf der Basis der Spezifikationen der Komponenten und der Massenspektrogramme von Beispielverbindungen. Erfahrene Chemiker hatten Heuristiken geliefert, mit denen der Suchraum eingeschränkt werden kann. Es wird heute noch in Stanford eingesetzt und pro Tag von Hunderten von Benutzern über Netz konsultiert.

Solch ein **Expertensystem** ist ein Programm, das in einem eng abgegrenzten Anwendungsbereich den spezifischen Problemlösungsfähigkeiten eines menschlichen Experten nahekommt, sie erreicht oder gar übertrifft. Letzteres ist vor allem dann der Fall, wenn große Datenmengen analysiert werden müssen. Bei einer Störung in einem Netz von Hochspannungsleitungen lösen beispielsweise Rechner in Kontrollstationen sogenannte Meldeschauer in einer Zentrale aus. Diese Meldeschauer bestehen aus 500 bis 1000 Zeilen von Informationen mit Datum, Uhrzeit, Station, Status und anderem, die in 5 bis 10 Sekunden ankommen und mit Mehrfachmeldungen und falschen Daten durchsetzt sind bzw. Daten vermissen lassen. Eine Interpretation dieser Daten ist sehr aufwendig und langwierig, muß aber innerhalb sehr kurzer Zeit erfolgen, was den Menschen im allgemeinen überfordert.

Expertensysteme sind sehr komplexe Programme, und die Entwicklung der ersten Systeme kostete mehrere zig Personenjahre. So wurden für DENDRAL ca. 40 Personenjahre aufgewendet. Um diese immensen Entwicklungskosten zu senken, wurde sehr früh damit begonnen, eine domänenunabhängige Architektur von Expertensystemen zu entwickeln und für die einzelnen Komponenten dieser Architektur Entwicklungswerkzeuge anzubieten. Dabei orientierte man sich an der Arbeitsweise eines Experten, die er zur Lösung eines Problems anwendet. Diese Vorgehensweise des Experten stand als Vorbild für die Komponenten eines Expertensystems und legte eine allgemeine Architektur fest.

Im allgemeinen Fall besteht ein Expertensystem aus einer **Wissensbasis**. Auf dieser arbeitet die **Problemlösungskomponente**, die die fehlende Information über die **Dialog-**

komponente vom Benutzer des Expertensystems erhält, Fakten in die Faktenbasis einträgt, Regeln anwendet und die Schlüsse in die Faktenbasis übernimmt. Sie versorgt die **Erklärungskomponente**, die bei Rückfragen des Benutzers Erläuterungen gibt. Diese vier Bestandteile sind zum Ablauf eines Expertensystems notwendig. Zur Erstellung ist zusätzlich die **Wissensakquisitionskomponente** erforderlich. Über sie füllt der Wissensingenieur die Wissensbasis.

Die Wissensakquisitionskomponente ist bei der Erstellung des Expertensystems die wichtigste Komponente. Sie dient dazu, das zum Teil unstrukturierte, diffuse Wissen des Experten zu formalisieren. Leider gibt es bis heute noch keine ausgereiften Techniken, das Wissen der Experten automatisch in die Wissensbasis aufzunehmen. Wissensakquisition ist eine schwierige Aufgabe, die von sogenannten Wissensingenieuren durchgeführt wird. Trotzdem bleibt das Hauptproblem der Wissensgewinnung von Experten und der adäquaten Formalisierung ungelöst (hier setzen die Verfahren **Maschinelles Lernen**, **neuronale Netze** und **Neuro-Fuzzy** an).

Von einem Experten erwartet man, daß er seine Lösungen und Gedankengänge erklären kann. Deshalb muß ein Expertensystem auch eine Erklärungskomponente haben. Fragen wie «warum» und «wie» sollen für den Benutzer verständlich beantwortet werden, denn die Akzeptanz eines Expertensystem steigt mit der Möglichkeit, die Lösung nachvollziehen zu können. Zusätzlich ist dem Experten durch die Erklärungskomponente ein Mittel an die Hand gegeben, die Adäquatheit der Lösungen und die Lösungswege zu überprüfen. Bei der Abarbeitung von Regeln wird ein sogenannter Trace (Spur) mitgeführt, der in natürlichsprachliche Sätze übersetzt wird. Für den direkten Einsatz des Expertensystems ist ein sogenanntes Laufzeitsystem ausreichend.

2.2.3 Strukturierte Objekte

Fakten stellen einen wichtigen Teil der Wissensbasis dar. Sie bestehen entsprechend der verwendeten Wissensrepräsentation in der Logik aus Axiomen, d. h. allgemeingültigen Aussagen, in der prozeduralen Programmierung aus Datenobjekten, bei regelbasierten Systemen aus prädikatenähnlichen Konstrukten. Bei einer großen Menge von Fakten ist es sinnvoll, diese so zu organisieren, daß sie schnell gefunden und verarbeitet werden können. Ein wichtiger Begriff ist hier die **Objektzentrierung**. Darunter versteht man die Sammlung aller Aussagen zu einem Objekt bzw. Begriff an einer Stelle in der Wissensbasis. Ein Vermischen von Aussagen zu verschiedenen Objekten bzw. Begriffen soll verhindert werden. Dies erreicht man dadurch, daß man zu einem Objekt oder Begriff alle Eigenschaften und Eigenschaftswerte in einer Struktur darstellt, die dem Objekt zugeordnet wird. Ein Beispiel dafür sind die **Merkmalsvektoren**, die jedoch sehr einfach sind und eher als Kodierung denn als deklaratives Ausdrucksmittel betrachtet werden können. Dasselbe gilt für Parameterlisten von algebraischen Ausdrücken. Semantische Netze und Frames dagegen sind mächtigere Darstellungsmethoden zur Unterstützung der Objektzentrierung. **Semantische Netze** stellen einen Begriff mit Beziehungen zu anderen Begriffen in analoger Weise dar. Mit einer netzartigen Struktur wird ein „semantisches Gedächtnis“ modelliert, die Knoten repräsentieren die Begriffe und die Kanten die Assoziationen.

Frames sammeln Eigenschaften von Objekten in sogenannten Fächern und reagieren beim Zugriff auf die Werte. Skripte wiederum versuchen typische situative Abläufe zu beschreiben. Eine detailliertere Darstellung ist in [16] zu finden.

2.2.4 Unscharfe Systeme

Beim Einsatz unscharfer Methoden erspart man sich eine oftmals teure und langwierige Entwicklung eines mathematischen Modells. Doch auch in vielen Fällen, die sich einer exakten Modellierung entziehen, verspricht der Einsatz unscharfer Informationsverarbeitung Erfolg. Grundidee dieser Modellierungstechnik ist die Formalisierung menschlichen Problemwissens in einer unscharfen (vagen) Form, das entweder von einem Experten bereitgestellt oder aber intuitiv formuliert wird. Menschliche Fähigkeiten, Sachverhalte intuitiv auf einer nicht strukturellen/funktionalen sondern einer verhaltensorientierten Ebene zu erfassen und in Form von z. B. Handlungswissen umzusetzen, sind hierzu die Basis. Entsprechende Erfahrung des Menschen im betreffenden Sachgebiet vorausgesetzt, führen somit zu einem umfangreichen Vorrat z. B. an Verhaltensbeschreibungen. Ein derartig entwickeltes System wird im optimalen Fall das Leistungsvermögen desjenigen erreichen, der die Wissensbasis zur Verfügung gestellt hat. Eine komplexe Wissensbasis könnte jedoch durchaus die Kenntnisse eines großen Personenkreises umfassen und damit die Fähigkeiten des Einzelnen deutlich übertreffen.

Menschliches Problemwissen wird hierbei in einer natürlichsprachlichen, regelbasierten Form spezifiziert:

> Wenn die Temperatur hoch ist, öffne ich das Ventil leicht.
>
> Wenn die geschlossene Bodenfläche stark zunimmt, fällt die Verdunstungsrate merklich.

Die Frage ist aber, was ist hoch, leicht, stark bzw. merklich. Die Formalisierung und die Auswertung unscharfer Regelbasen stellen deshalb die zentralen Mechanismen der unscharfen Informationsverarbeitung dar. Wichtige Begriffe sind dabei

- unscharfe Menge (fuzzy set):
  mathematisches Konzept zur Repräsentation vager Angaben, indem eine graduelle Mengenzugehörigkeit erlaubt wird;
- unscharfe Regel (fuzzy rule):
  Regel, deren Prämissen- und Konsequenzprädikate unscharfe Mengen enthält (s.o.);
- unscharfes Schließen (fuzzy reasoning, approximate reasoning):
  mathematischer Rahmen zur Formalisierung und Auswertung unscharfer Regelbasen; für die Regelauswertung existiert eine Vielzahl von Realisierungsmöglichkeiten;
- unscharfe Regelung (fuzzy control):
  spezielle Einbettung unscharfer regelbasierter Systeme in technische Anwendungen (Regelkreise); in der Praxis hat sich dabei ein Auswertungsmechanismus durchgesetzt, der sich als besonders anschaulich und effizient erweist;
- unscharfe Logik (fuzzy logic):

isomorphes Konzept zur unscharfen Menge, das den Umgang mit graduellen Wahrheitswerten regelt (vgl. Lukasiewicz-Logik)

Bei einer Regelungsaufgabe z. B. soll eine technische Anlage so gesteuert werden, daß sie ein vorgegebenes Ziel erreicht oder einhält. Zu diesem Zweck setzt man einen Regler ein, der die Anlage beobachtet und unter Berücksichtigung des angestrebten Verhaltens beeinflußt. Die unscharfe Regelung umgeht die mathematische Modellierung, indem natürlichsprachliche Regeln formalisert werden, die das Verhalten des zu entwickelnden Reglers spezifizieren, und im Anschluß automatisch ausgewertet. Die Wissensbasis eines unscharfen Reglers setzt sich aus der Festlegung der verwendeten qualitativen Begriffe (unscharfe Mengen) sowie der Angabe der bestehenden kausalen Beziehungen (Regeln) zusammen. Der Übergang von der scharfen Darstellung zur fuzzy Repräsentation wird „Fuzzyfication“ bzw. der umgekehrte Weg „Defuzzification“ genannt (vgl. [17], [20]).

2.3 Neuronal und symbolisch - Neuro-Fuzzy

Neuronale Netze und Fuzzy Logik sind völlig verschiedene Ansätze, die zunächst wenig miteinander zu tun haben. Bei Neuronalen Netzen wird die Grobstruktur, d.h. der Typ und die Topologie des Netzes mit der Anzahl der Neuronen vom Entwickler vorgegeben. Die Feinstruktur wird durch einen Lernalgorithmus und große Datenmengen automatisch bestimmt. Die erreichte Genauigkeit ist umgekehrt proportional zur Datenmenge. In der Fuzzy Logik ist kein Lernen definiert. Die Verarbeitung von Fuzzy-Systemen basiert nicht auf Datenmengen, sondern auf Regeln, die von einem Entwickler oder Experten stammen. Bei der Entwicklung der beiden System-Arten spielen also komplementäre Eigenschaften eine Rolle: Neuronale Netze beziehen ihr Wissen in erster Linie aus Daten, Fuzzy-Systeme setzen einen Experten voraus.

Neuro-Fuzzy-Systeme entstehen durch die Kopplung von Neuronalen Netzen und Fuzzy Systemen (vgl. [16], [19]). Ein komplexes System, das an irgendeiner Stelle ein Neuronales Netz enthält und an irgendeiner anderen Stelle Fuzzy-Regeln verwendet, wird im folgenden als «nicht gekoppeltes» Neuro-Fuzzy-System bezeichnet. Weitere Stufen, die sich nach der **Stärke der Verflechtung** der beiden Systemarten richten, sind dann «schwach gekoppelte» oder «stark gekoppelte» Neuro-Fuzzy-Systeme. Aber nicht nur hinsichtlich ihrer Verflechtungsstärke, auch nach ihrer Zielsetzung unterscheiden sich die Systeme. Man kann hier zwei Hauptgattungen feststellen: Systeme, deren Beschreibung und Spezifikation genau festliegt (propositional), die sich aber flexibel (adaptiv) auf Umgebungsänderungen einstellen sollen, werden als „adaptive propositionale Systeme“ behandelt. Systeme, die durch eine automatische Analyse von Datenmengen entstanden sind, und hierzu zählen neben Neuronalen Netzen auch stochastische Verfahren, Cluster-Erkennungsverfahren und Prognose-Werkzeuge, bzw. Systeme, die neue Daten einfach nach den Gesetzmäßigkeiten alter Daten prozedural verarbeiten, sind für den Anwender oft wenig vertrauenerweckend. Er sieht außer der Beobachtung der Eingangs- und Ausgangsdaten vom Verarbeitungsprozeß nichts und kann ihn daher auch nicht nachvollziehen, d.h. nicht interpretieren. Systeme, die sowohl prozedural als auch interpretierbar sind, sind also wünschenswert und werden als «interpretierbare prozedurale Systeme» bezeichnet.

Die Stärke der Verflechtung Neuronaler Fuzzy-Systeme sagt nichts über deren Leistungsfähigkeit aus. Der Grund, weshalb stark gekoppelte Systeme im allgemeinen dennoch einen stärkeren Reiz besitzen, liegt eher darin, daß in einem Neuro-Fuzzy-System die gesamten Vorteile von Neuronalen Netzen und Fuzzy Systemen auf ein Problem angewandt werden können. Im Fall eines nicht gekoppelten Systems wird auf ein Teilproblem ein Neuronales Netz angewandt und bei einem anderen Teilproblem ein Fuzzy-System eingesetzt. Die Vorteile beider Methoden können nicht die volle synergetische Wirkung entfalten. Ohne weitere Vorkehrungen ist hier bei der Verwendung eines Standard-Fuzzy-Systems dieses nicht adaptiv und das verwendete Neuronale Netz ohne zusätzliche Vorkehrungen nicht interpretierbar. Die Beziehung zwischen ihnen kann nicht verallgemeinert werden und muß für jede Anwendung neu konzipiert werden.

Bei schwach gekoppelten Neuro-Fuzzy-Systemen ist eine Beziehung zwischen den beiden Systemteilen vorhanden und kann auch in unterschiedlichen Anwendungen beibehalten werden. Ein solches System kann als Block angesehen werden, wobei jedem einzelnen Teil eine bestimmte Aufgabe zufällt. Häufig anzutreffende Konstellationen sind hier die Aufteilung in Vorverarbeitung, Hauptteil und eventuell Nachbearbeitung oder die Beeinflussung von Parametern des einen Systems durch das andere System.

Bei eng gekoppelten Neuro-Fuzzy-Systemen kann nicht mehr zwischen einem neuronalen und einem Fuzzy-Teil unterschieden werden. Beide zusammen bilden einen Algorithmus, der sowohl Merkmale von Neuronalen Netzen als auch Fuzzy-Systemen aufweist. Eine Methode ist die direkte Implementierung von Fuzzy-Regeln in Neuronalen Netzen, wobei die Struktur und die Bestandteile (Neuronen, Lernalgorithmen) konventioneller Neuronaler Netze jeweils mehr oder weniger stark verändert werden. Manche Systeme ordnen Neuronale Netz-Teile so an, daß sie als Komponenten eines Fuzzy-Systems gedeutet werden können, d.h. sie bestehen aus einer Fuzzifizierung, Inferenz und Defuzzifizierung. Ein weit verbreiteter Glaube geht davon aus, daß Fuzzy-Systeme an sich schon adaptiv sind, dies ist nicht der Fall.

Die Interpretierbarkeit prozeduraler Systeme wird immer wieder dann gefordert, wenn an ein System sehr hohe Erwartungen an seine Zuverlässigkeit gestellt werden. Es gibt aber noch einen weiteren Grund dafür, Neuronale Netze interpretierbar zu gestalten. Man möchte wissen, was das Neuronale Netz aus den Daten gelernt hat, um eventuell selber weitere Eingriffe in das System zu machen.

Es ist deutlich geworden, daß sich Neuronale Netze und Fuzzy Logik gegenseitig ergänzen können und durch ihre Kombination sich eine Vielfalt neuer Möglichkeiten eröffnet. Es ist daher berechtigt, Neuro-Fuzzy als eigenständige Methode zur Informationsverarbeitung in komplexen Systemen anzusehen.

2.4 Evolutionäre Algorithmen - Vorbild Natur

Evolutionäre Algorithmen basieren auf der Modellierung von Prinzipien der Populationsgenetik und Darwin'scher Evolution. Die Methodik züchtet Problemlösungen ohne dabei die Problemstruktur genau kennen zu müssen. Im Extremfall genügt dem Verfahren die Möglichkeit Lösungen präsentieren zu können und für diese eine Bewertung, qualitativer oder quantitativer Art, zu erhalten. Die Stärke ist also das Finden „guter“

Lösungen in großen Suchräumen, ohne daß die Fehleroberfläche differenzierbar sein muß.

Der Einsatzbereich dieser Klasse von Suchverfahren reicht von der Lösung schwieriger Such- und Optimierungsprobleme bis zu Verfahren zum Maschinellen Lernen. Lernen wird hier als Adaptionsprozeß aufgefaßt, der mittels einer Gütefunktion gesteuert wird. Die Gütefunktion bewertet die produzierten Lösungen hinsichtihrer Zielerfüllung und dieses Wissen wird zur Produktion der nächsten Population von Lösungen genutzt. Es entsteht eine Folge von Lösungsmengen die sich dem Ziel nähert. Lernen ist also auch als Optimierungsaufgabe auffaßbar.

Viele Probleme in Wissenschaft und Technik, Wirtschaft und Finanzen, aber auch im Bereich des Managenemts sind häufig so komplex, daß eine analytische Vorgehensweise entweder gar nicht oder nur mit nicht vertretbarem Aufwand möglich ist. Können Verfahren zur optimalen Lösung des Problems nicht eingesetzt werden, so bieten heuristische Methoden die Möglichkeit «gute» Lösungen mit akzeptablem Zeitaufwand zu finden. Evolutionäre Algorithmen gehören wie auch die Fuzzy Logik und Neuronale Netze zu den heuristischen Verfahren. Sie haben die biologische Evolution als Vorbild und nutzen die natürlichen Mechanismen um Lösungen gleichsam zu züchten ohne dabei die Problemstruktur genau kennen zu müssen. Eine Bewertungsfunktion, die jeder potentiellen Lösung eine Güte zuordnet, ist die Grundlage für die Steuerung des Lernprozesses.

Die Intelligenz evolutionärer Algorithmen liegt darin, daß sie im Unterschied zu anderen Heuristiken nicht nur einen Lösungsansatz verfolgen, sondern eine Vielzahl von Lösungen gleichzeitig betrachten. Die über den aktuellen Erfolg oder Mißerfolg der anderen Lösungspfade zur Verfügung stehende Information wird für den weiteren Suchvorgang genutzt. Hierdurch kann das Verfahren zwischen Breiten- und Tiefensuche balancieren und ein robustes Optimierungsverhalten erreicht werden. Im Gegensatz zu vielen mathematischen Verfahren liefern evolutionäre Algorithmen kontinuierlich Zwischenlösungen und nicht erst ein Ergebnis nach der Terminierung des Verfahrens. In dem aktuellen Pool von Lösungen spiegelt sich das durch den Lösungsfindungsprozeß akkumulierte Wissen über die Struktur des Suchraumes. Von daher eignen sich evolutionäre Algorithmen auch als Lernverfahren. Somit können sich Fuzzy Logik, neuronale Netze und evolutionäre Algorithmen sehr gut ergänzen.

Die bekanntesten evolutionären Algorithmen sind die **Genetischen Algorithmen** (GA), die **Evolutionsstrategien** (ES), das **Evolutionary Programming** (EP), die **Classifier Systeme** (CS) und das **Genetic Programming** (GP). Genetische Algorithmen setzen auf die Rekombination als Motor für die genetische Suche, während die Evolutionsstrategien und das Evolutionary Programming die Mutation als Basisoperator favorisieren. Die Classifier-Systeme wurden von John Holland auf der Basis der genetischen Algorithmen zur Klassifizierung und zum Erlernen von bedingtem Handeln entwickelt.

Unter dem Oberbegriff evolutionäre Algorithmen werden verschiedene Ansätze zusammengefaßt, die alle ein Modell in Analogie zur Populationsgenetik und Darwin'scher Evolution benutzen. Darwin beschrieb die Evolution durch natürliche Selektion als einen Prozeß zwei Hauptkomponenten. Die erste ist die Produktion von genetischen Variationen durch Rekombination, Mutation und anderer Zufallsereignisse. Die Produktion von Variationen ist zufällig in dem Sinne, daß sie weder durch die momentanen Erfordernisse eines Organismus und seines Lebensraumes bedingt noch korreliert ist. Die zweite Komponente ist die natürliche Selektion bedingt durch den Kampf ums Überleben und Vermehren, und ist ein Ordnungsprinzip. Solche Individuen, die die günstigeren Kombinationen von Eigenschaften haben, um in ihrer Umwelt zu existieren, haben bessere Chancen zu überleben, sich zu reproduzieren und Nachkommen zu hinterlassen; und ihre Eigenschaften stehen damit der nächsten Generation wieder zur Verfügung. Die selektionistische Evolution ist somit weder ein zufälliges noch ein deterministisches Phänomen, sondern ein zweistufiger Prozeß der die Vorteile von beidem kombiniert. Der prinzipielle Ablauf lautet (nach ([16]):

```
ALGORITHMUS generischer_EA
t := 0
Initialisierung der Anfangspopulation P(0)
WHILE Terminierungskriterium nicht erfüllt
Bewertung der Population P(t).
Variation von P(t):
generiere Nachkommen mittels Rekombination und/oder Mutation
Erzeuge die Nachfolgepopulation P(t+1)
t:=t+1
END WHILE
```

Das Verfahren startet mit der Erzeugung einer Anfangspopulation, der Generation P(0). Die Gene dieser Individuen können rein zufällig ausgewählt werden oder es besteht die Möglichkeit vorhandenes Wissen bei der Wahl der Anfangspopulation zu nutzen. Dann werden die Individuen bewertet und somit jedem Individuum ein Fitnesswert zugeordnet. Diese Qualitätsinformation wird im Reproduktionsschritt benutzt: Individuen mit besserer Qualität haben eine größere Chance als Elternteil ausgewählt zu werden. Der Genotyp der Nachkommen wird durch Anwendung der genetischen Operatoren Mutation und Crossover auf die elterlichen Genotypen gebildet. Die Mutation ist ein unärer Operator der kleine Änderungen eines Genotyps bewirkt. Der Crossover-Operator kombiniert korrespondierende Sequenzen der elterlichen Genketten (zwei oder mehrere Eltern) und erzeugt so Nachkommen, die eine Mischung der elterlichen Gene sind. Die Idee des Crossover Operators ist es, Nachkommen zu produzieren, die die Vorteile der Eltern besitzen. Die Nachkommen werden bewertet und diese Qualitätsinformation wird zur Bildung der nächsten Generation P(t+1) genutzt. Die Gene besserer Individuen sind mittels der Selektion bevorzugt in der nächsten Generation vertreten. Die akzeptierten Nachkommen können einige oder auch alle Individuen der vorherigen Population ersetzen. Die Erzeugung einer Folge von Populationen wird solange fortgesetzt bis ein Terminierungskriterium erfüllt ist.

Eine Sammlung von Implementierungen von Evolutionsalgorithmen, die im Quelltext als Public Domain Software verfügbar sind, ist im GA-Archiv zu finden.

Die meisten Pakete können direkt über das GA-Archiv bezogen werden, es ist über http://www.aic.nrl.navy.mil/galist/src erreichbar.

2.5 Maschinelles Lernen

Das Gebiet des Maschinellen Lernens beschäftigt sich mit rechnerbasierten Methoden zum Erwerb neuen Wissens, neuer Fähigkeiten und neuartiger Wege der Organisation des bestehenden Wissens. Unter dem Begriff Maschinelles Lernen werden sowohl symbolorientierte, als auch konnektionistische Verfahren verstanden. Maschinell lernende Systeme können nach ihrer Lernstrategie eingeordnet werden:

Beim **mechanischen Lernen und der direkten Implantation** neuen Wissens werden vom (lernenden) System weder Schlußfolgerungen noch Transformationen des Wissens verlangt; das Wissen muß lediglich abgespeichert werden. Hierbei findet keinerlei Inferenz oder irgendwie anders geartete Wissenstransformation seitens des Lernenden statt. Im Extremfall artet der Lehrer zu einer passiven Informationsquelle aus.

Beim **Lernen durch Instruktion** (Unterweisung) erfolgt der Wissenserwerb mit Hilfe eines Lehrers oder einer anderen „strukturierten" Quelle. Das System transformiert das Wissen aus der Eingabedarstellung in seine intern verwendbare Darstellung und die neuen Informationen werden, für einen späteren, effizienten Einsatz in bereits vorhandenes Wissen integriert. Fehlende Detailinformationen werden entweder durch Hypothesenbildung gefunden oder von einer externen Wissensquelle, z.B. dem Lehrer, angefordert.

Beim **Lernen durch Analogie** werden neue Fakten oder Fähigkeiten durch Transformation und Erweiterung bestehenden Wissens abgeleitet. Um eine effektive Nutzung des bestehenden Wissens in der neuen Situation zu gewährleisten sind starke Ähnlichkeiten zum gewünschten neuen Konzept oder der neuen Fähigkeit erforderlich. Somit bedeutet Lernen durch Analogie, daß für das neue Problem keine komplett neue Lösung gefunden werden muß, sondern es genügt, eine bestehende „ähnliche" Lösung den Anforderungen entsprechend zu modifizieren. Um entscheiden zu können, wie ähnlich sich bestehendes Wissen und Konzepte sind, muß das lernende System über ein Ähnlichkeitsmaß (Metrik) auf konzeptioneller Ebene verfügen. Wird zu einem gewünschten Konzept oder einer Fähigkeit kein analoges Wissen im Speicher gefunden, so werden andere (heuristische) Lösungsmethoden, wie z. B. Trial-and- Error, angewandt.

Die Verfahren zum **induktiven Lernen** können aufgrund der ihnen unterlagerten Form der Wissensrepräsentation in zwei grundlegende theoretische Ansätze eingeteilt werden:

1. symbolische und
2. subsymbolische

induktive Lernverfahren. Bei den symbolischen Verfahren wird das gesamte Wissen in symbolischer Form gespeichert und verarbeitet. Im Gegensatz hierzu wird das Wissen bei den subsymbolischen Verfahren (neuronale Netze) subsymbolisch, d. h. verteilt und auf einer Ebene unterhalb der symbolischen, dargestellt.

Charakteristisch für alle induktive Lernverfahren ist das Lernen allgemeiner (Klassifikations-) Regeln oder Hypothesen anhand vorgegebener multipler Beispiele. Hierzu basieren induktive Methoden typischerweise auf einer großen Anzahl von Trainingsbeispielen. Neben der hier dargestellten Subklassifikation induktiver Lernstrategien können diese auch in überwachtes Lernen und nicht-überwachtes Lernen eingeteilt werden.

Beim **Lernen aus Beispielen** ist eine Menge von vorklassifizierten positiven Beispielen und Gegenbeispielen (negativen Beispielen) eines Konzeptes gegeben. Das System folgert, auf der Basis der Objekteigenschaften dieser Beispiele, durch Aufstellung und evtl. sogar Bewertung von Hypothesen, ein allgemeines Konzept, das alle positiven und keines der Gegenbeispiele beschreibt. Das somit gewonnene Wissen kann nachfolgend zur Klassifikation, Bewertung oder zur Lösung von Problemsituationen eingesetzt werden. Lernen aus Beispielen kann anhand des Ursprungs der Beispiele noch weiter unterteilt werden. Lernen aus Beispielen kann man auch durch den präsentierten Typ der Beispiele subklassifizieren (positive/negative Beispiele).

Beim **Lernen durch Operationalisieren** handelt es sich um eine weitere Strategie zum Maschinellen Lernen. Diese Lernstrategie kann von einem System eingesetzt werden, das bereits über Wissen aus seinem Anwendungsgebiet verfügt. Von einem „intelligenten" externen Beobachter seines Verhaltens wird ihm ein Ratschlag, Tip oder ein Hinweis zur Nachhilfe erteilt. Dieser erfolgt durch eine Eingabe in einer Weise, die das System nicht direkt befolgen kann und muß, d. h. es wird kein uneingeschränkter Gehorsam beabsichtigt. Der Lernprozeß besteht darin, daß das System die Anweisung in eine Folge von Operationen oder in geänderte Heuristiken übersetzt, die dann bestimmte Operationsfolgen bevorzugen.

Das **Lernen durch Beobachtung und Entdeckung** ist die allgemeinste Form des induktiven Lernens. Sie beinhaltet die Entwicklung von Systemen, theoriebildende Aufgaben, die Erzeugung von Klassifikationskriterien zur Bildung taxonomischer, d. h. systematischer Hierarchien, etc., ohne Unterstützung eines externen Lehrers. Die Aufgabe besteht darin, allgemeine Beschreibungen (eines Gesetzes, einer Theorie) zu bestimmen, die eine Ansammlung von Beobachtungen charakterisieren. Durch Auswertung der symbolischen Informationen der Beobachtungen werden Beschreibungen erzeugt, die Eigenschaften von Objekten spezifizieren, die eine bestimmte Klasse (ein Konzept) repräsentieren. Die Strategie des Lernens durch Beobachtung kann man nach dem Grad der Wechselwirkung mit der externen Umgebung in die passive Beobachtung und in das aktive Experimentieren unterteilen.

Ein lernendes System, das die Strategie des **Lernen durch Deduktion** (analytisches Lernen) verwendet, führt deduktive (wahrheitserhaltende) Schlüsse entweder auf bereits vorhandenem oder auf speziell zur Verfügung gestelltem Wissen aus. Dies geschieht mit dem Ziel der Restrukturierung des gegebenen Wissens in nützlichere, effektivere Formen oder zur Ableitung wichtiger Konsequenzen (z. B. maschinelles Beweisen in der Logik). Deduktive Lernmethoden lernen allgemeine Regeln oder Theoreme aus speziellen, vorgegebenen Beispielen. Hierzu verwenden sie eine Theorie als gültige Basis für die Generalisierungen und deduktive Mechanismen zur Herleitung von Schlußfolgerungen. Für eine detaillierte Darstellung existierender Verfahren sei auf [16] verwiesen.

2.6 Anwendungsbeispiele

Der groben Skizzierung der wesentlichen modernen Verfahren der Informatik werden nun Anwendungsbeispiele aus der Praxis gegenübergestellt. Verwiesen werden kann hier sowohl auf Beispiele aus dem Umfeld technischer Problemstellungen als auch auf ökologische Anwendungsbereiche. In [23] wurde ein Expertensystem zur Umweltverträglichkeitsprüfung um Methoden zur unscharfen Modellierung erweitert. In [3] werden jeweils ein Expertensystem zur ökologisch orientierten Beratung, zur Diagnose von Rapserkrankungen und zur bodenkundlichen Datenverarbeitung eingesetzt. Die Einsatzmöglichkeiten der qualitativen Modellierung zeigt [11]. Eine frame-orientierte Beschreibung hydrogeologischer Modelle wird in [1] durchgeführt.

Fuzzy Methoden können z. B. zur Risikoanalyse bzgl. einer Nitratauswaschung eingesetzt werden [21] oder zur Habitatmodellierung [29]. Weitere Anwendungen sind z. B. in [9] zu finden. Zu Neuro-Fuzzy findet man in [20] theoretische Grundlagen und auch Anwendungen. Beide Themen werden auch in [10] abgedeckt. Durch den Einsatz genetischer Algorithmen wurde in [8] eine umweltbezogene Transportplanung durchgeführt. In [13] wird der Einsatz eines maschinellen Lernsystems zur Modellierung einer Kühlhausregelung verwendet. Diese Beispiele zeigen das hohe Potential der dargestellten Verfahren. Um mögliche Vorgehensweisen besser verstehen zu können, werden einige Anwendungen genauer beschrieben.

2.6.1 Expertensystemanwendung in der Altlastensanierung

Standorte mit Altablagerungen häuslicher, industrieller und gewerblicher Abfälle sowie Flächen ehemaliger Industrie- und Gewerbebetriebe, bei denen der begründete Verdacht besteht, daß von ihnen Gefahren bzw. Beeinträchtigungen für die menschliche Gesundheit oder Umwelt ausgehen können, werden Altlasten genannt. Aktuellen Schätzungen zufolge gibt es in der Bundesrepublik Deutschland mehr als 100.000 Altlasten, von denen etwa 20.000 als sanierungsbedürftig angesehen werden. Zur systematischen Erfassung von Altlasten und der Bewertung ihrer Umweltgefährdung ist ein großer Aufwand notwendig. Um die mit der Untersuchung und Beurteilung befaßten Fachleute zu unterstützen, können Expertensysteme eingesetzt werden. Ein solches Expertensystem, z. B. XUMA [27], unterstützt Fachleute in Behörden und Ingenieurbüros als intelligenter Assistent und entlastet sie von Routinearbeiten. Das Wissen der wenigen Fachexperten auf diesem Gebiet wird den Sachbearbeitern leichter zugänglich und die Erfahrungen aus den Sanierungen sowie andere neue Erkenntnisse können unverzüglich in die Beurteilungen einfließen. Daneben trägt das System zur Vereinheitlichung des Vorgehens sowie der Beurteilungskriterien bei. Das System XUMA unterstützt die Altlasten-Sachbearbeiter in drei Phasen ihrer Tätigkeit:

1. In der Phase der flächendeckenden Erfassung der Altlasten hilft die Funktion Bewertung bei der Bestimmung einer Kennziffer für die Umweltgefährlichkeit der Altlast, welche zur Prioritätensetzung bei der weiteren Untersuchung der Altlasten dient.
2. Die Zusammenstellung der Analysenparameter für die chemisch-analytische Untersuchung wird durch die Funktion Erstellung eines Analysenplans unterstützt. Ausgangsbasis sind konkrete Branchen- und Stoffhinweise zu der jeweiligen Altlast.
3. Nachdem Proben der Altlast entsprechend dem Analysenplan in einem Labor untersucht worden sind, hilft die Funktion Beurteilung bei der Beurteilung der Analysenergebnisse und Erarbeitung einer Stellungnahme in Art eines Gutachtens.

Neben diesen, den Sachbearbeitern zur Verfügung stehenden Funktionen enthält das System noch die Funktion Wissenserwerb, mit der dazu authorisierte Fachexperten das Bereichswissen in der Wissensbasis ergänzen und ändern können.

2.6.2 Fuzzy Control in der thermischen Abfallbehandlung

Zur Erhöhung des Ausbrandgrades und der Erfüllung der TA Siedlungsabfall in der thermischen Abfallbehandlung wird ein Video-Kamera-gestütztes Regelungssystem an einer großindustriellen Anlage im on-line im closed-loop Betrieb eingesetzt. Die Kamera liefert ein (perspektivisches) Bild der Ausbrandzonen, das ausgewertet wird. Die auszuwertenden Bereiche werden durch graphisch frei konfigurierbare Segmente (Zonen und Unterteilungen auf dem Verbrennungsrost) definiert. Ein Kopplungsrechner stellt die spezifische Schnittstelle zum Prozeßleitsystem der jeweiligen Anlage her und kann entsprechend angepaßt werden.

Um das Erfahrungswissen der Bediener in die Regelung zu integrieren und ein flexibles System mit nachvollziehbarem Verhalten zu erreichen, wurde ein fuzzy controller entwickelt [5]. Das Ziel des Systems ist es, brennbares Material in Zone 3 und 4 zu dedektieren und die Luftzufuhr bzw. der Vorschub so zu beeinflussen, daß der Müll innerhalb der beiden Zonen noch restlos verbrennt. Der eingesetzte Fuzzy-Regler besitzt vier Eingangsgrößen und eine Ausgangsgröße. Die Eingangsgrößen sind die erkannte Fläche, die darauf bezogene Intensität, die Änderung der Summenintensität und die Änderung der Luftzufuhr. Das Ausgangssignal ist eine Änderung der Luft, die zum absoluten Wert der Luftzufuhr hinzugerechnet wird. Anhand der Eingangssignale kann die Situation des Mülles auf dem Rost beurteilt und eine geeignete Reaktion veranlaßt werden. Die zwei entscheidenden Größen zur Beurteilung sind zum einen die erkannte Fläche innerhalb eines Segmentes und die darauf bezogene Intensität. Aus ihnen wird im wesentlichen die Größe des Ausgangssignals ermittelt. Die Änderung der Summe der Intensitäten dient dazu, den Punkt, bei dem der Müll maximal brennt, zu bestimmen. In diesem Zustand ändert sich die Intensität nicht mehr wesentlich, eine weitere Erhöhung bzw. Erniedrigung der Luft ist dann nicht gerechtfertigt. Die vierte Größe, die Änderung der Luftzufuhr, dient lediglich als Dämpfung der Ausgangsgröße. Mit ihr werden Sprünge der Eingangsgrößen, die zu einer extremen Änderung der Luftzufuhr führen würde, abgefangen. Die Fuzzy-Regler der ersten und zweiten Zone des Ausbrandbereiches unterscheiden sich nur in den Regeln. Die Zugehörigkeitsfunktionen der Eingangs- und Ausgangsgrößen sind für beide Regler identisch. Die Struktur des Reglers zeigt folgendes Bild.

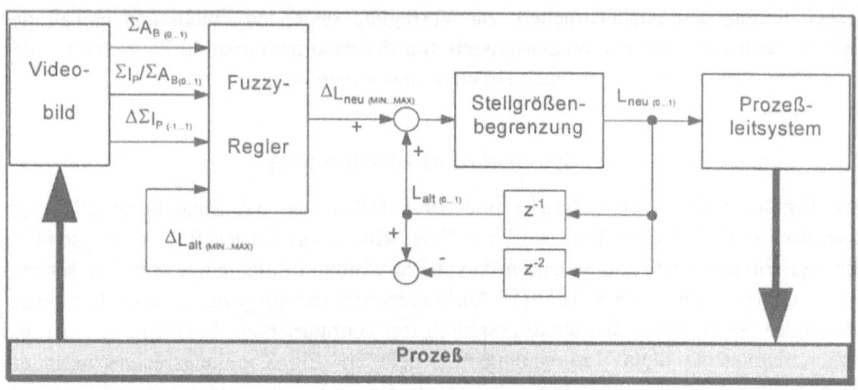

Bild 1 Struktur des Fuzzy Controllers

2.6.3 Neuro-Fuzzy zur Regelung eines Sofortdampferzeugers

Energieunternehmen haben das Problem, sich bei der Stromerzeugung ständig nach dem Stromverbrauch richten zu müssen, da nicht genügend Speicherkapazität zur Verfügung steht. Zu Spitzenlastzeiten müssen deshalb innerhalb kurzer Zeit geeignete Stromerzeuger zugeschaltet werden können. Dafür bieten sich H_2O_2-Dampferzeuger an, die ein schnelles Anfahrverhalten bei hohem Wirkungsgrad besitzen und deren Leistung sich in weiten Grenzen variieren läßt. Bei einem solchen System sind drei Größen zu regeln: der Dampfmassenstrom von Wasserstoff, Sauerstoff und Wasserdampf, der Druck in der Brennkammer und die Temperatur. Die vielen Nichtlinearitäten der Kennlinien der Ventile bzw. der Dampftemperatur sowie die starke Vermaschung des Mehrgrößensystems verursachen einen enormen Aufwand bei der herkömmlichen Reglersynthese. Die Lösung des Problems mit dem Neuro-Fuzzy-Regler zeigt, daß diese Methode mit weit weniger Aufwand und einigen zusätzlichen Vorteilen angewandt werden kann [7]. Zunächst wurden einige Fuzzy-Regeln vom Mamdani-Typ definiert, die anschließend in der Simulation von Hand noch verbessert wurden. Diese Regeln wurden dann in die Gewichte eines Neuronalen Netzes transferiert. Zu diesem Zeitpunkt funktioniert das Neuronale Netz genauso wie der Fuzzy-Regler, aber es besteht zusätzlich die Möglichkeit der Adaption. Der Neuro-Fuzzy-Regler wurde in dieser Anwendung also zur Feinabstimmung eines Fuzzy-Reglers verwendet (Zugehörigkeitsfunktionen). Starke Systemveränderungen können mit diesem System allerdings nicht adaptiert werden.

2.6.4 Neuro-Fuzzy zur Regelung eines Interferometerspiegels

In einem Ballon-Experiment, ausgeführt am Forschungszentrum Karlsruhe [6], werden Spurengase in der Stratosphäre untersucht. Die Meßgeräte, in der Hauptsache ein Interferometer zur Aufnahme von Emissionsspektren der zu untersuchenden Gase, befinden sich in der Gondel des Ballons. Das Interferometer untersucht Schicht für Schicht der

Stratosphäre, wozu es zeitweise konstant auf einen Horizontpunkt gerichtet sein muß. Durch starke Winde (bis zu 200 km/h) kommt der Ballon in Schwingung und rotiert. Die Rotation wird durch ein Pivot-Element ausgeglichen, die Schwingungsstabilisierung besorgt die Regelung eines durch einen Motor beweglichen Spiegels. Durch die tiefen Temperaturen in der Stratosphäre verändern sich einige Parameter des Spiegelsystems (wie Reibung, Unwucht, Trägheit). Da die Bedingungen für eine optimale Reglereinstellung in der Stratosphäre also anders sind als auf der Erde, ist eine adaptive Regelung unumgänglich. Während einer Messung sollte nicht adaptiert werden, um die Stabilität des Systems nicht zu gefährden. Die Abweichung der gewünschten Spiegelstellung von der tatsächlichen wird - zusammen mit anderen Daten - permanent zur Erde gefunkt. Wird die Abweichung zu groß, wird am Ende eines Meßzyklus von der Erde aus eine Adaptionsphase gestartet. Der Ballonflug dauert durchschnittlich 10 Stunden und enthält viele Meßzyklen. Für eine einzelne Adaptionsphase stehen maximal zwei Minuten zur Verfügung.

Der Zustand des Systems, ein Gleichstrommotor, wird durch vier Zustandsvariablen beschrieben. Dieses System vierter Ordnung verhält sich unter Normalbedingungen zwar einigermaßen linear, doch werden die Nichtlinearitäten unter den extremen Bedingungen der Stratosphäre größer. Sie sind wegen der hohen notwendigen Genauigkeit und dem großen dynamischen Bereich nicht zu vernachlässigen. Die Zustandsgrößen sind Position, Winkelgeschwindigkeit, Winkelbeschleunigung und Hysterese. Das Neuronale Netz zur Systemidentifikation wird vorstrukturiert, da über das System schon einiges bekannt ist. Es wird eine neuronale Zwischenschicht mit zwei Neuronen verwendet. Lineare Verknüpfungen zwischen Ein- und Ausgängen des Neuronalen Netzes kommen dadurch zustande, daß die Eingangsschicht direkt mit der Ausgangsschicht verbunden ist. Es zeigte sich, daß ein vollständig vernetztes Netz sehr viel schwerer lernt und sich oft in lokalen Minima verfängt. Nach einer sorgfältigen Analyse der Modellabweichungen und der vollvernetzten Lösung wurden eine zusätzliche Zustandsvariable h (Hysterese des Motors) sowie zwei sigmoide Neuronen in der Zwischenlage eingeführt. Das vorstrukturierte Netz lernt diese Muster innerhalb von 100 bis 300 Zyklen und benötigt dazu eine weitere Minute, so daß innerhalb von zwei Minuten die gesamte Lernphase abgeschlossen ist. Auf diese Weise schafft es der Regler, die Spiegelposition immer innerhalb der vorgeschriebenen Toleranzgrenze von 140 mrad zu halten.

2.6.5 Neuro-Fuzzy zur Regelung einer Klimaanlage

Der Gebläsemotor einer Klimaanlage soll so geregelt werden, daß ein konstantes Klima herrscht. Dafür wurde eine Neuro-Fuzzy-Regelung auf einem PC implementiert [22]. Mit einer Echtzeit-Erweiterung von Matlab/Simulink und einem Analog-Digital-Konverter-Board werden Abtastzeiten von bis herunter zu 20 ms erreicht. Als Neuro-Fuzzy-System wird ein Netzwerk aus Radialen Basisfunktionen verwendet. Die Eingangsschicht besteht wie immer aus den Eingabevariablen, es folgt eine Schicht von Neuronen mit Gaußfunktionen als Aktivierungsfunktionen. Über variable Gewichte ist diese Schicht mit einem linearen Ausgangsneuron verbunden. Dieses Netz entspricht einem Fuzzy-System mit Regeln der folgenden Form: Im Bedingungsteil werden die Eingangsvariablen fuzzifiziert und durch eine Konjunktion mit einander verknüpft. In der Konklusion der Regeln sind nur Fuzzy-Singletons erlaubt, d.h. keine vollständigen Fuzzy-Prädikate.

Die Defuzzifizierung ist dementsprechend einfach. Der Konklusionswert wird entsprechend der T-Norm für die Inferenz mit dem Fuzzy-Wert der Bedingung multipliziert. Dann werden sämtliche Regeln aufsummiert und normiert. Der Regler muß direkt durch gleichzeitige Angabe der Regel- und Stellgrößen trainiert werden. Dies leistet ein Mensch, der die Klimaanlage gerade noch von Hand regeln kann. Es wird eine Reihe von Sollwert-Sprüngen vorgegeben, die der menschliche Regler nachfahren muß. Auf diese Weise wird eine Musterdatei erstellt, mit der wiederum das Neuronale Netz trainiert werden kann. Durch die einfache Struktur des Netzes kann das Ergebnis direkt in eine Fuzzy-Schreibweise (mit Singletons als Konklusionen) übertragen und damit interpretiert werden. Die Qualität des Neuro-Fuzzy-Reglers entspricht direkt der des regelnden Menschen. Sie kann niemals besser werden.

2.6.6 Anwendungen evolutionärer Algorithmen

Die Anwendungsbreite evolutionärer Algorithmen ist groß. Abgesehen vom Anwendungsgebiet „Maschinelles Lernen" gibt es bereits eine Reihe konkreter Beispiele für den Einsatz solcher Verfahren in der Praxis, unter anderen auch im Bereich der Umwelttechnik (vgl. z. B. [2], [12], [18]): Steuerung eines Pipeline-Systemes, Entwurf von Kommunikationsnetzwerken, Entwurf eines Mantelstrom-Düsentriebwerkes, Layoutentwurf und -optimierung für integrierte Schaltungen, Synthese und Optimierung (adaptiver) Regler, Synthese und Optimierung (adaptiver) Fuzzy-Regler, Produktionsplanung, Maschinenbelegung, Verschnittminimierung durch optimierte Anordnungsplanung, Stunden- und Fahrplanoptimierung, Optimierung von Designprozessen, adaptive Aktionsplanung, Optimierung der Beladung von Druckwasserreaktoren, selbstoptimierende Image-Segmentierung zur Mustererkennung bei Farbbildern, Routenplanung und Scheduling im Eisenbahnnetz. Auch zu den Themen Entwurf und Optimierung der Struktur neuronaler Netzwerke und Verbesserung des Lernverhaltens neuronaler Netzwerke gibt es zahlreiche Arbeiten.

Eine detaillierte Betrachtung dieser Arbeiten würde den vorgegebenen Rahmen überschreiten. Für Einzelheiten wird deshalb auf die Literatur verwiesen.

2.6.7 Anwendung maschinellen Lernens

Maschinelle Lernverfahren können eingesetzt werden, um in Datensätzen bestimmte Abhängigkeiten automatisch zu erkennen. Die **maschinelle Modellierung** von Prozeßabhängigkeiten erfolgt im C^{3}R-System durch die Kombination von symbolischen (maschinelles Lernen), subsymbolischen (analog neuronalen Netzen) und rein numerischen (Clusterung) Verfahren [28]. Als Eingabe in das C^{3}R-System dienen Zeitreihen der gemessenen Größen oder direkt Muster von beobachtbaren Größen aus dem (technischen) System. Initialisierungswerte für die adaptiven dynamischen Systemparameter des C^{3}R-Systems oder auch Vorwissen können eingegeben werden. Die Ausgabe des C^{3}R-Systems besteht aus einer Visualisierung der erkannten kausalen Abhängigkeitsbeziehungen in Form eines (gerichteten) Kausalitätsgraphen und eine Darstellung der funktionalen Abhängigkeitsbeziehungen durch eine Menge unscharfer (fuzzy), bereichsweiser Transformationsregeln.

Ergebnisse wurden aus Beispieldaten der halbtechnischen Versuchsanlage TAMARA zur thermischen Abfallbehandlung abgeleitet. Ein Ergebniss war das dynamische Übergangsverhalten von Prozeßgrößen; nach der Verringerung der Gesamt-Müllmasse ergab sich eine Zunahme der O_2-Rohgas-Konzentration. Dieser Zusammenhang ist durchaus plausibel; wird weniger Müll verbrannt, so wird auch weniger Sauerstoff verbraucht, folglich steigt die Sauerstoffkonzentration im Rohgas. Im folgenden ist die für diesen Übergang in den stationären Zustand vom System maschinell abgeleitete und auch dem Kausalitätsgraphen zugrundeliegende Regel wiedergegeben:

WENN Müllmasse _Gesamt in [43,5; 44,2]

UND Veränderung=Abnahme nach [43,5; 44,1]

innerhalb von 33,4 ± 9,5 Sekunden

UND O2_1 in [13,6; 16,4]

DANN Veränderung=Zunahme nach [15,4; 15,5]

mit einer Verzögerung vonVerzögerung 860.0 ± 28,3 Sekunden,

innerhalb von 231.8 ± 14,7 Sekunden.

Vertrauensgrad: 0,8.

Die Angaben in eckigen Klammern geben die Wertebereiche an, in denen die Größen liegen. Weitere Ergebnisse, wie z. B. der Zusammenhang zwischen einer Abnahme (bzw. Zunahme) der Gesamt-Müllmasse und einer fallenden (bzw. steigenden) Abgas-Temperatur, wurden ebenfalls abgeleitet.

Alle abgeleiteten Zusammenhänge werden in einem Kausalitätsgraphen visualisiert. Die Kanten dieses Kausalitätsgraphen sind durch eine qualitative Beschreibung des Veränderungsverhaltens (gleichartig, gegenläufig) und durch die abgeleitete Verzögerungszeit gewichtet. Als Ergebnisse ergaben sich:

Die Müllmasse Gesamt und die Primärluft sind exogene Größen.

Die Abgas-Temperatur, die O_2- und CO_2-Rohgas-Konzentrationen sind endogene Größen.

Die vom C^3R-System beispielhaft erkannten Beziehungen zeigen die Leistungsfähigkeit maschineller Lernverfahren in der automatischen Ableitung von Prozeßzusammenhängen. Auf diese Weise abgeleitete Regeln können als intelligente Wissensbasis für eine effizientere und umweltorientierte Prozeßführung genutzt werden.

2.7 Zusammenfassung und Ausblick

Die Modellierung analytisch schwer zugängliche Systeme wird durch die modernen Verfahren der Informatik wie automatisches Schlußfolgern, regelbasierte Systeme, qualitative Simulation, unscharfe Regeln, evolutionäre Algorithmen und maschinelles Lernen auf eine neue Basis gestellt. Beratungssysteme, Verhaltensmodelle oder Steuerungsstrategien basieren auf sprachlich formuliertem menschlichen Expertenwissen oder sogar auf maschinell gewonnenem Wissen. In einzelnen Arbeiten werden diese Verfahren auch schon miteinander verknüpft, eine integrierte Anwendung erfordert allerdings noch einige Forschungsarbeit. Werden die Modelle auf Basis der Verfahren der maschinellen Intelligenz einer entsprechenden Validierung unterzogen, hier tritt das Problem der Wissensakquisition oder der Nachvollziehbarkeit auf, so sind die genannten Verfahren eine wertvolle Erweiterung der klassischen Modellierungsansätze mit einem merklichen Erfolgspotential in der Praxis. An dieser Stelle möchte ich Herrn Dr. W. Eppler für die Überlassung von Unterlagen aus dem Bereich Neuro-Fuzzy danken.

Literatur

[1] Angelus, A. et al.: *Rechnergestützte Konfigurierung hydrogeologischer Modelle.* In [14].

[2] Belew, R. K. et al.: *Proceedings of the 4th Conference on Genetic Algorithms.* Morgan Kaufmann, 1992.

[3] Bense, H. et al.: *Objektorientierte und regelbasierte Wissensverarbeitung.* Spektrum Akademischer Verlag, 1995.

[4] Bibel, W.: *Deduktion.* Oldenbourg, 1992.

[5] Bloy, U.: *Entwurf eines Fuzzy-Controllers zur Ausbrandsteuerung einer Müllverbrennungsanlage.* Diplomarbeit, Institut für Angewandte Informatik, Forschungszentrum Karlsruhe und Institut für Regelungs- und Steuerungssysteme, Universität Karlsruhe, 1996.

[6] Cechin, A. l. et al.: *Automatic Design of a Fuzzy Controller from a Neural Process Model.* Proceedings of 2nd European Congress on Intelligent Techniques and Soft Computing, Aachen, Germany, 1994, S. 752-756.

[7] Eppler, W.: *Adaptive Control with a Prestructured Neural Fuzzy Controller.* In: Muroran, D. et al. (Ed.): Proceedings of IEEE Int. Workshop on Neuro Fuzzy Control, 1993, S. 222-228.

[8] Erkens, E. et al.: *Bausteine genetischer Algorithmen und ihre Anwendung zur Gestaltung einer umweltverträglichen Fahrzeugeinsatzplanung.* In [24].

[9] FUZZ-IEEE *'94:Proceedings of Third IEEE International Conference of Fuzzy Systems.* Vol. 1-3.IEEE, Piscataway, NJ, 1994:

[10] Hall, L. et al.: *Proceedings of the First International Joint Conference of NAFIPS,* IFIS, NASA. IEEE, Picataway, 1994.

[11] Hohmann, R. et al.: *Qualitative Siumlation mit QualSim.* In [15].

[12] Holland, J. H.: *Genetische Algorithmen.* Spektrum der Wissenschaft 9/92, Heidelberg, 1992.

[13] Keller, H. B. et al: *Maschinelle Modellierung komplexer dynamischer Systeme.* In [14].

[14] Keller, H. B. et al.: *4. Treffen des AK „Werkzeuge für Simulation und Modellbildung in Umweltanwendungen".* Bericht FZKA 5552.

[15] Keller, H. B. et al.: 5. Treffen des AK „Werkzeuge für Simulation und Modellbildung in Umweltanwendungen". Bericht FZKA 5622, Forschungszentrum Karlsruhe, 1995.

[16] Keller, H. B.: *Maschinelle Intelligenz.* Vieweg, erscheint.

[17] Kruse, R. et al.: *Fuzzy Systeme*. Teubner, 1993.

[18] Michalewisz, Z.: *Genetic Algorithms + Data Structures = Evolution Programs*. 2nd Edition, Springer, 1994.

[19] Nauck, D. et al.: *Neuronale Netze und Fuzzy Systeme*. Vieweg, 1994.

[20] Patyra, M. J. et al.: *Fuzzy Logic*. Wiley, 1996.

[21] Paul, W.: *Risikoanalyse mit Monte-Carlo- und Fuzzy-Methoden am Beispiel der Nitratauswaschung unter Grünland*. In [15].

[22] Pfeiffer, B.-M.: *Imitation of Human Operators by Neuro-Fuzzy-Structures*. Proceedings of EUFIT, Aachen, 1995, S. 804-809.

[23] Ranze, K. Chr.: *Erweiterung des Expertensystems EXCEPT durch unscharfe Modellierung*. In [15].

[24] Ranze, K. Chr. Et al. (Hrsg.): *Intelligente Methoden zur Verarbeitung von Umweltinformationen*. Metropolis-Verlag, 1996.

[25] Russel, S. et al.: *Artificial Intelligence*. Prentice Hall, 1995.

[26] Schnupp, P.: *Prolog*. Hanser, 1986.

[27] Weidemann, R. et al.: *Das Altlasten-Expertensystem XUMA*. In: ist - intelligente Software-Technologien. Oldenbourg, 2 (3), 1992, S. 5-10.

[28] Weinberger, T.: *Ein Ansatz zur maschinellen Modellierung dynamischer Systeme*. VDI Verlag, 1995.

[29] Wieland, R. et al.: *Habitatsmodelle im Rahmen der dynamischen Landschaftsmodellierung*. In [15].

3

Possibilistische graphische Modelle

Jörg Gebhardt, Rudolf Kruse

Zusammenfassung

Graphische Modellierung ist ein wichtiges Werkzeug zur effizienten Repräsentation und Analyse mit Unsicherheit behafteter Information in wissensbasierten Systemen. Während Bayes-Netze und Markov-Netze im Bereich der probabilistischen graphischen Modellierung seit einigen Jahren bekannt sind und in der Praxis erfolgreich eingesetzt werden, ist die auf der *Possibilitätstheorie* basierende graphische Modellierung eine neue Forschungsrichtung.

Possibilistische Netze bieten eine Alternative zu probabilistischen Netzen, wenn es darum geht, unter Tolerierung approximativer Schlußfolgerungsmechanismen neben Unsicherheit auch *Nicht-Präzision* zu modellieren, wie sie häufig in Daten anzutreffen ist, die aus Beobachtungen und Messungen gewonnen werden. In diesem Beitrag geben wir einen Einblick in den semantischen Hintergrund possibilistischer Netze im Vergleich zu probabilistischen Netzen und zeigen den aktuellen Forschungsstand in bezug auf Propagations- und Lernalgorithmen auf.

3.1 Einführung

Ein wesentlicher Aspekt des Erwerbs, der Repräsentation und Verarbeitung von Informationen in wissensbasierten Systemen ist die Entwicklung eines geeigneten formalen und semantischen Rahmens zur effektiven Handhabung mit Unsicherheit behafteter nicht-präziser Daten [16]. Eine in Anwendungen sehr häufig vorkommende Aufgabe besteht darin, einen durch ein Tupel von Werten endlich vieler *Merkmale (Attribute, Variablen)* beschreibbaren *Weltausschnitt* anhand zur Verfügung stehenden *generischen Wissens* und applikationsabhängigen *Evidenzwissens* so genau wie möglich zu spezifizieren. Als Beispiel sei hier die medizinische Diagnose genannt, wenn der Gesundheitszustand von Patienten durch ein Gefüge zueinander in Beziehung stehender Merkmale wie Krankheiten, Symptome und relevante Meßgrößen (Blutdruck, Puls etc.) charakterisiert wird. Ziel mag es dann sein, das Krankheitsbild eines bestimmten Patienten mit Hilfe des vorliegenden generischen Wissens (medizinische Regeln, Erfahrungswerte von Ärzten, Datenbanken von Fallbeispielen) und des auf den speziellen Patienten ausgerichteten zusätzlichen Evidenzwissens (bekannte Merkmalswerte, die sich aus der Befragung und Untersuchung des Patienten ergeben) mit maximaler Spezifizität zu beschreiben.

Unsicherheit ergibt sich in diesem Zusammenhang zum Beispiel daraus, daß nicht notwendigerweise funktionale oder relationale Abhängigkeiten zwischen den in einer medizinischen Datenbank auftretenden Attributen bestehen, sondern Beziehungen zwischen Merkmalswerten gegebenenfalls nur mit einer gewissen Wahrscheinlichkeit oder einem näher zu spezifizierenden Möglichkeitsgrad vorhanden sind. So kann beispielsweise das bei einem Kranken auftretende Symptom *Fieber* die unterschiedlichsten Ursachen haben, denen ein Arzt in seiner Diagnose verschiedene Präferenzen zuordnet.

Die Beschreibung dieser Form von Unsicherheit erfolgt unter Verwendung eines problemadäquaten Unsicherheitskalküls. Dies kann etwa mit Hilfe eines auf der Wahrscheinlichkeitstheorie beruhenden Ansatzes, anhand eines Nicht-Standard-Kalküls wie der in diesem Beitrag betrachteten Possibilitätstheorie, oder aber auch auf rein qualitative Art durch Festlegung einer Präferenzrelation geschehen.

Nicht-Präzision deutet an, daß die vorgenommene Beobachtung von Merkmalswerten in einzelnen Datentupeln oder die generelle Darstellung von Beziehungen zwischen Merkmalen nicht eindeutig zu sein braucht, sondern durchaus eine mengenwertige Spezifikation zulässig ist, die zum Ausdruck bringt, daß zwar einer der in der gewählten Menge enthaltenden Merkmalswerte der in bezug auf die Beobachtung „wahre" Wert ist, die Beobachtung aufgrund ihrer Nicht-Präzision jedoch keine Auswahlpräferenz gestattet. Im Rahmen einer medizinischen Diagnose könnte dies die Aufzählung alternativer Krankheiten sein, die als Erklärung für die beobachteten Symptome plausibel erscheinen, wobei der Arzt keine Präferenzen innerhalb dieser Menge in Erwägung gezogener Krankheiten festlegen möchte.

In dem von uns benutzten formalen Rahmen läßt sich der interessierende *Weltausschnitt* durch ein Tupel ϖ aus dem Produkt Ω der Wertebereiche aller ihn charakterisierenden Merkmale beschreiben, wobei wir hier der Einfachheit halber nur *endliche* Wertebereiche betrachten. Das zu berücksichtigende generische Wissen bezieht sich auf die ohne Evidenzwissen vorhandene Unsicherheit über den Wahrheitswert der Aussage $\varpi=\omega$, der für sämtliche Alternativen ω aus Ω quantifiziert wird. Solches Wissen kann vielfach durch eine *Verteilungsfunktion* auf Ω angegeben werden, also zum Beispiel durch eine Wahrscheinlichkeitsverteilung, eine Massenverteilung oder eben eine *Possibilitätsverteilung*, abhängig von dem für die jeweilige Anwendung adäquaten Unsicherheitskalkül.

Die Einbeziehung von Evidenzwissen entspricht einer *Konditionierung* der durch das generische Wissen induzierten A-priori-Verteilung auf Ω, und zwar vielfach auf der Basis der Belegung einzelner Merkmale mit bestimmten Merkmalswerten. So könnte etwa die Fiebermessung bei einem Patienten zur Belegung des Merkmals *Körpertemperatur* mit dem Wert 36.9 führen, gemessen in Grad Celsius.

Die Konditionierung führt auf einen Schlußfolgerungsprozeß, in dem es dann darum geht, die aus der Belegung resultierenden Marginalverteilungen für die übrigen Merkmale von ϖ zu bestimmen und als Grundlage für Entscheidungen bezüglich ϖ zu verwenden.

Neben Inferenz und Decision Making spielt eine große Rolle, wie man generisches Wissen erwirbt. Im Sinne einer automatisierten Wissensinduktion ist dieses Problem relativ gut lösbar, falls eine Datenbank von Fallbeispielen zur Verfügung steht, auf die geeignete Lernverfahren angesetzt werden können, um eine mit der Interpretation der entsprechenden Datenbank konforme Verteilungsfunktion auf Ω zu erhalten.

Da vieldimensionale Wertebereiche Ω in Anwendungen sinnvollen Umfangs aufgrund ihrer hohen Kardinalität als Ganzes normalerweise nicht handhabbar sind, nutzen effiziente Methoden der Wissensrepräsentation und zugehörende Inferenz- und Lernalgorithmen die zwischen den Merkmalen bestehenden Unabhängigkeiten aus, um durch geeignete Dekompositionstechniken die Betrachtungen ohne Informationsverlust auf niederdimensionale Unterräume von Ω beschränken zu können. Hier stellt das Gebiet der *graphischen Modellierung* geeignete theoretische und praktische Konzepte zur Verfügung [25,2,19]. Anwendungen graphischer Modelle findet man in so unterschiedlichen Bereichen wie Diagnostik, Expertensysteme, Planungssysteme, Datenanalyse und Control.

Im folgenden werden wir das Gebiet der graphischen Modellierung aus Sicht eines weniger bekannten Unsicherheitskalküls präsentieren, nämlich der *Possibilitätstheorie* anstelle der Wahrscheinlichkeitstheorie. Nach einer Einführung in die graphische Modellierung, die wir in Kapitel 3.2 geben, stellt Kapitel 3.3 die beiden Kalküle einander gegenüber. In Kapitel 3.4. widmen wir uns den *possibilistischen graphischen Modellen* und den zugrunde liegenden Konzepten der *Possibilitätsverteilung* und der *possibilistischen Unabhängigkeit*. Kapitel 3.5 spricht effiziente Algorithmen zur Propagation in possibilistischen graphischen Modellen an. In Kapitel 3.6 widmen wir uns der für das *Data Mining* aktuellen Frage, wie man graphische Modelle aus Datenbanken von Fallbeispielen lernen kann. Kapitel 3.7 beendet den Beitrag mit einem kurzen Ausblick.

3.2 Graphische Modellierung

Ein graphisches Modell zur Darstellung unsicheren Wissens besteht aus einer qualitativen und einer quantitativen Komponente. Bei der *qualitativen* (*strukturellen*) Komponente handelt es sich um einen Graphen, zum Beispiel einen gerichteten azyklischen Graphen (DAG), einen ungerichteten Graphen (UG) oder auch um einen Kettengraphen (CG). Der gewählte Graph stellt jeweils auf eindeutige Weise die zwischen den als Knoten repräsentierten Merkmalen existierenden bedingten Unabhängigkeiten dar. Er heißt daher der *bedingte Unabhängigkeitsgraph* des entsprechenden graphischen Modells. Unter der *quantitativen* Komponente eines graphischen Modells versteht man eine Familie von Verteilungsfunktionen auf Unterräumen von Ω, die durch den bedingten Unabhängigkeitsgraphen strukturell festgelegt ist und die Unsicherheit in den Spezifikationen der Projektionen von ϖ auf diese Unterräume angibt. Im Falle der Verwendung eines DAG werden beispielsweise bedingte Verteilungsfunktionen benutzt, um die Unsicherheit in bezug auf jeden einzelnen Merkmalswert im Tupel ϖ in Abhängigkeit der möglichen Werte seiner direkten Vorgänger (Elternknoten) zu spezifizieren. Auf der anderen Seite ist ein UG mit induzierter Hypergraphstruktur dazu geeignet, nicht-konditionierte Verteilungen zu verwenden, die jeweils auf den gemeinsamen Wertebereichen der in den Hyperkanten enthaltenen Merkmalsknoten definiert werden.

Bild 1 zeigt exemplarisch den bedingten Unabhängigkeitsgraphen für eine Applikation, in der durch ein graphisches Modell dargestelltes Expertenwissen erfolgreich dazu genutzt wird, Zuchtergebnisse bei dänischen Jersey-Rindern weiter zu verbessern [21]. Hier werden insgesamt 21 Merkmale berücksichtigt, die den Zusammenhang zwischen Vererbungsmerkmalen und Meßgrößen herstellen. Die Meßgrößen (Lysisfaktoren und die Phenogruppen der vermuteten Elterntiere) sind im Graphen grau hinterlegt. Jedes

Merkmal hat zwischen zwei und acht möglichen Merkmalswerten. So werden beispielsweise die Genotypen in F1/F1, F1/V1, F1/V2, V1/V1, V1/V2 und V2/V2 unterteilt.

Die Merkmale sind durch die Knoten im abgebildeten DAG dargestellt, ihre strukturellen Abhängigkeiten mittels der eingefügten gerichteten Kanten. Aus ihnen ist folgendes abzulesen:

Wählt man zwei beliebige Knoten des Graphen aus, so sind die durch sie repräsentierten Merkmale (Variablen) unabhängig unter der Bedingung einer beliebigen Instanziierung aller übrigen Knoten, deren Ordnungsnummer bezüglich einer mit dem DAG vereinbaren topologischen Ordnung der Knoten nicht größer ist als das Maximum der Ordnungsnummern der beiden betrachteten Knoten.

Instanziierung heißt hier, daß der durch einen Knoten repräsentierten Variablen ein bestimmter Merkmalswert zugeordnet wird, etwa durch das Messen eines der Lysisfaktoren bei einem ausgesuchten Kalb. Die *topologische Ordnung* ist so zu wählen, daß keine gerichtete Kante von einem Knoten zu einem Knoten mit einer niedrigeren Ordnungsnummer existiert. Die angesprochene *bedingte Unabhängigkeit* bezieht sich konzeptionell auf den Unsicherheitskalkül, auf dem das graphische Modell beruht. Verwendet man beispielsweise ein probabilistisches graphisches Modell, so ist die bedingte Unabhängigkeit der durch die Knoten des Graphen repräsentierten Zufallsvariablen gemeint. Genügt die über alle Zufallsvariablen gebildete gemeinsame Wahrscheinlichkeitsverteilung den durch den Graphen dargestellten Unabhängigkeiten, so läßt sie sich derart faktorisieren, daß jede durch vollständige Instanziierung aller Variablen innerhalb des Gesamtraumes Ω erhältliche Elementarwahrscheinlichkeit mit einem Produkt von bedingten Wahrscheinlichkeiten in niederdimensionalen Räumen übereinstimmt. Dies sind die Wahrscheinlichkeiten der einzelnen Zufallsvariablen unter der Bedingung der vorgenommenen Instanziierung ihrer Elternknoten.

Im Beispiel aus Bild 1 führt die mit der Faktorisierung verbundene Dekomposition dazu, daß anstelle des 21-dimensionalen Merkmalsraumes Ω mit insgesamt 92.876.046.336 Merkmalstupeln und ebenso vielen Elementarwahrscheinlichkeiten nur 306 bedingte Wahrscheinlichkeiten in maximal dreidimensionalen Unterräumen festzulegen sind. Dies wurde im betrachteten Beispiel von einem Experten aufgrund statistischer Daten und individueller Erfahrungswerte geleistet. Das daraus resultierende probabilistische graphische Modell besteht demnach aus dem angegebenen DAG und einer Familie von 21 bedingten Wahrscheinlichkeitsverteilungen.

Das konkrete Anwendungsziel eines auf diese Weise aufgestellten graphischen Modells besteht in der Automatisierung von Inferenzmechanismen mit abschließendem Decision Making. So lassen sich zum Beispiel die bei einem Rind gemessenen Lysisfaktoren durch Instanziierung dieser Variablen dazu benutzen, wahrscheinlichkeitstheoretische Aussagen über die Werte der übrigen Merkmale abzuleiten. Mathematisch entspricht dies der Berechnung der bedingten gemeinsamen Wahrscheinlichkeitsverteilung unter den vorliegenden Instanziierungen. Hierfür existieren effiziente Algorithmen, die in kommerziellen Softwaretools implementiert worden sind, auf die wir in Kapitel 3.5 noch genauer eingehen.

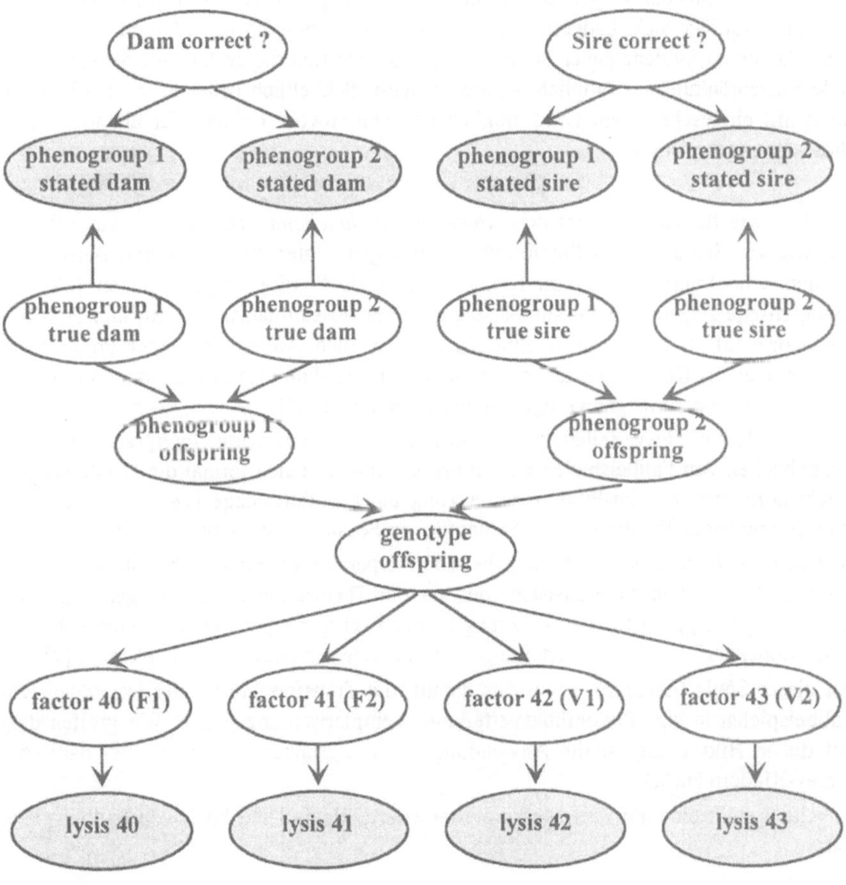

Bild 1 Graphisches Modell zur Bestimmung der Blutgruppe und zur Verifikation der Abstammung von dänischen Jersey-Rindern im F-Blutgruppensystem

3.3 Possibilitätstheorie und possibilistische Netze

Unter einem *possibilistischen Netz* versteht man ein graphisches Modell, dessen quantitative Komponente mit Hilfe einer Familie von Possibilitätsverteilungen angegeben wird. Eine *Possibilitätsverteilung* π ist eine Abbildung einer Referenzmenge Ω in das Einheitsintervall. Wird π zur imperfekten Spezifikation eines Weltausschnittes ϖ benutzt, so quantifiziert $\pi(\omega)$ den *Möglichkeitsgrad (Possibilitätsgrad),* daß die Aussage $\omega=\varpi$ wahr ist. Aus intuitiver Sicht bedeutet $\pi(\omega)=0$, daß $\omega=\varpi$ unmöglich ist, während $\pi(\omega)=1$ aussagt, daß keine Evidenz gegen $\omega=\varpi$ spricht, das Zutreffen dieser Aussage demnach ohne jede Einschränkung als möglich angesehen wird. Schließlich bedeutet $\pi(\omega)\in(0,1)$, daß $\omega=\varpi$ mit eingeschränktem Grad möglich ist, weil sowohl Evidenz für als auch gegen diese Aussage existiert.

Ähnlich wie für das Konzept der *subjektiven Wahrscheinlichkeit* gibt es verschiedene Ansätze zur Semantik von Possibilitätsverteilungen. Unter ihnen sind zum Beispiel die epistemische Interpretation von Fuzzy-Mengen als Possibilitätsverteilungen [27], der axiomatische Zugang zur Possibilitätstheorie über Possibilitätsmaße [5,6] und Possibilitätstheorie auf der Basis von Likelihoods [4] zu nennen. Außerdem werden Possibilitätsverteilungen als Konturfunktionen konsonanter Belief-Funktionen [22] und Falling Shadows im Sinne der mengenwertigen Statistik betrachtet [24].

Werden Possibilitätsverteilungen als informationskomprimierte Interpretationen von Datenbanken von Fallbeispielen eingeführt, so empfiehlt sich formal die Darstellung als (nicht-normalisierte) Ein-Punkt-Überdeckung einer Zufallsmenge [18,12], die auf eine vielversprechende Fundierung der Semantik von Possibilitätsverteilungen führt [7,8].

Auf diesem Wege lassen sich dann beliebige Operationen auf Possibilitätsverteilungen erklären, indem man die Konsistenz des aus der Theorie der Fuzzy-Mengen bekannten *Extensionsprinzips* [26] zur Erweiterung mengenwertiger Operationen zu entprechenden Operationen auf Possibilitätsverteilungen mit der oben erwähnten Semantik zeigt [7].

An dieser Stelle beschränken wir uns darauf, die Transformation einer Datenbank von Fallbeispielen in eine Possibilitätsverteilung exemplarisch anzugeben. Wir greifen dazu auf die in Bild 1 dargestellte Anwendung zur Blutgruppenbestimmung bei dänischen Jersey-Rindern zurück.

Tabelle 1 stellt eine auf fünf Merkmale reduzierte kleine Datenbank von Fallbeispielen dar:

lysis 40	lysis 41	lysis 42	lysis 43	genotype offspring
{0,1,2}	6	0	6	V2/V2
0	5	4	5	{V1/V2, V2/V2}
2	6	0	6	*
5	5	0	0	F1/F1

Tabelle 1 Datenbank mit vier Fallbeispielen

Die drei ersten Zeilen geben nicht-präzise Fallbeispiele wieder, die vierte Zeile zeigt ein präzises Fallbeispiel. Zeile 1 sagt aus, daß in der Beobachtung eines Rindes, das dem ersten Fallbeispiel zugrunde liegt, die drei Datentupel (0,6,0,6,V2/V2), (1,6,0,6,V2/V2) und (2,6,0,6,V2/V2) als möglich erachtet werden, die Beobachtung jedoch keine Präferenzen bezüglich dieser Datentupel zuläßt. Ein nicht beobachteter Merkmalswert ist mit * kenntlich gemacht.

Wenn wir davon ausgehen, daß die vier dargestellten Fallbeispiele als gleichermaßen repräsentativ erachtet werden, ist es sinnvoll, ihnen eine Auftrittswahrscheinlichkeit von jeweils 1/4 zuzuordnen.

Wenden wir bei einer wahrscheinlichkeitstheoretischen Interpretation der Datenbank das *Insufficient Reason Principle* an, das die Gleichverteilung auf mengenwertigen Fallbeispielen voraussetzt und diese in eine Menge gleich wahrscheinlicher Datentupel auflöst, so ergibt sich eine erweiterte Datenbank von 3+2+6+1=12 Datentupeln, in der das Datentupel (2,6,0,6,V2/V2) eine Wahrscheinlichkeit von 1/3*1/4+0+1/6*1/4+0 = 3/24 aufweist.

Im Sinne einer possibilistischen Interpretation der Datenbank erhalten wir hingegen für das gleiche Datentupel einen *Possibilitätsgrad* von 1/4+0+1/4+0=1/2, da dieses Tupel im ersten und im dritten Fallbeispiel für möglich gehalten, in den beiden anderen Fällen jedoch explizit ausgeschlossen wird. Die Gesamtheit aller Quintupel des gemeinsamen Merkmalsraumes der fünf betrachteten Merkmale, verbunden mit den zugeordneten Possibilitätsgraden, definiert die Interpretation der gegebenen Datenbank in Form einer Possibilitätsverteilung. Abgesehen von der unterschiedlichen Semantik ist sofort ersichtlich, daß diese Possibilitätsverteilung *keine* Wahrscheinlichkeitsverteilung ist, da sich die entsprechenden Possibilitätsgrade *nicht* zu Eins aufaddieren.

Die *Possibilitätstheorie* [5] bietet als Theorie der Possibilitätsverteilungen und Possibilitätsmaße wie die Wahrscheinlichkeitstheorie einen formalen und semantischen Rahmen zum Umgang mit unsicheren Daten. Beide Theorien unterscheiden sich jedoch in ihren Anwendungsdomänen. Für ihren Einsatz in wissensbasierten Systemen mit endlichen Merkmalsräumen sind die folgenden Unterscheidungsmerkmale von Bedeutung:

Wahrscheinlichkeitstheorie

- dient der *exakten* Modellierung von mit Unsicherheit behafteten *präzisen* Daten. Sollen beispielsweise Voraussagen anhand einer Datenbank von Fallbeispielen getroffen werden, so ist nur dann auf eindeutige Weise eine Repräsentation mit Hilfe einer Wahrscheinlichkeitsverteilung möglich, wenn alle Datentupel präzise sind, also jedem in einem Fallbeispiel auftretenden Merkmal ein einzelner Merkmalswert zugeordnet werden kann. Demnach sind unscharfe Beobachtungen, die auf Mengen alternativer Merkmalswerte führen, für die Modellierung unzulässig und müssen mittels geeigneter Zusatzannahmen auf scharfe Beobachtungen reduziert werden. Ein Beispiel ist hier das bereits erwähnte Insufficient Reason Principle.
- kann die *Nicht-Präzision* in mengenwertigen Fallbeispielen modellieren, indem von einzelnen Wahrscheinlichkeitsverteilungen auf Familien solcher Verteilungen ausgewichen wird. Diese Vorgehensweise ist jedoch normalerweise mit erheblichen

Komplexitätsproblemen verbunden und daher für die praktische Realisierung effizienter Inferenzmechanismen in wissensbasierten Systemen nur bedingt geeignet.

- bietet in Applikationen große Vorteile, in denen statistisches Datenmaterial oder in Form subjektiver Wahrscheinlichkeiten quantifizierbares Expertenwissen vorliegt. Die Vollständigkeit der Modellierung und die Normativität der zugrunde liegenden Theorie erlauben die wohl fundierteste Form des Decision Making.

Possibilitätstheorie

- dient der *approximativen (informationskomprimierten)* Modellierung solcher unsicherer Daten, die auch *nicht-präzise (mengenwertig)* sein dürfen. Läßt sich etwa ein Fallbeispiel innerhalb einer Datenbank aufgrund unscharfer Beobachtung des Original-Datentupels nur nicht-präzise als Menge alternativer möglicher Kandidaten für dieses Original-Datentupel beschreiben, so wird bei einem possibilistischen Ansatz davon ausgegangen, daß zwar Präferenzen zwischen diesen Kandidaten existieren mögen, diese aber unbekannt sind und daher keine restriktiven Annahmen über Präferenzen (z.B. Insufficient Reason Principle) gemacht werden. Um die bei dieser Sichtweise auftretende Komplexität zu umgehen, erfolgt eine gezielte Kompression der in der Datenbank vorhandenen Information. Sie entspricht formal der Transformation der die Datenbank repräsentierenden Zufallsmenge in ihre Ein-Punkt-Überdeckung. Der dabei auftretende Informationsverlust gestattet zwar im Gegensatz zu wahrscheinlichkeitstheoretischen Ansätzen kein exaktes Schließen unter Unsicherheit, sondern nur noch approximatives Schließen, hat sich allerdings in sehr vielen Applikationen in dem Sinne als tolerierbar herausgestellt, daß die Auswirkungen auf die in der Praxis tatsächlich geforderte Qualität des Decision Making nur gering sind. Possibilistisches Schließen in wissensbasierten Systemen kann hier ähnlich gesehen werden wie *Fuzzy Control* im Bereich der Regelungstechnik, das eine andere - ebenfalls theoretisch fundierbare - Art des approximativen Schließens darstellt, nämlich *Interpolation* in vagen Umgebungen auf der mathematischen Grundlage von *Ähnlichkeitsrelationen* [14,15].
- kann als Spezialfall auch mit präzisen Daten umgehen, jedoch erlauben Possibilitätsverteilungen infolge des zu akzeptierenden Informationsverlustes ein weniger detailliertes Schließen als Wahrscheinlichkeitsverteilungen. Dies mag für die in einer Anwendung tatsächlich geforderte Qualität des Decision Making zwar ausreichen, dennoch ist ein wahrscheinlichkeitstheoretischer Ansatz in diesem Fall prinzipiell als leistungsfähiger anzusehen.
- bietet also in solchen Applikationen mit unsicheren Informationen Vorteile, in denen in erheblichem Maße Nicht-Präzision auftritt. Da das hier benutzte Konzept einer Possibilitätsverteilung semantisch fundierbar ist, gibt es wie in der Wahrscheinlichkeitstheorie eine Methodik des Operierens auf diesen Verteilungen. Es handelt sich um das bereits erwähnte *Extensionsprinzip*, das zum Beispiel als Grundlage possibilistischen Schließens dient. Die Etablierung von Verfahren des possibilistisches Decision Making ist Gegenstand aktueller Forschung.

3.4 Theoretische Grundlagen possibilistischer Netze

In der graphischen Modellierung nutzt man die zwischen Merkmalen existierenden bedingten Unabhängigkeiten dazu aus, Operationen auf Verteilungsfunktionen vom vieldimensionalen Produktraum Ω der Wertebereiche aller betrachteten Merkmale auf niederdimensionale Unterräume zu reduzieren, um auf diese Weise die Entwicklung effizienter Algorithmen zu unterstützen. Ausgangspunkt theoretischer Untersuchungen bei graphischen Modellen ist demnach, zunächst ein geeignetes Konzept *bedingter Unabhängigkeit* für Merkmale (Variablen) in bezug auf den jeweils vorgegebenen Unsicherheitskalkül festzulegen. Während der Begriff der (bedingten) probabilistischen Unabhängigkeit seit langem bekannt ist, besteht in der Possibilitätstheorie hier durchaus noch Diskussionsbedarf, weil sie der Modellierung von zwei verschiedenen Arten imperfekten Wissens dient (Unsicherheit und Nicht-Präzision) und aufgrund abweichender Vorschläge für die Semantik von Possibilitätsverteilungen die Fundierung alternativer Unabhängigkeitskonzepte erlaubt [3]. Allen Alternativen gemein ist die folgende Begriffsbestimmung:

Für disjunkte Merkmalsmengen (Variablenmengen) X, Y und Z, von denen X und Y nicht leer sind, heißt *X unabhängig von Y unter der Bedingung Z relativ zu einer Possibilitätsverteilung* π *auf* Ω, falls jede zusätzliche Information über die Variablen in Y, formalisiert durch beliebige Instanziierungen dieser Variablen, die Possibilitätsgrade aller möglichen gemeinsamen Wertetupel der Variablen in X unverändert läßt, wenn für die Variablen in Z eine Instanziierung vorgegeben ist. Oder anders formuliert: Sind die Z-Werte von ϖ bekannt, so nützt zusätzliche einschränkende Information über die Y-Werte von ϖ nicht, um dadurch weitere Informationen über die X-Werte von ϖ zu erhalten.

Wird eine Possibilitätsverteilung π zur imperfekten Spezifikation eines Weltausschnittes ϖ aufgestellt und dann gemäß einer für die Variablen in Z vorliegenden Instanziierung zu einer Possibilitätsverteilung π' konditioniert, so stimmt die Projektion von π' auf X mit derjenigen Possibilitätsverteilung überein, die man erhält, wenn π gemäß derselben Instanziierung der Variablen in Z und einer beliebigen Instanziierung der Variablen in Y konditioniert und anschließend auf X projiziert wird.

Wie *Konditionierung* und *Projektion* zu definieren sind, hängt von der gewählten Semantik für Possibilitätsverteilungen ab: Sieht man die Possibilitätstheorie als Spezialfall der Dempster-Shafer-Theorie [22], indem man eine Possibilitätsverteilung als Repräsentanten einer konsonanten Belief-Funktion oder einer geschachtelten Zufallsmenge interpretiert, so ergibt sich der für entsprechende possibilistische graphische Modelle relevante Begriff der bedingten Unabhängigkeit von Mengen von Merkmalen aus der *Dempster-Konditionierung* [22]. Werden Possibilitätsverteilungen hingegen als (nicht-normalisierte) Ein-Punkt-Überdeckungen von Zufallsmengen betrachtet, wie wir dies für die possibilistische Interpretation von Datenbanken von Fallbeispielen bereits motiviert haben, so ist die dem Extensionsprinzip gemäße Konditionierung und Projektion zu wählen, und die resultierende bedingte Unabhängigkeit von Merkmalsmengen entspricht *bedingter possibilistischer Nicht-Interaktivität* [13]. Für nähere Details eines axiomatischen Zugangs zur possibilistischen Unabhängigkeit verweisen wir auf [3].

Die beiden oben genannten Typen bedingter Unabhängigkeit genügen den *Semi-Graphoid-Axiomen* [19], die sich als Basisanforderungen an jedes semantisch sinnvolle

Konzept bedingter Unabhängigkeit in graphischen Modellen herauskristallisiert haben. Possibilistische Unabhängigkeit nach Dempster's Konditionierungsregel erfüllt sogar die *Graphoid-Axiome* [20], wie dies auch bei probabilistischer Unabhängigkeit der Fall ist. Mit diesen Grundlagen ist es möglich, genau zu definieren, was man unter einem ungerichteten bedingten possibilistischen Unabhängigkeitsgraphen versteht. Dadurch läßt sich zum Beispiel festlegen, wie possibilistische Netze zu interpretieren sind, deren strukturelle Komponente ein UG ist. Auf ähnliche Weise kann man dann gerichtete bedingte Unabhängigkeitsgraphen einführen.

Ein ungerichteter Graph mit Knotenmenge V heißt *bedingter Unabhängigkeitsgraph* einer Possibilitätsverteilung π, falls für beliebige nicht-leere disjunkte Knotenmengen X, Y und Z von V gilt, daß die Separation jedes Knotens in X von jedem Knoten in Y durch die Knotenmenge Z die possibilistische Unabhängigkeit von X und Y unter der Bedingung Z impliziert.

Diese Definition entspricht dem Voraussetzen der *globalen Markov-Eigenschaft* von π. Im Gegensatz zu Wahrscheinlichkeitsverteilungen, bei denen sich die Äquivalenz der globalen, lokalen und paarweisen Markov-Eigenschaft nachweisen läßt, ist die globale Markov-Eigenschaft bei Possibilitätsverteilungen die stärkste dieser drei Eigenschaften und daher diejenige, die für obige Definition herangezogen wird.

Liegt wie in Bild 1 ein gerichteter azyklischer Unabhängigkeitsgraph vor, so läßt er sich durch Entfernung der Kantenrichtungen und „Verheiraten" der Elternknoten (zusätzliche gestrichelte Kanten in Bild 2) in seinen assoziierten *Moralgraphen* transferieren [17]. Dieser weist eine Teilmenge der Unabhängigkeitseigenschaften des zugrunde liegenden DAG auf, so daß die Verwendung des Moralgraphen allenfalls mit einem Informationsverlust verbunden ist. Durch zusätzliche *Triangulierung* des Graphen, die eventuell noch einen weiteren Informationsverlust über bestehende Unabhängigkeitsrelationen mit sich bringt, kann man einen Hyperbaum konstruieren, dessen Hyperkanten den Knoten des mit dem triangulierten ungerichteten Graphen assoziierten *Cliquenbaumes* entsprechen. Wie dieser Cliquenbaum für unser Beispiel der Blutgruppenbestimmung aussieht, zeigt Bild 3.

Der Vorteil der Triangulierung ist darin zu sehen, daß der resultierende Graph die für das effiziente Operieren auf Verteilungsfunktionen gewünschte *Zerlegbarkeit* gestattet:

Eine Possibilitätsverteilung π auf Ω hat eine Zerlegung in vollständige irreduzible Komponenten, wenn sie auf einen triangulierten bedingten Unabhängigkeitsgraphen G von π bezogen wird. Die mit der Zerlegung einhergehende *Faktorisierung* von π äußert sich derart, daß sich π als das Minimum seiner Projektionen auf die maximalen Cliquen von G darstellen läßt.

Dies Ergebnis entspricht dem der Dekomposition von Wahrscheinlichkeitsverteilungen, wenn man die Minimum-Operation durch die Produktbildung und Possibilitätsgrade durch Elementarwahrscheinlichkeiten ersetzt.

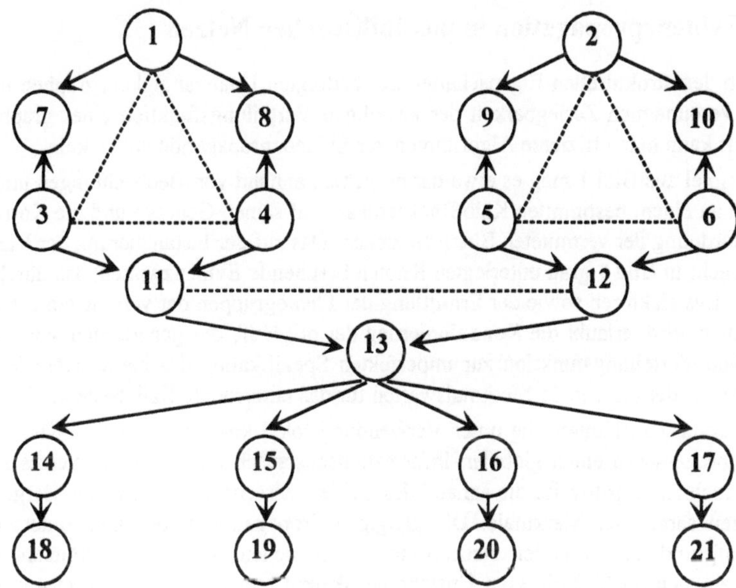

Bild 2 Modifizierte Darstellung des DAG aus Bild 1

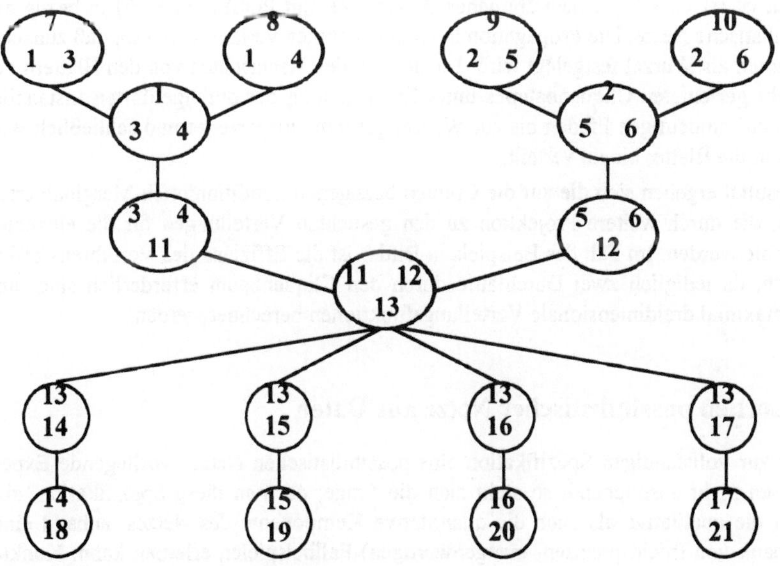

Bild 3 Cliquenbaum des triangulierten Moralgraphen

3.5 Evidenzpropagation in possibilistischen Netzen

Je nach den strukturellen Eigenschaften des bedingten Unabhängigkeitsgraphen und der damit verbundenen Zerlegbarkeit der jeweiligen Verteilungsfunktion eines graphischen Modells kann man effiziente Algorithmen zur Evidenzpropagation entwickeln.

Im Beispiel aus Bild 1 mag es etwa darum gehen, anhand von Beobachtungen und Messungen an einem bestimmten Kalb Rückschlüsse auf seinen Genotyp und die Korrektheit der Zuordnung der vermuteten Eltern zu ziehen. Das auf der Instanziierung der Variablen in den acht in Bild 1 grau unterlegten Knoten beruhende Evidenzwissen, das durch Messen der Lysisfaktoren sowie der Ermittlung der Phenogruppen der vermuteten Elterntiere gewonnen wird, erlaubt die Konditionierung der mit Hilfe des generischen Wissens aufgestellten Verteilungsfunktion zur imperfekten Spezifikation des betrachteten Weltausschnittes ϖ, der aus den 21 Merkmalswerten für das untersuchte Kalb besteht.

Propagationsalgorithmen, die unter Verwendung lokal kommunizierender Knoten- und Kantenprozessoren einen globalen Informationsaustausch innerhalb des Netzes ausführen, berechnen schrittweise die anhand des Evidenzwissens konditionierten Marginalverteilungen sämtlicher Merkmale. Die gängigen Propagationsalgorithmen unterscheiden sich aufgrund der speziellen Netzstrukturen, mit denen sie umgehen können, jedoch lassen sie sich unabhängig vom Unsicherheitskalkül meist universell einsetzen; es sind allein die für den Algorithmus erforderlichen Elementaroperationen (z.B. Konditionierung, Projektion etc.) dem entsprechenden Kalkül anzupassen [17,19,23].

Ein sehr bekanntes interaktives Softwaretool für probabilistisches Schließen in Cliquenbäumen ist HUGIN [1]. Einen ähnlichen Ansatz verfolgt POSSINFER [9] in bezug auf possibilistische Netze. Die Propagation in Cliquenbäumen verläuft dabei so, daß zunächst ein Knoten als Wurzel festgelegt wird. Danach werden Nachrichten von den Blättern des nunmehr gerichteten Cliquenbaumes unter Einbeziehung der durchgeführten Instanziierungen auf eindeutigen Pfaden bis zur Wurzel gesandt, ausgewertet und schließlich wieder bis in die Blätter hinein verteilt.

Als Resultat ergeben sich die auf die Cliquen bezogenen konditionierten Marginalverteilungen, die durch weitere Projektion zu den gesuchten Verteilungen für die einzelnen Merkmale werden. Im Fall des Beispiels in Bild 3 ist die Effizienz des Verfahrens offensichtlich, da lediglich zwei Durchläufe durch den Cliquenbaum erforderlich sind, und dabei maximal dreidimensionale Verteilungsfunktionen berechnet werden.

3.6 Lernen possibilistischer Netze aus Daten

Ist das zur vollständigen Spezifikation eins possibilistischen Netzes vorliegende Expertenwissen nicht ausreichend, so stellt sich die Frage, ob man diese Spezifikation, also sowohl die qualitative als auch die quantitative Komponente des Netzes, anhand einer Datenbank von (nicht-präzisen, mengenwertigen) Fallbeispielen erlernen kann. Konkret besteht die Lernaufgabe darin, die relativ zu einer gewählten Klasse graphischer Modelle am besten approximierende Dekomposition der aus der Datenbank generierbaren gemeinsamen Possibilitätsverteilung aller Merkmale zu berechnen. Das strukturelle Lernen kann sich dabei auf DAG-Strukturen [11] genauso beziehen wie auf Hyperbaumstrukturen [10]. Zur Festlegung der Approximationsgüte benötigt man ein *Maß für die Nicht-Spezifizität* der durch eine Possibilitätsverteilung repräsentierten Information. Während probabilistische Unsicherheitsmaße hier im wesentlichen auf der Shannon-Entropie beruhen, sind possibilistische Nicht-Spezifizitätsmaße auf die Hartley-Information zurückzuführen. Theoretische Untersuchungen dazu sind in [10] zu finden.

Da das genannte Lernproblem bereits im Falle mehrstelliger Relationen, die als Spezialfall mehrdimensionaler Possibilitätsverteilungen angesehen werden können, für nichttriviale Klassen graphischer Modelle NP-hart ist, sind hier - wie auch bei den probabilistischen graphischen Modellen - Heuristiken unumgänglich. Allerdings kann die Approximationsgüte der aufgefundenen Netze einfach berechnet werden, so daß der mit der Dekomposition eventuell auftretende Informationsverlust leicht bestimmbar ist. Das in [10] vorgestellte Verfahren zu Approximation bester Hyperbaum-Dekompositionen von Possibilitätsverteilungen wurde auf unser Beispiel zur Blutgruppenbestimmung bei dänischen Jersey-Rindern angewandt. Es stand dabei eine Datenbank von 700 unvollständigen bzw. nicht-präzisen Fallbeispielen zur Verfügung. Der Lernalgorithmus lieferte schließlich einen Hyperbaum, dessen Hyperkanten exakt mit den Knoten des in Bild 3 dargestellten Cliquenbaumes übereinstimmen.

3.7 Ausblick

Die in diesem Beitrag vorgestellten Methoden der possibilistischen graphischen Modellierung haben sich innerhalb des Esprit-III-Projektes DRUMS II (Defeasible Reasoning and Uncertainty Management Systems) und im Rahmen einer Kooperation mit der Deutschen Aerospace bei der Konzeption eines *Data-Fusion-Tools* bewährt und werden nun in einem Projekt zum Thema *Data Mining* in Zusammenarbeit mit dem Forschungszentrum der Daimler-Benz AG in Ulm weiterentwickelt.

Literatur

[1] Andersen, S.K., Olesen, K.G., Jensen, F.V. und Jensen, F.: *HUGIN - A shell for building Bayesian belief universes for expert systems.* In Proc. 11th Int. Joint Conference on Artificial Intelligence, 1080-1085, 1989

[2] Buntine, W.: *Operations for learning with graphical models.* Journal of Artificial Intelligence Research, 2:159-225, 1994

[3] de Campos, L.M., Gebhardt, J. und Kruse, R.: *Axiomatic treatment of possibilistic independence.* In: C. Froidevaux und J. Kohlas (Eds.): Symbolic and Quantitative Approaches to Reasoning and Uncertainty. Lecture Notes in Artificial Intelligence 946, 77-88, Springer, Berlin, 1995

[4] Dubois, D., Moral, S. und Prade, H: *A semantics for possibility theory based on likelihoods.* Annual Report, CEC-Esprit III BRA 6156 DRUMS II, Brüssel, 1993

[5] Dubois, D. und Prade, H.: *Possibility Theory.* Plenum Press, New York, 1988

[6] Dubois, D. und Prade, H.: *Fuzzy sets in approximate reasoning, Part 1: Inference with possibility distributions.* Fuzzy Sets and Systems, 40:143-202, 1991

[7] Gebhardt, J. und Kruse, R.: *A new approach to semantic aspects of possibilistic resoning*. In: M. Clarke, R. Kruse und S. Moral (Eds.): Symbolic and Quantitative Approaches to Reasoning and Uncertainty. Lecture Notes in Computer Science 747, 151-160, Springer, Berlin, 1993

[8] Gebhardt, J. und Kruse, R.: *On an information compression view of possibility theory*. Proc. 3rd IEEE Conf. On Fuzzy Systems, 1285-1288, Orlando, 1994

[9] Gebhardt, J. und Kruse, R.: *POSSINFER - A software tool for possibilistic inference*. In: D. Dubois, H. Prade und R. Yager (Eds.): Fuzzy Set Methods in Information Engineering: A Guided Tour of Applications, Wiley, New York, 1996

[10] Gebhardt, J. und Kruse, R.: *Tightest hypertree decompositions of multivariate possibility distributions*. Proc. Int. Conference on Information Processing and Management of Uncertainty in Knowledge-based Systems, 923-928, Granada, Spanien, 1996

[11] Gebhardt, J. und Kruse, R.: *Automated construction of possibilistic networks from data*. Journal of Applied Mathematics and Computer Science, erscheint 1996

[12] Hestir, K., Nguyen, H.T. und Rogers, G.S.: *A random set formalism for evidential reasoning*. In: I.R. Goodman, M.M. Gupta, H.T. Nguyen und G.S. Rogers (Eds.): Conditional Logic in Expert Systems, 309-344, North-Holland, Amsterdam, 1991

[13] Hisdal, E.: *Conditional possibilities, independence and noninteraction*. Fuzzy Sets and Systems, 1:283-297, 1978

[14] Klawonn, F., Gebhardt, J. und Kruse, R.: *Fuzzy control on the basis of equality relations with an example from idle speed control*. IEEE Transactions on Fuzzy Systems, 3:336-350, 1995

[15] Kruse, R., Gebhardt, J. und Klawonn, F.: *Foundations of Fuzzy Systems*, Wiley, Chichester, 1994

[16] Kruse, R., Schwecke, E. und Heinsohn, J.: *Uncertainty and Vagueness in Knowledge-based Systems*, Serie Artificial Intelligence, Springer, Berlin, 1991

[17] Lauritzen, S.L. und Spiegelhalter, D.: *Local computations with probabilities on graphical structures and their application to expert systems (with discussion)*. Journal of the Royal Statistical Society, Serie B, 50: 157-224, 1988

[18] Nguyen, H.T.: *On random sets and belief functions*. Journal of Mathematical Analysis and Applications, 65:431-542, 1978

[19] Pearl, J.: *Probabilistic Reasoning in Intelligent Systems: Networks of Plausible Inference* (2. Auflage). Morgan Kaufmann, New York, 1992

[20] Pearl, J. und Paz, A.: *Graphoids - A graph based logic for reasoning about relevance relations*. In: B.D. Boulay et al. (Eds.): Advances in Artificial Intelligence 2, 357-363, North-Holland, Amsterdam, 1987

[21] Rasmussen, L.K.: *Blood group determination of Danish Jersey cattle in the F-blood group system*. Dina Research Rep. 8, Dina Foulum, Tjele, Dänemark, 1992

[22] Shafer, G.: *A Mathematical Theory of Evidence*. Princeton University Press, Princeton, 1976

[23] Shafer, G. und Shenoy, P.P.: *Local computation in hypertrees*. Working Paper 201, School of Business, University of Kansas, Lawrence, 1988

[24] Wang, P.Z.: *From the fuzzy statistics to the falling random subsets*. In: P.P. Wang (Ed.): Advances on Fuzzy Sets, Possibility and Applications, 81-96, Plenum Press, New York, 1983

[25] Whittaker, J.: *Graphical Models in Applied Multivariate Statistics*. John Wiley and Sons, New York, 1990

[26] Zadeh, L.A.: *The concept of a linguistic variable and its application to approximate reasoning*. Information Sciences, 9:43-80, 1975

[27] Zadeh, L.A.: *Fuzzy sets as a basis for a theory of possibility*. Fuzzy Sets and Systems, 1:3-28, 1978

4

Anwendungen neuronaler Netze im Umweltbereich

Hubert B. Keller, Bernd Müller

Zusammenfassung

Neuronale Netze stellen eine interessante und leistungsfähige Methode für viele Anwendungsbereiche dar (z. B. Modellierungs- und Steuerungsaufgaben, gerade auch im Umweltbereich). Beginnend mit der historischen Entwicklung werden die Eigenschaften neuronaler Netze, sowie Werkzeuge zur Simulation erläutert. Danach erfolgt eine Erläuterung von Einsatzmöglichkeiten im und eine Darstellung von Anwendungen aus dem umwelttechnischen Bereich. Zusammenfassend werden die Grenzen neuronaler Netze, aber auch deren Entwicklungsmöglichkeiten aufgezeigt.

4.1 Einleitung

Umwelttechnische Belange erfordern Modelle (Verständnis) über den Aufbau und das Verhalten komplexer natürlicher oder umweltrelevanter technischer Systeme. Komplexe Umwelt- oder Prozeßmodelle beinhalten natürlicherweise aber eine hohe Anzahl von Parametern, Vernetzungen zwischen Systemgrößen und massive Nichtlinearitäten. Solche Zusammenhänge können über eine theoretische Modellbildung oft nicht abgeleitet werden, der Einsatz von künstlichen neuronalen Netzen bietet sich an.

Für den Anwender stellen künstliche neuronale Netze Verfahren dar, welche ihm Lösungen auch in Bereichen liefern können, in denen die klasssischen Ansätze versagen. Neuronale Netze sind „lernende Verfahren", die dem Bereich des Machine Learning, einem Teilbereich der Artificial Intelligence (Künstlichen Intelligenz, AI oder KI), zugeordnet werden. Neuronale Netze sind geeignet, einen vorhandenen und irgendwie gearteten Lösungsprozeß über ein Training anhand vorgegebener Beispieldaten zu lernen. Neuronale Netze sind dabei Systeme aus vielen, einfachen und gleichartigen Bausteinen, zwischen denen gerichtete Verbindungen existieren. Diese Verbindungen sind gewichtet, d. h. mit numerischen Werten versehen. Lernen erfolgt in einem neuronalen Netz durch die Veränderung der Verbindungsgewichte zwischen den verschiedenen Bausteinen oder durch direkte Strukturveränderungen. Das gelernte „Wissen" ist in einem neuronalen Netz somit implizit in den Verbindungsstrukturen und deren Gewichten enthalten. Für eine über die folgende Darstellung hinausgehende Betrachtung sei auf die Literatur verwiesen ([12], [16]).

4.2 Neuronale Netze

Neuronale Netze lassen sich durch ihre Architektur und ihr operationales Verhalten charakterisieren. Dabei bilden die künstlichen neuronalen Netze nur sehr elementare Eigenschaften ihrer biologischer Vorbilder, den natürlichen neuronalen Strukturen, nach. Unter dem Begriff der **Architektur** sind die Art der Bausteine, der Neuronen mit ihren internen Eigenschaften und die Struktur des Netzes (die Art der Verbindungen) zu verstehen. Das **operationale Verhalten** eines neuronalen Netzes wird durch

- den Berechnungszeitpunkt für jedes Neuron (synchron/asynchron),
- die Informationsflußrichtung (vorwärts/rückgekoppelt (rekurrent)),
- das Vorhandensein eines internen Gedächtnis im Neuron (Sättigung, Abhängigkeit der Reaktion auf Eingangssignale von Vergangenheitswerten),
- das Lernprinzip (überwacht/nichtüberwacht) und
- das Lernproblem (diskret, kontinuierlich)

charakterisiert. Entsprechend der Problemstellung einer Anwendung ergeben sich die grundsätzlichen Schritte in der Entwicklung von neuronalen Netzen:

1. Definition der Netzstruktur, der Neuronen und der Trainingsdaten,
2. Training und Validierung des neuronalen Netzes, mit jeweils disjunkten Datensätzen,
3. Einsatz des neuronalen Netzes in der Anwendungsphase.

4.2.1 Historische Entwicklung

Von McCulloch und Pitts wurde im Jahre 1943 das Modell eines Neurons vorgestellt, das einige logische Funktionen realisieren konnte. Es handelt sich um ein binäres Schwellenwert-Neuron (Bild 1). Die $X_{i,}$, Y_i sowie der Ausgangswert O sind aus der Menge [0,1]. Die X_i sind dabei erregend, die Y_i absolut hemmend. Der griechische Buchstabe Θ bezeichnet den Schwellenwert des Neurons. Besitzt ein Y_i den Wert 1, so wird das Neuron inaktiv, sein Ausgangswert ist 0. Sind alle Y_i Null und die Summe aller X_i größer gleich dem Schwellenwert Θ, so ist der Ausgangswert 1, andernfalls gleich 0. Mit diesem Neuron als Baustein lassen sich die elementaren logischen Funktionen nachbilden.

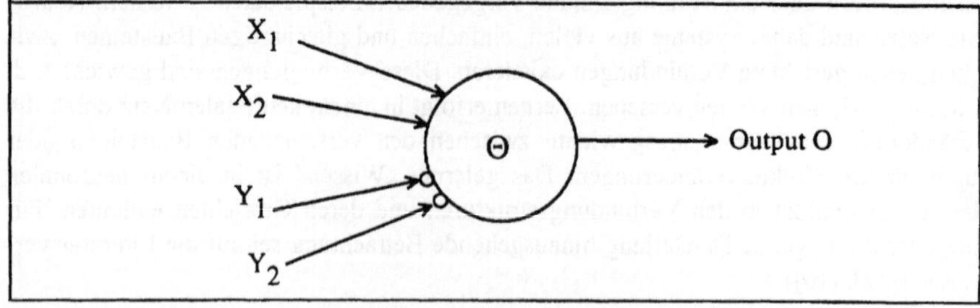

Bild 1 Mc Culloch Pitts Neuron

Rosenblatt stellte 1958 ein Neuronenmodell, das **Perzeptron**, vor (Bild 2). Dieses Neuronenmodell verarbeitet gewichtete Informationen parallel. Hintergrund war die Nachbildung von senso-motorischen Vorgängen. Das Perzeptron besteht aus 3 Ebenen, der Sensor(S)-Ebene, der Assoziations(A)-Ebene und der Response(R)-Ebene. Die R-Ebene besteht in der Regel nur aus einem Neuron. Das Perzeptron verarbeitet gewichtete, binäre Signale und besitzt eine Schwellenwertfunktion. Der Ausgang ist wiederum binärwertig. Lernen findet zwischen den A-R-Ebenen (Verbindungen) statt.

Das Perzeptron (eigentlich das R-Neuron) kann einige elementare logische Funktionen nachbilden, scheitert aber an der XOR-Funktion (eXclusive-OR, siehe Bild 3). Am Beispiel der AND-Funktion bzw. OR-Funktion sieht man die Fähigkeit dieses Neurons, zwei Bereiche im Eingangsraum durch eine Gerade zu trennen (lineare Separierung). Zur Realisierung der XOR-Funktion sind aber drei Bereiche im 2-dimensionalen Eingangsraum zu trennen, dies kann das Perzeptron nicht (Bild 2).

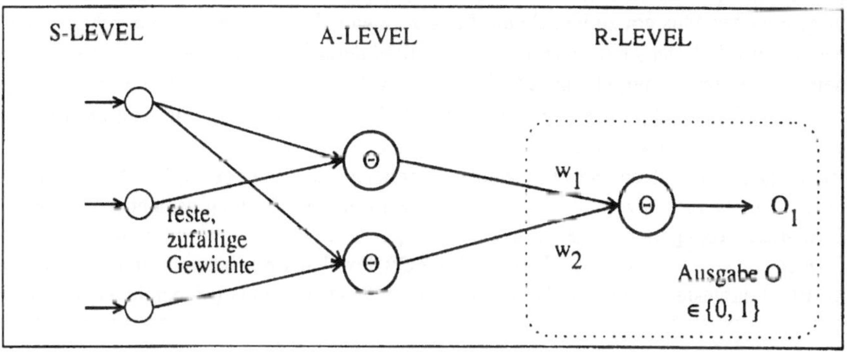

Bild 2 Das Perzeptron

Um die in Bild 3 dargestellte XOR-Funktion mit Hilfe eines Perzeptron mit festem Schwellenwert $\Theta > 0$ zu lösen, müssen die reellwertigen Gewichte w_1 und w_2 (vgl. Bild 2 und 3) die folgenden vier Ungleichungen erfüllen:

(1) $0 * w_1 + 0 * w_2 < \Theta \Rightarrow 0 < \Theta$

(2) $0 * w_1 + 1 * w_2 > \Theta \Rightarrow w_2 > \Theta$

(3) $1 * w_1 + 0 * w_2 > \Theta \Rightarrow w_1 > \Theta$

(4) $1 * w_1 + 1 * w_2 < \Theta \Rightarrow w_1 + w_2 < \Theta$

($\Theta > 0$ ist der Schwellenwert, ab dem das Perzeptron eine Ausgabe erzeugt).

Aufgrund der ersten Ungleichung ist die Wahl von $\Theta > 0$ zwingend. Aus den Ungleichungen 2 und 3 folgt, daß die beiden Gewichte w_1 und w_2 größer als Θ sein müssen. Wenn die Gewichte w_1 und w_2 jedoch größer als Θ sind, so kann ihre Summe nicht kleiner als Θ sein (Ungleichung 4). Somit ist dieses Ungleichungssystem nicht lösbar, mithin ist die XOR-Funktion durch ein Perceptron nicht berechenbar.

Eingabemuster x1	Eingabemuster x2		Ausgabemuster
0	0	→	0
0	1	→	1
1	0	→	1
1	1	→	0

Bild 3: Die XOR Funktion

Minsky und Papert wiesen 1969 nach, daß Perzeptrons mit nur einer Ein- und einer Ausgabeschicht prinzipiell nicht im Stande sind, räumliche zusammenhängende Figuren in vorgegebenen Mustern zu berechnen. Es war ihnen jedoch bekannt, daß durch neuronale Netze mit mindestens einer verborgenen Schicht derartige Probleme gelöst werden können. Zu diesem Zeitpunkt war jedoch keine Verallgemeinerung des Perzeptron-Lernverfahrens auf mehrschichtige Netze bekannt. Da Minsky und Papert nicht an die Existenz eines solchen glaubte, verlor sich das Interesse an neuronalen Netzen, bis Hopfield, Rumelhart sowie Kohonen mit neuen Ansätzen die weitergehenden Möglichkeiten neuronaler Netze aufzeigten. Vor allem eine Lernregel für mehrschichtige Netze, die Error-Backpropagation-Regel, war ein wichtiger Schritt in Richtung komplexerer, lernfähiger Netze. Die eigentliche Lösung des XOR-Problems war bekannt und ist durch das in Bild 4 dargestellte einfache Netz mit einer verdeckten Schicht (hidden layer) gegeben.

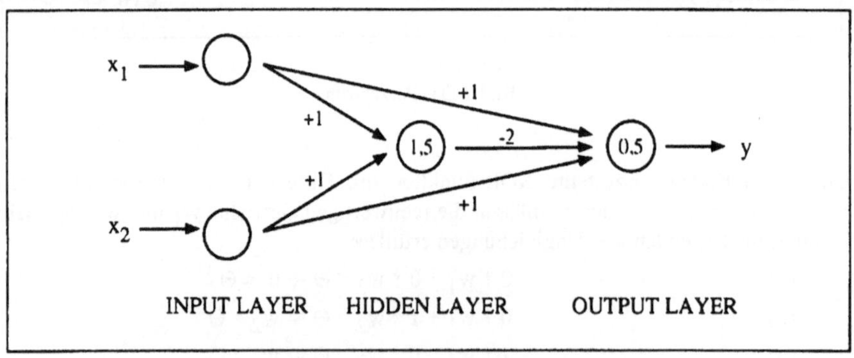

Bild 4 Lösung des XOR-Problems

4.2.2 Grundmodell eines Neurons

Das Grundmodell eines Neurons (Bild 5) stützt sich im wesentlichen auf die Vereinfachung von McCulloch und Pitts aus dem Jahre 1943, die ein Neuron als eine Art **Addierer mit Schwellenwert** betrachten (mehrere Eingänge, aber nur einen Ausgang).

Mathematisch kann man die Input-Signale und die Gewichte als Vektoren $(x_1, x_2, ..., x_n)$ und $(w_1, w_2, ..., w_n)$ auffassen. Die Berechnung des gesamten Input-Signals erfolgt mit Hilfe einer **Summationsfunktion** (net), z. B. die gewichtete Summe, d. h. dem euklidischen Skalarprodukt der beiden Vektoren, was geometrisch als ein Maß für die Ähnlichkeit dieser beiden Vektoren aufgefaßt werden kann.

Ein weiterer Prozeß im Neuron betrifft die **Aktivierungsfunktion** (a). Das Ergebnis der Summationsfunktion kann als Argument für eine Aktivierungsfunktion dienen, die daraus den **Aktivierungswert** berechnet und diesen dann an die Übertragungsfunktion weiterleitet. Der Sinn der Aktivierungsfunktion besteht darin, daß sie es ermöglicht, die Ausgabe in Abhängigkeit von der Zeit zu variieren. Die Aktivierungen früherer Zeitpunkte können als Argument für die Aktivierungsfunktion dienen und geben dem Neuron somit ein Gedächtnis, mit dem beispielsweise Adaption modelliert werden kann. Eine weitere Funktion ist die **Output-Funktion** (out), zur eigentlichen Erzeugung des Ausgangssignals. Wenn die gewichtete Summe der Input-Signale größer als der Schwellenwert ist, dann erzeugt das Neuron ein Signal. Falls das Ergebnis der Summationsfunktion kleiner als der Schwellenwert ist, so wird kein Signal (oder ein hemmendes Signal) erzeugt; beide Antworten sind signifikant. Die normalerweise üblichen Übertragungsfunktionen sind Treppenfunktionen oder sigmoide Funktionen, alle nichtlichtlinearen Netzwerke verwenden lichtlineare Übetragungsfunktionen. Allgemein wird für die Aktivierungsfunktion die **Identität** verwendet, wobei die Bezeichnungen für die Aktivierungsfunktion und Outputfunktion in der Literatur nicht immer einheitlich verwendet werden.

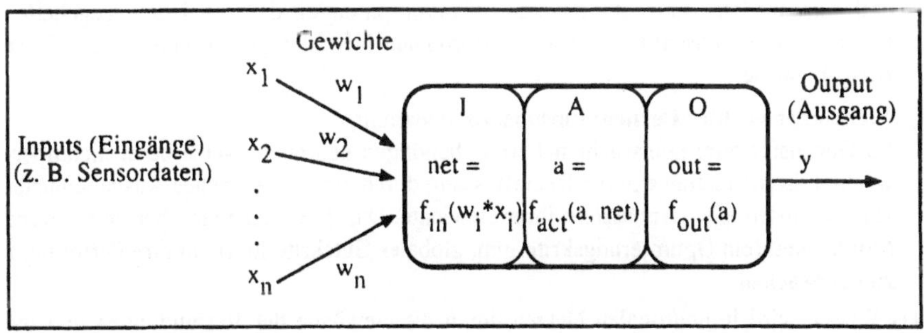

Bild 5 Grundmodell eines künstlichen Neuron

4.2.3 Anordnung von Neuronen

Ein neuronales Netz besteht üblicherweise aus einer größeren Anzahl an Neuronen. Zur Strukturierung können Neuronen mit gleicher (paralleler) Funktion zu einem Funktionsblock (einer **Schicht**, **Layer**) zusammengefaßt werden. Die einzelnen Schichten werden in einer Folge „nacheinander" angeordnet und in geeigneter Weise miteinander verbunden. Schichten, die weder aus Eingabe- noch aus Ausgabeeinheiten bestehen, werden als

verdeckte Schichten (hidden Layer) bezeichnet. Die erste Schicht eines Netzes enthält die Eingabeeinheiten und dient ausschließlich der Verteilung der Eingabesignale.

Für die Richtung der Verbindungen und damit des Informationsflusses kann man grundsätzlich die folgenden Formen unterscheiden:

- **Feed-forward** (vorwärts gekoppelte) Netze: Die Eingänge einer Schicht werden ausschließlich von den Ausgängen der Schicht davor gespeist, d. h. die Neuronen einer Schicht haben keinerlei Einfluß aufeinander und auf davorliegende Schichten.
- **Rekurrente** (feed-back, rückgekoppelte) Netze: In rekurrenten Netzen kann jedes Neuron mit sich oder mit jedem anderen Neuron des Netzes verbunden sein. Es handelt sich somit um Netzwerke, die Verbindungen und damit eine Informationsverarbeitung in alle Richtungen (d. h. auch Querverbindungen und Rückkopplungen) zulassen.

4.2.4 Lernen in neuronalen Netzen

In der Regel muß ein neuronales Netz seine Zielfunktion über Beispieldaten durch die Anpassung der Gewichte erlernen. Grundsätzlich kann man die verschiedenen Lernansätze nach dem Ursprung der zu erlernenden Muster einteilen (ähnlich dem Lernen aus Beispielen, vgl. [14]). Hierzu unterscheidet man:

1. **Überwachtes Lernen:** (supervised learning)
   Beim überwachten Lernen müssen dem neuronalen Netz zum Trainieren Eingabe- und Ausgabedaten präsentiert werden (Trainingsmenge); d. h. zu jedem gegebenen Eingabemuster präsentiert man dem neuronalen Netz das gewünschte vorgegebene Ausgabemuster.
2. **Nicht-überwachtes Lernen:** (unsupervised learning)
   Im Gegensatz zum überwachten Lernen benötigen neuronale Netze beim nichtüberwachten Lernen keine externe Beeinflussung durch ein vorgegebenes Ausgabemuster zum Auslösen einer Anpassung ihrer Gewichte. Dafür verfügen sie über eine interne Möglichkeit (ein Optimierungskriterium, globales Gütekriterium) um ihre Performanz zu überwachen.

Das Wissen wird in neuronalen Netzen durch die Gewichte der Verbindungen und die spezifischen Funktionen der einzelnen Neuronen gespeichert. Im Gegensatz zu symbolischen Verfahren, bei denen einzelne Objekte über Symbole direkt bezeichenbar und benennbar sind, werden in einem neuronalen Netz die Objekte über ihre Eigenschaften repräsentiert. Die Eingangsinformation des Netzes stellt die wertemäßige Ausprägung der Eigenschaften (Merkmalsmenge/Attribute) der einzelnen Objekte dar. Über einen Lernvorgang kann diese Information in eine interne Repräsentation überführt werden. Da die Beziehung zwischen interner Repräsentation eines Objektes und seiner externen symbolischen Bezeichnung in aller Regel nicht eineindeutig ist, spricht man von subsymbolischer Repräsentation (Ebene unterhalb der symbolischen Form). Eine eindeutige Zuordnung ist in aller Regel auch nicht das Ziel des Lernvorgangs, es wird vielmehr versucht eine abstrakte Fassung der angebotenen Informationen zu lernen (Klassen der Eingangsmuster). Damit kann das Netz auch auf Eingaben reagieren, die sich von den gelernten unterscheiden und eine korrekte Klassifikation durchführen oder eine approximative

Antwort berechnen. Je nach Struktur des neuronalen Netzes und der dargebotenen Eingabewerte als Eigenschaftsausprägungen der zu lernenden Objekten erfolgt eine mehr oder weniger verteilte Repräsentation dieser Objekte über die am Lernvorgang beteiligten Neuronen. Wegen der verteilten Repräsentation und damit einer überschneidenden Bereichszuständigkeit zeichnen sich bestimmte neuronale Netzarten neben einer hohen Fehlertoleranz auch durch ein gutes Näherungsverhalten aus (Bildverarbeitung, Musterklassifikation bei verrauschten Daten, Mustervervollständigung).

Die Informationsverarbeitung in einem neuronalen Netz muß nicht sequentiell erfolgen. Die einzelnen Verarbeitungselemente des neuronalen Netzes können nebenläufig ausgeführt werden. Voraussetzung für eine effiziente Parallelisierung ist die Lokalität bei der Verarbeitung in den einzelnen Neuronen. Diese wird durch entsprechende Funktionen gewährleistet (gewichtete Summation [16]).

4.3 Netzmodelle

Im Folgenden wird auf zwei grundlegende Standardmodelle näher eingegangen. Eine umfassende Beschreibung aller Standard-Netzmodelle ist aus Platzgründen hier nicht realisierbar.

4.3.1 Multi-Layer-Perzeptrons (MLP, Backpropagation-Netze)

Ein Multilayer Perzeptron ist ein Netz aus Perzeptrons mit einer Feed Forward Topologie. Beim Trainieren des Netzes mit dem **Backpropagation-Algorithmus** liegt die grundlegende Idee in der Verbindung eines MLPs mit einer nichtlinearen Schwellenwertfunktion und einem Gradientenverfahren.

Backpropagation ist eine Verallgemeinerung der Delta-Regel auf Netzwerke mit beliebig vielen Schichten und einer feed-forward-Verarbeitung. Jedes Neuron enthält eine kontinuierliche sigmoide Ausgabefunktion mit Werten aus dem Intervall [0,1] (z.B. Fermifunktion $\sigma(x)=(1+\exp(-x))^{-1}$. Das Backpropagation-Lernverfahren gliedert sich in 3 Schritte:

1. Das in der Eingabeschicht angelegte Muster wird in Richtung Ausgabeschicht propagiert (durchlaufen), um dort die Reaktion des Netzes auf das präsentierte Muster zu generieren. Die Ausbreitung durch das Netz erfolgt schichtweise, d. h. die Aktivierungen der Neuronen werden zuerst in jener verdeckten Schicht berechnet, die der Eingabeschicht am nächsten liegt. Dann erfolgt die Berechnung der Aktivierung der nächsten, näher zur Ausgabeschicht hin gelegenen Schicht, bis schließlich die Ausgabeschicht selbst erreicht wird.

2. Dann erfolgt die Fehlerbestimmung wiederum schichtweise. Dabei wird bei der Ausgabeschicht begonnen, da hier das gewünschte Muster zur Verfügung steht (überwachtes Lernen) und mit dem tatsächlichen vom Netz produzierten Muster verglichen werden kann. Aus der Differenz dieser beiden Muster wird das Fehlersignal für die Ausgabeschicht gebildet, von dem auch die Berechnung der weiteren Fehlersignale für die in Richtung Eingabeschicht liegenden jeweils nächsten Schichten (verdeckte Schichten und Eingangsschicht) abhängt.

3. Wurde der Fehler bis zur letzten verdeckten Schicht zurückgesendet, so erfolgt abschließend die Gewichtsanpassung ausgehend von der Eingangsschicht bis zur Ausgangsschicht, abhängig vom Grad der jeweiligen Fehlerwerte.

Nach der Gewichtsänderung kann ein weiteres Muster angelegt und vorwärts propagiert werden. Wendet man diese Lernprozedur wiederholt an, so wird der vom Netz verursachte Fehler schrittweise verringert. Da es sich bei dem Backpropagation Algorithmus um ein Gradientenabstiegsverfahren handelt, kann sich das neuronale Netz in einem lokalen Minimum verfangen und die gestellte Aufgabe nicht fehlerfrei erlernen. Backpropagation-Netze sind in der Art der Berechnung des Ausgabewertes normalerweise reine feed-forward Netze. Neben Standard-Backpropagation gibt es verfeinerte Gradientenabstiegsverfahren, die zu einer schnelleren Konvergenz führen.

Verschiedene Weiterentwicklungen versuchen über Rückkopplungen zwischen den verschiedenen Schichten zeitliche Abhängigkeiten in den Eingangsdaten zu modellieren (z.B. Elman-Netze, Jordan-Netze). Aufgrund der gegenseitigen Abhängigkeit der Fehler der einzelnen Beispieldaten ist für diese Netze ein hoher Speicheraufwand bei nur langsamem Lernverhalten nötig. Sinnvollerweise sollte man Vergangenheitswerte direkt über zusätzliche Neuronen in der Eingabeschicht berücksichtigen.

4.3.2 Kohonen-Netze

Basis des neuronalen Netzmodells nach Teuvo Kohonen (1984) ist die Annahme, daß die Neuronen im Gehirn entsprechend ihrer räumlichen Lage zueinander in bestimmter Weise zusammenarbeiten (benachbarte Neuronen bzw. Neuronengruppen reagieren auf benachbarte Reize). Bei jedem Eingangssignal wird das Neuron gesucht, das auf die Eingabe am stärksten reagiert (Erregungszentrum); es ist damit automatisch dem Eingangssignal am nähesten (ähnlichsten bzgl. einer zugrundeliegenden Metrik). Dieses Neuron ändert seine Gewichte entsprechend der Lernregel in Richtung des Eingabesignals. Die Werte aller anderen Neuronen werden entsprechend der Lernregel und ihres Abstandes zu dem Erregungszentrum geändert (Nachbarschaftsbeziehung). Kohonen-Netze können einen höherdimensionalen Eingaberaum, unter teilweiser Erhaltung von Nachbarschaftsrelationen, auf eine niederdimensionale Karte abbilden (ähnlichkeitserhaltend). Ein wichtiger Faktor der Lernregel ist die Erregungsfunktion, denn durch sie fließt die Nachbarschaftsbeziehung in das Lernverfahren ein. Die Erregungsfunktion legt fest, wie stark ein Neuron am Lernvorgang beteiligt werden soll. Dies wird durch den (euklidischen) Abstand eines bestimmten Neurons zum Erregungszentrum festgelegt. Die Funktion nimmt ihr Maximum an, wenn das aktuelle Neuron gleich dem Neuron des Erregungszentrums ist.

4.4 Werkzeuge zur Simulation neuronaler Netze

4.4.1 Allgemeine Software

Hinsichtlich der Nutzer neuronaler Netz-Software kann grob in 2 Klassen unterschieden werden:

- Nutzer von Standardmodellen, Einsatz von neuronalen Netzen für klar umrissene Aufgaben,
- Experte/Entwickler von Modellen, spezielle Zielstellungen, intensive Nutzung.

Für den ersteren Anwender bietet sich ein interaktives Tool mit den gängigen Netz-Modellen und Vorgaben für die neuronale Netz-Parameter als Standardwerte an. Für den späteren effizienten Einsatz des trainierten Netzes sollte die Software auch als integrierbare Funktionsbibliothek verfügbar sein. Der Experte wird im Hintergrund sicherlich auch mit einem interaktiven Tool arbeiten, er benötigt aber unbedingt eine „offene Funktionsbibliothek" mit Erweiterungs-, Modifikations- und Tuningmöglichkeiten (spezielle Lernverfahren und Netzstrukturen). Die Visualisierung sollte als getrennter, modifizierbarer Baustein vorhanden sein.

Eine Performancesteigerung durch nachträgliche Modifikation an bereits trainierten Netzen sollte durchgeführt werden können (Optimierung über ***neuron pruning*** usw. [3]). Die Komplexität neuronaler Netze (z. B. Backpropagation-Netze) kann über einen Komplexitätsterm in der Zielfunktion, welcher die Verbindungskomplexität beschreibt, minimiert werden.

Andere Verfahren versuchen eine Gewichtsabnahme beim Lernen zu erzwingen, um die Verbindungen mit sehr kleiner Stärke zu entfernen. Dies führt dann zum Ausdünnen des Netzes (hidden und evtl. input layer), indem Neuronen mit einem sehr geringen Anteil an der Netzantwort entfernt werden. Neuronen mit synchroner Aktivität (gleiche Ausgabe bei allen Eingaben) können zusammengefaßt werden. Allerdings darf die Gefahr einer Spezialisierung und damit einer schlechten Generalisierung und einer geringen Fehlertoleranz nicht übersehen werden.

Die Entwicklung von neuronalen Netzen über genetische Algorithmen ist ein weiterer Aspekt für den erfahrenen Anwender. Programmsysteme wie der SNNS (Stuttgarter Neuronale Netz Simulator) mit dem bieten mittlerweile eine hohe Zahl verschiedener Verfahren integriert an [21].

Ein allgemeiner Aspekt ist die Portabilität der Entwicklungsumgebung oder von Funktionsbausteinen (einschl. Graphik) auf evtl. Zielrechner. Im Bereich der Prozeßautomatisierung ist auch die Frage der Echtzeitfähigkeit (Zeit-/Speicherperformance) relevant. Eine Übersicht bez. existierender Software ist in [7] zu finden. Im folgenden wird ein spezielles Werkzeug für den Einsatz neuronaler Netze unter Echtzeitbedingungen kurz dargestellt.

4.4.2 Hardware

Neuronale Netze bestehen aus vielen, relativ einfachen, miteinander vernetzten Verarbeitungseinheiten (Neuronen), eine physikalisch parallele Berechnung bietet sich an. Bei den hardwareorientierten Ansätzen können folgende Vorgehensweisen unterschieden werden:

- Hardware-Erweiterung für PC oder Workstation,
- Parallelrechnersysteme (massiv parallel),
- spezielle Neuro-Hardware (primär digital).

Wichtige Größen bei neuronale Netz-Hardware sind die Größe des Gewichtsspeichers, die Einheitsberechnungen in der Lernphase (connection updates per second - CUPS) und in der Anwendungsphase (connections per seconds - CPS). Spezielle ASICS (anwendungsspezifische ICs) für neuronale Netze leisten 10^9 CUPS, das entspricht der Verarbeitung von 10^3 Eingänge/Gewichte für 10^3 PE's in 10^3 Schichten innerhalb 1 Sekunde bei Kosten von 10^{-4} \$ pro CUPS. Rechner auf Standard-VLSI leisten etwa 10^6 bis 10^7 CUPS bei einem Preis von 10^{-1} \$ pro CUPS. Die Verwendung von Spezial-Hardware lohnt sich dementsprechend nur bei intensiver Anwendung oder hardwarenaher Realisierung. Ausführlichere Betrachtungen sind in [17] zu finden.

4.5 Anwendungen neuronaler Netze im Umweltbereich

Wie eingangs erwähnt, erfordern umwelttechnische Belange Modellbeschreibungen über den Aufbau und das Verhalten komplexer natürlicher oder umweltrelevanter technischer Systeme. Aufgrund der Schwierigkeiten bei der Modellbildung solcher Systeme, bietet sich der Einsatz lernender Verfahren hier an. Neben prinzipiellen Anwendungsgebieten im Umweltbereich werden in diesem Kapitel konkrete Anwendungen vorgestellt.

4.5.1 Prinzipielle Anwendungsbereiche

Neuronale Netze eignen sich für die folgenden Aufgaben:

- Funktionsnachbildung / Assoziation (pattern/auto association),
- Musterklassifikation (classification, regularity finding) und
- Mustervervollständigung/-Erkennung (pattern completion - auto/hetero association).

Im Bereich der Umwelttechnik lassen sich diese Eigungen für folgende Aufgabengebiete nutzen:

- Klassifikation von Spektralanalysedaten (z. B. Radikalennachweis),
- Verarbeitung verrauschter Daten (z. B. Stoffkonzentrationen mit Transportvorgängen),
- Komprimierung umfangreicher Daten (z. B. Klimaforschung),
- Verhaltensprognose (z. B. Ökosysteme),

- Überwachung/Diagnose komplexer Prozesse (z. B. Fehlererkennung in umweltkritischen technischen Bereichen, z. B. chemischer Anlagen),
- Verbesserung der Regelung/Steuerung komplexer technischer Prozesse (z. B. Müllverbrennung, Zellstoffherstellung) durch Einsatz modellbasierter Regelung.

Neuronale Netze können als Unterstützung für andere Verfahren (z. B. Adaption von Fuzzy Regeln) oder direkt eingesetzt werden. Im folgenden werden Beispiele für beide Einsatzarten dargestellt. Bei industriellen Großanlagen können neuronale Netze zur Optimierung des Rohstoff- und Energieverbrauches, aber auch zur Erhöhung der Ausbeute bzw. Produktqualität benutzt werden. Bei Ökosystemen kann deren Verhalten simuliert bzw. prognostiziert oder kritische Situationen erkannt werden. Für eine Prognose der zukünftigen Entwicklung eines Ökosystems gibt man z. B. die Schad- und Nährstoffkonzentrationen, die aktuelle Populationsgröße als Eingangswerte und die nächstfolgende Populationsgröße als Ausgabewert aus vergangenen Meßkampagnen vor. Das trainierte Netz berechnet dann aus aktuellen Daten die zukünftige Entwicklung einer Population.

Die Ergänzung von Fuzzy Controller durch neuronale Netze kann am Beispiel der Steuerung eines Ballons bei Klimaexperimenten überzeugend gezeigt werden. Im MIPAS-B2-Experiment [1] soll in der Stratosphäre nach Spurengasen gesucht werden. Das Inferometer muß dabei einen Punkt am Horizont mit einer maximalen Abweichung von 0.025 anpeilen. Ein konventioneller Regler kann dies in 40 km Höhe bei -40°C nicht gewährleisten. Hierzu wird ein Fuzzy Controller eingesetzt, welcher dynamisch über ein neuronales Netz parametrisiert wird. Das neuronale Netz als Prozeßmodell sichert dabei permanent die Adaption anhand der Daten aus der sich ändernden Umgebung.

4.5.2 Diagnose in verfahrenstechnischen Prozessen

Beispielhaft für die Diagnose in chemischen Anlagen wurde in [20] ein chemischer Reaktor mit Katalysator, Rohrleitungen und Heizung betrachtet. Die möglichen Fehler waren Verschmutzung des Wärmetauschers, chemische/physikalische Veränderungen des Katalysators, Verstopfen der Rohrleitungen und die Abnahme der Heizleistung.

Die Diagnose wurde zweistufig mit neuronalen Netzen durchgeführt. In der ersten Stufe wurde ermittelt, welcher Fehler vorliegt und danach wurde in der 2. Stufe der Grad der Fehlersituation bewertet. Es handelte sich um 5 Fehler mit 5 Abstufungen als Maß der Veränderung. Fehler wurden zu 100% erkannt, die Einteilung in die Stufen schwankte von 55% bis 99% Trefferrate.

Die Leistungen neuronaler Netze für Klassifikationsaufgaben wurden in [2] mit anderen Verfahren verglichen. Neuronale Netze bieten gegenüber Fuzzy Logik, statistischen oder geometrischen Verfahren den Vorteil daß ihre Erkennungsrate sehr hoch und gleichzeitig der Anlern- bzw. Nachlernaufwand gering ist. Die kritisierte geringe Transparenz der Entscheidung kann durch entsprechend lokale Repräsentation behoben werden, dies geschieht allerdings auf Kosten von Fehlertoleranz und interner Speicherkapazität des Netzes.

4.5.3 Optimierung einer Zellstoffherstellung

Die Optimierung in einer Zellstoffherstellung [6] umfaßt die Größen Produktqualität, Energie- und Holzverbrauch. Durch den Einsatz eines Fuzzy Controllers ergaben sich schon deutliche Verbesserungen. Da aber die Zellstoffqualität vom Kochvorgang und hier vor allem von der Kochzeit abhängt und erst nach dem Kochvorgang bestimmt werden kann, muß die Kochdauer vorherbestimmt werden. Das bisher hierzu eingesetzte analytische Modell konnte die Abhängigkeiten nur schlecht wiedergeben. Als neuer Ansatz wurde nun ein neuronales Netz mit 3 Schichten, 10 Input-, 10 Hidden- und ein Output-Neuron(en) eingesetzt. Verarbeitete Informationsgrößen waren Holzqualität, Druck-/Zeitverläufe, Chemikalienkonzentrationen, Heizzeit sowie Permanganatzahl; die zu prognostizierende Kochzeit wurde als Ausgangsgröße verwendet. Das Ergebnis war, daß die neuronale netzgestützte Regelung eine um bis zu 30% höhere Ausbeute (Produktqualität) liefert.

4.5.4 Verbesserung von Kläranlagenprozessen

In [10] wird beschrieben, wie durch den Einsatz eines Fuzzy Controllers die Phosphatausfällung in einer Kläranlage erheblich verbessert werden konnte. Allerdings wurde deutlich angemerkt, daß eine weitergehende Optimierung oder eine Portierbarkeit auf andere Anlagen mit erheblichem Aufwand verbunden ist. Hierzu werden von neuronalen Netzen eine deutliche Aufwandsverringerung erwartet.

4.5.5 Auswertung von Spektraldaten

Neuronale Netze werden seit einiger Zeit in der Spektralanalyse eingesetzt [13]. Die Anwendungen reichen dabei von der Aufklärung von Molekülstrukturen, Stoffidentifizierung, Geräuschanalyse bis zur Lebensmittelanalytik. In [4] werden neuronale Netze eingesetzt, um das Vorhandensein bestimmter Stoffe (organische Gase und Lösungsmittel) und deren Konzentration nachzuweisen. Das eingesetzte Netzmodell ist ein Kohonen-Netz (self-organizing feature map). Gerade auch im Hinblick auf die Entwicklung von chemischen Sensoren auf Basis der Mikro-Systemtechnik (siehe [11]), ist ein hohes Einsatzpotential neuronaler Netze zu erwarten. Die Fähigkeit Informationen mehrerer, evtl. unterschiedlicher Sensoren parallel auszuwerten, und die Möglichkeit neuronale Netze in Hardware zu realisieren (siehe Kap 4.4.2), stellt ein wichtiges Argument für ihren Einsatz dar. Die „elektronische Nase" ist ein erstes System dieser Art [11].

4.5.6 Sortieren von PET-Flaschen

Im Bereich der Abfallverwertung existieren verschiedene Anwendungsmöglichkeiten, einige sind schon als kommerzielle Produkte im praktischen industriellen Einsatz. Ein Beispiel aus dem Bereich der Objektidentifikation, ist das Sortieren von PET-Flaschen mit Hilfe einer neuronalen Bildverarbeitung, [5]. Die unsortiert angelieferten Flaschen werden nach ihrer Form optisch sortiert. Hierzu werden die ankommenden Flaschen zur Aufnahme vereinzelt, durchlaufen eine Lichtschranke und lösen damit ein Signal aus, mit dem das Bild der Flasche zu einem definierten Zeitpunkt aufgenommen werden kann.

Aufgrund der optimierten Aufnahmeverhältnisse sind keinerlei Vorverarbeitungsschritte nötig, Grauwerte werden direkt in ein für diese Aufgabenstellung problemspezifisch entwickelte neuronale Netz zur Klassifikation eingegeben. Es handelt sich dabei um eine modifizierte, mehrlagige Schichtstruktur. Die Neuronen sind ähnlich den Perzeptron-Units. Für das Einlernen wurde ein spezieller Lernalgorithmus entwickelt. Nach einer kurzen Trainingsphase (es werden etwa vier Minuten für 20 Objekte aus einer Lernbibliothek benötigt) ist das System einsatzbereit. Die Bildinformation einer CCD-Kamera wird aus dem Videosignal in 256 Graustufen digitalisiert und in Form einer Matrix von 128 x 128 Bildpunkten gespeichert. Die Synchronisation mit dem Prozeß erfolgt über digitale Ein- und Ausgabesignale zur Triggerung der Bildaufnahme und zur Ansteuerung von Bandweichen.

Die Sortierleistung beträgt 8 Flaschen pro Sekunde, es können bis zu sechs verschiedene Flaschentypen unterschieden werden.

4.5.7 Prozeßführung von Müllverbrennungsanlagen

Im Bereich der Abfallverarbeitung stellt die thermische Abfallbehandlung einen wesentlichen Prozeßschritt dar, sei es zur Kompaktierung der Reststoffe vor einer Deponierung oder als Vorverarbeitungsphase für eine Recyclierung. Als Optimierungsziele für die Konstruktion und den Betrieb einer Müllverbrennungsanlage ergeben sich dabei aus ökologischer Sicht:

- minimale Schadstoffemission über den Abgaspfad in die Atmosphäre (zumindest Einhaltung der gesetzlichen Grenzwerte),
- Reduktion der Müllmengen durch optimalen Ausbrand bei inerten und evtl. wiederverwertbaren, festen Ausgangsprodukten.

Die Führung des Müllverbrennungsprozesses wird durch folgende Probleme bedeutend erschwert:

- das Brenngut ist heterogen bezüglich seiner chemischen Zusammensetzung, der Konsistenz und bei festen Produkten der Geometrie der Stückung;
- die Zusammensetzung des Brennguts variiert zeitlich u. U. sprunghaft;
- die Zusammensetzung des Brennguts kann meßtechnisch nicht erfaßt werden.

Eine Problemstellung, welche durch den Einsatz neuronaler Netze gelöst werden kann ist beispielsweise (vgl. [8]) die Simulation des Prozesses zum Training von Anlagenfahrern, als Basis für die Reglersynthese, oder zur Prognose (direkt oder indirekt) von Prozeßzuständen. Zur Prognose von Prozeßzuständen wurde ein Kohonen-Netz verwendet. Der zu lernende Ausgangswert ist eine Temperaturmeßgröße im Verbrennungsbereich. Das neuronale Netz erhält die zeitlichen Verläufe dieser Größen als Eingangsinformation und soll diesen den Ausgangswert zuweisen. Aus den 37 Meßgrößen (Trajektorien) ergaben sich insgesamt 253 Netzeingangsgrößen. Die Prognosezeit betrug 6 min bei guter Überwinstimmung.

Im Rahmen von Untersuchungen mehrer industrieller Anlagen (EU-Projekt) wurde ein NN-basiertes Simulationsmodell der Verbrennung mit einem Multi-Layer-Perzeptron-Netz entwickelt, welches eine gute Übereinstimmung in allen 28 Prozeßparametern zeigte (siehe [15]). Dieses Modell ist die Grundlage zur Entwicklung eines NN-basierten Reglers. Die Übereinstimmung im gekoppelten Betrieb ist gut, im Freilaufbetrieb divergiert aber die Netzantwort im Vergleich zu den Meßwerten nach einiger Zeit (Dampfmasse,. Bild 6). Dies liegt daran, daß eine wesentliche Eingangsgröße des technischen Prozesses, der Brennwert des Mülls, nicht meßtechnisch verfügbar und in das neuronale Netz eingeben werden kann. Der nächste Schritt wird sein, aus der Differenz der Netzantwort und der Meßwerte eine Funktion für die Brennwertbestimmung neuronal abzuleiten.

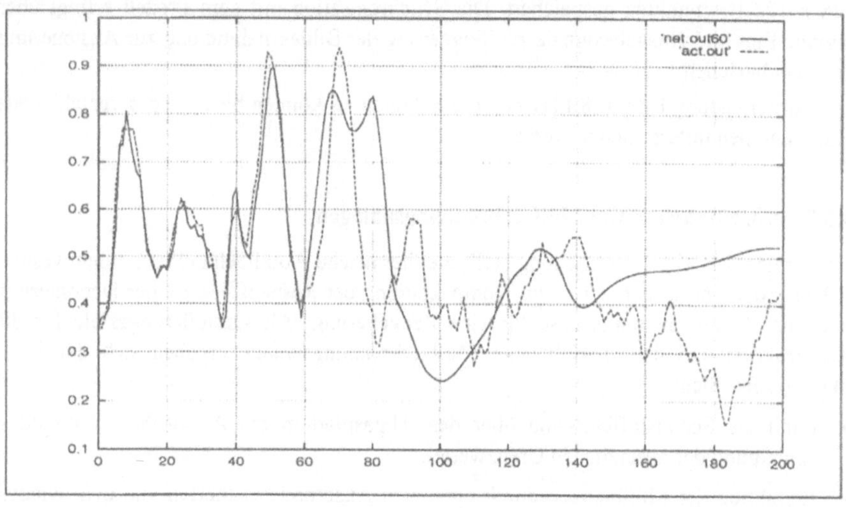

Bild 6 Simulation des Verbrennungsbereiches in einer Müllverbrennungsanlage (Dampfmasse als Vergleichsausgangsgröße)

4.6 Zusammenfassung und Ausblick

An dem praktischen Wert neuronaler Netze gibt es keinen Zweifel, sie sind jedoch kein einfach einsetzbares Lösungsparadigma. Ihre **Stärken** sind:

- gutes Näherungsverhalten, Ausfallsicherheit, Fehlertoleranz,
- Lernfähigkeit auf Musterebene.

Dem stehen folgende **Schwächen** gegenüber:

- neuronale Netze sind im allgemeinen intolerant gegenüber Wissenserweiterung (inkrementelles Lernen).
- in neuronalen Netzen enthaltenes Wissen ist im allgemeinen nicht explizierbar.
- neuronale Netze besitzen keine Erklärungsfähigkeit.

Zukünftig wird eine verstärkte Annäherung von symbolischen (Fuzzy Regeln) und subsymbolischen (neuronale Netze) Verfahren zu erwarten sein. Der Begriff Neuro-Fuzzy beschreibt den Ansatz, neuronale Netze zum Lernen unscharfer Regeln einzusetzen und Fuzzy Regeln als a priori-Wissen auf neuronale Netze zu übertragen. Ein weiterer Bereich ist die Nachbildung von neuronalem Verhalten mit symbolischen Mitteln. Das Ziel ist die Ableitung von regelorientierten Modellen dynamischer Systeme [9].

Literatur

[1] Eppler, W.: *Adaptive Neuronale Fuzzy-Regelung in einem Ballon-Experimen.* Vortrag Arbeitsgruppe Neuronale Netze, 6. Juli 1994, Kernforschungszentrum Karlsruhe.

[2] Frank, P. M.: *Diagnoseverfahren in der Automatisierungstechnik.* at 42 (1994) 2, S. 47-64.

[3] Frisch, W.: *Die Architektur - und Werteinstellungsproblematik der Parameter Neuronaler Netze.* in: Frisch, W., Taudes, A.: „Informationswirtschaft“, Symposium, Wien, 29./30.9.1993, Physica-Verlag 1994.

[4] Göppert, J. et al.: *Evaluation of Spectra in Chemistry and Physics with Kohonen's Self-Organizing Feature Map.* in: Neuro Nimes 92, Neural Networks & their Applications, November 2-6, 1992.

[5] S. Hafner, et al.: *Anwendungsstand künstlicher neuronaler Netze in der Automatisierungstechnik.* atp 34 (1992) 10, pp. 592-599.

[6] Höhfeld, M.: *Innovative Techniken der Informationsverarbeitung für die Umwelt.* Siemens-Zeitschrift Special, FuE Herbst 1993, S. 9-13.

[7] Huber, C., et al.: *Entwicklungswerkzeuge für Künstliche Neuronale Netze.* atp 35 (1993) 6, S. 368-375.

[8] Keller, H. B.: *Prozeßführung in Müllverbrennungsanlagen mit neuronalen Netzen.* Vortrag auf dem 38. Darmstädter Seminar Abfalltechnik, TH Darmstadt, 24. Februar 1994.

[9] Keller, H. B. Weinberger, T.: *Maschinelle Modellierung komplexer dynamischer Systeme - der C3R-Ansatz und Ergebnisse.* Vortrag gehalten auf dem 4. Treffen des AK „Werkzeuge für die Simulation und Modellierung in Umweltanwendungen“ der GI-FG 4.6.1, 23.-24.6.1994 Halle

[10] K&E: *Phosphat-Elimination durch Fuzzy Logik.* Konstruktion & Elektronik 13, 16.6.1993.

[11] KfK (Hrsg.): *Mikrostrukturen in Medizin, Biologie und Analytik.* KfK-Nachrichten, Jahrgang 26, 1/94, Kernforschungszentrum Karlsruhe.

[12] Köhle, M.: *Neuronale Netze.* Springer-Verlag, Wien, 1990.

[13] Link, N. et al: *Neuronal-Netz gestützte Spektralanalyse,* in: Ziessow, D. (Ed.): „Software-Entwicklung in Chemie“, Proceedings of the 8th Workshop „Computer in Chemsitry, Seeheim/Berlin 1993, GDCh, 1993.

[14] Michalski, R. et al.: *Machine Learning - An Artificial Intelligence Approach.* Volume I, Springer Heidelberg, 1984.

[15] Müller, B.; Keller, H. B.: *Neural Networks for Combustion Process Modelling.* International Conference on Engineering Applications of Neural Networks (EANN 96), London, UK, 17-19 June 1996.

[16] Rojas, R.: *Theorie der neuronalen Netze - Eine systematische Einführung.* Springer-Verlag, Berlin, 1993.

[17] Rückert, U. et al.: *Hardwareimplementierung Neuronaler Netze.* atp 35 (1993) 7, S. 414-420.

[18] Rumelhart, D. E.; McClelland, J. L. and the PDP Research Group: *Parallel Distributed Processing.* The MIT Press, Cambridge, Massachusetts, Volume I & II, 9. Auflage, 1989.

[19] Spies, M.: *Unsicheres Wissen.* Spektrum Akademischer Verlag GmbH, Heidelberg, 1993.

[20] Watanabe, K. et al.: *Incipient Fault Diagnosis of Chemical Processes via Artificial Neural Networks.* AIChE Journal November 1989, Vol. 35, No. 11, S. 1803-1812.

[21] Zell, A.: *Simulation neuronaler Netze.* Bonn, Addison-Wesley, 1994

5

Stoffstrommanagement auf der Basis von Fuzzy-Petri-Netzen

Axel Tuma, Guido Siestrup, Hans-Dietrich Haasis

Zusammenfassung

Die zunehmende Vernetzung von Produktionsaktivitäten bei gleichzeitig steigenden Umweltschutzauflagen erfordert die Bereitstellung von Produktionsabstimmungsmechanismen, die sowohl betriebswirtschaftlichen als auch ökologischen Zielen Rechnung tragen. Bezugnehmend auf diese Entwicklungstendenzen und Anforderungen ist es Ziel dieses Beitrages, einen entsprechenden methodischen Ansatz zu entwickeln, der Entscheidungsunterstützung im Rahmen der Bilanzierung, Planung und Steuerung von Stoff- und Energieströmen leistet. Dieser basiert auf der Petri-Netz-Systematik und wird durch eine Fuzzyfizierung der Netzelemente erweitert.

Im ersten Abschnitt werden dazu die Grundlagen von Produktionsnetzwerken unter Berücksichtigung von Umweltaspekten dargestellt. Daran anknüpfend werden die Anforderungen, die an ein Stoffstrombilanzierungs- und managementsystem gestellt werden, formuliert. Mit Hilfe der Petri-Netz-Systematik wird im darauffolgenden dritten Teil ein exemplarisches Produktionssystem aus der Textilindustrie modelliert. Dabei wird gezeigt, daß Petri-Netze zur Bilanzierung von Stoff- und Energieströmen eingesetzt werden können. Im anschließenden vierten Teil wird dieses zu einem Stoffstrommanagementsystem auf der Basis eines Fuzzy-Petri-Netz-Ansatzes ausgebaut. Anhand eines vereinfachten Beispiels wird im Anschluß daran die Lösungsstrategie zur Steuerung des Produktionssystems erklärt. Abschließend werden einige Schlußfolgerungen abgeleitet.

5.1 Umweltorientierte Produktionsnetzwerke

In modernen Systemen der industriellen Produktion ist ein Trend zur Bildung von Netzwerken festzustellen. Zur Herstellung von End- bzw. Zwischenprodukten werden Roh-, Hilfs- und Betriebsstoffe sowie Energiearten in verteilten Produktionssystemen bereitgestellt, transformiert, gelagert und transportiert. Bei diesen Prozessen der Leistungsbereitstellung, -erstellung und -verwertung werden Kuppelprodukte in flüssigen, gasförmigen und festen Aggregatzuständen emittiert. Dadurch ergeben sich umweltbelastende Auswirkungen im gesamten vernetzten Stoff- und Energieflußsystem. Demgegenüber steht eine politische und gesetzliche Rahmensetzung, deren Prinzip darin besteht, auf den Grundlagen ordnungsrechtlicher Instrumente auf überstaatlicher, staatlicher und kommunaler Ebene Maßnahmen durchzusetzen, die zunächst auf eine Vermeidung und dann auf eine Verminderung von Umweltbelastungen abzielen.

Zur Erreichung dieses Zieles kann der Einsatz moderner Regelungssysteme beitragen [1]. Dies betrifft sowohl die Steuerung und Regelung von Stoff- und Energieströmen innerhalb einer Produktionsstufe als auch zwischen verteilten Produktionsstufen. Für ein solches Vorgehen werden auch die Begriffe produktions- und prozeßintegrierter Umweltschutz verwendet. Integrierter Umweltschutz verfolgt das Ziel, Maßnahmen zur Emissions- und Abfallvermeidung, Abfallverminderung, Reststoffentsorgung und Teileaufarbeitung nicht (im Rahmen einer Teilbetrachtung) isoliert, sondern gemeinsam auch im Hinblick auf medienübergreifende Problemverlagerungen und Auswirkungen auf den eigentlichen Produktionsprozeß sowie auf die mit dem Prozeß verbundenen betrieblichen und außerbetrieblichen Produktionsprozesse zu betrachten.

Integrierte Ansätze entsprechen sowohl den Vorschlägen des Rates der Sachverständigen für Umweltfragen im Sondergutachten „Abfallwirtschaft" als auch der Enquete-Kommission „Schutz des Menschen und der Umwelt". Beide weisen darauf hin, daß eine umweltorientierte Marktwirtschaft ein globales Umdenken weg von der Durchlaufwirtschaft hin zur Kreislaufwirtschaft erfordert [2].

Zur Umsetzung einer Kreislaufwirtschaft ist in einem ersten Schritt eine Bilanzierung, das heißt eine strukturelle und mengenmäßige Erfassung und Abbildung aller relevanten Stoff- und Energieströme (dies entspricht der Sachbilanz einer Ökobilanz) des zu untersuchenden Produktionssystems, vorzunehmen. Darauf aufbauend ist in einem zweiten Schritt ein Stoffstrommanagementsystem zu entwickeln, das es erlaubt, Stoff- und Energieströme sowohl kurz- als auch langfristig so zu planen und zu steuern, daß unter Berücksichtigung von Rahmenparametern vor- und nachgeschalteter Produktionsstufen zur Verfügung stehende Ressourcen möglichst effizient genutzt und durch den Produktionsprozeß entstehende Emissionen und Reststoffe, soweit dies technisch möglich ist, vermindert werden. Zu diesen Systemen zählen auf operativer betrieblicher Ebene ebenfalls Steuer- und Regelungsmechanismen.

5.2 Anforderungen an ein Stoffstrombilanzierungs- und -managementsystem für vernetzte Produktionssysteme

Bei der Konzeption eines Planungs- und Steuerungssystems für Stoff- und Energieströme in vernetzten Produktionssystemen sind folgende Anforderungen zu berücksichtigen:

- Adäquate Abbildung der Produktionsstruktur:

  Dies betrifft sowohl die Modellierung von produktiven Einheiten (einschließlich Kapazitäten bzw. Produktionsraten) als auch die geeignete Abbildung von Lager- und Puffersystemen (unter Beachtung ihrer Kapazitätsrestriktionen). Von besonderer Bedeutung ist ferner die Modellierbarkeit von analytischen und synthetischen Produktionsbeziehungen.

- Adäquate Abbildung aller Stoff- und Energieströme (diskrete und kontinuierliche Flüsse).

- Möglichkeit zur Aggregation und Disaggregation spezifischer Komponenten des Produktionssystems.

- Problemadäquate Bilanzierungsmöglichkeit relevanter Stoff- und Energieströme.

Insbesondere Simulationsmodelle auf der Basis von Petri-Netzen erscheinen geeignet, dieses Anforderungsprofil zu erfüllen. Petri-Netze sind vielfältig einsetzbar und eignen sich unter anderem für die Modellierung von Geschäftsvorgängen, betrieblichen Organisationsstrukturen, Computer-Kommunikations- sowie Betriebssystemen [3]. Im produktionswirtschaftlichen Kontext werden Petri-Netze insbesondere zur Materialflußanalyse eingesetzt[1] [4]. Ein neueres Einsatzfeld stellt die Anwendung der Konzeption auf umweltschutzorientierte Problemstellungen dar [5].

Petri-Netze bestehen aus zwei Typen von Knoten, den Stellen $p \in P$, die über eine Kapazität (C) verfügen, und den Transitionen $t \in T$, die über gerichtete Kanten miteinander verbunden sind. Die Kanten (F) sind mit Gewichtungsfaktoren (W) bewertet. Über diese können Input bzw. Outputrelationen ausgedrückt werden. Stoff- und Energieströme werden mit Marken (M) abgebildet, die in der Simulation das System durchlaufen. Die Anfangsmarkierung M_0 bezeichnet den Ausgangszustand in den einzelnen Lägern bzw. Puffern des Produktionssystems. Formal kann ein Stellen-Transitionen-System (im weiteren als P/T-System bezeichnet) in Anlehnung an [3] wie folgt definiert werden:

$Y = (P, T, F, C, W, M_0)$ mit:

$P \cap T = \varnothing$

$F \subseteq (P \times T) \cup (T \times P)$ Flußrelation

$C : P \rightarrow \mathbb{N} \cup \{\infty\}$ Kapazitäten der Stellen

$W : F \rightarrow \mathbb{N}$ Gewichte der Kanten

$M_0 : P \rightarrow \mathbb{N}_0$ Anfangsmarkierung, wobei $\forall p \in P : M_0^p \leq C^p$.

Neben der statischen Netzdefinition ist das Schalten (d.h. der Übergang zum Zustand der Folgeperiode) im P/T-System zu präzisieren. Prinzipiell können Petri-Netze nur schalten, wenn die entsprechenden Transitionen aktiviert sind. Eine Transition $t \in T$ heißt aktiviert, wenn für alle Stellen p, die Elemente des Vorbereichs ($\bullet t$) bzw. des Nachbereichs bzw. ($t\bullet$) einer betrachteten Transition sind, gilt:

$\forall p \in \bullet t : M^p \geq W^{p,t}$,

$\forall p \in t\bullet : M^p \leq C^p - W^{t,p}$.

Das Schalten bewirkt eine Zustandsänderung des Netzwerkes. D.h. das Netz geht von der Markierung M in die Folgemarkierung M' über:

$$M'^{\,p} = \begin{cases} M^p - W^{p,t}, & \text{falls } p \in \bullet t \setminus t\bullet, \\ M^p + W^{t,p}, & \text{falls } p \in t\bullet \setminus \bullet t, \\ M^p - W^{p,t} + W^{t,p}, & \text{falls } p \in t\bullet \cap \bullet t, \\ M^p & \text{sonst.} \end{cases}$$

Auf der Basis derartiger Netzwerke können Stoff- und Energieströme simuliert sowie Sachbilanzen erstellt werden. Weitere Anforderungen, die insbesondere aufgrund von

[1] Aus produktionstheoretischer Sicht können Petri-Netze als vernetzte Produktionsfunktionen angesehen werden. Eine Transition mit ihren zu- und wegführenden Kanten kann aufgrund konstanter Produktionskoeffizienten als limitationale Produktionsfunktion interpretiert werden. Demgegenüber stehen Input- und Outputfaktoren für eine Stelle nicht zwingend in einem festen Verhältnis, so daß Stellen substitutionale Einsatzverhältnisse nachbilden können.

Steuerungs- und Regelungsaufgaben an ein Stoff- und Energiestrommanagementsystem zu stellen sind, wie z.B. die

- Darstellbarkeit von lokalen Zielfunktionen,
- Implementierung unscharfen und lokalen Expertenwissens für das gesamte Stoff- und Energieflußsystem sowie die
- Modellierbarkeit alternativer Steuerungspolitiken und deren Bewertung

können jedoch nicht adäquat abgebildet werden. Einen Ansatzpunkt hierzu bilden fuzzyfizierte Petri-Netze.

5.3 Modellierung eines exemplarischen Produktionssystems als Petri-Netz

Für eine Beurteilung der Eignung von Ansätzen zur Steuerung und Regelung von Stoff- und Energieströmen ist eine Analyse und Validierung an einem realen Produktionssystem notwendig. Hierzu wird ein Beispiel aus der Textilindustrie herangezogen [6,7]. Ein weiteres Beispiel aus der Prozeßindustrie ist in [8] zu finden. Die Gründe für die Auswahl dieses Produktionssystems sind u.a.:

- die vernetzte Struktur des Produktionssystems,
- die Verfügbarkeit von Produktionsdaten und
- die Emissionsbelastung durch derartige bzw. vergleichbare Produktionssysteme.

Das Produktionssystem besteht aus:

- einer Färberei,
- einem Wasserkraftwerk,
- einem Kesselhaus,
- einer Spinnerei,
- einer Weberei,
- einer Neutralisationsanlage und
- einer Aufbereitungsanlage.

Zentrale Komponente des Produktionssystems (Bild 1) ist eine Färberei. Die Färberei besteht aus zwei Produktionsstufen, dem Färbeprozeß und dem Trocknungsvorgang für gefärbte Garne. In der Färberei werden zur Produktion u.a. Dampf und Strom eingesetzt. Diese Ressourcen werden von zwei vorgelagerten Kraftwerken (Kesselhaus und Wasserkraftwerk) zur Verfügung gestellt. Das im Kesselhaus entstehende Rauchgas enthält in erster Linie CO_2 und SO_2. In einer nachgeschalteten Neutralisationsanlage werden die im Rauchgas enthaltenen Bestandteile CO_2 und SO_2 zur Neutralisation der hauptsächlich alkalischen Abwässer, die aus der Färberei stammen, verwendet. Besteht in der Neutralisation kein Bedarf an Rauchgas, so wird dieses über den Kamin emittiert. Hierbei sind entsprechende Grenzwerte für NO_x, SO_2 und Staub einzuhalten. Die neutralisierten Abwässer werden nach einer Zwischenspeicherung in einem Sammelbecken in einer

Abwasseraufbereitungsanlage weiterbehandelt. Die Speichermöglichkeiten von Dampf sowie das Fassungsvermögen des Abwasserbeckens und des Sammelbeckens sind begrenzt. Die verfügbaren Kapazitäten der Ver-/Entsorgungseinrichtungen verhalten sich dynamisch und sind u.a. eine Funktion exogener Einflußfaktoren (z.B. der Smoglage oder des Wasserpegels im Zufluß). Die zu färbenden Garne werden von einer der Färberei vorgelagerten Spinnerei geliefert und teilweise in der Weberei weiterverarbeitet. Die Spinnerei wird wiederum mit Rohstoffen (z.B. Wolle, Viskose) und elektrischer Energie versorgt.

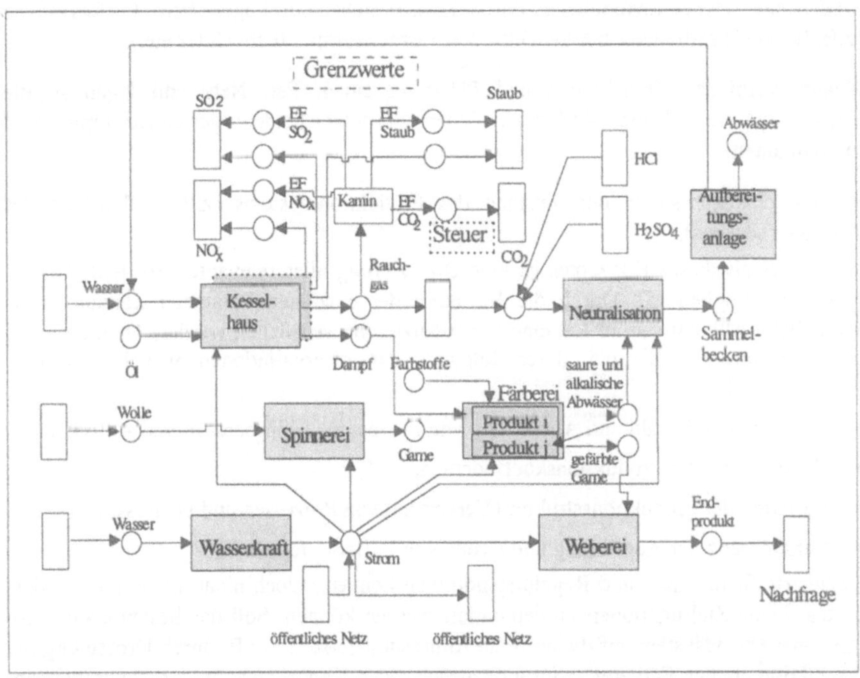

Bild 1 Beispiel eines vernetzten Produktionssystems aus der Textilindustrie dargestellt als Petri-Netz [9]

Die einzelnen Modellkomponenten des vernetzten Produktionssystems (Produktionsverbundsystem) sind in Bild 1 in einem Petri-Netz dargestellt und können wie folgt interpretiert werden:

Transitionen (symbolisiert durch Rechtecke) repräsentieren

- produktive Einheiten (z.B. Kesselhaus, Wasserkraftwerk, Spinnerei, Färberei, Weberei, Neutralisation),
- Quellen von Einsatzströmen (z.B. von Rohstoffen, Wasser und elektrischer Energie aus dem öffentlichen Netz),

- Senken von Emissionsströmen (SO_2, NO_x, Staub und CO_2): über die spezifischen Verhältnisse der Emissionen von SO_2, NO_x und Staub zum Rauchgasvolumenstrom lassen sich Grenzwerte implementieren. Darüber hinaus kann der CO_2-Ausstoß als Steuerungsgröße verwendet werden. Dies ist im Zusammenhang mit der Diskussion bezüglich der Einführung einer CO_2-Steuer von besonderem Interesse.
- Senken, die auf Nachfrageaktivitäten zurückzuführen sind (Nachfrage nach Endprodukten sowie elektrische Energie, die ins öffentliche Netz eingespeist wird).

Stellen bzw. *Plätze* (symbolisiert durch Kreise) stehen für Lager- bzw. Puffersysteme (z.B. für ver-/bearbeitungsbereite Güter wie Garne, vermarktbare Güter etc.).

Kanten verbinden Transitionen und Plätze in einem Petri-Netz und legen so die Flußrichtung fest. Dabei sind zwei Typen zu unterscheiden: gerichtete Input- und Outputkanten.

Marken charakterisieren den Zustand des Produktionssystems (z.B. Füllzustand des Abwasserbeckens).

Auf der Basis dieses Konzeptes ist eine Bilanzierung aller relevanten Stoff- und Energieströme möglich [5]. Durch die Variation der einzelnen Parameter können unterschiedliche Alternativen im Rahmen der Bilanzierung verglichen werden. Damit können die Konsequenzen, die u.a. durch folgende Parametervariationen ausgelöst werden, bewertet werden:

- Variation der Anzahl und Anordnung von Prozessen, Teilprozessen und Aktivitäten,
- Veränderung der Produktionskoeffizienten,
- Variation der Produktionsstruktur (Verkettung von Prozessen und Puffersystemen),
- Veränderung der Anordnung und Größe von Puffersystemen.

Dezidierte Steuerungs- und Regelungspolitiken können jedoch nicht modelliert werden, da u.a. keine Zielfunktionen implementiert werden können. Soll das beschriebene Produktionsverbundsystem auf dynamische Anpassungsprozesse (z.B. durch Drosselung der Produktion in der Färberei aufgrund ausgelasteter Kapazitäten in der Neutralisation) innerhalb der Ablaufstruktur hin untersucht werden, so bietet sich die Anwendung der Simulation auf der Basis eines fuzzyfizierten Petri-Netzes an.

5.4 Stoffstrommanagement mittels fuzzyfizierter Petri-Netze

Zur Integration des Steuer- und Regelungswissens, ist das oben dargestellte Petri-Netz-Konzept zunächst um Zielfunktionen zu erweitern. Diese werden in Fuzzy-Petri-Netzen auf der Basis von Membershipfunktionen bzw. Zugehörigkeitsfunktionen modelliert. Ein derartig fuzzyfiziertes Petri-Netz kann aus einem Stellen-Transitionen-Netz abgeleitet werden, indem zunächst das Konzept der Transitionen um variable Kapazitäten bzw. Produktionsraten erweitert wird. Diese werden ebenso wie die Kapazitäten der Stellen als unscharfe Mengen definiert. Auf diese Weise können z.B. verschiedene Füllstände von Puffern bzw. verschiedene Produktionsraten mit entsprechenden Zufriedenheitswerten bewertet werden. Diese Zufriedenheitswerte bzw. die entsprechenden Zugehörigkeitsfunktionen werden hierbei auf der Basis von Erfahrungswissen gebildet [10,11]. Diesen Erweiterungen folgend, kann ein Fuzzy-Petri-Netz als Menge spezieller Petri-Netze interpretiert werden.

Das Konzept der kapazitätsbehafteten Transition wird mittel einer Stellgröße v realisiert. Diese geht als Multiplikator in die Kantenbewertung ein und wird im folgenden als unscharfe Menge $\widetilde{V}$ definiert. Klassischen Petri-Netzen entsprechend, wird auch in der hier vorgestellten modifizierten Netzvariante eine diskrete Markenanzahl geschaltet. Demgemäß kann ein Fuzzy-Petri-Netz $\widetilde{Y}$ definiert werden als:

$$\widetilde{Y} = (P, T, F, \widetilde{C}^p, \widetilde{V}^t, W, M_0) \text{ mit:}$$

$$P \cap T = \varnothing$$

$F \subseteq (P \times T) \cup (T \times P)$ Flußrelation

$\widetilde{C}^p : P \rightarrow [0,1]$ Membershipwert der Stelle p

$\widetilde{C}^p = \left\{ \left(m, \mu_{\widetilde{C}^p}(m) \right) \mid m \in M \right\}$ Membershipfunktion der Stelle p

$\widetilde{V}^t : T \rightarrow [0,1]$ Membershipwert der Transition t

$\widetilde{V}^t = \left\{ \left(v, \mu_{\widetilde{V}^t}(v) \right) \mid v \in V \right\}$ Membershipfunktion der Transition t

$W : F \rightarrow \mathbb{N}$ Gewichte der Kanten

$M_0 : P \rightarrow \mathbb{N}_0$ Anfangsmarkierung

Die Bewertung der unscharf definierten Elemente eines Produktionsnetzwerkes kann dabei wie folgt interpretiert werden:

- *Bewertung der Kapazitäten bzw. Produktionsraten von Transitionen mit Zufriedenheitswerten*: den potentiellen Kapazitätsquerschnitten der einzelnen betrieblichen Einheiten werden Zufriedenheitswerte zugeordnet (Bild 2a). Der Durchfluß der Transitionen kann dabei, ähnlich einem Ventil, variabel gestaltet werden. Analog gilt dies auch für alle Senken und Quellen, die durch Transitionen modelliert werden.
- *Bewertung des Füllzustandes von Stellen mit Zufriedenheitswerten*: die realisierten Kapazitäten der einzelnen Lager- bzw. Puffersysteme werden mit Zufriedenheitswerten bewertet (Bild 2c).

Darüber hinaus kann auch eine Bewertung des Kapazitätsgradienten der Transitionen eingeführt werden:

- *Bewertung der Veränderung der Kapazitäten bzw. Produktionsraten von Transitionen*: der Gradient des Kapazitätsquerschnitts wird mit einem Zufriedenheitswert bewertet. Durch die Begrenzung der Dynamik (Bild 2b) wird der Tatsache Rechnung getragen, daß reale Prozesse (z.B. in der Färberei) vielfach nicht in der Lage sind, unendlich schnell auf Bedarfsänderungen reagieren zu können.

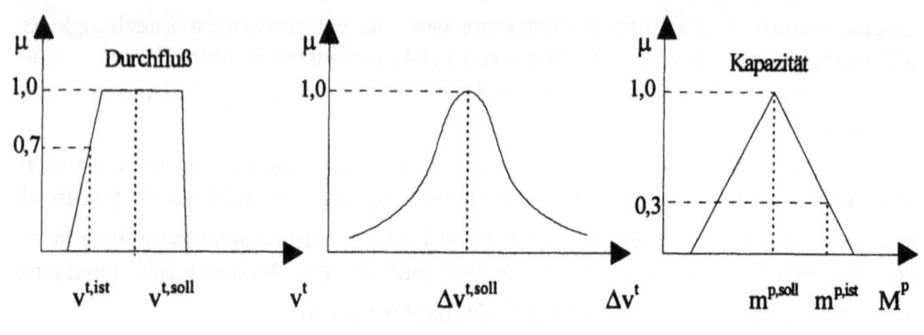

Bild 2a Bewertung einer Transition (statische)

Bild 2b Dynamikbewertung einer Transition

Bild 2c Bewertung einer Stelle (statisch)

Die Schaltregel im Fuzzy-Petri-Netz umfaßt folgende Schritte:

- Zunächst wird das Netzwerkelement (Stelle oder Transition) mit dem geringsten Zufriedenheitswert ermittelt. Dieses löst im Netz eine Triebkraft aus, die einen Markenfluß induziert. Die angeschlossenen Elemente können auf die angestrebte Veränderung treibend oder hemmend wirken. Für die weitere Vorgehensweise ist es von Bedeutung, ob es sich bei dem ermittelten Element um eine Stelle oder um eine Transition handelt. In diesem Zusammenhang ist zu berücksichtigen, daß eine Stelle als passives Element ihren Zufriedenheitswert nur durch Veränderung der Produktionsrate einer vor- oder nachgelagerten Transition ändern kann.
- Handelt es sich bei dem im vorigen Schritt ausgewählten Element um eine Stelle, so kann die Transitionsauswahl entsprechend der folgenden Auswahlregel vorgenommen werden: Dabei werden für die linuistische Variable „Transitionsauswahl“ für alle vor- und nachgelagerten Transitionen Terme entsprechend der potentiellen Handlungsalternativen (vorgelagerte Transition erhöhen, nachgelagerte Transition erniedrigen, nachgelagerte Transition erhöhen, vorgelagerte Transition erniedrigen) definiert. Zusätzlich wird ein Term für die Option „nicht reagieren“ eingeführt. Die zuletzt genannte Option soll, falls die Differenz zwischen Soll- und Istwert in der betrachteten Stelle unterhalb eines definierten Stellwertes liegt, das System in einem stabilen Zustand halten. Alle Terme bzw. deren Membershipfunktionen werden in Abhängigkeit der Differenz zwischen Soll und Ist-Zustand in der betrachteten Stelle gebildet (s. Bild 2d). Der Term mit dem höchsten Zufriedenheitswert wird als Handlungsalternative ausgewählt.
- Handelt es sich bei dem Element mit dem niedrigsten Zufriedenheitswert um eine Transition, entfällt der zuletzt beschriebene Schritt „Transitionenauswahl“.
- Zur Ermittlung des neuen Stellwertes der ausgewählten Transition werden in Abhängigkeit aller potentiellen Stellwerte folgende Zugehörigkeitsfunktionen gebildet und anschließend aggregiert:
  - Funktionen $M_1(v)$, die die Zufriedenheit in den vorgelagerten Stellen als Folge der Zustandsveränderung in der ausgewählten Transition darstellen.

- Funktionen $M_2(v)$, die die Zufriedenheit in den nachgelagerten Stellen als Folge der Zustandsveränderung in der ausgewählten Transition darstellen.
- Membershipfunktion der Transition $M_3(v)$ und gegebenenfalls deren Dynamikbewertung $M_4(v)$.

Aus diesen Funktionen wird eine aggregierte Funktion (Minimumfunktion) gebildet (s. Bild 2e). Der neue Stellwert v^* ergibt sich an dem Wert, an dem die Minimumfunktion maximal ist.

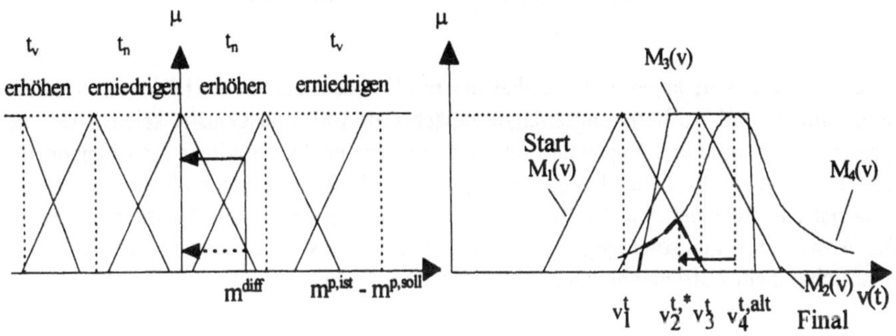

Bild 2d Auswahl der Transition und deren Reaktionsweise

Bild 2e Ermittlung von M_{agg} und v^*

Verwendet man diese Schaltregel, so ergibt sich die neue Markierung nach unten stehender Vorschrift:

$$M'^{p} = \begin{cases} M^{p} - W^{p,t} \cdot v^*, & \text{falls } p \in \bullet t \setminus t\bullet, \\ M^{p} + W^{t,p} \cdot v^*, & \text{falls } p \in t\bullet \setminus \bullet t, \\ M^{p} - W^{p,t} \cdot v_t^* + W^{t,p} \cdot v_t^*, & \text{falls } p \in t\bullet \cap \bullet t, \\ M^{p} & \text{sonst.} \end{cases}$$

5.5 Exemplarische Darstellung der Funktionsweise eines Stoffstrommanagements auf der Basis von Fuzzy-Petri-Netzen

Zur Verdeutlichung der Funktionsweise des Fuzzy-Petri-Netz-Ansatzes wird im folgenden ein Ausschnitt des skizzierten Produktionssystems, bestehend aus den Komponenten Färberei, Abwasserspeicherbecken, Neutralisationsanlage, Sammelbecken und Aufbereitungsanlage, betrachtet (s. Bild 3).

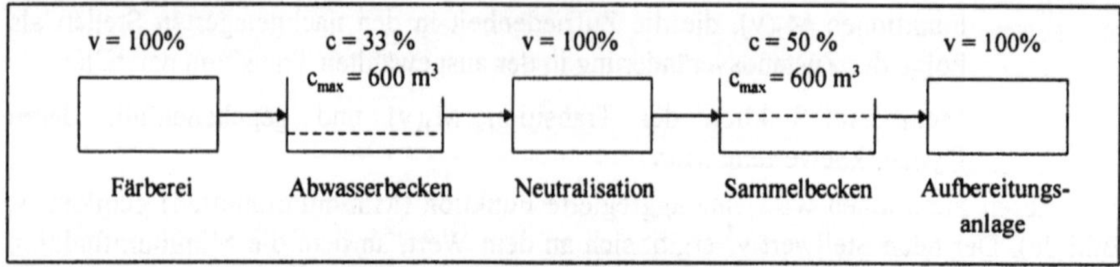

Bild 3 Ausschnitt aus dem betrachteten Produktionssystem

Vereinfachend wird angenommen, daß die produktiven Einheiten (Färberei, Neutralisationsanlage und Aufbereitungsanlage) zunächst zu 100% ausgelastet seien. Dies entspricht ihrer maximalen Kapazität und wird mit dem höchst möglichen Zufriedenheitswert bewertet (s. Bild 4a, 4c, 4e). Das gleiche gilt für das Sammelbecken, welches zunächst entsprechend dem Sollwert zu 50% gefüllt sei (maximale Kapazität 600 m³). Das Abwasserbecken sei dagegen nur zu 33% gefüllt (maximale Kapazität 600 m³). Dies entspricht einem Zufriedenheitswert von $\mu = 0{,}66$ (s. Bild 4b).

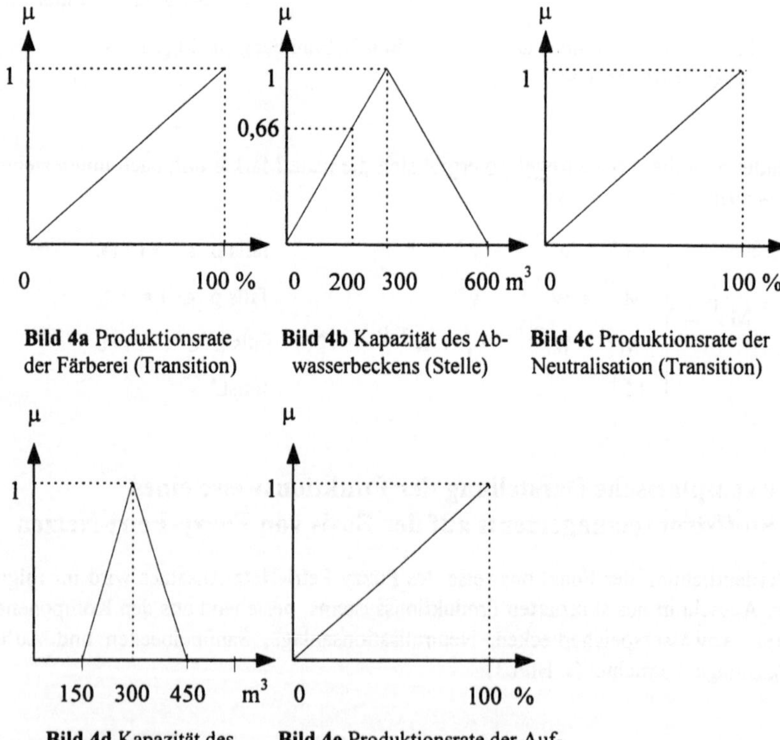

Bild 4a Produktionsrate der Färberei (Transition)

Bild 4b Kapazität des Abwasserbeckens (Stelle)

Bild 4c Produktionsrate der Neutralisation (Transition)

Bild 4d Kapazität des Sammelbeckens (Stelle)

Bild 4e Produktionsrate der Aufbereitungsanlage (Transition)

Ziel des Steuerungs- bzw. Regelungsalgorithmus ist es, entsprechend der definierten Zufriedenheitsfunktionen (Membershipfunktionen), die Zufriedenheitswerte aller Komponenten zu maximieren. Hierzu wird die folgende Vorgehensweise gewählt:

- In einem ersten Schritt wird die Komponente mit dem niedrigsten Zufriedenheitswert, im betrachteten Fall das Abwasserbecken (μ = 0,66), bestimmt.
- Da das Abwasserbecken als Speicher bzw. Platz modelliert ist, kann sein Zufriedenheitswert nur über eine Veränderung des Durchflusses der vor- oder nachgelagerten Transitionen (Färberei oder Neutralisationsanlage) verbessert werden. Die Auswahl einer entsprechenden Transition erfolgt gemäß Bild 5a. Hierzu werden zunächst die Differenz der tatsächlich gemessenen Marken m_{AB}^{ist} und die gewünschte Anzahl von Marken m_{AB}^{soll} im Abwasserbeckens berechnet. Die Differenz wird gemäß der Terme ($t_v^{erhöhen}$, $t_n^{erniedrigen}$, t, $t_n^{erniedrigen}$, $t_v^{erhöhen}$) der linguistischen Variable „Transitionsauswahl" bewertet. Diese beschreiben die potentiellen Handlungsalternativen. Die Terme $t_v^{erhöhen}$ bzw. $t_v^{erniedrigen}$ stehen für eine Erhöhung bzw. Erniedrigung der Produktionsrate der vorgelagerten Transition (Färberei). Die Terme $t_n^{erhöhen}$ bzw. $t_n^{erniedrigen}$ stehen für eine Erhöhung bzw. Erniedrigung der Produktionsrate der nachgelagerten Transition (Neutralisationsanlage). Der Term t steht für die Alternative „nicht reagieren". Die zuletzt genannte Option soll, falls die Differenz zwischen Ist- und Sollwert unterhalb eines definierten Schwellwertes liegt, das System in einem stabilen Zustand halten. Bezogen auf das skizzierte Anwendungsbeispiel läßt sich ein Membershipwert von μ = 0,66 für die Option „Erniedrigung der Produktionsrate der Färberei" bzw. ein Membershipwert von μ = 0,33 für die Option „nicht reagieren" berechnen (s. Bild 5a). Dies bedeutet, daß im weiteren nur Strategien, die auf eine Veränderung der Produktionsrate der Neutralisationsanlage ausgerichtet sind, betrachtet werden. Die Definition der Terme der linguistischen Variable „Transitionsauswahl" bzw. deren Membershipfunktionen obliegt der Erfahrung entsprechender Experten.
- Nach der Auswahl der Handlungsalternative (Erniedrigung der Produktionsrate der Neutralisationsanlage) ist der neue Kapazitätswert der betrachteten Transition zu berechnen. Hierbei sind die Membershipfunktion der Neutralisationsanlage (Bild 4c, 5b) sowie die Membershipfunktionen aller vor- bzw. nachgelagerten Stellen in Abhängigkeit aller potentiellen Stellwerte der betrachteten Transition zu berechnen (s. Bild 5b). Entscheidungskalkül ist das Maximum der Minima aller zu berücksichtigenden Membershipfunktionen. Im betrachteten Fall ergibt sich hierbei ein Stellwert von 83,3% (Auslastung) für die Neutralisationsanlage. Dies berücksichtigt insbesondere die gegenläufigen Ziele der Komponenten „Abwasserbecken", welches den Zufriedenheitswert durch ein moderates Drosseln der Produktionsrate der Neutralisationsanlage steigern kann, und „Sammelbecken". Bei letzterem kommt es im beschrieben Fall - bei sonst gleichen Voraussetzungen - zu einen Absinken des Zufriedenheitswertes.

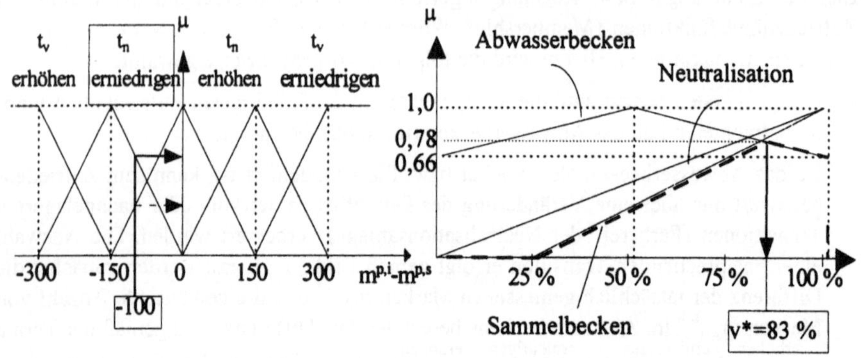

Bild 5a Selektion der Transition (t_n) und deren Reaktionsweise (erniedrigen)

Bild 5b Ermittlung von M_{agg} und v^* für die Neutralisation

Wird entsprechend der beschrieben Verfahrensweise die Produktionsrate der Neutralisationsrate im nächsten Schritt auf 83,3% reduziert, so ergeben sich folgende Produktionsdaten:

Zustand t +1	Produktionsrate	Füllmenge	Membershipwert (μ)
Färberei	100%		1,0
Abwasserbecken		233,3 m^3	0,78
Neutralisation	83,3%		0,83
Sammelbecken		266,7 m^3	0,78
Aufbereitungsanlage	100%		1,0

Tabelle 1 Zustand des Produktionssystems zum Zeitpunkt t+1

Im nächsten Schritt gibt es zunächst zwei Komponenten mit minimaler Zufriedenheit. Analysiert man die Komponente „Abwasserbecken“, so ergibt sich gemäß Bild (Bild 5a) eine Präferenz für die Option „nicht reagieren“. Dem gegenüber ergibt sich, bezogen auf die Komponente „Sammelbecken“ (s. Bild 6a), eine Präferenz für eine Erniedrigung der Produktionsrate der, nachgelagerten Komponente (Aufbereitungsanlage). Eine Analyse der Membershipfunktionen der Komponenten „Sammelbecken“ und „Aufbereitungsanlage“ in Abhängigkeit potentieller Stellwerte der betrachteten Transition ergibt eine einzustellende Produktionsrate von 81 % für die „Aufbereitungsanlage“ in t+2.

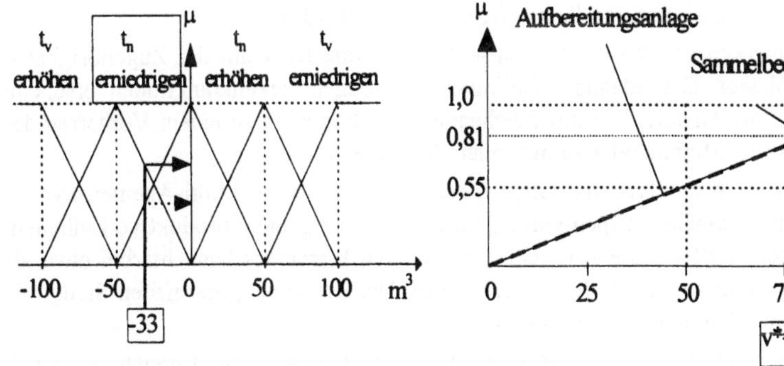

Bild 6a Selektion der Transition (t_n) und deren Reaktionsweise (erniedrigen)

Bild 6b Ermittlung der Werte von M_{agg} und v^* für die Aufbereitungsanlage

Auf dieser Grundlage ergeben sich folgende Produktionsdaten:

Zustand t +2	Produktionsrate	Füllmenge	Membershipwert (μ)
Färberei	100%		1,0
Abwasserbecken		266,7 m^3	0,89
Neutralisation	83,3%		0,83
Sammelbecken		271,8 m^3	0,81
Aufbereitungsanlage	80,8%		0,81

Tabelle 2 Zustand des Produktionssystems zum Zeitpunkt t+2

Nach einigen Berechnungsschritten geht das System in einen stabilen Zustand über, bei dem alle produktiven Einheiten mit ihrer maximalen Kapazität ausgelastet sind. Die Speicherbecken erreichen aufgrund der Definition der Terme (insbesondere der Handlungsoption „nicht reagieren") keinen optimalen Füllgrad.

15.6 Schlußfolgerungen

Prinzipiell können Petri-Netze für die Stoffstrombilanzierung, Fuzzy-Petri-Netze darüber hinaus auch als Werkzeuge für ein operatives Stoffstrommanagement in verteilten Produktionssystemen, eingesetzt werden. Das Konzept der Fuzzy-Petri-Netze erlaubt es, insbesondere lokale Zielfunktionen und unscharfes Expertenwissen zu implementieren. Auf dieser Basis können Stoff- und Energieströme so gesteuert werden, daß unter Berücksichtigung von Rahmenparametern vor- und nachgeschalteter Produktionseinheiten zur Verfügung stehende Ressourcen effizient genutzt und durch den Produktionsprozeß entstehende Emissionen und Reststoffe vermindert werden.

Kritisch anzumerken ist, daß die Lösungsgüte stark von der Wahl der Zugehörigkeitsfunktionen abhängt. Die adäquate Definition der Zugehörigkeitsfunktionen erscheint dabei als kritischer Faktor. Eine unzureichende Definition kann zu einem Verharren des Systems in lokalen Minima oder zu instabilen Zuständen führen.

Interessant erscheint die Transformation dieses Ansatzes in ein Multi-Agenten-System mit zwei unterschiedlichen Typen von Agenten (aktiven Agenten: produktive Einheiten; passive Agenten: Puffer). Die Auswahl eines aktiven Elementes kann hierbei etwa als Steuerung der Kommunikation betrachtet werden. Die Berechnung der neuen Stellgröße als Ergebnis eines Verhandlungsprotokolls.

Prinzipiell erscheint der Ansatz auf Problemstellungen sowohl im Bereich der Fertigungsindustrie als auch der Prozeßindustrie übertragbar zu sein. Besonders erfolgsversprechend erscheinen jedoch aufgrund der Steuerungs- und Regelungspotentiale sowie aufgrund der Struktur des zur Verfügung stehenden Expertenwissens Anwendungsgebiete der chemischen und biologischen Verfahrenstechnik zu sein.

Die Frage der Übertragbarkeit sowie die Interdependenzen zwischen der Definition der Membershipfunktionen und dem Systemzustand stellen jedoch weiteren Forschungsbedarf dar.

Literatur

[1] Haasis, H.-D.: *Betriebliche Umweltökonomie.* Springer: Berlin u.a. 1996. S.170 ff.

[2] Wicke, L.; Haasis, H.-D.; Schafhausen, F.; Schulz, W.: *Betriebliche Umweltökonomie.* Vahlen: München 1992. S.175 ff.

[3] Baumgarten, B.: *Petri-Netze: Grundlagen und Anwendungen.* BI-Wiss.-Verl.: Mannheim 1990. S.15 u. S.79 ff.

[4] Krauth, K.: *Modellierung und Simulation flexibler Montagesysteme mit Petri-Netzen.* In: OR-Spektrum, Nr.12 (1990). S.239-248.

[5] Schmidt, M.; Giegrich, J.; Hilty, L. M.: *Experiences with ecobalances and the development of an interactive software tool.* In: Hilty, L. M. u.a. (Hrsg.): Informatik für den Umweltschutz. Metropolis: Marburg 1994, Band 2. S.101-108.

[6] Tuma, A.: *Entwicklung emissionsorientierter Methoden zur Abstimmung von Stoff- und Energieströmen auf der Basis von fuzzyfizierten Expertensystemen, Neuronalen Netzen und Neuro-Fuzzy-Ansätzen.* Lang: Frankfurt a.M. 1994, Diss. S.69.

[7] Tuma, A.; Haasis, H.-D.; Rentz, O.: *Maschinelles Lernen und wissensbasierte Ansätze - Konzepte für umweltschutzintegrierte Produktionsleitstände.* In: Information Management, Nr.2 (1995). S.28-36.

[8] Minas, H.-J.; Meier, W.: *Ein kombiniertes Regelungs- und Simulationssystem für komplexe Produktionsanlagen.* In: Zeitschrift für Chemie-Technik, Oktober 1994.

[9] Siestrup, G.; Tuma, A.; Haasis, H.-D.: *Stoffstrombilanzierung und -management durch Anwendung der Fuzzy-Petri-Netz-Simulation.* In: Scheer, A.-W. u.a. (Hrsg.): Computergestützte Stoffstrommanagement-Systeme. Metropolis: Marburg: 1996. S.39-48.

[10] Lipp, H.-P.: *Ein Konzept eines unscharfen Petri-Netzes als Grundlage für operative Entscheidungsprozesse in komplexen Produktionssystemen.* Chemnitz 1989, Diss. S.19 ff.

[11] Lipp, H.-P.: *An application of a Fuzzy Petri Net in complex industrial systems.* In: Mathematische Forschung: Fuzzy sets applications, methodological approaches and results. Band 30 (1986). S.188-196.

6

Qualitative Simulation von Ökosystemen

Rüdiger Hohmann, Erik Möbus

Zusammenfassung

In der klassischen kontinuierlichen Simulation werden für die Modellgleichungen die exakten Parameterwerte benötigt. Vielfach liegen sie jedoch nicht vor und können auch nicht näherungsweise bestimmt werden. Manchmal existiert nur eine Vorstellung über ihre Grössenordnung oder es ist nur das Vorzeichen bekannt. In solchen Fällen ist es sehr wohl möglich, qualitative Simulationsverfahren einzusetzen. Für die Beurteilung von Ökosystemen ist es wesentlich zu wissen, ob die Möglichkeit des Zusammenbruchs besteht. Diese Frage kann man mittels qualitativer Simulation beantworten, indem man sich in einem Lauf die gesamte Lösungsvielfalt des Modells erzeugen läßt. Die Arbeitsweise der qualitativen Simulation und ihre Anwendung auf Ökosysteme werden in dem Beitrag vorgestellt.

6.1 Einleitung

Um das dynamische Verhalten kontinuierlicher Systeme in mathematischen Modellen zu beschreiben, verwendet man Differentialgleichungen. Mittels verschiedener Simulationssprachen, wie dem verbreiteten ACSL, werden diese dann numerisch gelöst. Dazu werden allerdings exakte Parameterwerte benötigt, die häufig nicht vorliegen und auch nicht näherungsweise bestimmt werden können. Manchmal hat man nur eine Vorstellung von der Größenordnung der Parameter oder kennt lediglich ihr Vorzeichen. Weiterhin gibt es Aufgaben, wo die Verhaltensvielfalt interessiert, d.h. man ist bestrebt, alle möglichen Lösungstypen des mathematischen Modells zu finden. Zur Reproduktion eines bestimmten Systemverhaltens mit einer Simulationssprache wäre es dann notwendig, die zugehörigen Parameterwerte aufzusuchen.

Während numerische Verfahren, die in kontinuierlichen Simulationssprachen benutzt werden, nicht anwendbar sind, da die notwendigen numerischen Angaben fehlen, ist es sehr wohl möglich, qualitative Simulationsverfahren einzusetzen, die mit den Größenordnungen der Parameter auskommen und in einem Simulationslauf die vollständige Lösungsvielfalt liefern. In diesen qualitativen Verfahren wird das Systemverhalten durch qualitative Werte repräsentiert, womit die betrachteten physikalischen Größen dargestellt werden. Man bildet sie dazu in Intervalle ab, z..B. bei QualSim in die Bereiche $(-\infty,0)$; $[0,0]$; $(0,+\infty)$. Diesen werden ihrerseits qualitative Werte zugeordnet, hier '-', '0', '+'.

Für die Beurteilung von Ökosystemen ist die Kenntnis darüber, ob die Gefahr des Zusammenbruchs besteht, von großer Bedeutung. Die Frage, ob sich das Ökosystem so verhalten kann, d.h. eine entsprechende Lösung des validierten mathematischen Modells möglich ist, läßt sich durch qualitative Simulation beantworten, indem man sich in einem Lauf die gesamte Lösungsvielfalt des Modells bzw. die Verhaltensvielfalt des realen Ökosystems erzeugen läßt, ohne daß zunächst konkrete Parameterangaben zu machen sind. Erst wenn man dabei feststellt, daß eine solche kritische Lösung existiert, müssen nun die zugehörigen Parameterwerte mittels numerischer Integration gefunden werden. Die Methode verbindet somit qualitatives "Sichten" mit quantitativer Simulation.

Das hier vorgestellte und benutzte QualSim ist in [1] beschrieben und wurde vom Autor *F.E. Cellier* in einer CTRL-C-Version zur Verfügung gestellt, die in M-Files unter MATLAB umgesetzt wurde [2].

6.2 Das QualSim-Verfahren

6.2.1 Qualitative Zustandsgrößen und Rechenoperationen

Die Dynamik der Zustandsgrößen eines qualitativen Systems wird durch Differentialgleichungen beschrieben, Zustände durch Funktionswerte. Diese Zustände werden bei der Simulation in bestimmten zeitlichen Abständen erfaßt. In kontinuierlichen Systemen sind diese Abstände häufig fest (konstante Integrationsschrittweite), im Unterschied zu diskreten, ereignisorientierten Sprachen.

Im QualSim-Verfahren werden die Zustände in Vektorpaaren dargestellt - in einem Wertevektor x und in einem Änderungsvektor *xdot*. Diese Vektoren enthalten jeweils drei Werte.

$$x = (x_1, x_2, x_3)\ ;\ xdot = (xdot_1, xdot_2, xdot_3).$$

x_1 ist der qualitative Wert, x_2 dessen erste, x_3 dessen zweite Ableitung; $xdot_1$ beschreibt die (qualitative) Änderung, $xdot_2$ deren erste, $xdot_3$ deren zweite Ableitung. $xdot_1$ entspricht also ebenfalls der ersten Ableitung von x_1, d.h. $xdot_1 = x_2$; ebenso gilt $xdot_2 = x_3$. Diese Redundanz hat praktische Gründe, die u.a. in der nachstehend erläuterten Konsistenzbedingung benutzt wird.

Der Term $x_k(t)$ bezeichnet im folgenden den Wert x_k im Simulationsschritt t, $x(t)$ den gesamten Vektor x. ($k \in \{1,2,3\}$; $t \in \mathrm{N}$).

Insgesamt werden im QualSim-Verfahren drei Bedingungen verwendet:

1. Konsistenzbedingung

   Die sich entsprechenden Werte in den Vektoren x und *xdot* müssen übereinstimmen, d.h. $x_2 = xdot_1$; $x_3 = xdot_2$,

2. Kontinuitätsbedingung

   Es dürfen nur Zustandsübergänge auftreten, die physikalisch möglich sind, z.B.

   · wenn $x_k(t)$ positiv ist, muß $x_k(t+1)$ nichtnegativ sein,

   · wenn $x_k(t)$ positiv und $x_{k+1}(t)$ nichtnegativ ist, ist $x_k(t+1)$ positiv,

   · wenn $x_k(t)$ negativ ist, kann $x_k(t+1)$ niemals positiv sein,

3. Bedingung für stationäre Zustände (Zustandsstetigkeitsbedingung)

Ist $x_k(t)$ positiv und $x_{k+1}(t)$ negativ bzw. $x_k(t)$ negativ und $x_{k+1}(t)$ positiv und gilt $x(t) = x(t+1)$, ist ein stationärer Zustand erreicht, d.h. der Zustand $x(t)$ wird nicht mehr verlassen, obwohl $x_k(t+n)$ irgendwann Null werden müßte. Deshalb werden diese n Schritte "zusammengefaßt" und $x_k(t+1)$ auf Null gesetzt.

Während in anderen qualitativen Simulationsverfahren häufig nur die erste Ableitung einbezogen wird, benutzt man in QualSim auch die Ableitungen der zweiten bzw. dritten Ordnung. Dies führt zu einer besseren Beschreibung und Vorhersagemöglichkeit des Verlaufs und damit zur Reduzierung der Fälle/Lösungsmanigfaltigkeit.

Um qualitative Funktionen aufstellen zu können, müssen auch die Rechenoperationen qualitativ definiert werden. Hierzu ist es allerdings notwendig, zwei weitere Elemente einzuführen: '?' für einen unbekannten Wert und 'U' für einen ungültigen Wert.

Wie man leicht sieht, gilt für die Addition zweier qualitativer Werte die folgende Wahrheitstabelle.

ADD:

x\y	-	**0**	+	**?**
-	-	-	?	?
0	-	0	+	?
+	?	+	+	?
?	?	?	?	?

Die anderen Grundrechenarten lassen sich ebenfalls durch Wahrheitstabellen beschreiben:

MULT:

x\y	-	**0**	+	**?**
-	+	0	-	?
0	0	0	0	0
+	-	0	+	?
?	?	0	?	?

SUB:

x\y	-	**0**	+	**?**
-	?	-	-	?
0	+	0	-	?
+	+	+	?	?
?	?	?	?	?

DIV:

x\y	-	**0**	+	**?**
-	+	U	-	?
0	0	U	0	0
+	-	U	+	?
?	?	U	?	?

In der programmtechnischen Realisierung sind die qualitativen Elemente durch Zahlen repräsentiert: '-' als 1, '0' als 2, '+' als 3, '?' als 4 und 'U' als 5; statt der Tabellen werden Matrizen verwendet, so daß sich beispielsweise für die Addition folgende Matrix ergibt:

$$TADD = \begin{pmatrix} 1 & 1 & 4 & 4 \\ 1 & 2 & 3 & 4 \\ 4 & 3 & 3 & 4 \\ 4 & 4 & 4 & 4 \end{pmatrix}$$

(Für die Subtraktion, Multiplikation und Division analog in den Matrizen TSUB, TMULT, TDIV)

Diese Darstellung hat den Vorteil, daß zwei Werte mittels TADD(x,y) addiert werden können, da x und y Integerwerte zwischen 1 und 4 haben und somit als Indizes interpretierbar sind. Falls einer der Werte *x*, *y* oder das Resultat den Wert 5 (also U) hat, führt die Operation zu einer Fehlernachricht und die Berechnung wird abgebrochen.

Sollen nun zwei Vektoren addiert bzw. ein Vektor von einem anderen subtrahiert werden, ergeben sich unter Berücksichtigung der Differentationsregeln die Gleichungen

$$z = x \pm y\,; \quad z' = x' \pm y'\,; \quad z'' = x'' \pm y''$$

und damit folgende Funktionen:

```
function z = qadd(x,y)
  for i = 1:3
    z(i) = tadd(x(i),y(i));
  end
return
```

```
function z = qsub(x,y)
  for i = 1:3
    z(i) = tsub(x(i),y(i));
  end
return
```

Für die Multiplikation und Division zweier Vektoren gelten unter Berücksichtigung der Differentationsregeln die Beziehungen

$$z = x \cdot y\,; \quad z' = x \cdot y' + x' \cdot y\,; \qquad z'' = x \cdot y'' + 2 \cdot x' \cdot y' + x'' \cdot y \qquad \text{bzw.}$$

$$z = x / y\,; \quad z' = (x' \cdot y - x \cdot y') / y^2\,; \quad z'' = (x'' \cdot y^2 - 2 \cdot x' \cdot y' \cdot y + 2 \cdot x \cdot y' - x \cdot y \cdot y'') / y^3.$$

Nach Eliminierung der konstanten Faktoren resultieren die Implementationen:

```
function z = qmult(x,y)
  z(1) = tmult(x(1),y(1));
  z(2) = tadd(tmult(x(1),y(2)),tmult(x(2),y(1)));
  aux = tadd(tmult(x(1),y(3)),tmult(x(3),y(1)));
  z(3) = tadd(tmult(x(2),y(2)),aux);
return

function z = qdiv(x,y)
  z(1) = tdiv(x(1),y(1));
  y2 = tmult(y(1),y(1));
  z(2) = tdiv(tsub(tmult(x(2),y(1)),tmult(x(1),y(2))),y2);
  y3 = tmult(y(1),y2);
  xy = tmult(x(1),y(1));
  vxy = tmult(x(2),y(2));
  vy2 = tmult(y(2),y(2));
  aux1 = tsub(tmult(x(3),y2),tmult(vxy,y(1)));
  aux2 = tsub(tmult(x(1),vy2),tmult(xy,y(3)));
  z(3) = tdiv(tadd(aux1,aux2),y3);
return
```

Desweiteren sind in QualSim noch die Exponentialfunktion (qexp), der Vorzeichenwechsel (qminus) sowie eine monoton steigende und eine monoton fallende Funktion (mplus, mminus) vordefiniert. Allerdings ist es nicht möglich, eine qualitative Entsprechung einer jeden Funktion zu finden. Zum Beispiel hat die Funktion $y = \sin(x)$ keine qualitative Entsprechung, da das Vorzeichen von *y* vom jeweiligen quantitativen Wert von *x* abhängt.

6.2.2 Simulationsalgorithmus

Die eigentliche Simulation läuft dann nach folgendem Algorithmus ab:

1. Ermittlung eines Anfangszustandes,
2. Berechnung des/der Folgezustands/-zustände,
3. Überprüfung der berechneten Zustände auf Inkonsistenzen und Konflikte,
4. Entfernen der inkonsistenten, konfliktbehafteten und unveränderten Zustände,
5. für die übrigen Zustände: solange Anzahl der Simulationsschritte noch nicht erreicht - gehe zu 2.

Der Anfangszustand wird aus den Initialwerten, die in einer Datei cqstate_ic.m - unter DOS cqstatic.m - gespeichert sind, mittels der qualitativen Differentialgleichungen in der Datei cqstate.m ermittelt. Da auch der Anfangszustand der Konsistenzbedingung genügen muß, d.h. $xdot_1 = x_2$; $xdot_2 = x_3$, kann man die '?' in den Initialvektoren eliminieren. Diese Bedingung wird auch in den folgenden Simulationsschritten benutzt, um unbekannte Werte zu minimieren bzw. inkonsistente Folgezustände zu eliminieren (vgl. Schritte 3 und 4).

Im Verfahren von *Cellier* wird, im Gegensatz zu anderen Verfahren, der Folgezustand berechnet. Dazu wird die Integrationsmethode nach *Euler* verwendet:

$$x(t+1)= x(t) + \Delta\tau \cdot xdot(t),$$

deren qualitative Entsprechung wie folgt beschrieben werden kann:

$$x(t+1)= \mathrm{QADD}\,(\,x(t)\,,\,xdot(t)\,).$$

Bei der qualitativen Simulation ist es im Unterschied zu den quantitativen Verfahren möglich, daß ein Zustand mehrere Folgezustände haben kann, die hinsichtlich der Modellbeschreibung konsistent und auch folgerichtig sind. In der Implementation wurde deshalb statt der Funktion QADD eine Funktion QINT verwendet, die in einem Schritt alle Zustände integrieren kann, während QADD nur auf einen Zustand anwendbar ist, d.h. die Addition von zwei Vektoren mit drei Elementen.

Diese Zustände können entstehen, wenn beim Integrationsschritt unbekannte Werte, also '?' im Ergebnis enthalten sind.

Beispiel: $x(0) = (\,-\,+\,-\,)\,;\; xdot(0) = (\,+\,-\,+\,) \;\Rightarrow\; x(1) = xdot(1) = (\,?\,?\,?\,)$.

Die unbekannten Werte müssen nun durch alle möglichen Kombinationen qualitativer Werte ersetzt werden. Allerdings können hier die Kontinuitätsbedingungen angewendet werden. Eine dieser Bedingungen besagt: Wenn $x_k(t)$ negativ ist, kann $x_k(t+1)$ nur negativ oder Null sein, niemals jedoch positiv, da eine Variable nicht vom Negativen ins Positive springen kann, ohne zwischenzeitlich Null zu werden. Weitere Bedingungen besagen z.B.: Wenn $x_k(t)$ positiv und $xdot_k(t)$ positiv oder Null ist, muß $x_k(t+1)$ positiv sein und kann nicht Null werden. Sämtliche Kontinuitätsbedingungen sind in einer 16×16 Matrix beschrieben, in der festgehalten ist, welche Werte $x_k(t+1)$ und $x_{k+1}(t+1)$ auf beliebige Kombinationen von $x_k(t)$ und $x_{k+1}(t)$ folgen können.

Durch diese Kontinuitätsbedingungen bleiben im obigen Beispiel von den 27 möglichen Kombinationen aus +, 0, -, resultierend aus drei '?', nur zwei übrig:

$x(1a) = (- + -)$; $xdot(1a) = (+ - +)$ sowie $x(1b) = (0 + -)$; $xdot(1b) = (+ - +)$.

Wenn man nun die Lösung 1a betrachtet, stellt man fest, daß sie mit dem Zustand 0 identisch ist. Deshalb kommt hier eine weitere Bedingung zur Anwendung - die Zustandsstetigkeitsbedingung. Offenbar könnte, da die Zustände 0 und 1a identisch sind, dieser Zustand für immer beibehalten werden, obwohl eine negative, stetig steigende Funktion irgendwann einmal Null werden sollte. Deshalb wird der Vektor $x(1a)$ ersetzt durch (0 + -). Da dieser neue Vektor $x(1a)$ identisch mit dem Vektor $x(1b)$ ist, kann er entfernt werden, und man erhält

$x(1) = (0 + -)$; $xdot(1) = (+ - +)$.

Durch Anwenden der drei Bedingungen resultiert nicht immer ein eindeutiger Folgezustand. In solchen Fällen verzweigt sich die Lösung. Der Algorithmus wird nun auf alle diese Lösungszweige angewendet, bis die vorgegebene Anzahl der Simulationsschritte erreicht ist. was zu der beschriebenen Vielfalt führt.

6.2.3 Einführungsbeispiel

Zum besseren Verständnis soll nun ein einfaches Modell als Einführungsbeispiel dienen, eine exponentiell verzögerte Anpassung.

Dem Modell liegt folgende Differentialgleichung zugrunde: $dx/dt = u - a \cdot x$.

Dabei bezeichnet x die Zustandsgröße, u eine konstante positive Eingangsgröße, an die sich die Zustandsgröße angleicht, und a die Dämpfung der Anpassung, ebenfalls positiv und konstant. Das Modell ist ausführlich in [3] beschrieben.

Das qualitative Modell hat die Form

```
function x = cqstatic(dummy)
  global izero          % die globale Variable izero = ( 0 ? ? ) wird in der Funktion verwendet
  x = izero;            % der Anfangswert von x ist 0 mit unbekannten Werten für x1' und x1"
return

function xdot = cqstate(x)
  global cplus          % die globale Variable cplus = ( + 0 0 ) wird verwendet
  u = cplus;            % u ist eine positive Konstante
  xdot = qsub(u,x);     % xdot = u - x; da sich ein qualitativer Wert durch Multiplikation mit
return                  % einer positiven Konstante nicht ändert, konnte a weggelassen werden.
```

Die Ausgabegröße wird in einer Funktion QOUT festgelegt, die jedoch erst bei mehreren Zustandsgrößen von Bedeutung ist.

```
function y = qout(x)
  y = x;
return
```

Die qualitative Simulation läuft dann wie folgt ab:

t	$x(t)$	$xdot(t)$	
0	(0 ? ?)	(+ ? ?)	
0	(0 + ?)	(+ - ?)	
0	(0 + -)	(+ - +)	
1	(+ ? ?)	(? ? ?)	durch Anwendung der drei Bedingungen werden die '?' eliminiert
1	(+ + -)	(+ - +)	
2	(+ ? ?)	(? ? ?)	durch Anwendung der drei Bedingungen werden die '?' eliminiert
2	(+ + -)	(+ - +)	wegen der Zustandsstetigkeitsbed. x_2,= +, x_3 = – muß x_2 Null werden
3	(+ 0 -)	(0 - +)	die Konsistenzbedingung ist verletzt, $x_3 = xdot_2$ und $xdot_3$ müssen geändert werden
3	(+ 0 0)	(0 0 0)	
4	(+ 0 0)	(0 0 0)	die Anwendung der Zustandsstetigkeitsbed. führt zu keiner neuen Lösung, ein stabiler Zustand wurde erreicht, weitere Integrationen bleiben in diesem Zusand.

Die nach vier Schritten gefundene Lösung kann nun mit der Funktion QPLOT graphisch ausgegeben werden, das Ergebnis zeigt Bild 1a. Zum Vergleich ist in Bild 1b die graphische Darstellung der Lösung des entsprechenden ACSL-Programms

```
PROGRAM Verzögerung
  CONSTANT u = 10, a = 1.5, x0 = 0
  xdot = u-a*x
  x  = INTEG (xdot, x0)
  TERMT (t .GE. 4)
END
```

angegeben.

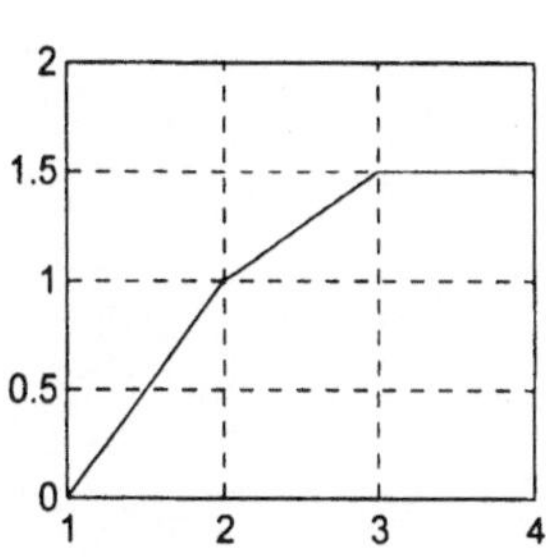

Bild 1a Lösung des qualitativen Modells

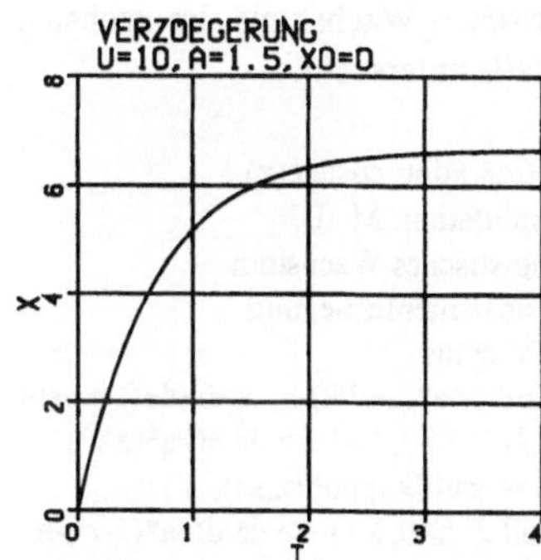

Bild 1b Lösung des ACSL-Programms

6.3 Vergleich von qualitativen mit quantitativen Modellen

6.3.1 Logistisches Wachstum

Ein elementarer Prozeß in der Natur ist das logistische Wachstum, das in vielen Bereichen anzutreffen ist. Es ist gekennzeichnet durch schnelles, fast exponentielles Wachstum bei kleinem Bestand. Nahe der Kapazitätsgrenze tritt zunehmend eine negative Rückkopplung ein, die den Bestand an dieser Grenze einregelt. Falls es einen Abfluß aus dem Bestand, beispielsweise durch Ernte gibt, bleibt ein Gleichgewicht erhalten, solange die Abfluß-(Ernte-)Rate klein genug ist. Wird ein kritischer Betrag überschritten, kommt es zum Zusammenbruch des Systems.

Das Modell wurde [3] entnommen. Dort wurden drei Fälle untersucht:

1. Kapazitätsgrenze $k = 1$, Ernterate $h = 0$,
2. Kapazitätsgrenze $k = 1$, Ernterate $h > 0$,
3. $k = -1$, Ernterate $h = 0$ (k kann nicht mehr als Kapazitätsgrenze bezeichnet werden).

In ACSL hat das ursprüngliche kontinuierliche Modell folgende Gestalt:

```
PROGRAM Bossel_M107
  !---Modellparameter
  !   a - max. spez.Wachstumsrate, h - Ernterate, k - Kapazitätsgrenze
  CONSTANT a=1.0 , h=.0 , k=1.0, tstop=12
  !---Anfangsbedingungen
  CONSTANT z0=.01
  !---Modellgleichung
  zdot = a*z*(1 - z/k) - h
  !---Integral
  z = INTEG(zdot,z0)
  TERMT( t .GT. tstop)
END
```

Durch Änderung der beiden Parameter h und k sowie der Anfangspopulation $z0$ erhält man mit ACSL in mehreren Simulationsläufen die zugehörigen Funktionskurven des logistischen Wachstums. Im nachstehenden qualitativen Modell wurden diese drei Fälle ebenfalls untersucht.

```
function xdot=cqstate(x)
% Simulation: M 107
% logistisches Wachstum
% Konstantenfestlegung
global cplus
% dz/dt = a*(z-z²/k)-h;  a>0 (def) => entf. im qual. Modell
% Fall 1: h=0, k=1 => dz/dt=a*(z-z²)
xdot = qsub(x,qmult(x,x));
% Fall 2: h>0, k=1 => dz/dt=a*(z-z²)-h
% xdot = qsub(qsub(x,qmult(x,x)),cplus);
% Fall 3: h=0, k-1 => dz/dt=a*(z+z²)
% xdot = qadd(x,qmult(x,x));
return
```

```
function x = cqstatic(dummy)
% Simulation: M 107
% Initialparameter
global iplus
x = iplus;
return
```

Im ersten Falle ergab die Simulation dieses Problems mit 8 Simulationsschritten eine Lösungsmatrix von 8 Zeilen und 21 Spalten, d.h. 7 Lösungen. Die graphische Ausgabe lieferte 5 Bilder, da Lösungen nur einmal ausgegeben werden, wenn sie zur gleichen Darstellung führen. Aber auch diese ähnelten sich weitgehend, so daß hier nur drei Lösungen graphisch aufgeführt sind (Bilder 2a bis 2c).

Das obenstehende ACSL-Programm lieferte die in Bild 3a dargestellte Lösung. Die in den Bildern 3b und 3c dargestellten Funktionsverläufe, von QualSim als mögliche Lösungen gefunden, konnten durch Veränderung der Anfangspopulation *z0* erzeugt werden.

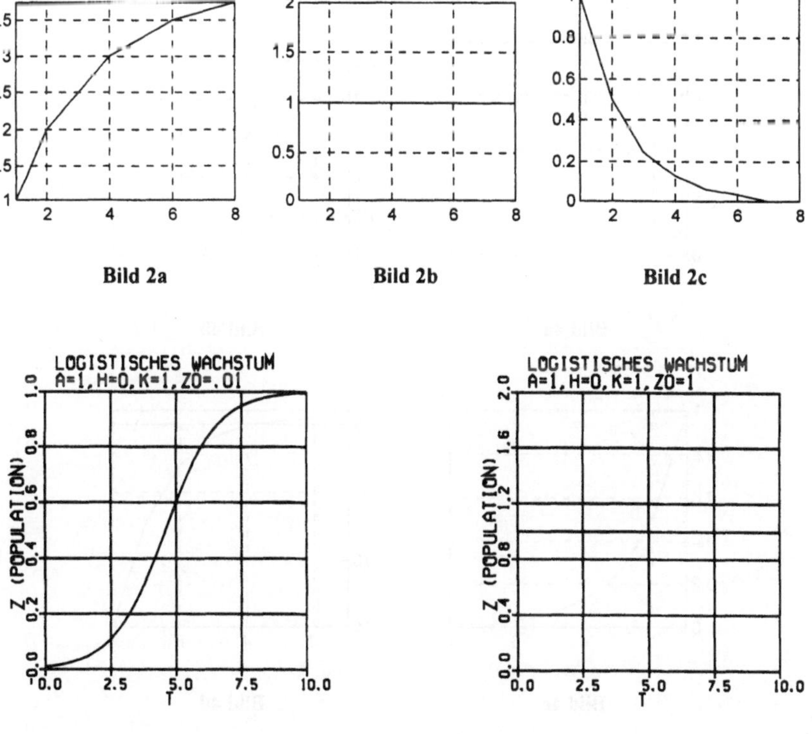

Bild 2a **Bild 2b** **Bild 2c**

Bild 3a Ergebnis mit Normalparametern

Bild 3b Es wurde lediglich z0 auf 1 gesetzt

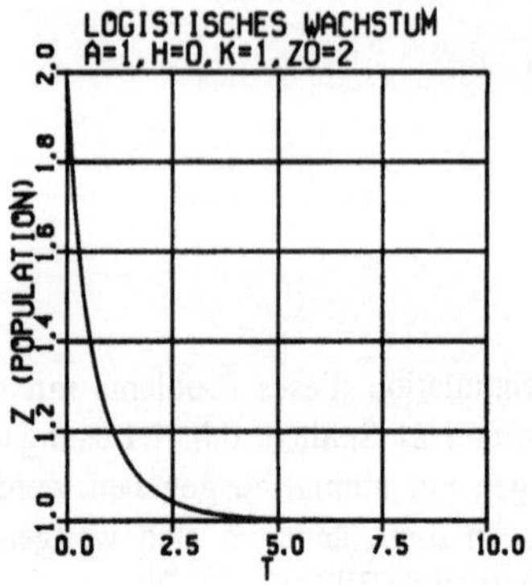

Bild 3c Die Anfangspopulation z0 beträgt hier 2

Im zweiten Fall führte die Simulation dieses Problems auf eine Lösungsmatrix mit 8 Zeilen und 39 Spalten, also 13 Lösungen. Die graphische Ausgabe lieferte 9 Bilder. Wegen deren Ähnlichkeit sind nur 4 Lösungen graphisch dargestellt (Bilder 4a bis 4d).

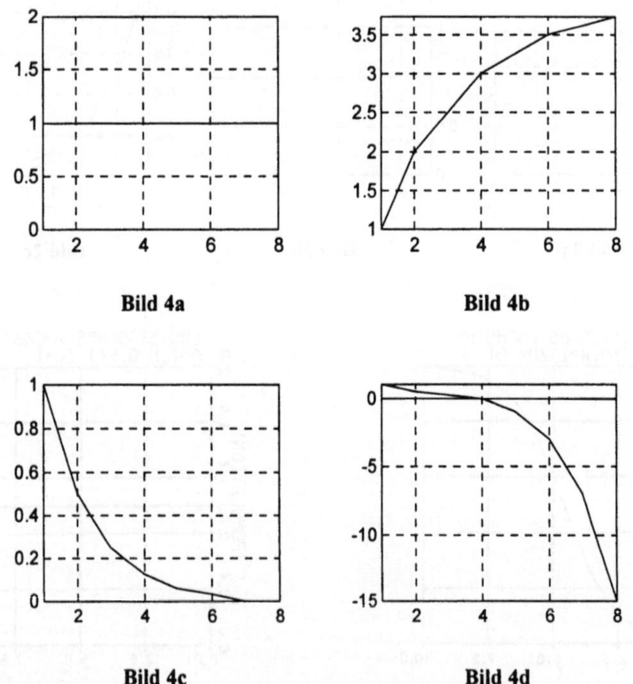

Bild 4a **Bild 4b**

Bild 4c **Bild 4d**

Im ACSL-Programm wurde die Ernterate *h* nacheinander auf verschiedene Werte gesetzt, womit die folgenden Lösungen 5a bis 5c entstanden.

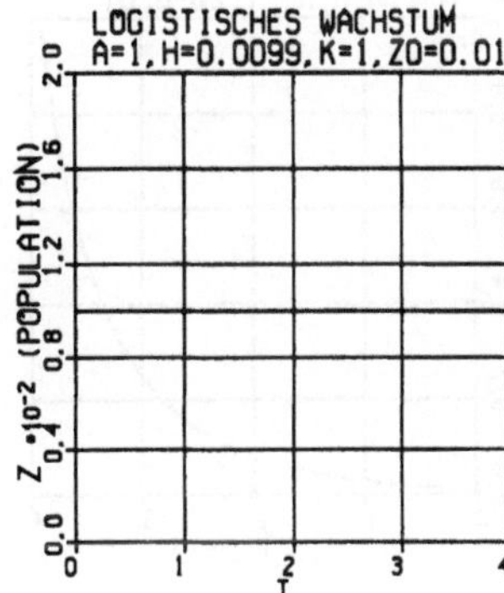

Bild 5a Ernterate h=0.0099

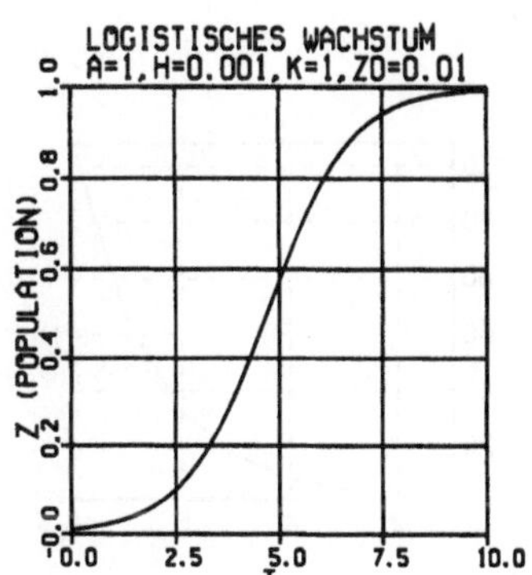

Bild 5b Ernterate h=0.001

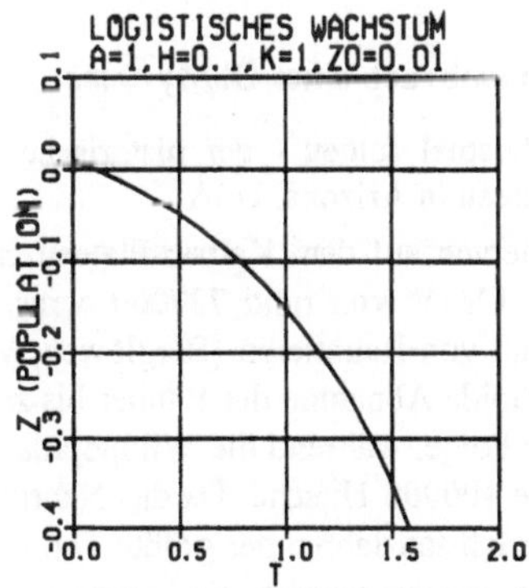

Bild 5c Ernterate h=0.1

Die in Bild 4c dargestellte Lösung ist wahrscheinlich ein sogenanntes "spurious behavior" - ein nichtechtes Verhalten, das nach dem qualitativen Modell zwar folgerichtig, jedoch nach dem quantitativen Modell nicht möglich ist.

Im dritten Fall liefert die qualitative Simulation genau ein Ergebnis (Bild 6a); das entsprechende ACSL-Ergebnis (Bild 6b) wurde erzielt, indem $k = -1$ und $h = 0$ gesetzt wurden.

Die qualitativen Ergebnisse konnten also bis auf das eine spurious behavior recht gut nachvollzogen werden, allerdings mit erheblich größerem Zeitaufwand, als für die qualitative Simulation erforderlich war.

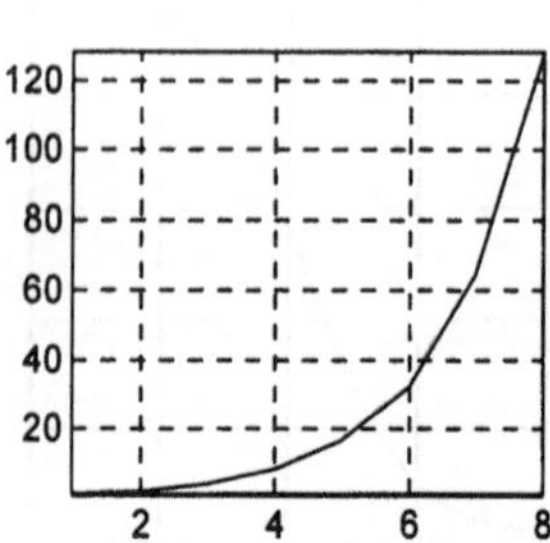

Bild 6a Ergebnis von QualSim

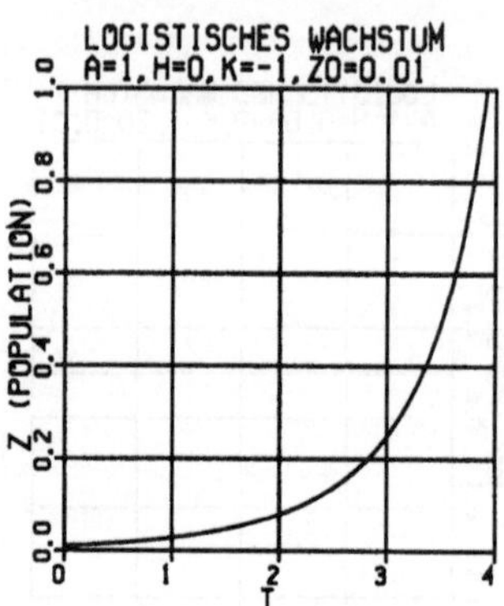

Bild 6b ACSL-Ergebnis

6.3.2 Historischer Zusammenbruch eines Ökosystems

Es soll nun ein weiteres Beispiel folgen - der historische Zusammenbruch des Ökosystems auf dem Kaibab-Plateau in Arizona, USA:

Um die Jahrhundertwende lebten auf dem Kaibab-Plateau ca. 4000 Weißwedelhirsche. Dieses Plateau umfaßt eine Fläche von rund 727000 acres (ca. 294000 ha). Im Jahre 1907 wurde auf den Abschuß von Raubtieren (Berglöwen,Wölfe, Kojoten) eine Prämie ausgesetzt. Das hatte eine rapide Abnahme der Räuber bis zur vollständigen Ausrottung innerhalb von 20 Jahren zur Folge, während die Wildpopulation stark zunahm. Im Jahre 1924 erreichte sie geschätzte 100000 Hirsche. Da das Nahrungsangebot nicht mehr ausreichte, verhungerte in den nächsten Jahren der größte Teil der Hirsche. Auch das Vegetationssystem war nachhaltig zerstört worden. So konnte das Ökosystem schließlich nur noch einen geringen Teil der Wildpopulation ernähren, die es vorher tragen konnte.

Das hier verwendete Modell für den Zeitraum von 1900 bis 1950 ($0 \leq T \leq 50$) geht auf *Goodman* und *Meadows* zurück. Es wurde [4] entnommen und in ACSL umgesetzt [2].

```
PROGRAM Kaibab
  !Modell des historischen Zusammenbruchs eines Ökosystems
  !---------------------------------------------------------------------------
  !------Modellparameter
  CONSTANT FLAECH=800000, MFK=4.8E8, FMPW=2000
  !------Anfangswerte
  CONSTANT WILDP0=4000, FUT0=4.7E8
  !------Jahreszahl
  JAHR=T+1900
  !------Tabellenfunktionen
  TABLE RAUBP,1,3/0,20,50,266,0,0/
  !~~~alternative Abschußstrategie
  !TABLE RAUBP,1,3/0,12.48,50,266,100,100/
```

```
  TABLE FNZ,1,5/0,0.25,0.5,0.75,1,35,15,5,1.5,1/
  TABLE WBRPR,1,6/0,0.005,0.01,0.02,0.025,0.05,0,3,13,51,56,56/
  TABLE WRNZR,1,5/0,500,1500,2000,3000,-0.5,-0.15,0.15,0.2,0.2/
  !------algebraische Gleichungen
  FPW=FUTTER/WILDP
  WDICHT=WILDP/FLAECH
  X=FUTTER/MFK
  WNZR=WILDP*WRNZR(FPW)
  WBR=RAUBP(T)*WBRPR(WDICHT)
  FNR=(MFK-FUTTER)/FNZ(X)
  !~~~FVR=min(FUTTER,WILDP*FMPW)
  FVR=RSW(FUTTER .LE. WILDP*FMPW,FUTTER,WILDP*FMPW)
  !------Integrale
  WILDP=INTEG(WNZR-WBR,WILDP0)
  FUTTER=INTEG(FNR-FVR,FUT0)
  !------Abbruch nach 50 Jahren
  TERMT (T .GE. 50.0)
END
```

Die in Bild 7a dargestellte Kurve entspricht dem historisch beobachteten Verlauf. Die "alternative Abschußstrategie" bewirkt, daß sich ein Gleichgewichtszustand einstellt und dabei ein relativ hoher Wildbestand erreicht wird (Bild 7b), indem man die Anzahl der Raubtiere auf geringerem Niveau stabilisiert.

Die in Bild 7c dargestellte Kurve erhält man bei zwanzigfacher, die in Bild 7d dargestellte bei doppelter Eingangspopulation und alternativer Abschußstrategie, die letzte Kurve (Bild 7e) bei zweihundertfacher Anfangspopulation und tatsächlichem Abschuß. Daß zumindest die zweihundertfache Anfangspopulation völlig unrealistisch ist, steht außer Zweifel. Wie aber bereits oben gesagt, finden qualitative Simulationsverfahren auch Lösungen, die nur bei Extremparametern auftreten, was hier gezeigt werden soll.

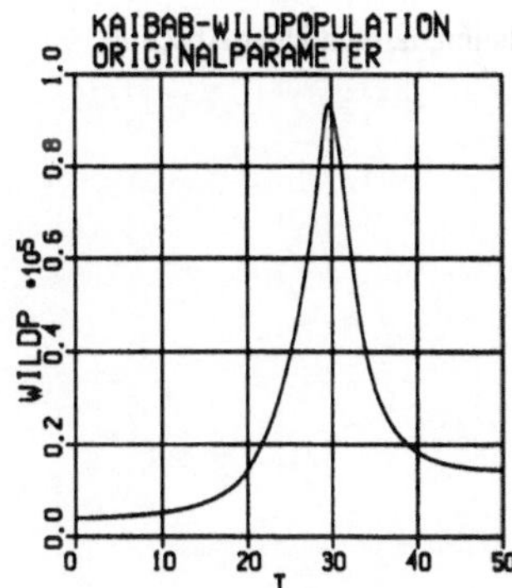

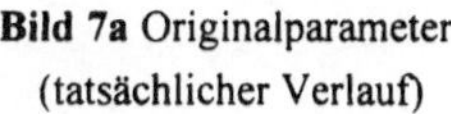
Bild 7a Originalparameter
(tatsächlicher Verlauf)

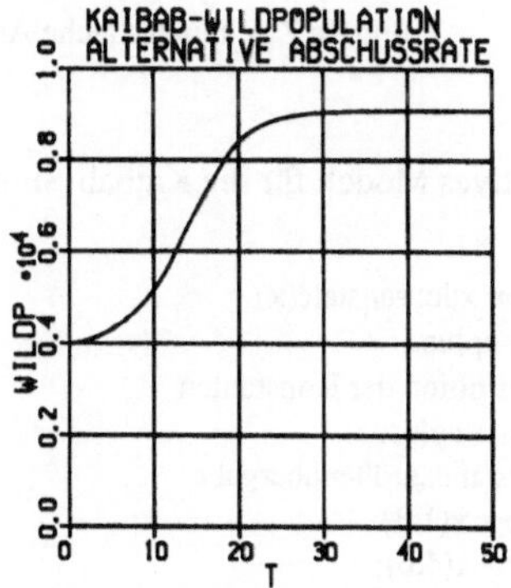

Bild 7b Alternative Abschußstrategie

KAIBAB-WILDPOPULATION
ALTERNATIVE ABSCHUSSRATE
WILDPO=80000
WILDP $\cdot 10^5$
0.0
0.2
0.4
0.6
0.8
1.0
0
10
20
30
40
50
T

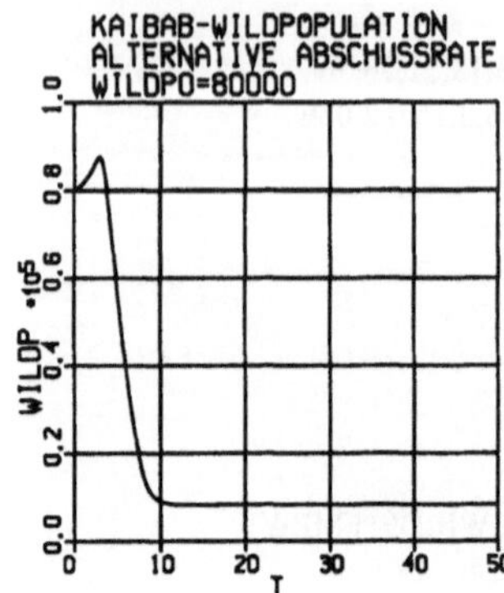

Bild 7c Zwanzigfache Anfangspopulation, alternative Abschußstrategie

KAIBAB-WILDPOPULATION
ALTERNATIVE ABSCHUSSRATE
WILDPO=8000
WILDP $\cdot 10^4$
0.0
0.2
0.4
0.6
0.8
1.0
0
10
20
30
40
50
T

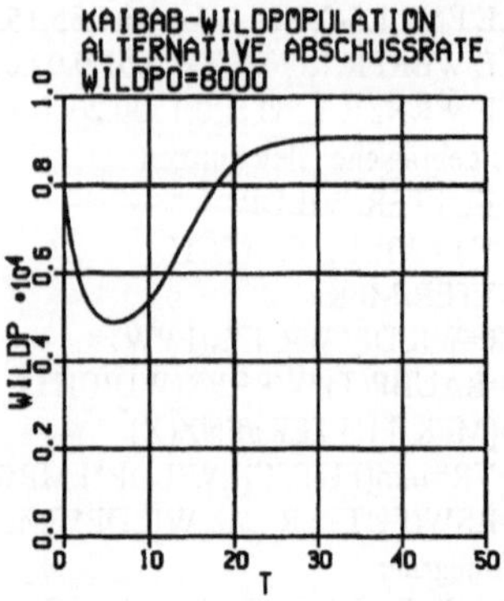

Bild 7d Doppelte Anfangspopulation, alternative Abschußstrategie

KAIBAB-WILDPOPULATION
WIRKLICHE ABSCHUSSRATE
WILDPO=800000
WILDP $\cdot 10^6$
0.0
0.2
0.4
0.6
0.8
1.0
0
10
20
30
40
50
T

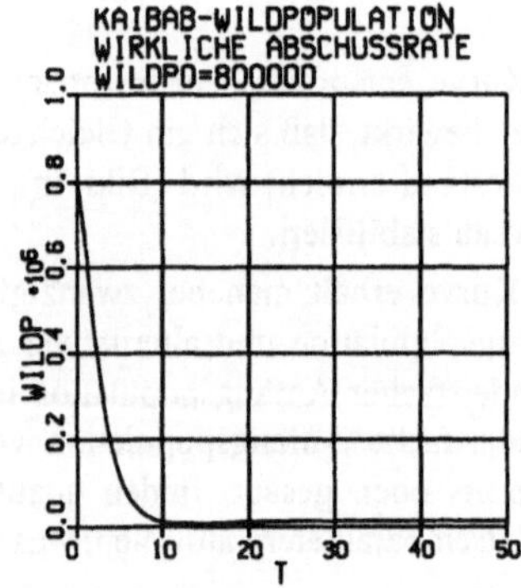

Bild 7e Zweihundertfache Anfangspopulation, tatsächlicher Abschuß

Qualitatives Modell für die Kaibab-Simulation:

```
function xdot=cqstate(x)
 global cplus
  % Definition der Konstanten
  flaech = cplus;
  % Zustandsgrößenübergabe
  wildp = x(1:3);
  futter = x(4:6);
  raubp = [3 1 3];
  % algebraische Gleichungen
  fpw = qdiv(futter,wildp);
  wdicht = qdiv(wildp,flaech);
  % X = futter/mfk; mfk = futter + c^+ ; futter > 0;
  X = cplus;
```

```
   % wrnzr = f(fpw) := (fpw-1000) * a;  0 < a < 1
   wrnzr = qmult(qsub(fpw,cplus),cplus);
   wnzr = qmult(wildp,wrnzr);
   % wbrpr ~ wdicht
   wbrpr = qmult(cplus,wdicht);
   wbr = qmult(raubp,wbrpr);
   % fnz ~ X^-1
   fnz = qdiv(cplus,X);
   % fnr = (mfk-futter)/fnz ; mfk - futter = c+
   fnr = qdiv(cplus,fnz);
   % fvr = min (futter, wildp*fmpw) ; beide Werte > 0  ==> fvr = c+
   fvr = cplus;
   % Ableitungen der Zustandsgrößen, Rückgabe
   wildp_abl = qsub(wnzr,wbr);
   futter_abl = qsub(fnr,fvr);
   xdot = [ wildp_abl , futter_abl ];
return

function x = cqstatic(dummy)
 global iplus
  wildp0 = iplus;
  food0 = iplus;
  x = [ wildp0 , food0 ];
return

function y = qout(x)
  wildp = x(1:3);
  futter = x(4:6);
  y = [ wildp ];
return
```

Die Simulation dieses Problems in 20 Simulationsschritten ergab eine Lösungsmatrix von 20 Zeilen und 834 Spalten, d.h. 278 Lösungen. Die graphische Ausgabe lieferte 42 Bilder. Wegen der Ähnlichkeit der Bilder sind hier nur 6 Lösungsfunktionen ausgewählt worden (Bilder 8a bis 8f). Die Berechnung dieser Lösungen dauerte auf einem 486DX2, 66MHz, 8MB unter MATLAB ca. 10 Minuten.

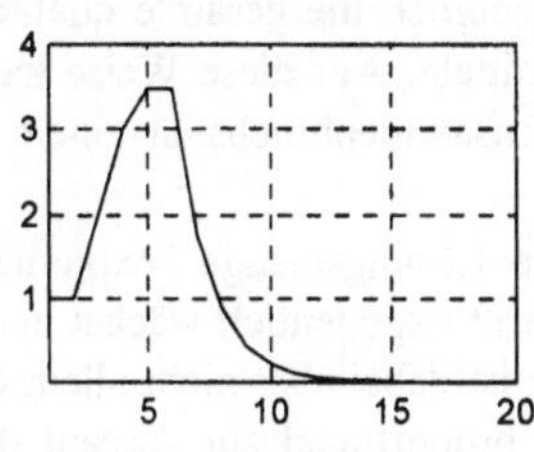

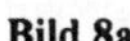

Bild 8a

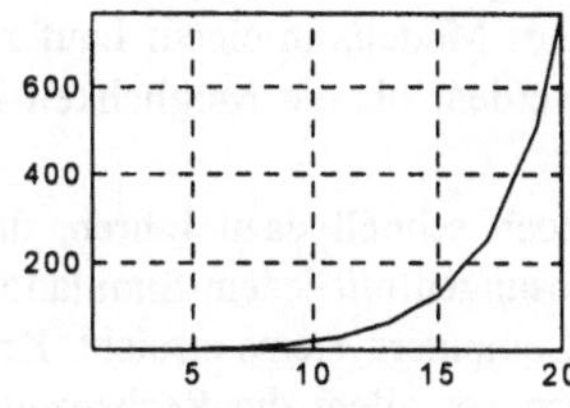

Bild 8b

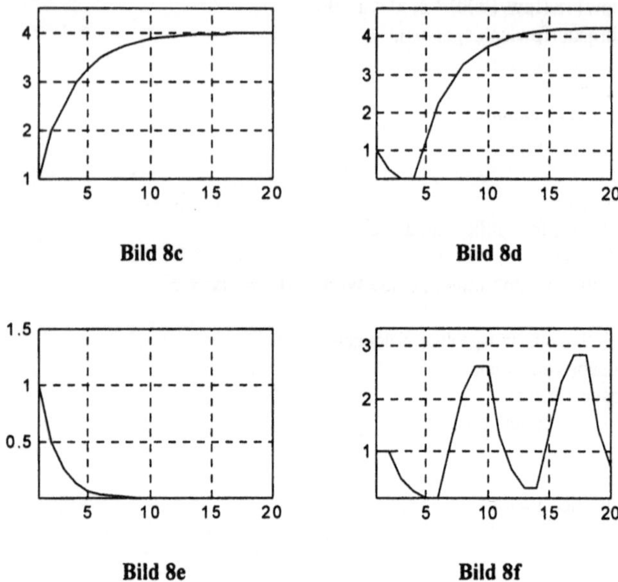

Bild 8c **Bild 8d**

Bild 8e **Bild 8f**

Bis auf die letzte Kurve sind alle qualitativen Lösungen mit ACSL nachvollziehbar gewesen. Die Lösung in Bild 8a entspricht den Lösungen der Bilder 7a und 7c, Bild 8c stimmt mit 7b überein, 8d entspricht 7d und 8e korrespondiert zu 7e. Die Lösung 8b findet sich in 7a, 7b und 7c wieder. Ob Bild 8f eine weitere mögliche Lösung darstellt oder es sich um ein "spurious behavior" (nicht echtes Verhalten) handelt, konnte nicht geklärt werden.

6.4 Schlußbetrachtung

Die qualitative Simulation gehört ebenso wie die Fuzzy-Logik und das Inductive Reasoning zu den unscharfen Methoden. *Cellier* [1] verwendet für das hier vorgestellte QualSim den Begriff "Naive Physics". Es ist geeignet, die gesamte qualitative Verhaltensvielfalt eines Modells in einem Lauf zu ermitteln. Auf diese Weise kann die Frage beantwortet werden, ob die Möglichkeit des Zusammenbruchs in einem Öko-Modell verborgen ist.

Das kann jedoch schnell dazu führen, daß die Lösungsmenge "explodiert", d.h. die Anzahl der Lösungen mit jedem Simulationsschritt exponentiell wächst und man so die Grenzen des Computersystems erreicht. Kritisch ist dabei aber nicht allein der Speicherbedarf, sondern vor allem die Rechenzeit, die proportional zur Anzahl der Lösungen ansteigt. Auch wenn die Resultate der angeführten Beispiele ermutigend sind, ist dieses Verhalten schon bei der Simulation von Problemen mit drei Differentialgleichungen zu beobachten. Sie können deshalb nur mit wenigen Simulationsschritten bearbeitet werden, was die Aussagekraft der Ergebnisse verringert. Diesem Dilemma könnte durch Eliminieren ähnlicher Lösungen schon während der Simulation begegnet werden, indem man nur solche Lösungen weiterverfolgt, die eine neue Qualität erwarten lassen. Dazu müßte der Begriff "qualitative Ähnlichkeit" algorithmisch beschrieben werden, was sich als schwierig erweisen dürfte. Bei der graphischen Ausgabe wird dieses Eliminieren bereits durchgeführt, d.h. wenn es mehrere Lösungen mit gleicher Darstellung gibt, wird nur eine ausgegeben. Häufig sind auch hier noch mehrere ähnliche Bilder vorhanden, deren Ausgabe entfallen könnte, da sie keine neue Qualität darstellen.

Für viele Funktionen gibt es keine qualitative Entsprechung, wie z.B. für die trigonometrischen Funktionen, die in quantitativen Modellen häufig eine wichtige Rolle spielen. Solche Modelle sind nicht in ein qualitatives Modell umsetzbar.

Eine weitere Frage ist, ob man die Problembeschreibung mittels Differentialgleichungen und den Lösungsalgorithmus von QualSim mit variablen, dem Problem angepaßten Intervallen wie in QSim [5] oder SAPS [1] verbinden kann. Es wäre dann möglich, noch genauere Aussagen über das Systemverhalten zu bekommen.

Die qualitative Simulation kann einen Beitrag dazu leisten, Antworten auf einige Fragen zu finden, die bisher nur mit großem Zeitaufwand zu beantworten waren. Sie ist als Methode, die einen Überblick über die Verhaltensvielfalt eines modellierten Systems gibt, für das Verständnis von Ökosystemen von besonderem Interesse. Ob sie eine ähnliche Bedeutung erlangen kann wie andere unscharfe Methoden, muß die Zukunft zeigen.

Literatur

[1] Cellier, F.E.: *Continuous System Modelling.* Springer Verlag New York/ Berlin/ Heidelberg, 1991; Seiten 507-548 und 555-612

[2] Möbus, E.: *Qualitative Simulation mit QualSim.* Studienarbeit am Institut für Simulation und Graphik der Otto-von-Guericke-Universität Magdeburg, 1995

[3] Bossel, H.: *Modellbildung und Simulation.* Vieweg Verlag Braunschweig/ Wiesbaden, 1992; Seiten 258-259 und 288-289

[4] Bossel, H.: *Umweltdynamik.* te-wi Verlag, München, 1985; Seiten 103-111

[5] Kuipers, B.: *Qualitative Simulation.* Artificial Intelligence 29 (3), Elsevier Amsterdam, 1986; Seiten 289-320

7

Umweltorientierte Verkehrsmodellierung und ihre Unterstützung durch ein objektorientiertes Modellbanksystem

Lorenz M. Hilty

Zusammenfassung

Eine umweltorientierte Verkehrsplanung benötigt ein breites Spektrum von Modellen, aus dem für konkrete Simulationsstudien eine Teilmenge ausgewählt und verknüpft wird. In diesem Anwendungsgebiet liegen häufig konkurrierende Modelle vor, deren Ergebnisse systematisch verglichen werden können. Wie ein Beispiel zeigt, kann im Einzelfall die Anwendung unterschiedlicher Modelle zu den gleichen Schlußfolgerungen führen, so daß fehlende Eindeutigkeit auf der Modellseite nicht unbedingt unsichere Entscheidungen nach sich ziehen muß. Dieser Umgang mit Modellen wird durch ein objektorientiertes Modellbanksystem systematisch unterstützt.

7.1 Von der traditionellen Verkehrsprognose zur umweltorientierten Verkehrsmodellierung

Verkehr ist ein komplexes Phänomen, das auf Versuche der gezielten Beeinflussung häufig kontra-intuitiv reagiert. Es ist daher nicht verwunderlich, daß Verkehrsprozesse und -systeme seit Jahrzehnten Gegenstand der computergestützten Modellbildung und Simulation sind. In der Verkehrsplanung wird traditionell der sogenannte *Vier-Stufen-Algorithmus (VSA)* der Verkehrsprognose eingesetzt (vgl. [6] , für eine kritische Darstellung auch [11]). Der VSA ist eine Sequenz von vier gekoppelten Modellen, die aufeinander aufbauend die Entstehung der Verkehrsnachfrage, den gerichteten Verkehrsbedarf, die Aufteilung des Verkehrs auf die verschiedenen Verkehrsträger (z.B. Kfz-Verkehr, öffentlicher Verkehr, nichtmotorisierter Verkehr) und die Verteilung der Verkehrslast auf den jeweiligen Wegenetzen berechnen.

Obwohl dieser aus den sechziger Jahren stammende Ansatz durch Fortschritte in der Verkehrswissenschaft überholt wurde, bildet er bis heute – wenn auch mit einigen Modifikationen – die Grundlage kommerzieller Verkehrsplanungs-Software. Im folgenden wird er zur Einführung in die Terminologie der Verkehrsmodellierung verwendet; darüber hinaus wird der vorgestellte umweltorientierte Ansatz aus einer kritischen Analyse des VSA heraus entwickelt.

Der VSA ist in einer Zeit entstanden, in der Verkehrspolitik noch unumstritten einem Leitbild folgte, das Ökonomen als *angebotsorientierte Verkehrspolitik* bezeichnen (vgl. [9]). Diese Politik betrachtet es als ihre Aufgabe, die zukünftige Nachfrage nach

Verkehrsleistung zu prognostizieren und das Verkehrsangebot (Infrastrukturkapazitäten für den Individualverkehr, aber auch öffentliche Verkehrssysteme) der erwarteten Nachfrage entsprechend *vorbeugend* auszubauen. Nicht selten wurde dadurch die Nachfrage nach Verkehrsleistungen erst stimuliert. Diese Verkehrspolitik ist heute aus ökonomischen und ökologischen Gründen in Frage gestellt.

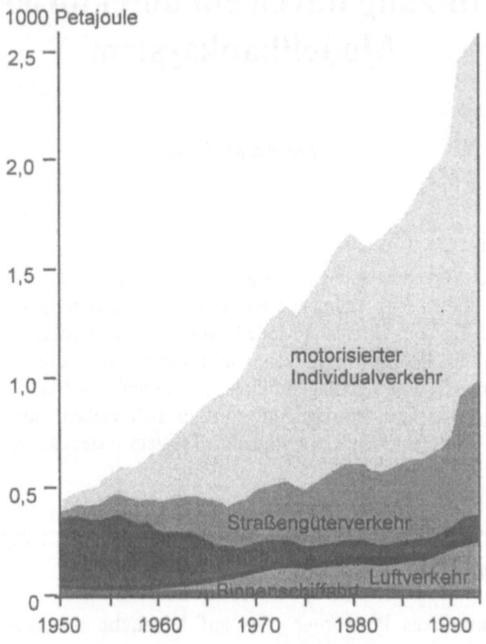

Bild 1 Entwicklung des Endenergieverbrauchs des Verkehrs in der Bundesrepublik Deutschland (Bundesminister für Verkehr 1995)

In keinem anderen Sektor der Volkswirtschaft wächst der Energieverbrauch bis heute so rasant wie im Verkehrssektor (siehe Bild 1). Hinzu kommt, daß der Energieinput des Verkehrs fast vollständig aus fossilen Energieträgern gedeckt wird, so daß auf der Outputseite entsprechende Mengen von Kohlendioxid und Schadstoffen (u.a. Stickoxide und flüchtige Kohlenwasserstoffe) emittiert werden.

End-of-pipe-Maßnahmen des Umweltschutzes wie der Abgaskatalysator für Kraftfahrzeuge vermögen diese Emissionen nur partiell (z.B. bei Kohlenmonoxid, CO) und bei fortgesetztem Wachstum des Straßenverkehrs nicht auf Dauer zu begrenzen. Insbesondere gibt es keine Maßnahmen gegen Kohlendioxid(CO_2)-Emissionen bei der Verbrennung fossiler Energieträger. Das in großen Mengen emittierte Kohlendioxid trägt zur Verstärkung des natürlichen Treibhauseffektes und damit zu globalen Klimaveränderungen bei.

Eine ökologisch verantwortbare Verkehrsplanung benötigt *erstens* andere Modelle als die traditionellen Verkehrsprognosemodelle (auch Umweltbelastungen, komplexe Wechselwirkungen und der nichtmotorisierte Verkehr müssen adäquat modelliert werden) und *zweitens* eine andere Art des Umgangs mit Modellen. Dazu gehört die Einsicht, daß Modelle Bestandteil eines wissenschaftlichen und politischen Diskursprozesses sind und kontinuierlich in Frage gestellt, verglichen und verbessert werden müssen. Gerade das Phänomen Verkehr ist Bestandteil widerstreitender Theorien und Auffassungen, die in konkurrierenden Modellen ihren Ausdruck finden. Der traditionelle Ansatz sei hier zunächst in seiner ursprünglichen Form wiedergegeben.

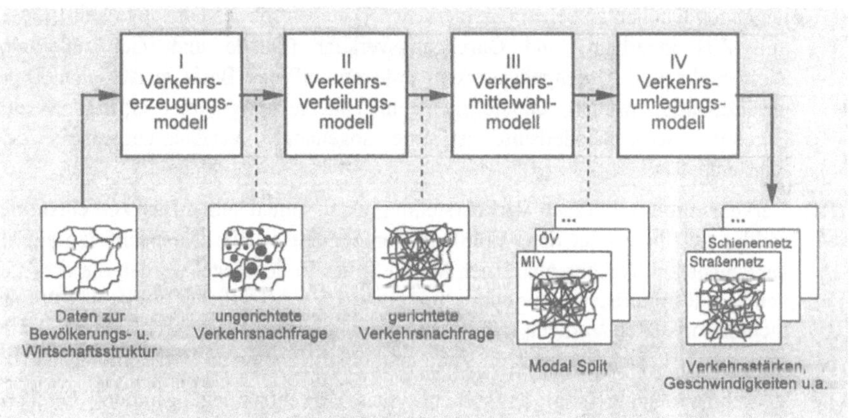

Bild 2 Der traditionelle Vier-Stufen-Algorithmus der Verkehrsprognose

Der VSA wird in der verkehrswissenschaftlichen Literatur in mehreren Varianten und mit uneinheitlicher Terminologie dargestellt. Gemeinsam ist eine Sequenz von vier Modellen (deshalb die Bezeichnung „Vier-Stufen-Algorithmus"), wobei jedes Modell mit Ausnahme des ersten die Ausgabedaten des Vorgängers als Eingabedaten aufnimmt (siehe Bild 2).

Eingaben in den VSA sind u.a. Daten zur Bevölkerungs- und Wirtschaftsstruktur, die die verkehrsrelevanten Eigenschaften des Untersuchungsgebiets wiedergeben. Hier fließen geographische, demographische, ökonomische und sozio-ökonomische Zustandsdaten ein. Der Raum wird dabei diskretisiert, d.h. man betrachtet sogenannte *Zonen* oder *Verkehrszellen*, z.B. die Bezirke der amtlichen Statistik, oder auch nur markante *Punkte*, z.B. wichtige Verkehrsquellen, -ziele und -knoten. Der eigentliche VSA umfaßt die folgendeModellkette:

(I) Verkehrserzeugung (engl. generation): Das Verkehrserzeugungsmodell berechnet die ungerichtete Verkehrsnachfrage, d.h. den von jedem Raumelement ausgehenden Verkehrsbedarf. Beispielsweise kann man auf Basis der demographischen Daten einer Verkehrszelle abschätzen, mit welcher Häufigkeit aus der Verkehrszelle heraus Wege zu Arbeitsstätten, Ausbildungsstätten, Einkaufsgelegenheiten usw. angetreten werden. Entsprechend kann auf der Grundlage wirtschaftlicher Daten geschätzt werden, welche Güterströme von einer Verkehrszelle ausgehen und welches Aufkommen an Arbeitspendler- und Kundenverkehr von den angesiedelten Unternehmen ausgeht.

(II) Verkehrsverteilung (engl. distribution): Das Verkehrsverteilungsmodell berechnet die gerichtete Verkehrsnachfrage. Es wird der von jeder Verkehrsquelle ausgehende Verkehr auf wahrscheinliche Ziele verteilt. Dabei wird ein Teil des Verkehrs sein Ziel außerhalb des Untersuchungsraumes finden (Quellverkehr). Umgekehrt wird ein Teil der Ziele im Untersuchungsraum Verkehr von außerhalb liegenden Quellen anziehen (Zielverkehr). Daneben gibt es Binnenverkehr (Quelle und Ziel innerhalb) und Durchgangsverkehr (Quelle und Ziel außerhalb). Zielverkehr und Durchgangsverkehr müssen auf der Basis zusätzlicher Daten berücksichtigt werden, da sie nicht im Untersuchungsgebiet erzeugt werden. Ergebnis dieser Modellstufe ist eine sogenannte Verflechtungsmatrix oder Fahrtenmatrix.

(III) Verkehrsmittelwahl (auch Verkehrsteilung, engl. modal split): Das Verkehrsmittelwahlmodell berechnet die Aufteilung der gerichteten Verkehrsnachfrage auf die verschiedenen Verkehrsmodi (den Modal Split). In der Regel werden die drei Verkehrsmodi motorisierter Individualverkehr (MIV), öffentlicher Verkehr (ÖV) und nichtmotorisierter Verkehr (NMV), also Fußgänger- und Fahrradverkehr, unterschieden. Ergebnis ist eine nach Verkehrsmodi differenzierte Verflechtungsmatrix.

(IV) Verkehrsumlegung (engl. assignment): Das Verkehrsumlegungsmodell berechnet (in der Regel für verschiedene Verkehrsmodi unabhängig) die Verteilung der Verkehrslast auf das jeweilige Wegenetz. Es setzt voraus, daß die Verkehrsteilnehmer bei der Wahl ihrer Routen den sogenannten Verkehrswiderstand zu minimieren versuchen. Diese Größe wird unterschiedlich operationalisiert und z.T. auch mit subjektiven (z.B. nach Personengruppen unterschiedlich gewählten) Parametern versehen. Stets geht die Reisezeit in den Verkehrswiderstand ein, aber auch die monetären Kosten und nicht zuletzt qualitative Aspekte (z.B. Umsteigehäufigkeit im ÖV) können einfließen. Ergebnis dieser letzten Stufe des VSA sind die Verkehrsstärken auf den einzelnen Verkehrswegen, bei Straßen z.B. in Kfz pro Stunde oder pro Tag angegeben. Häufig werden weitere Größen ausgegeben, z.B. die mittleren Geschwindigkeiten auf den einzelnen Strecken.

Möchte man in der Verkehrsplanung auch die zu erwartenden Umweltbelastungen berücksichtigen, so liegt der Gedanke nahe, die traditionelle Modellkette um umweltorientierte Glieder zu verlängern. Bild 3 zeigt exemplarisch eine solche Erweiterung des VSA. Wie noch zu zeigen sein wird, ist dies aber als Konzept einer umweltorientierten Verkehrsmodellierung nicht ausreichend.

Die Darstellung ist insofern exemplarisch, als sie ausschließlich die Emission von Luftschadstoffen im motorisierten Individualverkehr behandelt, also keine anderen Verkehrsarten und Umweltbelastungen (wie z.B. Landschaftsverbrauch oder Lärmemissionen). Die sich anschließende Kritik ist jedoch von dieser Einschränkung unabhängig.

(V) Emission: Ein Emissionsmodell für Luftschadstoffe berechnet die Emissionsraten (angegeben als Massenströme, z.B. in g/h) für jeden Schadstoff, bezogen auf Fahrzeuge oder Streckenabschnitte. Eingabedaten für Emissionsmodelle sind Verkehrsstärken und weitere Attribute der Verkehrsströme (wie die mittlere Geschwindigkeit). Die wichtigsten Modellparameter sind Emissionsfaktoren (als Funktionen von Fahrzeugtypen und Fahrzuständen).

(VI) Immission: Immissionsmodelle für Schadstoffe berechnen die Schadstoffkonzentrationen am Ort der Einwirkung, im Straßenverkehr z.B. für die Fußgänger oder die Anwohner der Straße. Einfachere Immissionsmodelle *klassifizieren* lediglich die Emissions- und Ausbreitungssituationen, anspruchsvollere *simulieren* dagegen den Ausbreitungsvorgang (numerische Ausbreitungsmodelle). Zur Vorhersage von Sekundäremissionen wie Ozon (O_3) müssen auch chemische Reaktionen in der Atmosphäre simuliert werden (siehe auch Kapitel 11 in diesem Band).

(VII) Bewertung: Bewertungsmodelle sind notwendig, wenn qualitativ unterschiedliche Immissionen oder andere Formen der Umweltbelastung zu einer einzigen Größe aggregiert werden sollen, die das Ausmaß der Belastung insgesamt angibt. Eine solche künstliche Größe wird als *Belastungsindex* bezeichnet. In Bewertungsmodelle fließen Annahmen über Schadstoffwirkungen (z.B. Dosis/Wirkungs-Funktionen) undBewertungen der Wirkungen ein. Verschiedene Bewertungsmodelle können zu qualitativ unterschiedlichen Ergebnissen führen, wie sich im Bereich der Ökobilanzen gezeigt hat (vgl. [13])

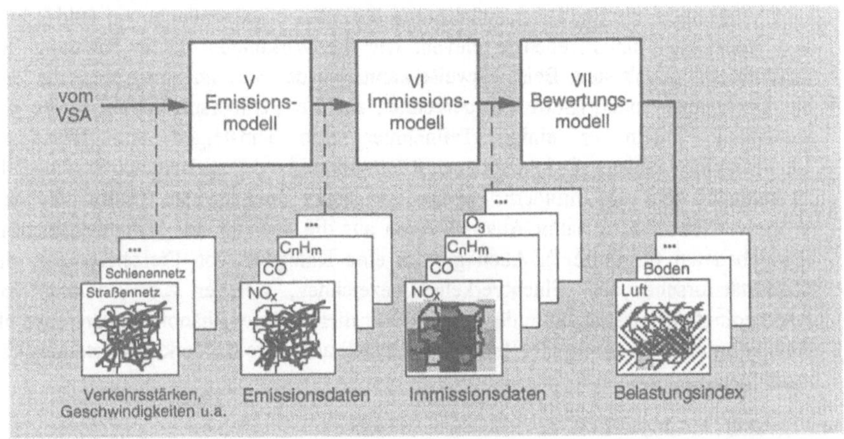

Bild 3 Exemplarische Erweiterung des Vier-Stufen-Algorithmus um Umweltmodelle

Eine Erweiterung der Modellsequenz um Umweltmodelle reicht allein jedoch nicht aus, um eine umweltorientierte Verkehrsplanung zu unterstützen. Denn der VSA und die ihm verwandten Ansätze haben zwei grundlegende Nachteile, die durch Erweiterungen der oben gezeigten Art nicht überwunden werden können.

Der *erste Nachteil* liegt in der starren Struktur, die wesentliche Wechselwirkungen von der Modellierung ausschließt. Hier sind zwei Arten von Wechselwirkungen zu unterscheiden:

- Wechselwirkungen innerhalb einer Modellstufe: Als Beispiel sei die Stufe IV genannt (siehe Bild 2), die die Ergebnisse der vorausgehenden Stufe (Verkehrsmittelwahl, Modal Split) getrennt weiterverarbeitet (wobei in der Regel ohnehin nur der MIV weiter betrachtet wird). Die üblichen Umlegungsmodelle können daher keine Wechselwirkungen zwischen MIV, ÖV und NMV berücksichtigen. In Ballungsräumen konkurrieren diese Verkehrsarten jedoch um die knappe Ressource Straßenraum. Dies führt z.B. dazu, daß die höhere Auslastung der Infrastruktur durch eine Verkehrsart den Zeitaufwand für andere Verkehrsarten erhöht (längere Wartezeiten für Fußgänger an Überwegen bei dichterem Autoverkehr, Bevorrechtigung des ÖV ist nur auf Kosten einer Verlangsamung des MIV möglich[1], das Radwegenetz wird häufig auf Kosten der Fußgänger erweitert usw.). Aber auch auf früheren Stufen der Modellkette sind mit den üblichen Modellen wichtige Zusammenhänge nicht darstellbar, z.B. wird bei der Verkehrserzeugung (Stufe I in Bild 2) nur entweder Personenverkehr oder Güterverkehr betrachtet, obwohl für wichtige Fragestellungen (z.B. Zuliefer- und Kundenverkehr für den Einzelhandel in der City im Zusammenhang mit City-Logistik[2] oder autofreien Innenstädten) beide Verkehrsarten gleichzeitig gesehen werden müssen. Dies scheitert bisher u.a. auch daran, daß es kaum Verkehrserzeugungsmodelle für Güterverkehr gibt.
- Wechselwirkungen zwischen Modellstufen: Bei mittel- und langfristiger Betrachtung sind Wirkungen, die der Datenflußrichtung des VSA entgegenlaufen (in Bild 2 also von rechts nach links), ebenso relevant wie die Wirkungen, die in Richtung des Datenflusses gepolt sind. Beispielsweise kann sich der Stau im Straßenverkehr, den das Umlegungsmodell (Stufe IV) berechnet, auf die Verkehrsmittelwahl (Stufe III) auswirken, indem er einige Teilnehmer zum Umsteigen auf öffentliche Verkehrsmittel bewegt. Es können auch Rückwirkungen der zusätzlichen Stufen (Bild 3) relevant sein. So mindern bekanntlich starke Immissionen (Stufe VI) den Wohnwert und haben damit Auswirkungen auf die Struktur der Wohnbevölkerung (Eingabedaten für Stufe I). Auch gibt es eine Kategorie von Freizeitverkehr, die Mobilitätsforscher als „Fluchtverkehr" bezeichnen, weil er zur Erholung von stadtbedingten Belastungen in der freien Natur dient. Dieses Phänomen wäre etwa als Rückkopplung von Stufe VII (Belastungsmodell) auf Stufe II (Verkehrsverteilung) zu modellieren.[3]

---

[1] In der Verkehrspolitik der Stadt Zürich ist es ein erklärtes und konsequenter als in anderen Großstädten verfolgtes Ziel, dem ÖV auf Kosten des MIV Priorität einzuräumen.

[2] Unter City-Logistik versteht man die unternehmensübergreifende Kooperation von Spediteuren, mit dem Ziel, die betriebswirtschaftliche Situation im städtischen Lieferverkehr zu verbessern, dabei gleichzeitig Verbesserungen der städtischen Verkehrssituation zu erreichen sowie ökologische Belastungen durch den Lieferverkehr zu verringern.

[3] Das Wuppertal-Institut für Klima, Umwelt, Energie entwickelt in Zusammenarbeit mit dem Fachbereich Informatik der Unviersität Hamburg einen Ansatz, um speziell die Rückwirkung von Erfahrungen im Verkehrsalltag auf das Mobilitätsverhalten zu modellieren ([1]).

Der traditionelle Ansatz mit seiner sequentiellen Struktur stellt einen Spezialfall dar, der bestimmte Kausalbeziehungen durch Datenfluß abbildet, andere dagegen a priori vernachlässigt. Es wird jedoch stets von der speziellen Fragestellung und vom Zeithorizont einer Simulationsstudie abhängen, welche Wirkungszusammenhänge für die Untersuchung relevant sind und welche vernachlässigt werden können. Es wäre sicher unrealistisch, in jeder Simulationsstudie zum Thema Verkehr die ganze Komplexität des realen Wirkungsgefüges einfangen zu wollen; ebenso falsch ist es allerdings, durch Werkzeuge wie die (als kommerzielle Softwareprodukte erhältlichen) Implementationen des VSA die Entscheidung über die zu berücksichtigenden Zusammenhänge vorwegzunehmen.

Der *zweite Nachteil* des traditionellen Ansatzes ist die implizite Voraussetzung, daß die verwendeten Modelle korrekt bzw. die besten verfügbaren Modelle sind. Bisher wird auf jeder Modellstufe ein bestimmtes Modell vorgesehen, abhängig von mehr oder weniger impliziten Überzeugungen des jeweiligen Experten. In der Verkehrswissenschaft und erst recht in der Umweltforschung gibt es aber bislang wenig gesichertes Wissen; dementsprechend existieren zu nahezu jedem Phänomen konkurrierende Modelle (competitive models) im Sinne von Zeigler [14].[1] Es ist daher wissenschaftlich unseriös, jeweils eines der Modelle willkürlich herauszugreifen, ohne andere Ansätze zu berücksichtigen. Interessanter ist der systematische Vergleich konkurrierender Modelle für eine gegebene Anwendung, der zu neuen Erkenntnissen führen und entscheidend zur Weiterentwicklung der Modelle beitragen kann. Sollten konkurrierende Modelle in einem gegebenen Anwendungsfall zu den gleichen Schlußfolgerungen führen, sind damit die Entscheidungen besser abgesichert.

Dieser Abschnitt hat die Grenzen der traditionellen Verkehrsmodellierung aufgezeigt und einige Probleme benannt, die die Methodik einer umweltorientierten Verkehrsmodellierung zu lösen hat. Als Grundlage für eine solche Methodik bietet sich ein objektorientierter Ansatz an.

7.2 Vorteile eines objektorientierten Ansatzes

Eine Voraussetzung zur Überwindung der oben beschriebenen Probleme besteht darin, die Modellbildung *flexibler* zu gestalten. Für jede Simulationsstudie soll es möglich sein, ein maßgeschneidertes Modell zu erstellen, das die für relevant gehaltenen Wechselwirkungen berücksichtigt. Außerdem sollen mit geringem Aufwand konkurrierende und komplementäre[2] Varianten erstellt werden können.

Dieses Ziel steht in einem potentiellen Gegensatz zum Ziel der Wiederverwendung bereits vorhandener Modelle, die den Aufwand für verkehrs- und umweltbezogene Simulationsstudien überhaupt erst in realistische Größenordnungen zu bringen vermag.

Der Gegensatz läßt sich mit dem Konzept des Modellbanksystems aufheben. Ein Modell-

[1] „Models are competitive when they embody different, mutually exclusive hypotheses about how the real system works." ([14], S. 13)

[2] Models „are complementary when they embody the same hypotheses, but represent them in different ways." ([14], S. 13)

banksystem stellt Modelle zur Verfügung, aus der der Benutzer die aktuell benötigten auswählt und zu einem komplexeren Modell bzw. (mit zusätzlichen Datenquellen, Auswertungsmethoden usw.) zu Simulationsexperimenten verknüpft. In der Modellbank sind sowohl atomare, d.h. nicht weiter zerlegbare Modelle enthalten, die der Benutzer nur als „black boxes" einsetzen kann, als auch komplexe Modelle, die bereits durch Verknüpfung der atomaren konstruiert wurden.

Entscheidend für die Flexibilität der Modellbildung ist eine möglichst universelle Gestaltung der *Modellschnittstellen* auch bei intern sehr unterschiedlich aufgebauten Modellen. Eine naheliegende Lösung ist es, die Verknüpfung von Modellen durch den Austausch von Nachrichten zu realisieren. Durch das Versenden einer Nachricht kann ein Modell bei einem anderen Modell um Information nachfragen oder ihm Information zuführen.

Das Konzept des Modellbanksystems ist keineswegs neu; schon Anfang der 80er Jahre war beispielsweise das System MBS für die sozio-ökonomische Modellierung im Einsatz (vgl. [8]). Neu sind aber die Möglichkeiten der Objektorientierung, mit denen der ursprüngliche Anspruch des Modellbankkonzeptes heute überhaupt erst im vollen Umfang einlösbar ist.

Im Titel dieses Abschnitts steht bewußt „eines" und nicht „des" objektorientierten Ansatzes, weil es durchaus verschiedene Wege gibt, das Paradigma der Objektorientierung auf die Modellbildung und Simulation anzuwenden. Im Rahmen des MOBILE-Projekts[1] am Fachbereich Informatik der Universität Hamburg entsteht ein Modellbanksystem für die umweltorientierte Verkehrsmodellierung, in dem die Objektorientierung in folgender Weise verwirklicht ist:

- Ablauffähige Modelle sind Objekte (Instanzen von Modellklassen), d.h. sie besitzen Zustände, führen Operationen (Methoden) aus und können Nachrichten empfangen und versenden. Über diesen Mechanismus werden Eingabevariablen der Modelle mit Daten versorgt und die Werte von Ausgabevariablen anderen Objekten bekanntgegeben.
- In der Modellbank sind die Modelle als Klassen gespeichert; bei der Instantiierung werden Modellparameter spezifiziert. Eine (konkrete) Klasse entspricht also einem Modell, dessen Parameter noch nicht mit Werten belegt sind, ein Objekt (eine Instanz) einem Modell mit belegten Parametern (siehe auch Bild 4).
- Die Modelle sind in einer Klassenhierarchie organisiert (wenn nötig mit der Möglichkeit multipler Vererbung). Es gibt abstrakte Modellklassen, von denen keine Instanzen erzeugt werden können, und konkrete Klassen.
- Neben der Klassenhierarchie gibt es Komponentenhierarchien, die ausdrücken, aus welchen (Teil-)Modellen ein Modell aufgebaut ist (außer bei atomaren Modellen). Die Komponenten eines Modells, also seine Nachfolger in der Komponentenhierarchie, kommunizieren nach einem Verknüpfungsschema, das im Vorgänger festgelegt ist. Dieses bildet die Struktur des komplexen Modells.

---

[1] Model Base for an Integrative View of Logistics and Environment. Das Projekt wird von Anfang 1995 bis Ende 1997 im Rahmen des Förderschwerpunktes „Umwelt als knappes Gut" von der Volkswagen-Stiftung gefördert.

- Die Schnittstellen von komplexen Modellen sind nicht von den Schnittstellen atomarer Modelle zu unterscheiden. Bei der Instantiierung eines komplexen Modells sorgt die Modellklasse dafür, daß die Komponenten in einer definierten Weise instantiiert werden und das Verknüpfungsschema (die Modellstruktur) realisiert wird. Auch komplexe Modelle sind gekapselt, d.h. ihre Komponenten stehen nur über die Schnittstelle mit anderen Objekten in Verbindung.
- Neben Modellen gibt es drei weitere Arten von Objekten: Methoden zur Datentransformation (z.B. statistische Auswertungsverfahren oder „Adapter" zur Kopplung von anderenfalls inkompatiblen Objekten), Datenquellen und Datensenken (Ein- und Ausgabemedien, angeschlossene Datenbanken usw.). Aus Modellen, Transformationen, Datenquellen und Datensenken können Simulationsexperimente aufgebaut werden.
- Simulationsexperimente (kurz Experimente) sind komplexe Objekte, die nach den gleichen Prinzipien konstruiert sind wie komplexe Modelle. Ihre Komponenten sind Modelle, Methoden, Datenquellen oder Datensenken, die über eine Verknüpfungsstruktur gekoppelt sind. Bei sog. höheren Experimenten können auch Experimente als Komponenten auftreten. Experimente werden in einer Experimentbank als Klassen verwaltet.

Zur Beschreibung von Modellen und Experimenten im oben erläuterten Sinn haben wir die Sprache MSL (MOBILE Script Language) entwickelt. Bei atomaren Modellen dient sie nur zur Schnittstellenbeschreibung; die Implementation atomarer Modelle kann in beliebigen Sprachen erfolgen, sofern eine Einbettung in C++ möglich ist. Häufig liegen atomare Modelle bereits in implementierter Form vor und werden zur Integration in die Modellbank mit einem „wrapper module" umhüllt und mit einer Schnittstellenbeschreibung in MSL versehen.

Zur graphischen Modellierung bzw. Experimentspezifikation gibt es eine graphische Notation für MSL, die durch Erweiterung der Notation zur Rumbaugh-Methode entstanden ist. Beibehalten wurde die Darstellung für Klassenhierarchien (Bild 6) und Komponentenhierarchien (Bild 7). Zusätzlich werden Instanzen, der Instantiierungsoperator und Datenflüsse dargestellt (Bild 4). Damit sich die Klassen optisch von Instanzen deutlich abheben, sind sie als Rechtecke mit doppelter Unterkante notiert.

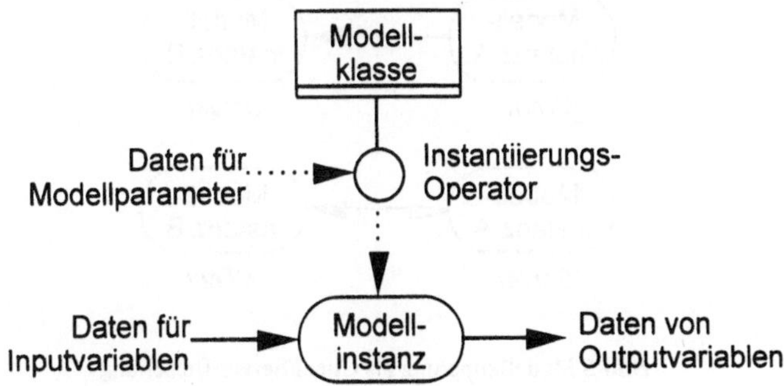

Bild 4 Klassen, Instanzen und Nachrichtenaustausch in MSL

Bild 4 zeigt die Instantiierung eines Modells und verdeutlicht die strikte Trennung von Modellparametern und -variablen, die in diesem Ansatz vorgenommen wird. Ein *Modellparameter* ist nach üblicher Definition eine Modellgröße, die sich im betrachteten Zeitraum (und somit während des Simulationslaufs) nicht ändert. Die Festlegung der Modellparameter, die auch in herkömmlicher Methodik vor Beginn des Simulationslaufs stattfinden muß, wird daher mit der Instantiierung des Modells gleichgesetzt. Im Gegensatz dazu ist eine *Modellvariable* eine Größe, die sich im Simulationszeitraum potentiell ändert. Es muß also möglich sein, eine Eingabevariable zu jedem erforderlichen Zeitpunkt mit einem neuen Datum zu versorgen bzw. die Werte einer Ausgabevariablen als Datenstrom aus dem Modell herauszuführen. Dies realisiert der Nachrichtenaustausch zwischen Instanzen, der mit durchgezogenen Pfeilen dargestellt ist. Gestrichelte Pfeile zeigen Datenfluß nur bei Instantiierung. Es ist zu beachten, daß die Datentypen von Modellparametern und -variablen in ihrer Komplexität nicht eingeschränkt sind, insbesondere werden mathematische Objekte wie Mengen, Tupel und Funktionen unterstützt. Als Wert eines Modellparameters kann z.B. die Topologie eines Straßennetzes, als Wert einer Modellvariablen eine Fahrtenmatrix übergeben werden. Dem Autor eines MSL-Skripts bleibt verborgen, mit welchen Datenstrukturen das System diese Objekte repräsentiert, solange er darauf nicht explizit Einfluß nehmen will, etwa um die Kompatibilität mit einem extern vorgegebenen Datenformat herzustellen.

Zur Kopplung von Instanzen sind zwei Formen zu unterscheiden, abhängig davon, welche Instanz die Kommunikation initiiert. Als Beispiel seien zwei Modelle A und B betrachtet, wobei ein Datenfluß von einer Ausgabevariablen von A zu einer Eingabevariablen von B realisiert werden soll (Bild 5). Wenn A die Übergabe eines Wertes an B initiiert, sobald es diesen berechnet hat, ist A somit in der Rolle eines Client, der von B den „Dienst" anfordert, einen Wert aufzunehmen. B fungiert also als Server (Bild 5 oben). Im umgekehrten Fall initiiert B die Übergabe, indem es einen Wert für seine Eingabevariable anfordert, wenn es ihn benötigt. B ist also der Client, der von A den Dienst in Anspruch nimmt, einen Wert zur Verfügung zu stellen (Bild 5 unten). In diesem Fall wird die Richtung der Client/Server-Relation, die umgekehrt zum eigentlichen Datenfluß gepolt ist, durch eine zusätzliche weiße Pfeilspitze angedeutet.

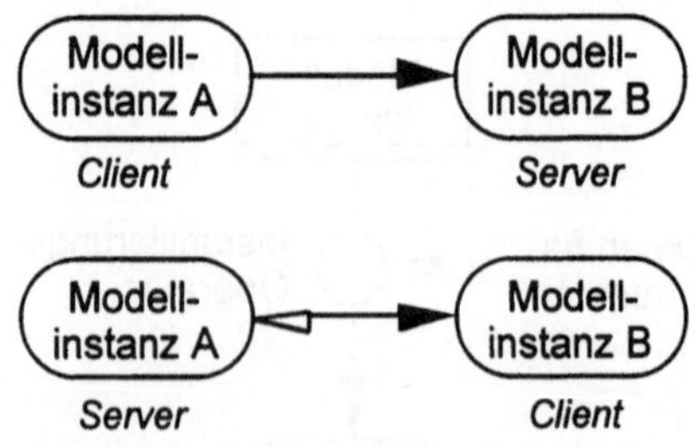

Bild 5 Modellkopplung als Client/Server-Beziehung

Beide Fälle lassen sich im objektorientierten Konzept grundsätzlich durch einen einfachen Methodenaufruf realisieren (der Client ruft eine Methode des Servers auf, die speziell für die betreffende Modellvariable vorgesehen ist), wobei im ersten Fall ein Argument der Methode und im zweiten Fall der Rückgabewert (das Funktionsergebnis) das eigentliche Datum enthält. Dem Autor eines MSL-Skripts bleibt jedoch verborgen, mit welchem Mechanismus die spezifizierten Client/Server-Beziehungen realisiert werden. So kann das System bei Bedarf auch komplexere Mechanismen einsetzen, z.B. Remote Procedure Calls (RPC) bei Modellkopplung in einem verteilten System.

In den meisten Fällen wird ein Modell sowohl als Client als auch als Server auftreten. Durch das Client/Server-Konzept wird sehr viel Flexibilität gewonnen, vor allem hinsichtlich der Verteilung von Modellen in einem heterogenen System: Jedes Modell läuft auf der Plattform, die dafür am besten geeignet ist – statt Portierung ist nur der Aufbau entsprechender Schnittstellen und deren Beschreibung in MSL erforderlich. Dieses Konzept eröffnet auch Möglichkeiten zur Parallelisierung aufwendiger Simulationsexperimente.

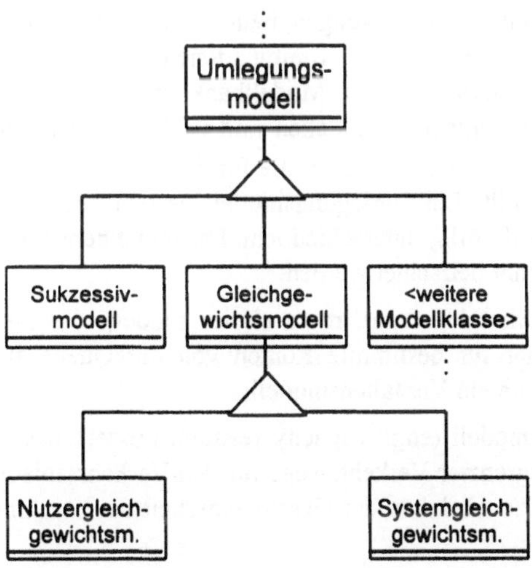

Bild 6 Exemplarischer Ausschnitt aus der Klassenhierarchie zur Verkehrsmodellierung

Einen stark vereinfachten Ausschnitt aus der Klassenhierarchie zur umweltorientierten Verkehrsmodellierung zeigt Bild 6. Die Klasse „Umlegungsmodell" (sie entspricht der Stufe IV des VSA) ist abstrakt, denn sie faßt sehr unterschiedliche Unterklassen von Umlegungsmodellen zusammen. Der Benutzer muß sich daher für eine Spezialisierung von Umlegungsmodellen entscheiden, um Instanzen erzeugen zu können. Wählt er die Unterklasse „Gleichgewichtsmodell", so reicht diese Spezialisierung immer noch nicht aus, so daß die Modellauswahl auf einer noch spezielleren Ebene erfolgen muß. Erst die Klassen „Nutzergleichgewichtsmodell" und „Systemgleichgewichtsmodell" seien konkret, so daß hier Modellinstanzen erzeugt werden können.

Ein *Modellbrowser* ermöglicht dem Benutzer das Navigieren in der Klassenhierarchie und unterstützt ihn bei der Modellauswahl durch dokumentierende Information zu jeder Klasse. Sie umfaßt u.a. die dem Modell zugrundeliegenden Annahmen, typische Anwendungsbereiche und Metadaten zu den benötigten Parameterwerten, Input- und Outputdaten des Modells. Das System fördert damit eine bewußte, systematische Auswahl aus der Menge der verfügbaren Modelle und regt den Benutzer an, Experimente mit konkurrierenden Modellen (hier z.B. den verschiedenen Spezialisierungen der Klasse „Umlegungsmodell") durchzuführen und deren Ergebnisse zu vergleichen. Ein ausführliches Beispiel hierzu, das auch die erwähnten Klassen näher erläutert, ist in Abschnitt 7.4 beschrieben.

Bei der Realisierung der Modellbank zur umweltorientierten Verkehrsmodellierung hat es sich als nützlich erwiesen, die Modellstufen des VSA (Bild 2) bzw. seiner Erweiterung (Bild 3) nicht generell als die unterste Ebene einer Komponentenhierarchie aufzufassen. Bei einigen Modellstufen – als Beispiel dient Stufe IV – ist es von Vorteil, die Modelle in kleinere Komponenten zu zerlegen. Dadurch entstehen mehr Kombinationsmöglichkeiten für den Benutzer, was wiederum seine Flexibilität bei der Modellbildung erhöht. Der Benutzer ist andererseits nicht gezwungen, beim Aufbau eines Modells von der atomaren Ebene auszugehen, da die üblichen Kombinationen der atomaren Bausteine (also die gängigen „Modellmoleküle") in der Modellbank ebenfalls vorliegen. Die in Bild 6 gezeigten Klassen von Umlegungsmodellen sind solche „Modellmoleküle".

Bild 7 zeigt die Komponentenhierarchie, die für alle bisher genannten Unterklassen von Umlegungsmodellen gilt. Ein Umlegungsmodell besteht aus drei Komponenten (Teilmodellen), die sich auf völlig unterschiedliche Phänomenbereiche beziehen und deshalb sinnvollerweise getrennt betrachtet werden:

- einem Routenwahlmodell (engl. route choice model), das die Entscheidungen der Verkehrsteilnehmer für bestimmte Routen von der Quelle zum Ziel simuliert; es handelt sich also um ein Verhaltensmodell;
- einem Kapazitätsmodell (engl. capacity restraint model), das die Folgen der Belastung kapazitätsbegrenzter Verkehrswege für den Verkehrsablauf berechnet, im Strassenverkehr z.B. das Absinken der Geschwindigkeit bei zunehmender Verkehrsstärke bis hin zum Stau;

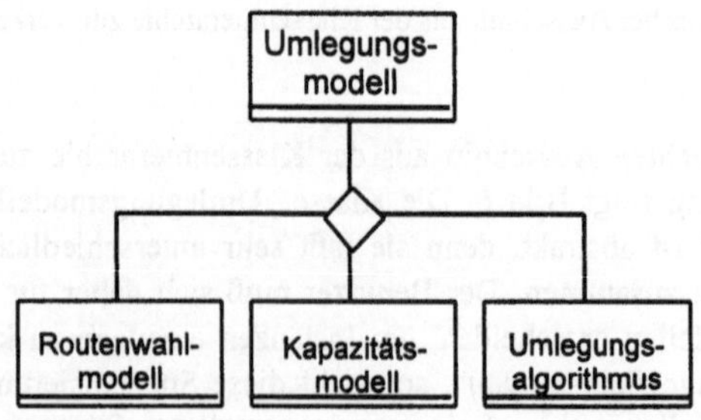

Bild 7 Beispiel für eine Komponentenhierarchie mit zwei Ebenen

- dem eigentlichen Umlegungsalgorithmus, der ein idealisiertes Modell der Wechselwirkung zwischen allen Verkehrsteilnehmern darstellt, die um die Nutzung der knappen Infrastrukturkapazität konkurrieren.

Selbstverständlich sind auch diese Komponenten in die Klassenhierarchie eingeordnet (siehe Bild 8).

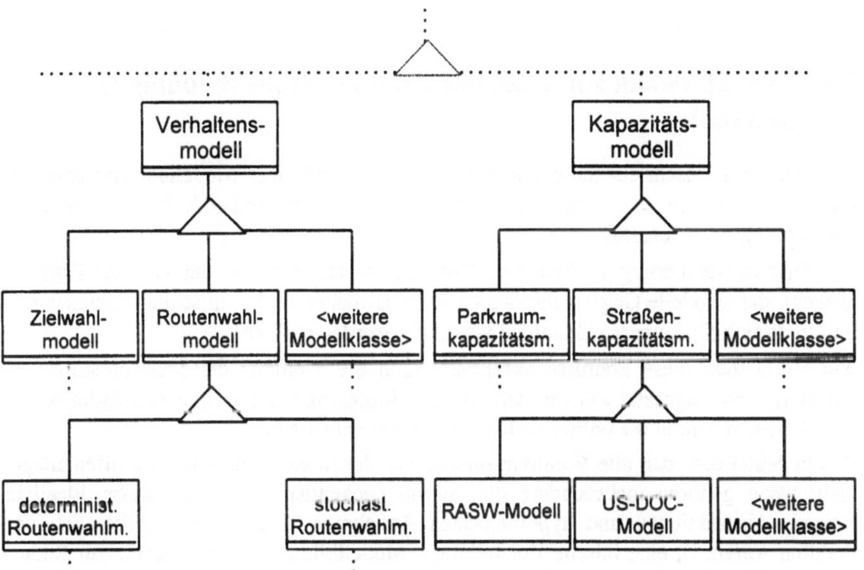

Bild 8 Vereinfachter Ausschnitt aus der Klassenhierarchie, in dem zwei atomare Komponenten von Umlegungsmodellen vorkommen, Routenwahlmodell und Kapazitätsmodell (Abkürzungen: RASW = Richtlinien für die Anlage von Straßen – Wirtschaftlichkeitsuntersuchungen; US-DOC = United States Department of Commerce).

Abschließend seien die Vorteile des beschriebenen objektorientierten Ansatzes für ein Modellbanksystem zusammengefaßt:

- systematische Organisation der Modelle in einer Klassenhierarchie, die die Auswahl der problemadäquaten Modelle erleichtert;
- Unterstützung der hierarchischen Modellierung durch die Organisation von Modellen in Komponentenhierarchien;
- einheitliche und wohldefinierte Schnittstellen für atomare und komplexe Modelle;
- klare Trennung von Modellparametern und Modellvariablen durch die Behandlung der Parameter zum Zeitpunkt der Instantiierung;
- hohe Flexibilität durch einheitlichen Mechanismus der Modellkopplung (Nachrichtenaustausch) mit der Option zur verteilten Simulation;

- einheitliche Behandlung von Modellen und anderen datenempfangenden und datenerzeugenden Objekten (wie z.B. statistischen Auswertungsmethoden);
- weitgehend einheitliche Behandlung von komplexen Modellen und explizit spezifizierten Experimenten, die als Experimentklassen aufbewahrt werden können.

Zur expliziten Spezifikation von Experimenten wird hier kein Beispiel gegeben (siehe aber [10]).

7.3 Eine Methodik zur diskursorientierten Modellbildung und Simulation

Mit dem oben beschriebenen objektorientierten Konzept eines Modellbanksystems sind die *technischen Voraussetzungen* für eine diskursorientierte Methodik der Modellbildung und Simulation geschaffen.

Mit Diskursorientierung ist hier eine Vorgehensweise gemeint, die von der Prämisse ausgeht, daß Modelle Gegenstand des wissenschaftlichen und politischen Diskurses sind und in diesem Diskursprozeß laufend verbessert werden (sollten).

Nur wenn man diese Prämisse akzeptiert, kann die Methode der Modellbildung und Simulation so eingesetzt werden, daß die Schlußfolgerungen aus einer Simulationsstudie die Chance haben, in die politische Konsensfindung einzugehen.

Das bedeutet u.a., daß alle Voraussetzungen, auf denen ein Modell beruht, offenzulegen sind. Dazu gehören insbesondere die zugrundeliegenden Vereinfachungen, Idealisierungen, Abstraktionen und hypothetischen Annahmen. Daß diese grundsätzlich vermeidbar wären, ist eine falsche Vorstellung – Modellbildung dient ja gerade zur Reduktion von Komplexität und auch zur systematischen Darstellung unvollständigen Wissens.

Diskursorientierte Modellbildung und Simulation bedeutet auch, daß das Vorliegen konkurrierender Modelle – also von Modellen des gleichen Phänomens, die von unterschiedlichen Voraussetzungen ausgehen – nicht als Ärgernis, sondern als Chance zur Förderung des Diskurses und damit zur Weiterentwicklung der Modelle gesehen wird.

Der in der Literatur vielfach dargestellte Modellbildungszyklus (vgl. z.B. [12]), der von Daten des Realsystems über den Modellentwurf, die Modellimplementation, die Simulation und Ergebnisauswertung voranschreitet, muß hierfür nicht stark modifiziert werden.

Bild 9 zeigt einen Modellbildungszyklus, in dem der Umgang mit konkurrierenden Modellen (grau hinterlegte Elemente) explizit vorgesehen ist. Außerdem wird die Verwendung einer Modellbank vorausgesetzt. Aktivitäten sind als Quadrate, Voraussetzungen und Ergebnisse der Aktivitäten als Kreise dargestellt.

Durch Messung und Beobachtung werden empirische Daten über das Realsystem gewonnen (Beispiele: Verkehrszählungen an Straßen, Emissionsmessungen an Fahrzeugen, Immissionsmessungen durch Luftmeßnetze). Dies geschieht in der Regel nicht erst aus Anlaß einer Simulationsstudie, sondern aus einer Vielzahl von Erkenntnisinteressen oder auch aufgrund gesetzlicher Vorgaben. Es kann aber auch notwendig sein, zusätzliche Daten speziell für die Problemstellung der Simulationsstudie zu erheben. Ausgewertete Daten, die für eine Simulationsstudie relevant sind, werden in drei Teilmengen aufgeteilt:

1. Daten, die in die *Modellbildung* eingehen, weil sie über konstante Eigenschaften des Realsystems Auskunft geben (hierzu zählen auch Werte für Modellparameter im oben definierten Sinne bzw. Daten, auf deren Grundlage solche Parameterwerte geschätzt werden; Beispiel: die Straßentypen der einzelnen Strecken in einem zu modellierenden Straßennetz);
2. Daten, die erst bei der *Simulation* benötigt werden, weil es sich um Eingabedaten (im allgemeinen Zeitreihen) für das zu erstellende Modell handelt (Beispiel: Tagesganglinien der Verkehrsstärke aus Verkehrszählungen);
3. Daten, die zur späteren *Validierung* des Modells dienen, weil sie Meßgrößen repräsentieren, die im Modell als Ausgabevariablen vorkommen, so daß ein Outputvergleich zwischen Modell und Realsystem möglich ist (Beispiel: Vergleich simulierter Schadstoffkonzentrationen mit Daten aus einem Luftmeßnetz).

Der Modellentwurf führt zu einem konzeptuellen Modell, das noch unabhängig von einer bestimmten Form der Implementation auf einem Rechner ist. Bei Verwendung einer Modellbank entsteht daraus ein ausführbares Modell nach dem Baukastenprinzip: In der Modellbank vorhandene Bausteine (Modellklassen, wie in 7.2 beschrieben) werden über ihre Schnittstellen verknüpft; dabei entsteht die Klasse eines neuen komplexen Modells, von der eine ausführbare Instanz erzeugt wird. Sind nicht alle benötigten Bausteine in der Modellbank vorhanden, müssen neue (atomare) Modellklassen implementiert werden (in Bild 9 gestrichelt eingezeichnet).

Die Modellbank enthält Metadaten zur Beschreibung der Modellschnittstellen (z.B. zulässige Wertebereiche, Maßeinheiten usw.) und erzeugt die Metadaten für die Schnittstelle des neu verknüpften Modells möglichst weitgehend automatisch, wenn notwendig durch Rückfrage beim Benutzer. In jedem Fall wird sichergestellt, daß auch Metadaten zum neuen Modell vorliegen.

Es folgt die Simulation und die Auswertung der Simulationsergebnisse. Bei der Auswertung wird die häufig unüberschaubare Datenflut aus den Simulationsläufen durch Aggregationsverfahren zu den interessierenden Kenngrößen verdichtet.

Der Einfachheit halber ist hier nur ein einziger Simulationslauf gezeigt. Daß Simulationsexperimente selbst komplexe Objekte sind, die z.B. mehrere Datenquellen, wiederholte Simulationsläufe mit unterschiedlichen Modellinstanzen (z.B. zur Parametervariation) und die Anwendung verschiedener Auswertungsverfahren umfassen können, ist hier nicht dargestellt, um die Abbildung nicht zu überfrachten (vgl. aber [10]).

Wenn nun zwei konkurrierende Modelle vergleichend untersucht werden sollen, unterscheiden sich diese in der Regel schon auf der Ebene des konzeptuellen Modells. Allerdings sollten die Unterschiede möglichst klar eingegrenzt sein, zwei komplexe Modelle sollten beispielsweise nur in *einer* – im Idealfall atomaren – Komponente differieren. Beide werden nun im Simulationslauf ausgeführt (mit den gleichen Eingabedaten, damit die Ergebnisse vergleichbar sind) und die Ausgabedaten beider Modelle ausgewertet.

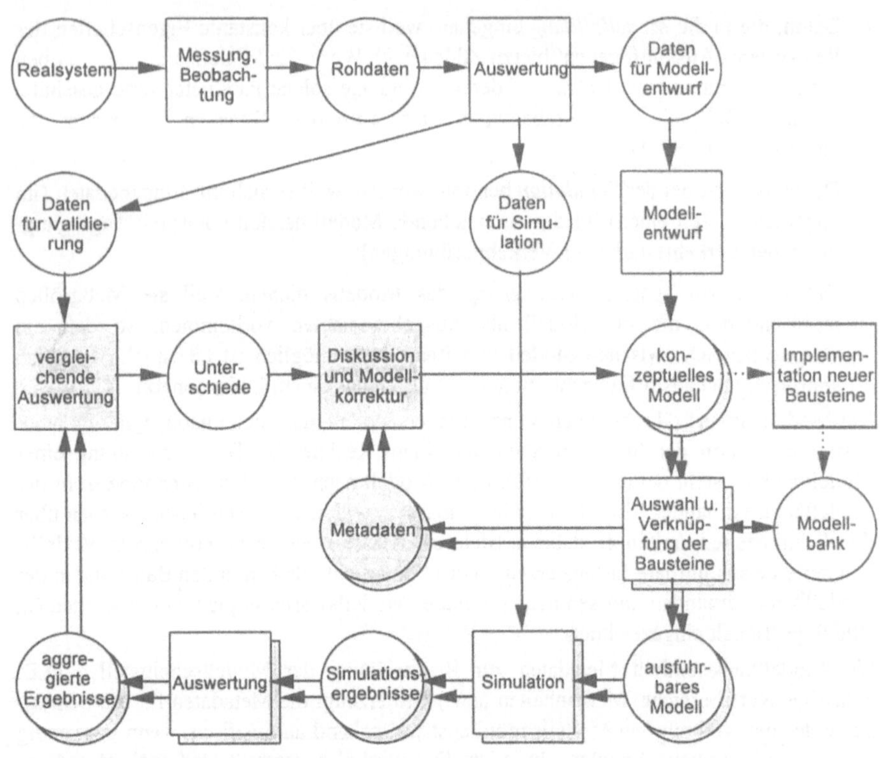

Bild 9 Vorgehensweise bei der diskursorientierten Modellbildung und Simulation. Unterschiede zum üblichen Modellbildungszyklus sind grau hinterlegt.

Beim anschließenden Vergleich der Modellergebnisse bietet es sich an, die entsprechenden Daten aus dem Realsystem formal wie die Daten eines weiteren konkurrierenden Modells zu behandeln (mit dem Unterschied natürlich, daß sie a priori eine höhere Glaubwürdigkeit besitzen[1]). Häufig liegen direkt vergleichbare Daten aus dem Realsystem aber nicht vor. Dann kann der Outputvergleich zwischen den konkurrierenden Modellen dennoch zu interessanten Erkenntnissen führen.

An dieser Stelle des Zyklus sind zwei Fälle zu unterscheiden:

– Die vergleichende Auswertung ergibt keine relevanten Unterschiede. Im vorliegenden Anwendungsfall führen die Modelle also zum gleichen Ergebnis. Dann sind die darauf aufbauenden Entscheidungen besser abgesichert als bei Verwendung nur eines Modells.

[1] Sie können aber auch nicht als absolut wahr betrachtet werden, denn die Erhebung und Auswertung der empirischen Daten kann fehlerhaft sein. Bei theoretisch gut abgesicherten, bewährten Modellen wird man sogar eher den empirischen Daten mißtrauen als dem Modell.

- Es werden relevante Unterschiede festgestellt. Dann sind die Ursachen zu analysieren, im Idealfall in einer Diskussion zwischen Experten, die sich jeweils einem der konkurrierenden Modelle verpflichtet fühlen. Dieser Diskurs kann zur Verwerfung eines Modells oder zur Korrektur der Modelle führen. Die korrigierten Modelle durchlaufen erneut den Zyklus vom konzeptuellen Modell bis zur vergleichenden Auswertung. Bei jedem Durchlauf können weitere konkurrierende Modelle miteinbezogen werden.

Die folgende Fallstudie, die wir an einem praktisch relevanten Beispiel im Rahmen des MOBILE-Projekts durchgeführt haben, demonstriert diese Vorgehensweise.

7.4 Fallstudie: Vergleich konkurrierender Verkehrsumlegungsmodelle für den motorisierten Individualverkehr

Die im folgenden besprochene Fallstudie ist in zweifacher Hinsicht ein *Beispiel:* Erstens geht es ausschließlich um einen bestimmten Modelltyp, Verkehrsumlegungsmodelle für den MIV, der hier stellvertretend für komplexere Modelle behandelt wird, die z.B. mehrere Verkehrsträger einbeziehen oder mikroskopisch simulieren. Zweitens werden die Modelle auf einen konkreten Planungsfall angewendet, eine Umgehungsstraße für den Ortsteil Finkenwerder im Süden von Hamburg.

Das Beispiel ist bewußt einfach gehalten und wird hier hauptsächlich aus didaktischen Gründen präsentiert und nicht in erster Linie, um Empfehlungen für den behandelten Planungsfall abzuleiten.

Ein *Verkehrsumlegungsmodell* berechnet, wie schon in 7.1 erwähnt, die Verteilung einer gegebenen Verkehrslast auf ein gegebenes Wegenetz. Die Fahrten zwischen den Verkehrsquellen und -zielen werden hierfür auf Routen „umgelegt", d.h. jede Fahrt wird einer Route zugewiesen. Die hier diskutierten Modelle berücksichtigen, daß sich die mittlere Geschwindigkeit auf einem Verkehrsweg mit der Verkehrsstärke ändert und daß die Fahrer bei der Wahl ihrer Routen den sog. Verkehrswiderstand zu minimieren versuchen. In erster Näherung ist der Verkehrswiderstand mit der Reisezeit gleichzusetzen, was bei Umlegungsmodellen erfahrungsgemäß schon recht gute Ergebnisse liefert (vgl. [11]).

Bild 10 zeigt das Untersuchungsgebiet mit den berücksichtigten Straßen und Verkehrsquellen bzw. -zielen. Neben den Ein- und Ausgängen des betrachteten Straßennetzes (A, B, E, F) und dem Ortskern Finkenwerder (D) wurde das größte Unternehmen im Untersuchungsgebiet (DASA, Punkt C) als Verkehrserzeuger berücksichtigt. Es ist geplant, nach dem Bau der Ortsumgehung Punkt C für den Durchgangsverkehr zu sperren.

Ein unerwartet aufwendiges Problem war die Schätzung der gerichteten Verkehrsnachfrage (Fahrtenmatrix) zwischen den betrachteten Punkten A bis F aufgrund der verfügbaren amtlichen Daten und einer Befragung der DASA. Denn die Daten stammen aus verschiedenen Zeiten und mußten unter stark vereinfachenden Annahmen für 1995 fortgeschrieben werden. Verfügbar waren:

- Daten über den Quell-, Ziel- und Binnenverkehr Finkenwerder von 1988,
- Daten über den Durchgangsverkehr Finkenwerder 1981-1988,

- detaillierte Informationen des Betriebsrates der DASA (Punkt C in Abb 2) über den Pendlerverkehr der DASA (Stand Ende 1991),
- die Pendlerstatistik der Volkszählung von 1987,
- Daten aus verschiedenen Verkehrszählungen (z.B. für die Schätzung des Lkw-Anteils).

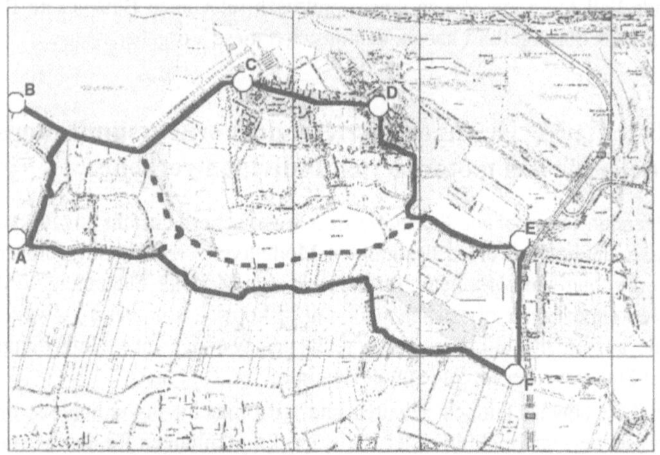

Bild 10 Das Untersuchungsgebiet der Fallstudie „Ortsumgehung Finkenwerder". Der Durchgangsverkehr Richtung Zentrum tritt bei A, B oder F in das Gebiet ein und verläßt es bei E in Richtung Elbtunnel (geplante Umgehungsstraße gestrichelt).

Die daraus abgeleitete Fahrtenmatrix (Anzahl der Fahrten/Tag von Quelle zu Ziel, für alle Paare von Quellen und Zielen) wurde unter Berücksichtigung typischer Tagesganglinien der Verkehrsstärken richtungsabhängig auf 24 Stunden eines normalen Werktages verteilt. Außerdem waren die Straßentypen zu berücksichtigen, für die Emissions- und Verbrauchsberechnungen die entsprechenden Faktoren und der Verkehrsmix. Die Ergebnisse stützen sich somit zusätzlich auf folgende Daten:

- typisierte Tagesganglinien der Verkehrsstärken ([5])
- die von uns erhobenen Straßentypen im Untersuchungsgebiet und zugehörige Kapazitätskurven (nach [3]),
- Emissions- und Kraftstoffverbrauchsfaktoren für Pkw und Lkw, differenziert nach Fahrzeugtypen und Fahrmustern (nach [4]),
- Angaben zum Verkehrsmix (Anteile der Fahrzeugtypen, insbesondere Diesel- und Otto-Pkw, differenziert nach Emissionsminderungstechnik).

Die folgende Darstellung bezieht sich auf den Umgang mit konkurrierenden Modellen bei *gegebenen* Parameterwerten und Eingabedaten. Es wird exemplarisch gezeigt, wie der Vergleich konkurrierender Modelle zu einem relativ belastbaren Ergebnis führen kann.

7.4.1 Anwendung des Sukzessivumlegungsmodells

Das einfachste und in der Praxis am längsten bewährte Umlegungsmodell ist das sog. Sukzessivumlegungsmodell. Die umzulegenden Fahrten werden in Portionen abnehmender Größe eingeteilt (meist 40, 30, 20 und 10 %), wobei die erste Portion auf das noch unbelastete und alle weiteren auf das entsprechend vorbelastete Netz umgelegt werden. In jedem Schritt werden für alle Fahrten die Routen mit geringstem Widerstand (i. d. R. die schnellsten Routen) bestimmt und anschließend die Verkehrsstärken auf allen Strecken aktualisiert, wodurch im nachfolgenden Schritt z.T. höhere Widerstände auftreten.

Das Modell gilt unter Verkehrsplanern als realistisch und anschaulich, eine theoretische Begründung für die Portionierung gibt es nicht.

Aggregierte Ergebnisse des Sukzessivumlegungsmodells		Umgehungsstraße	
		nicht vorhanden	vorhanden
Punkt C für Durchgangsverkehr	nicht gesperrt	(Basisszenario B) 308 146 km 24 km/h 66 578 kg CO_2 547 kg NO_x	(Szenario U) 308 074 km 25 km/h 64 824 kg CO_2 542 kg NO_x
	gesperrt	(Szenario S) 396 673 km 16 km/h 94 636 kg CO_2 722 kg NO_x	(Szenario U+S) 329 672 km 20 km/h 69 781 kg CO_2 578 kg NO_x

Wir haben dieses Standardmodell mit einem Emissionsmodell verknüpft und damit vier Szenarien für das Anwendungsbeispiel gerechnet, die sich durch Kombination der zwei möglichen Maßnahmen (Umgehungsstraße, Sperrung von Punkt C) ergeben. Der Widerstand ist mit der Fahrzeit gleichgesetzt. Die Ergebnisse sind in der folgenden Tabelle aus Platzgründen räumlich und zeitlich maximal aggregiert und ohne die Schadstoffe CO und HC wiedergegeben (siehe aber [7]).

Die Tabelle zeigt Fahrleistungen, mittlere Geschwindigkeiten, CO_2- und NO_x-Emissionen für vier Szenarien, berechnet mit einem Sukzessivumlegungsmodell und anschliessend räumlich (über alle Strecken im Untersuchungsgebiet) und zeitlich (über 24 Stunden) aggregiert. Das Basisszenario (oben links) entspricht dem Status quo, das Szenario Umgehung und Sperrung (unten rechts) der geplanten Maßnahme.

Alle Werte beziehen sich auf einen normalen Werktag. Interessant ist nebenbei die Grössenordung der Fahrleistung: An einem einzigen Tag legen Kraftfahrzeuge in dem relativ kleinen Untersuchungsgebiet die Entfernung Erde-Mond zurück.

7.4.2 Anwendung eines konkurrierenden Modells

Als konkurrierendes Modell dient ein spezielles Gleichgewichtsmodell, ein Nutzergleichgewichtsmodell. Alle Eingabedaten und die Widerstandsfunktion sind gleich gewählt wie oben. Diesem Modell liegt die Annahme zugrunde, daß jeder Fahrer (Nutzer des Verkehrsnetzes) über die Lastverteilung im Netz vollständig informiert ist und eine rationale Wahl trifft, d.h. stets die Route mit dem geringsten Widerstand wählt. Unter dieser Voraussetzung stellt sich ein Gleichgewichtszustand ein, in dem kein Fahrer mehr durch Wahl einer anderen Route seine Fahrzeit verringern kann.

Im Vergleich zum Sukzessivmodell ist dieses Modell besser theoretisch fundiert, idealisiert das Routenwahlverhalten aber sehr stark (vollständige Information, rationale Wahl).

Die folgende Tabelle zeigt die Ergebnisse für die gleichen Szenarien wie in 7.4.1, berechnet mit den gleichen Eingabedaten, jedoch mit dem Nutzergleichgewichtsmodell. Unterschiede zeigen sich v.a. bei den mittleren Geschwindigkeiten, die hier deutlich höher liegen. Dies erklärt sich aus der Idealisierung des Routenwahlverhaltens in diesem Modell.

Die Ergebnisse unterscheiden sich zum Teil erheblich, die Rangfolge der Szenarien hinsichtlich aller Kenngrößen bleibt jedoch erhalten.[1]

7.4.3 Analyse der Unterschiede und Modellkorrektur

Die Unterschiede geben Anlaß zu einer näheren Betrachtung der Resultate. Dabei zeigt es sich u.a., daß das Gleichgewichtsmodell zu Spitzenzeiten unplausible Routen zuweist (z.B. E-F-A-B-C). Zwar ist bei Stau zwischen E und D diese Route tatsächlich ewas schneller, jedoch haben von uns befragte (insbesondere auch ortskundige) Fahrer die Inkaufnahme so großer Umwege als unplausibel eingeschätzt.

Als Korrekturmaßnahme haben wir den Widerstand mit einem Entfernungszuschlag versehen, der gerade so groß ist, daß er die unplausiblen Routen unterdrückt (3 Min./km). Die neue Widerstandsfunktion kann auch für das Sukzessivmodell verwendet werden, so daß die Modelle nun in zwei neuen Varianten vorliegen. Um einen Überblick zu gewinnen, wie sich die vier Modellvarianten für die verschiedenen Szenarien verhalten, kann man das Ergebnis jeder Modellvariante-Szenario-Kombination zunächst als Punkt im Koordinatensystem der zwei grundlegenden Kenngrößen Zeitaufwand (Summe der Fahrzeiten aller Fahrten über einen Tag) und Fahrleistung (Summe der zurückgelegten Strecken) darstellen (Bild 11). Es zeigt sich überraschenderweise, daß die aggregierten Ergebnisse der beiden Modelle aufgrund der geänderten Widerstandsfunktion näher

[1] Mit Ausnahme der Fahrleistung und der NO_X-Emissionen bei den Szenarien B und U. Die Unterschiede zwischen B und U sind hier jedoch so gering, daß man angesichts der sicher größeren Toleranzen dieser Werte keinen Rangunterschied daraus ableiten sollte.

zusammenrücken. Auch ein Vergleich der (hier aus Platzgründen nicht darstellbaren) detaillierten Ergebnisse zeigt eine große Ähnlichkeit.

Aggregierte Ergebnisse des Gleichgewichtsmodells		Umgehungsstraße	
		nicht vorhanden	vorhanden
Punkt C für Durchgangs-verkehr	nicht gesperrt	(Basisszenario B) 303 370 km 29 km/h 64 411 kg CO_2 536 kg NO_x	(Szenario U) 307 075 km 36 km/h 61 200 kg CO_2 537 kg NO_x
	gesperrt	(Szenario S) 404 111 km 17 km/h 97 108 kg CO_2 738 kg NO_x	(Szenario U+S) 329 979 km 24 km/h 67 408 kg CO_2 577 kg NO_x

Ferner ergab sich eine gute Übereinstimmung der im Basisszenario berechneten Streckenbelastungen mit DTV[1]-Werten der Hamburger Verkehrsmengenkarte für 1993 (extrapoliert bis 1995).

Exemplarisch sind in Bild 12 die mit dem korrigierten Gleichgewichtsmodell berechneten Verkehrsstärken (richtungsabhängig) um 8 Uhr morgens gezeigt. Diese Karten wurden mit dem Geographischen Informationssystem (GIS) MapInfo auf einem Power Macintosh erzeugt. Das GIS ist in das heterogene verteilte MOBILE-System als Komponente zur Verwaltung und Visualisierung raumbezogener (Verkehrs- und Umwelt-) Daten integriert.

7.4.4 Vergleich mit einem optimistischen Modell

Ein Sonderfall eines konkurrierenden Modells ist ein *optimistisches* Modell. Es geht von möglichst günstigen Annahmen aus. Im hier besprochenen Fall sei dies die Annahme, daß die Fahrer ihre Routen gerade so wählen, daß insgesamt, also in der Summe über alle Fahrten, der Aufwand minimal wird.

Für solche Betrachtungen dient ein Systemgleichgewichtsmodell (vgl. auch Bild 6). Im allgemeinen ist das Systemgleichgewicht (ein insgesamt optimaler Zustand, *social equilibrium*) vom Nutzergleichgewicht (ein für jeden *einzelnen* Fahrer optimaler Zustand, *user's equilibrium*) verschieden. Weil die Annahme eines Systemgleichgewichts unrealistisch ist, wird man nicht die gleichen Ergebnisse erwarten wie bei den bisher besproche-

---

[11] Durchschnittliche tägliche Verkehrsstärke

nen Modellen. Das optimistische Modell gibt jedoch eine untere Schranke für den Aufwand, mit dem der Verkehr im jeweiligen Netz überhaupt durchführbar ist. Alle denkbaren Maßnahmen zur Steuerung und Regelung der Verkehrsabläufe werden diese Schranke nicht unterschreiten können. Auch werden alle konkurrierenden Modelle, soweit sie sich nur in der Komponente Routenwahl unterscheiden, keine günstigeren Ergebnisse liefern.

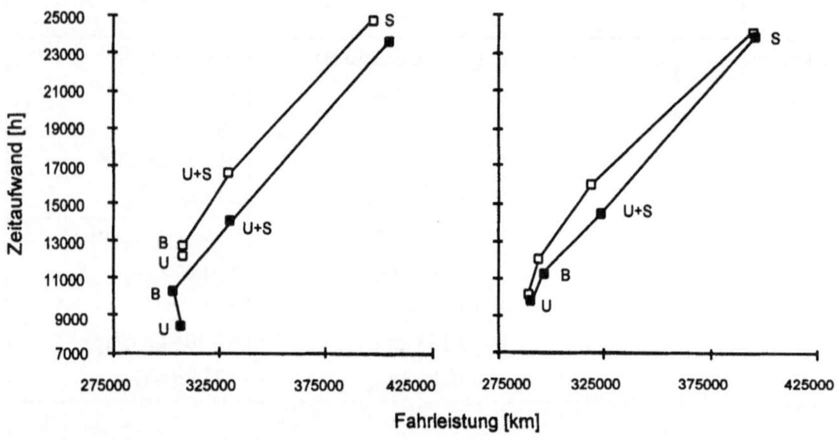

Bild 11 Vergleich von Sukzessivmodell (□) und Nutzergleichgewichtsmodell (■) für alle vier Szenarien (Abkürzungen s. Tabelle auf voriger Seite), links die Modellvarianten mit der reinen Fahrzeit als Verkehrswiderstand, rechts mit korrigierter Widerstandsfunktion.

Welche Aufwandsgröße als zu minimierende Zielfunktion verwendet wird, ist grundsätzlich offen. Neben zeitoptimalen können auch energie- und emissionsoptimale Systemgleichgewichte berechnet werden (siehe die folgende Tabelle). Diese Ergebnisse sind so zu interpretieren (am Beispiel Energie): „Selbst unter der Annahme, daß alle Fahrer ihre Routen so wählen wollten und könnten, daß sich der Energieverbrauch in der Summe über alle Fahrten minimiert, würden ... kg Kraftstoff pro Tag verbraucht."

Systemgleichgewichtsmodell	B	S	U	U+S
zeitoptimale Umlegung (h)	9855	23454	8484	13888
energieoptimale Umlegung (kg Kraftstoff)	20926	31937	19949	22565
emissionsoptimale Umlegung:				
– Kohlendioxid (kg CO_2)	62176	94527	59343	66969
– Stickoxide (kg NO_X)	519	718	507	558

Für die energie- und emissionsoptimale Umlegung muß das jeweilige Verbrauchs- oder Emissionsmodell eng mit dem Umlegungsmodell gekoppelt werden; ein typisches Experiment, bei dem die durch das Modellbanksystem geschaffene Flexibilität ausgenutzt wird.

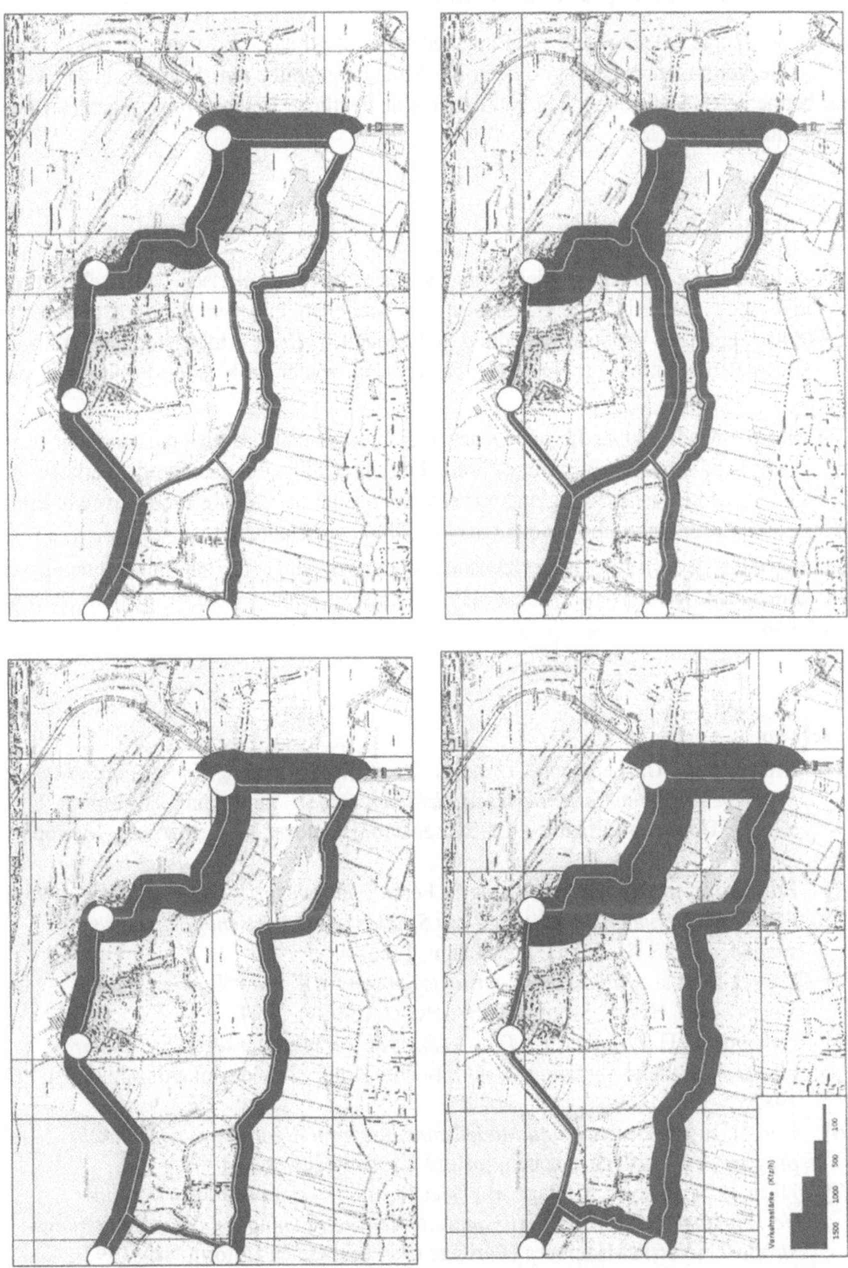

Bild 12 Mit einem Gleichgewichtsmodell berechnete Verkehrsstärken für 8:00 Uhr (untere Zeile: Maßnahme Sperrung, rechte Spalte: Maßnahme Umgehungsstraße)

7.4.5 Schlußfolgerungen für die Fallstudie

Unter der Voraussetzung, daß die Eingabedaten korrekt sind und unter der vorläufigen Annahme konstanter Nachfrage lassen die Modellergebnisse den Schluß zu, daß keine der betrachteten Maßnahmenkombinationen eine deutliche Verbesserung gegenüber dem Status quo erwarten läßt.

7.5 Ausblick

Umweltorientierte Verkehrsmodellierung, wie sie hier exemplarisch dargestellt wurde, benötigt hohe Flexibilität beim Aufbau von Modellen und Simulationsexperimenten sowie Konzepte zur Wiederverwendung von Modellen. Diese Anforderungen erfüllt ein objektorientierter Ansatz für ein Modellbanksystem, wie er im MOBILE-Projekt realisiert wird.

Die MOBILE-Modellbank, die neben den hier besprochenen Umlegungsmodellen auch mikroskopische (individuenbasierte) Verkehrsflußmodelle für den Straßenverkehr, ein Modell zur Verkehrsentstehung und Verkehrsmittelwahl in Ballungsräumen sowie Emissions-, Verbrauchs- und Immissionsmodelle enthält, wird laufend erweitert.

Damit werden jedoch nur die technischen Voraussetzungen für die Unterstützung von Entscheidungen geschaffen. Konsensfähige Entscheidungen können nur im Diskurs entstehen.

Literatur

[1] Brüggemann, U.; Lehmann, H.; Reick, C.: *Verkehrsnachfrage als dynamisches Problem: ein akteursorientierter Modellieungsansatz.* In: Lessing, H.; Lipeck, U. (Hrsg.): Umweltinformatik – 10. Symposium Hannover 1996. Marburg, Metropolis, 1996.

[2] Bundesminister für Verkehr (Hrsg.) : *Verkehr in Zahlen 1995.* Berlin, DIW,1995.

[3] FGSV: *Richtlinien für die Anlage von Straßen – Teil Wirtschaftlichkeitsuntersuchungen RAS-W.* Bonn, Kirschbaum, 1986.

[4] Hassel, D. et al.: *Abgas-Emissionsfaktoren von PKW in der Bundesrepublik Deutschland.* Berlin, Schmidt (UBA-Berichte; 8/94), 1994.

[5] Heidemann, D.; Wimber, P.: *Typisierung von Verkehrsstärkeganglinien durch clusteranalytische Verfahren.* Brühl, Becher Brühl (Straßenverkehrszählungen; 26), 1982.

[6] Hensel, H.: *Wörterbuch und Modellsammlung zum Algorithmus der Verkehrsprognose* , 2. Auflage. Aachen, Institut für Stadtbauwesen, 1978.

[7] Hilty, L. M.; Meyer, R.; Page, B.; Deecke, H.: *Anwendung konkurrierender Verkehrsumlegungsmodelle zur umweltbezogenen Evaluation einer Umgehungsstraße.* Universität Hamburg (Berichte des Fachbereichs Informatik), 1997.

[8] Klösgen, W.; Schwarz, W.; Honermeier, A.: *Modellbanksystem (MBS) zur Unterstützung der Arbeit mit sozio-ökonomischen Planungsmodellen.* Bonn, GMD, 1983.

[9] Minsch, J.: *Grundlagen und Ansatzpunkte einer ökologischen Wirtschaftspolitik.* In: Glauber, H.; Pfriem, R. (Hrsg.): Ökologisch wirtschaften. Frankfurt/M., Fischer, 1992.

[10] Mügge, H.; Meyer, R.: *MSL – Eine Modell- und Experimentenbeschreibungssprache.* In: Ranze, C.; Tuma, A; Hilty, L.M. et al. (Hrsg.): Intelligente Methoden zur Verarbeitung von Umweltinformationen. Marburg. Metropolis, S. 165-180, 1996.

[11] Ortuzar, J.D.; Willumsen, L.G.: *Modelling transport*, 2.ed. New York, Wiley, 1994.

[12] Page, B.: *Diskrete Simulation – Eine Einführung mit Modula-2.* Berlin, Springer, 1991.

[13] Walder, E.; Hofstetter, P.; Frischknecht, R.: *Bewertungsmodelle für Ökobilanzen.* Arbeitspapier 2/91. Laboratorium für Energiesysteme, ETH Zürich, 1991.

[14] Zeigler, B. P.: *Multifacetted Modelling and Discrete Event Simulation.* London, Academic Press, 1984.

8

Ein Anwendungsvergleich ausgewählter graphischer Modellierungswerkzeuge in der Expositionsanalyse von Chemikalien in der Umwelt

Bernd Page, Wolfgang Kreutzer, Volker Wohlgemuth und Rainer Brüggemann

Zusammenfassung

Das Verfahren der Modellbildung und Simulation hat bei der Untersuchung von Problemstellungen im Umweltbereich generell große Bedeutung. In verschiedenen inhaltlichen Teilbereichen des Umweltschutzes existieren daher bereits zahlreiche Simulationsmodelle, die auch praktisch eingesetzt werden. Als ein Beispiel hierfür wird in diesem Beitrag ein Modell zur Abschätzung der Ausbreitung von Chemikalien im Boden als ein typischer Vertreter eines sogenannten Kompartimentmodells näher betrachtet. Es werden die generellen und spezifischen Anforderungen dieses Modells aufgezeigt. Einen weiteren Schwerpunkt bildet die Analyse der Eignung von Softwarewerkzeugen zur Modellierung dieser Modellklasse. Hierzu wird ein Simulationswerkzeug, das von Wissenschaftlern speziell für diese Anwendung entwickelt wurde, mit zwei auf dem Markt erhältlichen Simulationssystemen (STELLA und EXTEND) verglichen. Es werden ihre spezifischen Vor- und Nachteile in diesem Zusammenhang aufgezeigt.

8.1 Einführung: Modellierung und Simulation von Umweltsystemen

Bei Maßnahmen des Umweltschutzes führt die isolierte Betrachtung von Einzelproblemen wegen des hohen Vernetzungsgrades in der Umwelt nicht zu tragfähigen Lösungen. Zur Abschätzung der Wirkungen von Eingriffen in die Umwelt muß daher neben den direkt betroffenen Elementen insbesondere die Vernetzung der Elemente zu *Systemen* berücksichtigt werden. Durch die Vernetzung entstehen Wirkungszusammenhänge, die zu einem überraschenden, oft auch als „kontra-intuitiv" bezeichneten, Systemverhalten führen können. Gerade die *indirekten* Wirkungszusammenhänge, die für den Menschen nicht ohne weiteres nachvollziehbar sind, können das Systemverhalten signifikant beeinflussen.

Aus der Schwierigkeit, Systeme ohne geeignete Hilfsmittel zu durchschauen, resultiert die *Bedeutung der Modellbildung und Simulation im Umweltbereich* (vgl. [1]). Sie bietet das methodische Instrumentarium, das die Untersuchung von komplexen Systemen und deren Verhalten unterstützt. Im Umweltbereich ist die Entwicklung und Anwendung von Simulationsmodellen aufgrund der Komplexität der Systeme oft die einzige anwendbare Methode zur Systemanalyse. Analytische Ansätze der Systemanalyse, wie sie in anderen Fachgebieten mit Erfolg eingesetzt werden, versagen hier in vielen Fällen.

Für die Modellbildung und Simulation im Umweltbereich können drei *Haupteinsatzbereiche* unterschieden werden:

- Hilfsmittel für Forschung und Wissenschaft,
- Instrument der Planung und Entscheidungsfindung,
- Kommunikationsmedium.

Im Rahmen der Wissenschaft und Forschung werden Simulationsmodelle insbesondere zur *Überprüfung von wissenschaftlichen Hypothesen* eingesetzt. Werden die Hypothesen über Systeme der natürlichen Umwelt in Simulationsmodellen abgebildet, ermöglichen diese Modelle die Ableitung von Konsequenzen auf die Umwelt, die sich aus diesen Hypothesen ergeben. Eine weitere wichtige Funktion der Simulationsmodelle im Bereich der Umweltforschung ist die Aufdeckung von Forschungslücken. Oft wird erst bei der Erstellung eines Simulationsmodells deutlich, wo Wissensdefizite vorliegen. Simulationsmodelle können zum Beispiel Hinweise darauf geben, welche zusätzlichen Daten durch Messungen erhoben werden müssen.

Werden ausreichend validierte Simulationsmodelle als *Instrumente zur Planung und Entscheidungsfindung* eingesetzt, müssen sie die Konsequenzen aufzeigen können, die sich aus Handlungs- bzw. Planungsalternativen im Umweltbereich ergeben, wo die Planung und Entscheidungsfindung oft durch Zielkonflikte geprägt ist. Durch die Flexibilität bei der Evaluierung von Alternativen fördern die Modelle die Erarbeitung von Kompromißlösungen.

Simulationsmodelle sind auch als *Kommunikationsmedium* einsetzbar. Dies gilt zum einen für den Bereich der (interdisziplinären) Forschung, zum anderen können Modelle auch in der öffentlichen Diskussion und Politik zur Verbesserung der Kommunikation dienen, insbesondere dann, wenn es gelingt, komplexe Sachverhalte zu visualisieren. Sie sind prinzipiell geeignet, die einer Entscheidung zugrundeliegenden Annahmen deutlich zu machen und können die weiteren Konsequenzen dieser Entscheidung aufzeigen. Da alle Maßnahmen, die den Umweltbereich betreffen, von großem öffentlichen Interesse sind, ist dies eine wichtige Funktion von Simulationsmodellen. Aufgrund ihrer Eignung als Kommunikationsmedium können sie auch zu didaktischen Zwecken genutzt werden, indem sie die komplexen Wirkungszusammenhänge der Umwelt veranschaulichen (vgl. [2]).

Der mögliche Einfluß von Simulationsmodellen auf die Eindämmung oder Vermeidung von Umweltschäden besteht generell nur indirekt und ist im Vergleich zu anderen umweltrelevanten Verfahren oder Techniken eher gering. Aber die Modelle eröffnen einzigartige Möglichkeiten, Erkenntnisse über die Umwelt zu gewinnen, und schaffen damit längerfristig die Voraussetzung für sinnvolle Maßnahmen und einen wirksamen Umweltschutz.

In [3] werden zu den wichtigsten *Modellklassen im Umweltbereich* die Ausbreitungsmodelle (für Schadstoffe in verschiedenen Umweltmedien), die wasserwirtschaftlichen Modelle (z.B. der Grundwassernutzung), die technischen Prozeßmodelle (zur Simulation technischer Prozesse, z.B. in der chemischen Verfahrenstechnik oder der Kraftwerkstechnik zur Reduzierung des Störfallrisikos bzw. Emissionsminderung) und die Ökosystemmodelle (zur Untersuchung der Einflüsse des Menschen auf Ökosysteme, z.B. in Agrar- und Forstwirtschaft) hervorgehoben. Daneben gibt es aber noch eine Vielzahl weiterer Modellklassen (z.B. Klimamodelle, Verkehrsmodelle oder Wirkungsmodelle für Chemikalien in der Umwelt).

Für die Modellbildung und Simulation im Umweltbereich treten eine Reihe typischer *Schwierigkeiten bzw. Hindernisse* auf. Ein grundlegendes Hindernis für die Durchführung einer Simulationsstudie ist der *große Aufwand*, den eine solche Studie in vielen Bereichen einschließlich des Umweltsektors mit sich bringt. Von der ersten Abgrenzung des zu untersuchenden Systems (Systemidentifikation), über den Entwurf des formalen konzeptionellen Modells (Modellentwurf) und die Implementation eines Simulationsprogramms (Modellimplementation) bis hin zur Analyse der Simulationsergebnisse sind eine Vielzahl von Arbeitsphasen zu durchlaufen, die im sogenannten Modellbildungszyklus zusammengefaßt werden. Der damit verbundene hohe Aufwand führt in vielen Fällen dazu, daß auf eine Simulationsstudie verzichtet wird.

Eine weitere Schwierigkeit ist der *Umfang der Kenntnisse* in mehreren Fachgebieten, die für eine korrekte Durchführung einer Simulationsstudie notwendig sind. Die Wissenschaftler, die ein Umweltmodell aufbauen wollen, verfügen in der Regel über die notwendigen inhaltlichen Kenntnisse, hinsichtlich der Simulationsmethodik und der Rechnerbenutzung/-programmierung fehlt ihnen jedoch häufig die erforderliche Qualifikation.

Auch die *inhaltliche Heterogenität* des Umweltbereiches behindert die Erstellung von Simulationsmodellen. Meist sind für ein Umweltproblem mehrere umweltbezogene Fachgebiete relevant, die von einem einzelnen Modellierer nicht abgedeckt werden können. Obwohl die Modelle die interdisziplinären Inhalte widerspiegeln müßten, werden interdisziplinäre Arbeitsgruppen nur in Ausnahmefällen gebildet. Die inhaltliche Heterogenität führt auch dazu, daß es für die Untersuchung von Umweltproblemen noch keine generell geeignete Simulationsmethodik gibt. Je nach Problemstellung und Vorkenntnissen kommen unterschiedliche Simulationsmethodiken zum Einsatz, *Methodenvielfalt* ist daher im Umweltbereich Charakteristikum und Notwendigkeit zugleich.

Schwierigkeiten verursacht auch der Stand der Wissenschaft, wie er in vielen Teilgebieten des Umweltbereichs anzutreffen ist. Die verfügbaren Kenntnisse sind oftmals nicht für die Umsetzung in ein Simulationsmodell ausreichend. Konventionelle Simulationsmodelle bestehen ausschließlich aus der Beschreibung eines mathematisch/numerischen Verfahrens. Alles, was im Modell aufgenommen werden soll, muß daher auf diese Weise exakt beschreibbar sein. Demgegenüber sind die Kenntnisse über Zusammenhänge und Vorgänge der Umwelt (z.B. in Ökosystemen) in vielen Fällen ungenau, qualitativ und beschreibend und lassen sich nur schlecht in einem mathematisch exakten Modell abbilden.

8.2 Anforderungen an Softwarewerkzeuge

Der Umweltbereich stellt hohe Anforderungen an die einzusetzende Simulationssoftware. Dabei ist zu berücksichtigen, daß diese Werkzeuge typischerweise für reine Anwender, d.h. Spezialisten aus einem umweltrelevanten Fachgebiet - beispielsweise Ökologen oder Umweltplaner - nutzbar sein müssen, die nur über geringe DV-technische Erfahrungen und teilweise auch nur begrenzte methodische Simulationskenntnisse verfügen.

Eine zentrale Anforderung an Modellierungssoftware speziell auf dem Umweltsektor ist eine hohe *Flexibilität*. Denn die spezifischen Anforderungen an ein leistungsfähiges Simulationswerkzeug in einem derartig komplexen und *heterogenen Anwendungsgebiet* wie der Umweltmodellierung, die sich zum Teil mit sogenannten *Ill-defined Systems* (vgl. [4]) auseinandersetzen muß, sind nicht vorab eindeutig und vollständig definierbar. Flexibilität beinhaltet auch die Anpaßbarkeit bzw. Erweiterbarkeit von Modellierungswerkzeugen bei speziellen bzw. zukünftigen Anforderungen aus dem heterogenen Anwendungsgebiet der Umweltforschung. Außerdem bietet eine hohe Systemflexibilität die Grundlage für die hier notwendige Unterstützung einer *explorativen Arbeitsweise* bei der Modellbildung und Simulation. Ein *hoher Grad an Interaktivität* stellt ebenfalls einen Beitrag zur geforderten Systemflexibilität dar, denn sie ermöglicht dem Anwender eine iterative Vorgehensweise beim Modellaufbau und bei den Modellexperimenten (vgl. [5]).

Wichtig für die Simulationsanwender im Umweltbereich ist außerdem eine *große Breite hinsichtlich des angebotenen Methodenspektrums*. Man kann in diesem Anwendungsgebiet nicht von einer einheitlichen, generell einsetzbaren Simulationsmethodik ausgehen, sondern muß mit einem Simulationssystem eine gewisse *Methodenvielfalt* unterstützen. Aufgrund neuer methodischer Anforderungen muß es auch zukünftig möglich sein, neue Modellierungsmethoden durch schlichte Systemerweiterungen nahtlos in ein Werkzeug zu integrieren. Zu einer hohen Nutzungsflexibilität gehören darüber hinaus alternative und vom Benutzer *variierbare Darstellungsformen der Modelle*, damit eine Anpassung an die spezielle Fachnotation und -symbolik der Anwender möglich ist.

Die Nützlichkeit der Simulationssoftware für Anwender ist ganz wesentlich davon abhängig, inwieweit sie Arbeitserleichterungen in allen Phasen des Modellbildungszyklus - auch über die reine Implementierung hinaus - ermöglichen kann. Ein großes Potential für eine Verringerung des Modellierungsaufwandes bietet eine *vereinfachte Wiederverwendbarkeit von Modellen* (beispielsweise in Form von Submodellen bzw. Modellbausteinen in umfangreicheren Modellen), die durch ein Simulationswerkzeug speziell unterstützt werden muß.

Die Modellierung komplexer ökologischer Systeme, über die oft nur ein unsicherer bzw. lückenhafter Erkenntnisstand vorliegt, verlangt darüber hinaus Möglichkeiten zur *unscharfen Modellierung*, zur *Modellierung der Selbstorganisation und -adaption* (d.h. die Unterstützung von Struktur- und Zielfunktionswandel der Systeme bzw. dynamischen Strukturen) sowie *Kompartimente als Modellbausteine*, um typische Modellkonzepte aus Biologie und Ökologie angemessen abbilden zu können (vgl. Kapitel 8.3). Eine Unterstützung der *objektorientierten Modellierung* erlaubt es der Ökosystemmodellierung, sowohl die Modellierung einzelner Objekte bzw. *Individuen* als auch ganzer *Populationen* als Gesamtheit aller Objekte mit einem Softwarewerkzeug zu bearbeiten. Schließlich müssen Anforderungen an eine *anspruchsvolle Visualisierung* großer Mengen von Datenobjekten mit einer Vielzahl von Parametern bzw. in großen Zustandsräumen erfüllt werden (vgl. [6] und [7]).

Die vorausgegangene Darstellung der wichtigsten Anforderungen an Werkzeuge für die Umweltmodellierung (vgl. auch [7]) läßt bereits einiges von der gewünschten Funktionalität derartiger Systeme erkennen. Grundsätzlich sollte ein Umweltmodellierungswerkzeug im Sinne einer *vollständigen Arbeitsumgebung für die Umweltmodellierung* sämtliche Phasen der Modellbildung und Simulation wirkungsvoll unterstützen. Dies schließt über die reine Implementationsphase hinaus auch die frühen Phasen des Modellentwurfs ebenso wie die spätere Modellnutzung und die Simulationsergebnisauswertung ein. Die Modellerstellung wird insbesondere für Fachanwender ohne vertiefte DV-Kenntnisse dann wesentlich vereinfacht, wenn bereits das formale konzeptuelle Modell im Modellierungssystem spezifizierbar ist (z.B. durch graphische Modellierung) und eine Programmierung im Rahmen der Modellimplementation weitgehend entfallen kann. Auf diese Weise tragen *graphische Modellbeschreibungen* in Form spezieller Simulationsdiagramme, ergänzt durch Dialogkomponenten, dazu bei, die Bedürfnisse dieser Anwendergruppe angemessen zu befriedigen. Dabei können graphische Notationen bereits beim Modellentwurf in den frühen Arbeitsschritten mit einer ersten Formalisierung (z.B. die sogenannten *Kausaldiagramme* aus der System Dynamics Methode nach [8]) zum Einsatz kommen, ohne daß schon anfangs eine vollständige formale Spezifikation des Modells erforderlich wird. Die Modelldiagramme besitzen den Vorteil einer hohen Anschaulichkeit und können einen wesentlichen Anteil der (im Modellierungssystem) enthaltenen Modelldokumentation darstellen und so zu einer *verbesserten Transparenz der Modelle* (vgl. [9]) führen.

Zur Bewältigung der großen Komplexität umfangreicher Umweltmodelle können Systemfunktionen zur *modularen Modellerstellung* einen wichtigen Beitrag leisten, indem eine Aufteilung eines komplexen Gesamtmodells in getrennt zu bearbeitende überschaubare Teilmodelle vom Modellierungswerkzeug unterstützt wird. Der Modularisierungsmechanismus sollte die Bildung von beliebigen Modellhierarchien erlauben, indem Teilmodelle jeweils wiederum Teilmodelle auf unterschiedlichen Aggregationsebenen enthalten dürfen. Um die oben erwähnte Wiederverwendbarkeit von existenten (Teil-) Modellen als Modellbausteine in anderen Modellen zu ermöglichen, ist eine leistungsfähige *Modellverwaltungs- und Modellauswahlfunktion* in einem Modellierungssystem erforderlich.

Während Modelle als Ergebnisse des Modellbildungsprozesses in der Regel Modellstruktur und allgemeines Modellverhalten beschreiben, wird bei der *Modellnutzung im Rahmen der Simulationsexperimente* das dynamische Verhalten eines konkreten (mit den experimentellen Daten parametrisierten) Systemmodells betrachtet, das sich aus einer bestimmten Modellstruktur und einer allgemeinen Verhaltensbeschreibung ableitet. Entsprechend ihrem unterschiedlichen Charakter sollte in einem Modellierungswerkzeug eine deutliche *Trennung zwischen Modell und Experiment* vorgegeben sein, d.h. Modelle und Experimente sind jeweils als eigenständige Objekte zu verwalten. Neben einer grösseren konzeptionellen Klarheit des Systems wird über diese Trennung auch eine größere Nutzungsflexibilität der Modelle erreicht, da diese in verschiedenen Experimenten unterschiedlich eingesetzt werden können. In gleicher Weise wie beim Modellaufbau ist bei der Durchführung von Simulationsexperimenten ein hohes Maß an Interaktivität und Flexibilität vorteilhaft. Darunter fallen die *einfache Änderbarkeit der experimentellen Rahmenbedingungen*, die *Unterbrechung* und das *Rücksetzen von Experimenten*, die *simulationsbegleitende Anzeige* von generierten Modellzuständen sowie die *Reproduzierbarkeit von Modellexperimenten*, auch wenn interaktive Eingriffe in die Simulationsexperimente vorgenommen wurden.

8.3 Ein spezielles Kompartimentmodell zur Expositionsabschätzung von Chemikalien in der Umwelt

Für den vorliegenden Vergleich von Modellierungswerkzeugen wurde ein spezielles Kompartimentmodell zur Expositionsabschätzung von Chemikalien in der Umwelt ausgewählt. Diese sogenannten *Kompartimentmodelle* stellen eine in der Umweltmodellierung häufig vorzufindende Klasse von Modellen dar (vgl. [10]). Da die Umwelt ein räumlich stark strukturiertes, zeitlich äußerst variables und intensiv interagierendes System aus biotischen und abiotischen Komponenten ist, versucht dieser Ansatz, in der Umwelt einzelne Systemausschnitte zu identifizieren und separat zu modellieren. Diese abstrahierten Umweltsystemausschnitte werden dann *Kompartimente* genannt. Ein Kompartiment bildet Strukturen und Prozesse eines Ausschnitts aus der Umwelt ab, hat eine genau bestimmte Geometrie und definierte Eigenschaften und soll somit zu einem besseren Verständnis des so modellierten Umweltausschnitts beitragen. Sind mehrere Kompartimente miteinander vernetzt, spricht man auch von *Kompartimentsystemen* (vgl. [11]). Hier unterscheidet man dann offene Kompartimentsysteme, die über Systemeingänge und -ausgänge mit der Umgebung in Verbindung stehen, und geschlossene Kompartimentsysteme, bei denen die Kompartimente nur untereinander Energie oder Materie austauschen (vgl. Bild 1).

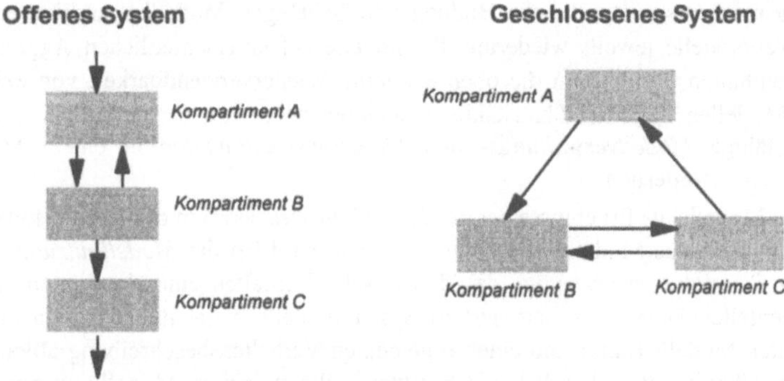

Bild 1 Ein aus drei Kompartimenten bestehendes offenes und geschlossenes System (vgl. [11])

Aus dem Bild 1 wird auch deutlich, daß Kompartimentsysteme eine Untermenge der dynamischen Systeme nach [2] bilden. Die Masse oder Konzentration eines Stoffes in einem Kompartiment entspricht z.B. einer Zustandsgröße, die wiederum durch Austauschvorgänge Einfluß auf benachbarte Kompartimente nimmt. Versucht man das zeitliche Verhalten dieser Kompartimentmodelle mathematisch zu beschreiben, gelangt man zu einem System von Differentialgleichungen erster Ordnung. Diese können sowohl als linear unabhängige als auch als gekoppelte Differentialgleichungssysteme auftreten.

Als Beispiel für derartige Kompartimentmodelle werden in diesem Beitrag Modelle zum Transport und Verbleib von Chemikalien in der Umwelt näher betrachtet. Bis heute sind ungefähr 100.000 verschiedene chemische Substanzen in der Europäischen Gemeinschaft produziert worden; die Anzahl der Kombinationen dieser Substanzen ist bei weitem größer. Zudem werden jedes Jahr weitere Substanzen hergestellt. Unglücklicherweise ist ihr Einfluß auf den Menschen und die Umwelt kaum bekannt. Um nun wenigstens Anhaltspunkte über den Verbleib und den Transport dieser Substanzen in den Umweltmedien Luft, Wasser und Boden zu erhalten, sind vielerorts (z.B. am GSF-Forschungszentrum für Umwelt und Gesundheit in Neuherberg bei München) Modelle zur Beschreibung dieser Vorgänge in den entsprechenden Umweltmedien entwickelt worden. Diese Modelle sind zunächst unabhängig voneinander für die Kompartimente Luft, Wasser und Boden entstanden und sind später auch teilweise gekoppelt worden.

Zur konkreten Ermittlung der spezifischen Anforderungen, die ein Kompartimentmodell an ein Simulationswerkzeug stellt, betrachten wir das EXSOL-Modell, das ein Teilmodell des in Kapitel 8.4 beschriebenen Simulationssystems E4CHEM darstellt. EXSOL ist ein Mehrschichtenmodell zur Analyse des Transports und Verbleibs von chemischen Substanzen in den Bodenschichten oberhalb des Grundwassers. Ziel ist eine vergleichende Analyse des Verhaltens von chemischen Substanzen, die z.B. über den Einsatz von Pestiziden in typische mitteleuropäische Böden gelangen, und eine Beschreibung der Ausbreitung ausgewählter Chemikalien im Boden unter verschiedenen Umweltbedingungen wie z.B. unterschiedlichem Klima [12]. Im Modell EXSOL wird der Transport eines auf die Bodenoberfläche aufgebrachten Stoffes durch ein eindimensionales Mehrschichtenmodell beschrieben. Jede Schicht (bzw. Kompartiment) besteht dabei aus den drei Subkompartimenten Bodenwasser, Bodenluft und Bodenmatrix (mineralische und organische Bestandteile). Für jede Schicht wird angenommen, daß sich schnell ein Gleichgewicht der Konzentration der Chemikalie bezüglich ihrer Verteilung in den drei Subkompartimenten einstellt. Dies kann durch charakteristische Verteilungskoeffizienten der chemischen Substanz beschrieben werden. EXSOL benötigt als Eingabedaten Angaben über die eingesetzte chemische Substanz, den betroffenen Boden und das Klima vor Ort. Das Modell kann bis zu 10 Bodenhorizonte beschreiben, die als homogenes Tiefenintervall von Bodenparametern wie Bodentemperatur, Wassergehalt, pH-Wert etc. definiert werden. Jeder Horizont ist weiter in Schichten unterteilt. Der vertikale Transport einer Chemikalie in benachbarte Bodenschichten geschieht durch

- advektiven Transport in der wäßrigen Phase durch einen angenommenen konstanten Wasserfluß
- diffusiven/dispersiven Transport in der wäßrigen Phase
- diffusiven Transport in der Bodenluft.

Betrachtet man ferner den Abbau oder die Transformation einer Chemikalie durch biotische und abiotische Prozesse sowie den Chemikalieneintrag und die Volatilisierung[1] am oberen Rand der betrachteten Bodensäule und die Auswaschung und Gasdiffusion am unteren Rand der Bodensäule, so ergibt sich das in Bild 2 dargestellte Kompartimentschema einer in EXSOL modellierten Bodensäule.

[1]Dies ist ein Prozeß, durch den eine Substanz in der Bodenluft in die freie Atmosphäre gelangt. Viele ältere Pflanzenschutzmittel haben sich durch diesen Prozeß bis zu den Polarzonen hin verbreitet.

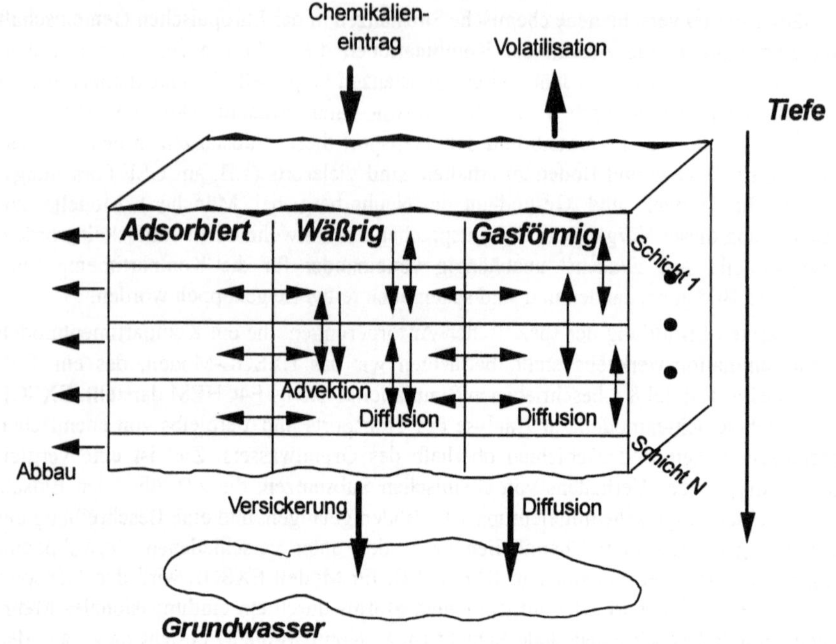

Bild 2 Kompartimentschema des EXSOL-Modells

Mathematische Grundlage für eine Modellierung obiger Transport- und Abbauprozesse bildet das *Gesetz von der Erhaltung der Masse*. Unter der Annahme eines konstanten vertikalen Wasserflusses von oben nach unten in der Bodensäule und eines konstanten Bodenwassergehaltes läßt sich hieraus folgende Gleichung ableiten, die das *dynamische Verhalten einer chemischen Substanz im Boden über die Zeit* beschreibt:

$$\frac{\partial C_t}{\partial t} = D_{w,a} \cdot \frac{\partial^2 C_t}{\partial x^2} - Y \cdot \frac{C_t}{\partial x} - R_{deg} \cdot C_t$$

mit C_t Gesamtkonzentration der Chemikalie zur Zeit t

x Ortskoordinate, positiv in Richtung zum Grundwasser

$D_{w,a}$ „Scheinbarer" Diffusionskoeffizient

V Effektive Porenwassergeschwindigkeit

R_{deg} Abbaurate bei konstanter Temperatur

Genauere Angaben hierzu finden sich bei [13], [14] und [15]. Numerisch läßt sich obige partielle Differentialgleichung durch ein *finites Differenzenschema* lösen.

Es ist aber auch möglich, den Transport und Abbau von chemischen Substanzen im Boden in Form von *Zuständen* und *Flüssen* zu modellieren, wie dies von der populären *kontinuierlichen Simulationsmethode System Dynamics* (vgl. [8]) her bekannt ist. Bild 3 zeigt das zu Bild 2 analoge, resultierende Modell einer Bodensäule bei Benutzung von Zustands- und Flußgrößen. Konzeptionell führt dieser Modellierungsansatz zu den gleichen Ergebnissen, wie die oben erwähnte ursprüngliche Formulierung, jedoch können die benutzten Zustands- und Flußgrößen direkt in die von System Dynamics zur Modellierung verwendete graphische Notation überführt werden.

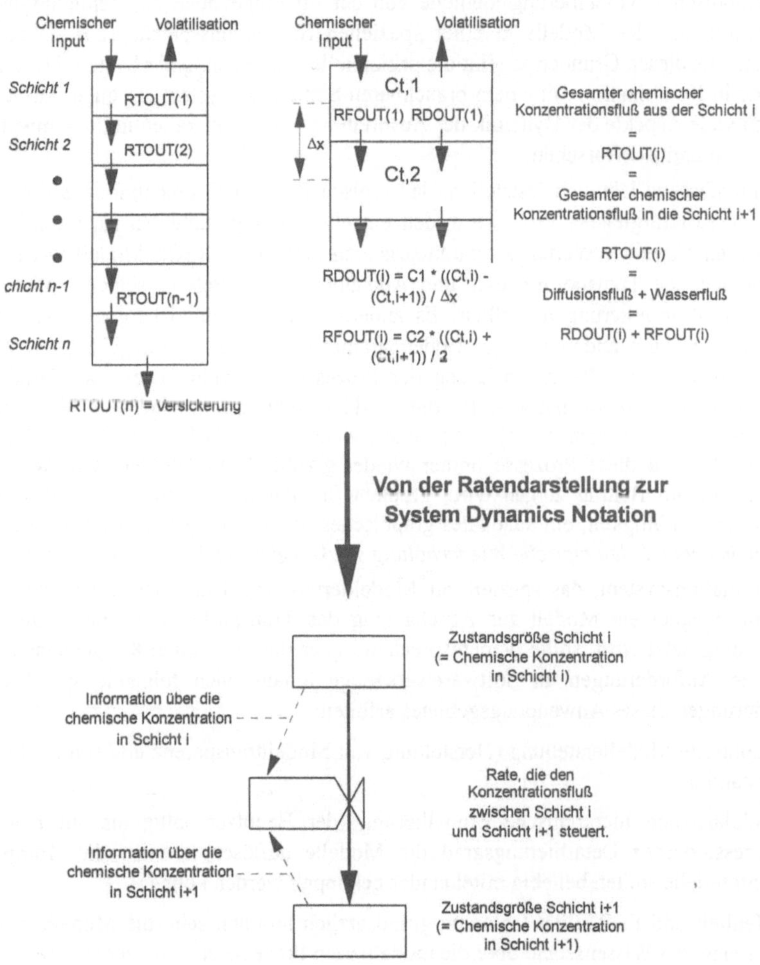

Bild 3 Ratendarstellung des Transportprozesses einer Chemikalie in einer Bodensäule (oben) und äquivalente Darstellung in System Dynamics Notation

Der Vorteil der Verwendung von System Dynamics zur Modellierung von derartigen Kompartimentmodellen liegt in der intuitiven Verständlichkeit und Erklärbarkeit der graphischen Notation, da nur wenige Elemente zur Modellierung eines dynamischen Systems benutzt werden. Die wichtigsten Komponenten eines System Dynamics Diagramms sind neben *Konstanten* (constants) und *Hilfsgrößen* (auxiliaries) *Fluß-* (rates) und *Zustandsgrößen* (levels). Außerdem wird der Modellentwickler bei Verwendung einer graphischen Modellierungsmethode von der oft mühevollen und fehleranfälligen Programmierung des Modells in einer speziellen Simulationssprache (z.B. Dynamo) entlastet. Aus diesen Gründen scheint die prinzipielle Verwendung der System Dynamics Methode in Kombination mit einem brauchbaren Simulationssystem ein guter Ansatz zu sein, um viele Aspekte der Dynamik der Ausbreitung von Chemikalien in der Umwelt zu modellieren und zu erforschen.

Zusammenfassend läßt sich feststellen, daß typisch für Kompartimentmodelle die Wiederholung strukturgleicher Prozesse in den einzelnen Kompartimenten ist, die mit entsprechenden aktuellen Werten zu parametrisieren sind. Im EXSOL-Modell werden in jeder Schicht die Transportprozesse und Abbauprozesse mittels derselben mathematischen Prozeßformulierung modelliert. Es ändern sich nur beim Übergang von einem Bodenhorizont zum anderen einige Bodenparameter wie z.B. Wassergehalt, pH-Wert, u.a.. Folglich ist eine Parametrisierung der Prozesse notwendig. Diese Wiederholung strukturgleicher Prozesse hat aber für die Modellerstellungskomponente eines Simulationswerkzeuges weitreichende Konsequenzen, wenn man nicht für jedes Kompartiment oder jede Schicht diese Prozesse immer wieder graphisch modellieren will. Wie sich später in diesem Beitrag zeigen wird, kranken Simulationswerkzeuge heutzutage u.a. auch an der Unfähigkeit, ein adäquates graphisches Modellierungskonstrukt für diese *in Kompartimentmodellen typische Wiederholung strukturgleicher Prozesse* bereitzustellen.

Ein Simulationssystem, das speziell zur Modellierung von Kompartimentsystemen (in unserem Beispiel ein Modell zur Abschätzung des Transportes von Chemikalien im Boden) eingesetzt wird, sollte dementsprechend über die im Kapitel 8.2 genannten allgemeinen Anforderungen an Softwarewerkzeuge hinaus auch folgende spezifischen Anforderungen dieses Anwendungsgebietes erfüllen:

- Graphische Modellerstellung (Herstellung von Modelltransparenz und somit Modellverständnis).
- Modulare und hierarchische Modellierung (der Benutzer sollte bis auf den ihn interessierenden Detaillierungsgrad die Modelle auflösen können, die Kompartimentmodelle sollten beliebig miteinander gekoppelt werden können).
- Offenheit und Flexibilität (es sollte grundsätzlich möglich sein, die Modelle gemäß dem eigenem Wissensstand über die modellierten Prozesse zu verändern).
- Unterstützung der typischen Probleme von Kompartimentmodellen (strukturgleiche Prozesse in den Kompartimenten, s.o.).
- Geeignete Import und Exportschnittstellen für Simulationsergebnisse, Modellparameter, Substanzdaten (z.B. sollte eine Kopplung mit Geographischen Informationssystemen und Datenbanken möglich sein).

8.4 Realisierung des EXSOL-Modells mit verschiedenen Simulationswerkzeugen

8.4.1 Das Simulationssystem E4CHEM[2]

Allgemeine Beschreibung

Ein Vertreter für die Klasse von Simulationssystemen, die heute noch typischerweise im Bereich der Simulation von Ausbreitung und Wirkung von Chemikalien in der Umwelt angetroffen wird, ist das Programmpaket E4CHEM. E4CHEM wurde von Wissenschaftlern der Projektgruppe Umweltgefährdungspotentiale von Chemikalien (PUC) am GSF-Forschungszentrum für Umwelt und Gesundheit entwickelt. E4CHEM soll einen einfachen Zugriff auf ein System von Modellen bereitstellen, die die charakteristischen Ausbreitungsmerkmale von Chemikalien in der Umwelt beschreiben, und wurde entwickelt, um Forderungen nach einem hierfür geeigneten Simulationswerkzeug zu erfüllen (vgl. [16]). E4CHEM wurde explizit für die Implementation der Kompartimentmodelle zur Ausbreitung von Chemikalien in den Umweltmedien Luft, Wasser und Boden erstellt, außerdem können auch expositionsrelevante Substanzeigenschaften von Chemikalien abgeschätzt werden. Einen Überblick über das Programmpaket gibt Bild 4.

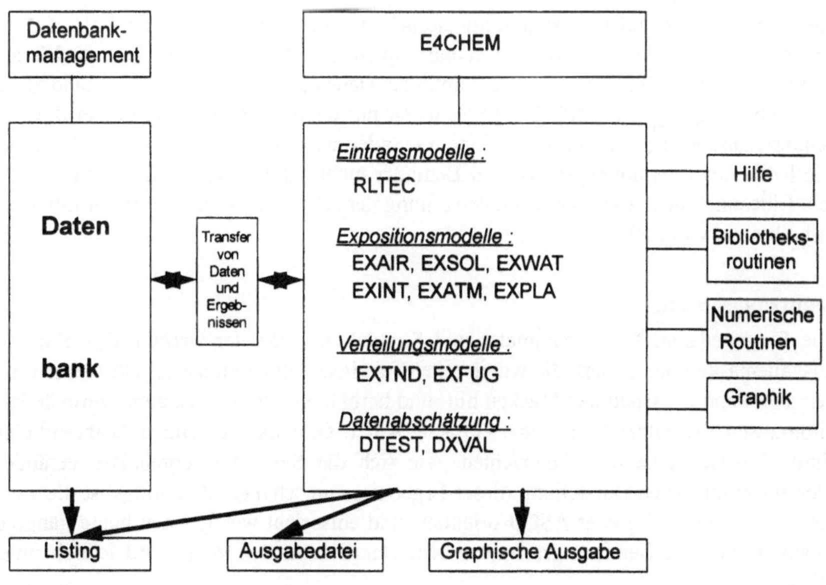

Bild 4 Komponenten des E4CHEM-Programmpaketes

[2]E4CHEM ist ein Akronym für Exposure Estimation for potentially Ecotoxic Environmental CHEMicals.

Die Hauptziele von E4CHEM sind:

- Beschreibung des Verhaltens von Chemikalien in der Umwelt unter Berücksichtigung variierender Umweltparameter.
- Beschreibung des Verhaltens derselben Chemikalie in verschiedenen Kompartimenten.
- Beschreibung des Verhaltens unterschiedlicher Chemikalien in demselben Kompartiment mit gleichen Umweltparametern.
- Rückverfolgung von unerlaubt freigesetzten Chemikalien zu ihrer Quelle.
- Entlastung des Benutzers des Programmpaketes von extensiven Berechnungsoperationen.
- Unterstützung bei der Interpretation von Experimentierergebnissen.

Um diese Ziele zu erreichen, bietet das Programmpaket eine einfach zu bedienende Benutzungsoberfläche, eine umfangreiche Kommandosprache, eine einfache Dateischnittstelle, vielfältige Datenabschätzungs- und Validierungsmöglichkeiten und eine einfache Chemikaliendatenbank an. E4CHEM ist lauffähig auf Standard-PCs sowie auf verschiedenen UNIX-Plattformen.

Modellerstellung

Das System basiert auf der Programmiersprache C. Sämtliche Modelle sind also für den Benutzer unzugänglich als Programmcode implementiert worden. Die gesamte Modellstruktur und Modelldynamik sowie sämtliche Datenabschätzungsverfahren sind durch den Code festgelegt. Sie sind für den Benutzer nur dadurch transparent, daß er diese im Benutzerhandbuch nachlesen kann. Eine Veränderung der Modellstrukturen ist - da der Quellcode des Programmsystems dem Benutzer nicht zur Verfügung steht - nicht möglich. Eine einfache graphische Modellerstellung der relevanten Prozesse ist mit E4CHEM deshalb nicht vorgesehen.

Benutzungsoberfläche

Alle Eingabedaten, Modellparameter und Simulationsparameter werden über Ein- und Ausgabemasken organisiert, die wie in einer Tabellenkalkulation dargestellt werden. Der Benutzer kann zwischen den Masken hin- und herblättern, die angezeigten Werte ändern, automatisch abschätzen lassen oder einfache ASCII-Graphiken erzeugen. Während eines Simulationslaufes kann er beobachten, wie sich die Simulationsergebnisse verändern oder zur graphischen Darstellung dieser Ergebnisse umschalten. Allerdings ist die ganze Benutzungsoberfläche eher ASCII-orientiert und entspricht weniger den heute gängigen fensterorientierten Benutzungsschnittstellen. Der Einsatz der Maus wird jedoch unterstützt.

Schnittstellen

Substanzdaten von Chemikalien und Modellparameter können als ASCII-Dateien exportiert und importiert werden. Alle Ausgaben lassen sich in eine Datei oder auf einen Drucker leiten. Alle Aktivitäten können als Logbucheintragungen sowohl auf den Drucker geleitet als auch in eine Datei geschrieben werden. E4CHEM bietet eine einfache Datenbank für Chemikalien an. Hierbei handelt es sich um ein Werkzeug, welches die chemischen Substanzdaten in E4CHEM-adäquater Form bereitstellt. Die Funktionalität gängiger Datenbanken kann jedoch durch dieses Werkzeug nicht ersetzt werden.

Bewertung

Aus obiger Beschreibung des E4CHEM-Systems wird klar, daß dieses Simulationswerkzeug zwar eine recht einfache und schnelle Durchführung von Simulationsexperimenten gestattet, aber letztlich nicht dem heutigen Stand der Technik von Softwarewerkzeugen im Bereich der Modellbildung und Simulation entspricht. Die Benutzungsoberfläche ist nicht mit heutigen flexiblen Fenstersystemen zu vergleichen. Weitere Defizite finden sich in den Bereichen Modellerstellung, -transparenz, und der Erweiterbarkeit von Modellen. Die Struktur und Dynamik der Modelle lassen sich nur aus der Modelldokumentation erschließen, da Modellstruktur und -dynamik ausschließlich durch den Programmcode dargestellt werden. Eine graphische Visualisierung der Modellstruktur mit all ihren Vorteilen erfolgt demnach nicht. Es ist zudem nicht möglich, Änderungen der Modellstruktur und -dynamik einzubringen, da E4CHEM ein geschlossenes System ist. Gerade aber auf dem Gebiet der Umweltmodellierung ist es typisch, daß das Wissen über die untersuchten Systeme im Laufe der Zeit immer weiter vervollständigt wird; es sollte dann auch in die entsprechenden Modelle einfließen. Dies funktioniert nur dann, wenn die entsprechenden Simulationssysteme eine hierarchische, modulare, offene und flexible Modellerstellung unterstützen. Somit sind die meisten der in Kapitel 8.2 erwähnten Anforderungen nicht erfüllt. Es scheint typisch für diesen Anwendungsbereich, daß die vorzufindende, durch Fachwissenschaftler „selbst gestrickte" Simulationssoftware hinter den aktuellen Methoden und Techniken der Modellbildung und Simulation und deren Softwareunterstützung hinterherhinkt.

8.4.2 Das Simulationswerkzeug STELLA[3]

Allgemeine Beschreibung

STELLA (vgl. [17], [18]) ist ein Werkzeug, das die graphische Modellerstellung gemäß der System Dynamics Methode unterstützt. Es gibt auch einige Erweiterungen zur Entwicklung diskreter Simulationsmodelle, aber die Stärken dieses Simulationswerkzeuges liegen in der Unterstützung der kontinuierlichen System Dynamics Methode. Mit STELLA ist es also möglich sowohl beliebige Modelle graphisch zu erstellen als auch zu simulieren, während mit E4CHEM nur bereits erstellte Modelle zur Abschätzung der Ausbreitung von Chemikalien in bestimmten Umweltmedien ausgeführt werden können. Ursprünglich ist STELLA für den Macintosh-Rechner entwickelt worden, heute ist aber auch eine Windows-Version verfügbar.

[3]Verwendet wurde STELLA II, Version 3.0.5 von High Performance Systems Inc., Hanover, NH, USA.

Modellerstellung/Benutzungsoberfläche

Modelle werden in STELLA aufgebaut, indem die vorgeschriebenen Komponenten gemäß der System Dynamics Methode in einem Diagrammfenster auf dem Bildschirm plaziert und verknüpft werden. STELLA's Modellentwicklungsumgebung besteht aus zwei Schichten, der *Mapping-Schicht* und der *Modellerstellungs-Schicht*. Die *Mapping-Schicht* erlaubt einen allgemeinen Überblick über die Modellstruktur. Hier können Texte und Bilder benutzt werden, um auf hohem Abstraktionsniveau einen Einblick in die Modellstruktur und das Modellverhalten zu erlauben. In der *Modellerstellungs-Schicht* werden die zugrundeliegenden dynamischen Prozesse eines Modells graphisch in Form von System Dynamics Diagrammen detailliert erstellt. Diese Prozesse können bei Bedarf immer tiefer in Submodellen unterteilt werden. Um ein Modell in der Modellerstellungs-Schicht zu erstellen, ist es notwendig, geeignete graphische Symbole der System Dynamics Methode auszuwählen, im Modell zu plazieren und miteinander zu verbinden. Auf diese Weise entsteht ein Diagramm aus Zustandsgrößen, Flußgrößen, Konstanten, Hilfsgrößen und Stoffflüssen. Dabei ist ein Umschalten zwischen den beiden Schichten problemlos möglich. Wie viele andere graphische Modellierungswerkzeuge ist STELLA ein hybrides System, d.h. es können sowohl graphische Elemente als auch Texte gleichzeitig in einem Modelldiagramm erscheinen. Einzelne graphische Modellkomponenten werden durch das Anklicken mit der Maus spezifiziert. Es öffnet sich dann ein zur Komponente gehöriges Fenster, in dem Parameter oder mathematische Ausdrücke eingegeben werden können, die das dynamische Verhalten oder den Zustand der Komponente charakterisieren. Diese Beschreibungen der einzelnen Bestandteile werden beim Aufbau des Modells automatisch von STELLA gemäß der System Dynamics Methode in einen Satz von mathematischen Gleichungen übertragen, bis das Modell vollständig ist. Vergißt der Benutzer bestimmte Bestandteile seines Modells zu spezifizieren, wird er von STELLA durch Anzeige von Fragezeichen in den betreffenden Komponenten darauf hingewiesen. Die Modellerstellung und die Dateneingabe erleichtert STELLA durch das Bereitstellen von komfortablen Dialogboxen, die den Benutzer schrittweise bei der Modellspezifikation unterstützen, außerdem kann der Benutzer bei der mathematischen Definition von einzelnen Modellbausteinen aus rund 60 bereitgestellten Funktionen auswählen. Beziehungen zwischen Modellbausteinen, die nicht analytisch ausgedrückt werden können, lassen sich in Form von Tabellen oder graphischen Funktionen beschreiben. STELLA erlaubt die Benutzung von drei Integrationsmethoden für die Simulation kontinuierlicher Modelle (Euler, Runge-Kutta zweiter und vierter Ordnung). Bevor eine Simulation ausgeführt werden kann, müssen die Schrittweite, die Startzeit und das Simulationsende definiert werden. Danach kann die Simulation durchgeführt werden. Es ist jedoch möglich, den Simulationslauf jederzeit zu unterbrechen, Eingabeparameter zu verändern, fortzufahren und zu beenden. Während eines Simulationslaufes können sämtliche Daten beobachtet werden, sei es mittels Animationen, jeglicher Art von graphischen Plots oder mittels Tabellen. Zur besseren Lesbarkeit der Plotausgaben können Plotachsen automatisch oder manuell skaliert werden. Es ist außerdem möglich, die Ergebnisse mehrerer Simulationsläufe in einem einzigen Plotbild darzustellen, um z.B. Sensitivitätsanalysen durchzuführen.

Schnittstellen

Bei Benutzung von STELLA ist es nicht möglich, externe Daten zu importieren, z.B. in Form von ASCII-Dateien. Außerdem erlaubt es STELLA auch nicht, Verbindungen mit Datenbanken herzustellen, um z.B. einen Zugriff auf relationale Tabellen zu gewähren. Jedoch ermöglicht STELLA einigen Anwendungsprogrammen wie z.B. MacPaint oder Excel den Zugriff auf die Simulationsergebnisse. Es ist in STELLA nicht vorgesehen, Submodelle separat vom Modell, in dem sie erstellt worden sind, zu speichern, um sie in anderen Modellen zu verwenden.

Erstellung des EXSOL-Modells mit STELLA

Während des Aufbaus des EXSOL-Modells mit STELLA wurde ein Problem sofort erkennbar. Die System Dynamics Methode schreibt vor, daß für jede Bodenschicht, die modelliert werden soll, eine Zustandsgröße definiert wird. Entsprechend wird für die Darstellung des Transportflusses und des Abbaus gemäß Bild 2 je eine Flußgröße benötigt. Dieses bedeutet, daß im Falle der Betrachtung einer Bodensäule, in der z.B. 40 Schichten bzw. Kompartimente betrachtet werden sollen, im Modelldiagramm allein 40 Zustandsgrößen erscheinen müßten, zusätzlich kämen noch jeweils 39 Flußgrößen zur Modellierung des Transportes zwischen den Schichten, 40 Flußgrößen zur Modellierung der Abbaurate sowie noch einige Flußgrößen zur Modellierung der Randbedingungen der Bodensäule hinzu. Unglücklicherweise erlaubt die graphische Notation keine Parametrisierung derartiger gleicher Strukturen, so daß diese fortwährende Duplikation gleicher Prozesse nicht vermieden werden kann. Bild 5 soll einen Eindruck von dieser umständlichen Art der Modellierung des EXSOL-Modells mit STELLA verschaffen, obwohl hier nur 5 Schichten einer Bodensäule modelliert wurden.

Abgesehen vom hohen Aufwand einer solchen Modellierung und den sich daraus resultierenden Speicherplatzanforderungen wird das auf diese Weise entstehende Modelldiagramm sehr unübersichtlich. Dabei ist es eigentlich unnötig, immer wieder strukturgleiche Prozesse jeweils für eine Schicht (bzw. ein Kompartiment) zu wiederholen. Besser wäre es, die relevanten Prozesse nur einmal graphisch zu spezifizieren und dann dem Simulationssystem mitzuteilen, wie oft - also für wieviel Schichten oder Kompartimente - diese Prozesse wiederholt werden müßten. Zur Modellierung des Transportes der chemischen Substanz zwischen den Schichten haben wir STELLA's „Biflow"-Funktionalität verwendet, die es erlaubt, den Transport sowohl nach oben als auch nach unten durch ein einziges graphisches Symbol darzustellen. Dies führte zu einer leicht verbesserten Übersichtlichkeit des Diagramms, da man nicht den Transport je Richtung einzeln modellieren mußte.

Bewertung

Bei STELLA handelt es sich um ein effektives und einfach zu benutzendes Simulationswerkzeug auf dem Stand der heute üblichen Fenstersysteme. Wegen seiner hierarchischen Schichtenarchitektur ermöglicht es eine einfache Strukturierung eines Modells und gestattet einen schnellen Überblick über die wichtigen Modellprozesse und ihre wechselseitigen Beziehungen. Auch die von STELLA ermöglichte Erzeugung von Submodellen innerhalb eines Modells hilft, die Komplexität von Umweltmodellen zu reduzieren.

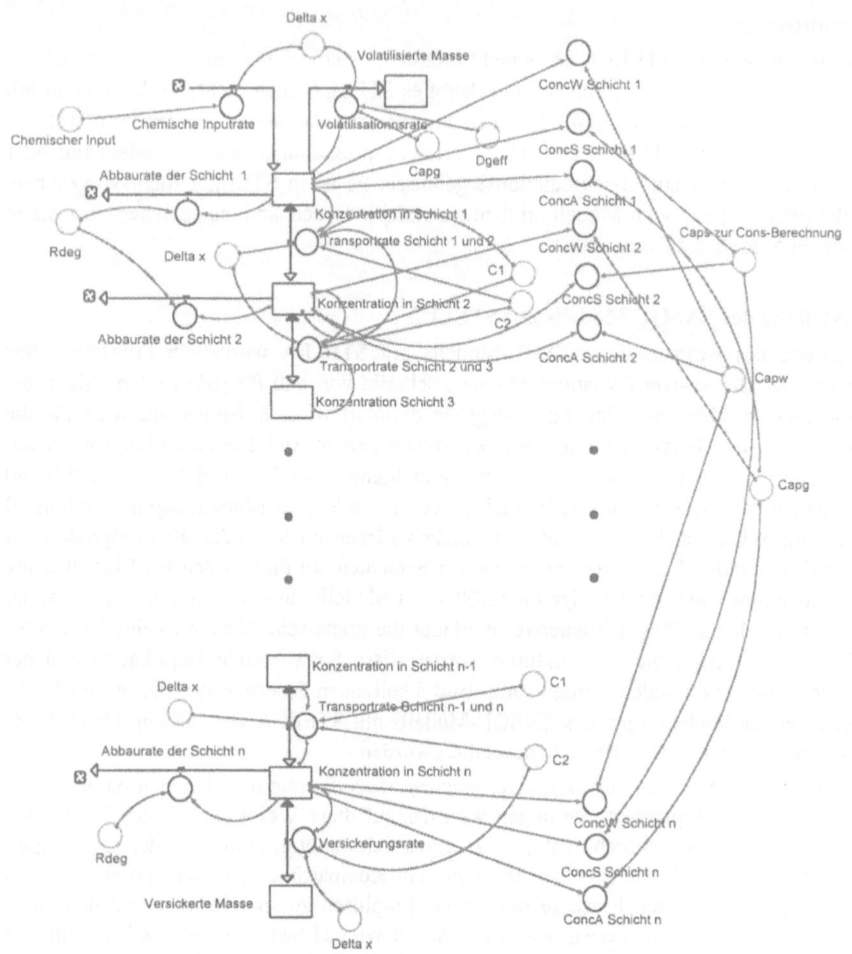

Bild 5 EXSOL-Modell in STELLA

Trotz dieser Strukturierungsmöglichkeiten erscheint STELLA zur Modellierung von Kompartimentsystemen wenig geeignet, wie Bild 5 zeigt (man könnte dieses Diagramm auch als „Spaghettidiagramm" bezeichnen). Der Grund liegt in den oben bereits erwähnten Beschränkungen der STELLA zugrundeliegenden System Dynamics Methode und der fehlenden Abstraktionsfähigkeit für graphische Darstellungen strukturgleicher Prozesse. Nachteilig erscheint uns auch, daß STELLA es nicht erlaubt, Submodelle unabhängig vom Modell, in dem sie verwendet werden, zu speichern, so daß eine Wiederverwendung von schon modellierten Prozessen nur im gleichen Modell möglich ist. Logischerweise wird der Benutzer bei der Verwaltung und Verwendung von Submodellen von STELLA nicht unterstützt. Leider ist es bei STELLA auch nicht möglich, eine Datenbank anzubinden, so daß alle relevanten Daten von Hand eingegeben werden müssen, was eine relative langwierige Prozedur sein kann. Da STELLA ein geschlossenes System ist und keine mitgelieferte Programmiersprache genutzt werden kann, lassen sich z.B. problemspezifische Erweiterungen eines Anwendungsgebietes nicht implementieren. Auffallend ist auch die im Vergleich zu anderen Simulationssystemen relativ langsame Ausführungsgeschwindigkeit von STELLA.

Abschließend sei jedoch herausgestellt, daß STELLA's graphische Darstellungsmöglichkeiten und einfach durchzuführende Sensitivitätsanalysen für eine Anwendung von STELLA im Umweltbereich recht hilfreich und nützlich sind. Für die Modellierung von Kompartimentsystemen erscheint uns STELLA aus oben genannten Gründen jedoch ungeeignet, da schnell unübersichtliche Modelldiagramme entstehen.

8.4.3 Das Simulationswerkzeug EXTEND[4]

Allgemeine Beschreibung

EXTEND ist ein weiteres graphisches Modellierungswerkzeug sowohl für den Macintosh als auch für PCs unter Windows. Anders als STELLA ist EXTEND nicht nur dazu bestimmt, den Aufbau von System Dynamics Modellen zu unterstützen, kann jedoch auch hierzu verwendet werden. EXTEND bietet sowohl eine graphische Modellerstellungskomponente an als auch die Möglichkeit, mithilfe der C ähnlichen Programmiersprache ModL eigene Erweiterungen in das Simulationswerkzeug zu integrieren. Die Schlüsselidee von EXTEND ist sein *bibliotheksbasiertes Blockkonzept.* Aus mitgelieferten Standardbibliotheken entnimmt der Modellentwickler vorgefertigte Modellbausteine (sogenannte Blöcke) und baut hieraus sein Modell auf. Er kann zusätzlich eigene Bibliotheken erstellen oder Spezialbibliotheken anschließen, die für einen großen Bereich von Anwendungen genau abgestimmte Modellbausteine (Blöcke) enthalten. Mit EXTEND lassen sich kontinuierliche, diskrete oder kombinierte Simulationen durchführen. Für weitere detailliertere Informationen über EXTEND wird auf [19], [20] und [21] verwiesen.

Modellerstellung/Benutzungsoberfläche

Modelle werden mit EXTEND aufgebaut, indem der Benutzer menü- und fenstergesteuert einen Block aus einer Bibliothek auswählt und in einem Modelldiagramm plaziert. Diese Blöcke stellen dann eine graphische Repräsentation von Aktionen oder Prozessen dar. Jeder Block besitzt sogenannte Konnektoren, über die er mit anderen Blöcken durch Linien verbunden werden kann. Durch diese Konnektoren fließt Information in einen und wieder aus einem Block. Diese Information wird durch das zum Block zugehörige Programmskript bearbeitet und manipuliert. Blöcke (d.h. der zu ihnen gehörende Programmcode, Icon, Konnektoren und Dokumentation) können jederzeit in separaten Bibliotheken gespeichert werden und auch wieder importiert werden, unabhängig von dem Modell, in dem sie erzeugt worden sind. Zu jedem Block gehört ein Dialogfenster,

---

[4]Verwendet wurde EXTEND Version 3.1 von Imagine That Inc., San Jose, CA, USA.

mit dem vor der Durchführung eines Simulationslaufes die notwendigen, zum Block gehörenden Werte eingegeben bzw. nach Durchführung einer Simulation Ergebnisse analysiert werden können. Mithilfe eines mitgelieferten Dialogeditors ist es leicht möglich, Dialogfenster gemäß den spezifischen Vorstellungen des Benutzers aus Komponenten wie Knöpfen, Textfeldern, Auswahlfeldern, Tabellen etc. zu erzeugen bzw. zu verändern. EXTEND bietet die Möglichkeit, Verbindungen zwischen Blöcken mit einem Namen zu kennzeichnen, um auf diese Weise zu verhindern, daß eine Verbindung unter Umständen über das ganze Modelldiagramm gezogen werden muß. Desweiteren ist es auch möglich, hierarchische Blöcke zu erzeugen, welche beliebig geschachtelte Submodelle enthalten können. Solche hierarchischen Blöcke können auch separat in einer Bibliothek gespeichert werden. Zur Auswertung von Simulationsergebnissen stehen geeignete Blöcke z.B. zur Erzeugung beliebiger Ausgabeplots, Histogramme, Zeitreihen, Tabellen, etc. zur Verfügung. Aber auch diese können vom Benutzer den eigenen Bedürfnissen jederzeit angepaßt werden. Der Benutzer kann zu jedem Block menügesteuert eine Animation anfordern (z.B. blinkende Blöcke) oder aber auch eigene Animationen durch bestimmte Programmcodefunktionen zu den Blöcken kreieren. Auf diese Weise können Blöcken wechselnde Farben, Formen, Bilder und sogar Filme (auf dem Macintosh) zugewiesen werden.

Bild 6 zeigt ein Beispiel, wie mit Standardblöcken der Transport zwischen zwei Schichten des EXSOL-Modells modelliert werden könnte, wenn man bei der Modellierung so vorgehen würde, wie wir dies mit STELLA getan haben. Dabei kann der Holding-Tank-Block wie eine Zustandsgröße gemäß Bild 3 betrachtet werden (würde man eine eigene

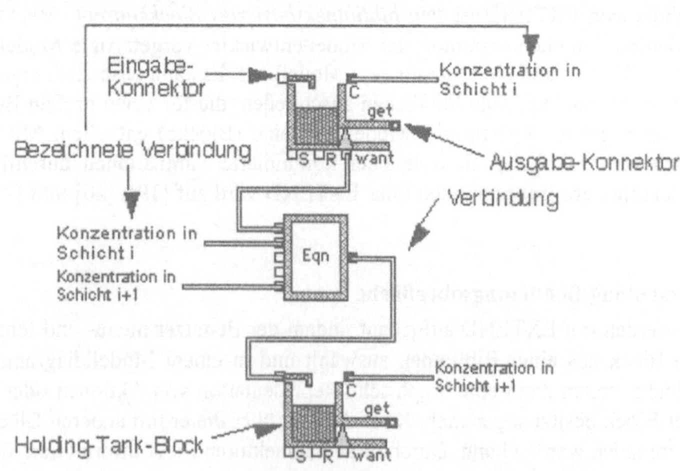

Bild 6 Modellierung des Transportprozesses nur mit EXTEND's Standardblöcken

Bibliothek mit EXTEND schreiben, könnte man sogar die System Dynamics Methode und ihre Symbole benutzen). Zum weiteren Benutzungskomfort gibt es in EXTEND ein Notebook. Dies ist ein eigenes Fenster, in dem der Benutzer zusammenhängende Modelleingaben und Simulationsergebnisse gruppieren kann. Der Benutzer kann Sensitivitätsanalysen dialoggesteuert ausführen und jederzeit eine Simulation anhalten, wiederaufnehmen, beenden und Werte zwischendurch verändern oder analysieren. Es können verschiedene Integrationsmethoden (Euler- und Trapezodialverfahren) bei der kontinuierlichen Simulation verwendet werden, bei der diskreten Simulation verfolgt EXTEND die prozeßorientierte Sichtweise.

Schnittstellen

EXTEND bietet eine gut entwickelte und einfach zu benutzende Schnittstelle zum Importieren und Exportieren beliebiger Daten über entsprechende Blöcke an. Man kann Simulationsergebnisse in eine Datei schreiben oder aber zu beliebiger Zeit Daten aus einer externen Datei lesen. Es werden auch viele Interapplikations Kommunikationsmöglichkeiten angeboten. So könnte man auf dem Macintosh-Rechner über Apple-Events sogar auf Daten einer Datenbank oder von Spreadsheet-Programmen direkt zugreifen. Diese Zugriffsmöglichkeit ist sogar dann möglich, wenn eine Simulation läuft, jedoch erfordert dies gewisse Kenntnisse über Interna des genutzten Betriebssystems.

Erstellung des EXSOL-Modells mit EXTEND

Um das Problem der graphischen Darstellung analog aufgebauter Kompartimente zu umgehen, haben wir bei unserer Implementation des EXSOL-Modells mit EXTEND von dessen Programmiersprache ModL Gebrauch gemacht und einen eigenen parametrisierten Block programmiert, der die Funktionalität des EXSOL-Modells beinhaltet. Natürlich hätten wir bei der EXSOL-Modellierung auch so vorgehen können, wie wir dies mit STELLA gemacht haben. Dann hätten wir aber für jede untersuchte Schicht auch wieder jeweils ein Symbol (hier: Holding-Tank-Block) plazieren müssen. Dies hätte auch bei Verwendung von EXTEND zu einem unübersichtlichen Modelldiagramm geführt, außerdem wäre so eine allgemeine Parametrisierung einer Bodensäule auch nicht möglich gewesen. Bild 7 soll dem Leser einen Einblick in die Programmiersprache ModL vermitteln. Sie stellt einen Ausschnitt des Codes unseres selbst entwickelten Blocks dar.

Bild 8 zeigt, wie das EXSOL-Modell als EXTEND-Modelldiagramm erscheint. Es fällt auf, daß die Modellstruktur einfacher ist, als z.B. im STELLA-Diagramm. Dies haben wir uns aber nur dadurch erkauft, daß die Modellstruktur und die beteiligten Prozesse nun hauptsächlich von dem einen von uns entwickelten Block dargestellt werden, wir also auf eine graphische Repräsentation - wegen der erwähnten Probleme - verzichtet haben. In der Tat repräsentiert unser Block die gesamte Funktionalität des EXSOL-Modells. Durch Eingabe der gewünschten Schichten- und Horizontzahl im zugehörigen Blockdialog ist es sogar möglich, jede beliebige Bodensäule in jeder beliebigen Auflösung zu simulieren. Allerdings sollte die Vorgehensweise des Programmierens der Modellstruktur und -dynamik nicht von einem typischen Anwender in der Umweltmodellierung verlangt werden, sondern dies kann relativ einfach von einem Spezialisten erledigt werden. Jedoch geht bei einer solchen Vorgehensweise die intuitive Verständlichkeit der graphischen Notation verloren.

```
// This message occurs for each step in the simulation.
on simulate
{
Integer i;Real delta;
Double Inflowrate,Outflowrate,Degradationrate,Leachingrate,Volrate;
// Collection of data for plotting : first and last layer of each horizon ******************************
Plotterarray[Counter][0] = Concentrations[0][0];i = StrToReal(Layer1) - 1;
Plotterarray[Counter][1] = Concentrations[i][0];
If (StrToReal(Horizons) >= 2.)
  { Plotterarray[Counter][2] = Concentrations[i + 1][0]; i = StrToReal(Layer2) + i ;
    Plotterarray[Counter][3] = Concentrations[i][0]; }
If (StrToReal(Horizons) == 3.)
  { Plotterarray[Counter][4] = Concentrations[i + 1][0];
    i = Number - 1 ;  Plotterarray[Counter][5] = Concentrations[i][0]; }

•••

// Calculations for bottom layer ***************************************************************************
Inflowrate = Outflowrate;
Leachingrate = C2In*Concentrations[Number-1][0]/delta;
Outflowrate = Leachingrate;
Concentrations[Number-1][0]=Concentrations[Number-1][0]+(Inflowrate-Outflowrate-
Degradationrate)*DeltaTime;
Concentrations[Number-1][1]=Concentrations[Number-1][0]*CapgIn;
Concentrations[Number-1][2]=Concentrations[Number-1][0]*CapwIn;
Concentrations[Number-1][3]=Concentrations[Number-1][0]*CapsIN;
Leach = Leachingrate*delta;LeachingOut = Leachingrate;
Counter = Counter + 1;
}
```

Bild 7 Teile des Programmskriptes zur Definition des EXSOL-Blocks

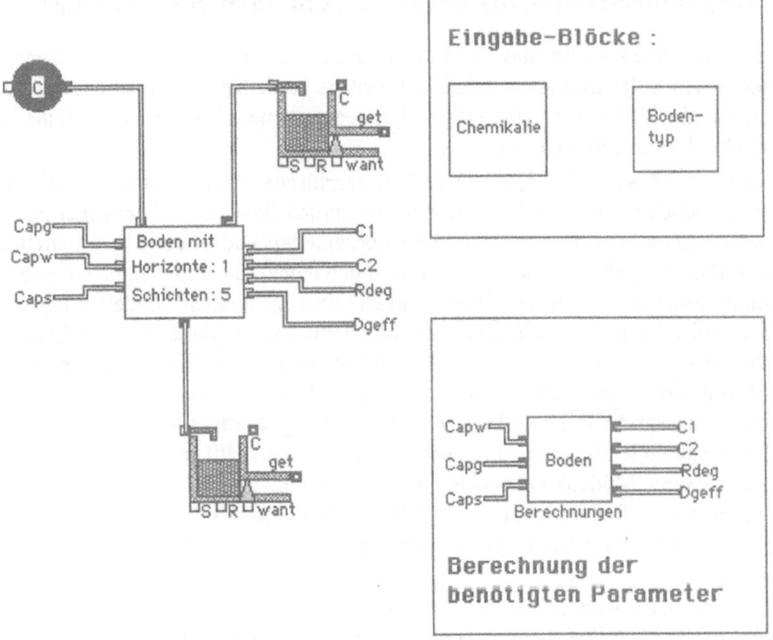

Bild 8 Modelldiagramm des EXSOL-Modells in EXTEND

Bewertung

EXTEND offenbart sich als ein überraschend offenes und flexibles Simulationswerkzeug bezüglich der Benutzung und Manipulation seiner zum Modellaufbau verfügbaren Bausteine (Blöcke). Dies ermöglicht es, das jeweilige Modell immer dem neuesten Erkenntnisstand anzupassen. Es kann also dynamisch ohne Probleme fortgeschriebenwerden. Hierzu trägt auch die Benutzung der EXTEND-eigenen Programmiersprache bei. Eigene Blöcke und sogar eigene hierarchische Blöcke können entwickelt und in einer Bibliothek anderen Benutzern gut dokumentiert auf einfache Weise verfügbar gemacht werden. Auf diese Weise könnten z.B. typische Bausteine der Umweltmodellierung (Kompartimente) in Form von Blöcken in einer entsprechenden Bibliothek bereitgestellt werden. EXTEND ermöglicht durch seine Offenheit den Wissenstransfer zwischen unterschiedlichen Benutzern. EXTEND's graphische Oberfläche und objektorientierte Architektur ist gut geeignet, eine angemessene Unterstützung bei der Entwicklung von Modellen und Durchführung von Simulationsläufen zu gewährleisten. Hierzu trägt auch die gut ausgebaute Datei- und Interapplikations-Schnittstelle bei.

Allerdings ist es auch bei Verwendung von EXTEND nicht möglich, die bei Kompartimentsystemen typische Wiederholung strukturgleicher Prozesse in den einzelnen Kompartimenten in geeigneter Weise graphisch darzustellen.

8.5 Gegenüberstellung der eingesetzten Simulationswerkzeuge

Bei der Implementierung des EXSOL-Modells mit den beiden, gegenüber dem ursprünglichen Softwaressystem E4CHEM weitaus moderneren Simulationswerkzeugen STELLA und EXTEND, zeigten sich einige gemeinsame, aber auch eine Reihe unterschiedlicher Systemeigenschaften.

Sowohl STELLA als auch EXTEND sind als graphische Simulationssysteme einfach zu benutzen. Jedoch erwies sich EXTEND als wesentlich flexibler und einfacher zu erweitern; eine Eigenschaft, die von seiner objektorientierten und offenen Systemarchitektur herrührt. Dies spiegelt sich unmittelbar in dem einfachen Zugriff auf seine vorgefertigten Bibliotheksmodule und in der Verfügbarkeit einer generellen Modellierungssprache wider. Folglich bietet EXTEND eine gute softwaretechnische Basis, um eine Gruppe von anwendungsspezifischen Umweltmodellierungswerkzeugen in dieses System einzubetten. Obwohl die Programmierung von angepaßten Modellbausteinen von den typischen Nutzern in diesem Anwendungsbereich nicht unbedingt erwartet werden kann, so ist die EXTEND-Submodellfunktion ausreichend flexibel, um als Hilfsmittel für die Konfiguration komplexerer Modellkomponenten aus einfacheren Bausteinen zu dienen, solange nicht aufwendige Redefinitionen der Schnittstellen und Modifikationen der Modellabläufe erforderlich werden. Diese Möglichkeit steht in STELLA grundsätzlich nicht zur Verfügung.

Der EXTEND-Dialogeditor und die Notebook-Funktion erwiesen sich ebenfalls als sehr nützlich, da sie die Lokalisierung zusammengehöriger Input- und Outputgrößen an einer Stelle möglich machen. Zur Reduzierung der Diagrammkomplexität wird von EXTEND ein ähnlicher Mechanismus wie von STELLA angeboten, nämlich mit Bezeichnern versehene Verbindungslinien. Auch wenn in dem Beispielmodell die Export- und Importfunktionen von EXTEND nicht unmittelbar zum Einsatz kamen, stellen sie dennoch einen einfachen und effektiven Weg zur Bereitstellung unterschiedlicher Eingabedatensätze und zur Abspeicherung von Simulationsergebnissen für anschließende Analysen dar. In STELLA gibt es diese Dateischnittstelle nicht.

Desweiteren verwendet STELLA, wie bereits oben erwähnt, als zugrundegelegte Modellierungsmethode allein System Dynamics. Eine andere Modellierungsmethode steht in STELLA nicht zur Verfügung. Bei EXTEND als offenem System ist die Verwendung beliebiger Modellierungsmethoden denkbar, sofern hierfür in der vorliegenden generellen Modellierungssprache zugehörige Module implementiert und in die Bibliothek eingebunden werden.

Es sei abschließend angemerkt, daß es nur mit EXTEND möglich war, die identische Funktionalität, wie sie im zugrundegelegten EXSOL-Modell im System E4CHEM vorlag, vollständig zu implementieren.

Als Ergebnis der Analyse läßt sich festhalten, daß sich EXTEND gegenüber STELLA weitaus besser als Basissystem für die Realisierung benutzerfreundlicher, anwendungsspezifischer Umweltmodellierungswerkzeuge eignet, insbesondere wegen seiner handlicheren graphischen Benutzungsoberfläche mit der Möglichkeit zur graphischen Modellerstellung, seiner objektorientierten Modellbibliothek und seiner offenen Systemarchitektur, die eine hohe Erweiterbarkeit unter Nutzung einer flexiblen, generellen Modellierungssprache bietet.

8.6 Zusammenfassung und Schlußfolgerungen

Vorgänge in der Umwelt sind durch ein hohes Maß an Komplexität gekennzeichnet und es gibt eine Vielfalt von Methoden und Verfahren für ihre Analyse. In diesem Anwendungsbereich gehört die computergestützte Modellierung und Simulation zweifellos zu den mächtigsten Analyseverfahren, da sie es ermöglicht, ein besseres Verständnis für die Vielfalt der in der Umwelt vorliegenden Objekte und der vernetzten Prozesse sowie ihrer dynamischen Verhaltens- und Interaktionsmuster zu erlangen.

Aus Sicht der Informatik verfügen ökologische Simulationsmodelle über eine Reihe von methodisch anspruchsvollen Eigenschaften (z.B. hohe mentale Komplexität, große Meßdatenbestände, unvollständige und unsichere Datenbasis, Kombination von qualitativen und quantitativen Ansätzen, mehrdimensionale, teilweise qualitative Zielkriterien, Verknüpfung zwischen Raum- und Zeitdynamiken, etc.), aus denen sich viele wichtige Anforderungen an leistungsfähige Softwarewerkzeuge im Bereich Modellierung und Simulation ergeben. Hierzu zählen u.a. Formen des benutzerzentrierten Entwurfs, der visuellen Repräsentation, der Interaktivität, der Systemerweiterbarkeit und objektorientierte und wissensbasierte Architekturen.

Aufgrund der begrenzten Softwareentwicklungserfahrungen typischer Anwender in diesem Bereich werden bis heute veraltete Programmiertechniken und -werkzeuge eingesetzt, die breiten Raum für Verbesserungen mit moderneren Softwarekonzepten lassen.

Während der Implementierungsphase der Fallstudie auf dem Gebiet der Wirkungsanalyse von Chemikalien in der Umwelt mit den Simulationswerkzeugen STELLA und EXTEND bestätigte sich, daß dieser Anwendungsbereich einige spezifische Anforderungen an die eingesetzten Softwarewerkzeuge stellt. Der größte Mangel der untersuchten Simulationssysteme war das Fehlen eines geeigneten, graphischen Repräsentationsmechanismus für strukturgleiche Prozesse, die räumlich verteilt über eine vorgegebene Anzahl von Schichten bzw. Kompartimenten mehrfach auftreten, sowie die fehlende Möglichkeit, diese strukturgleichen Prozesse zu parametrisieren. Diese Anforderungen stoßen offensichtlich an die Grenzen heutiger graphisch-orientierter Modellierungsansätze, die bislang keine adäquaten graphischen Repräsentationsformen für diese Phänomene aufzuweisen haben. Hier bieten sich sinnvolle Verknüpfungen zwischen graphischen und textuellen Repräsentationen an, die sich am besten mithilfe geeigneter Implementierungssprachen über flexible Systemerweiterungen umsetzen lassen. Obwohl sowohl STELLA als auch EXTEND den hierarchischen Modellaufbau zur Vereinfachung der Modell- und Diagrammstruktur unterstützen, verfügt allein EXTEND als offenes System über diese Art der flexiblen Systemerweiterbarkeit, wenngleich auch nur auf einer sehr niedrigen Ebene in Form einer C-ähnlichen Programmiersprache zur Modellimplementation.

Besonders wichtig wird dieses Problem der Parametrisierung strukturgleicher Prozesse für den Aufbau und Einsatz von Komponentenbibliotheken (z.B. zur Modellierung eines Kompartimentes). STELLA und EXTEND erlauben zwar beide den Einsatz hierarchisierter Modellstrukturen, aber nur EXTEND erlaubt genügend Verkapselung, um entsprechende Komponenten in einer Bibliothek bereitzustellen. Hier wäre die Entwicklung einer geeigneten Skriptsprache zur Beschreibung der Verknüpfung zwischen den einzelnen Komponenten sinnvoll.

Auch bei den Schnittstellen zu externen Datenbeständen hat EXTEND Vorteile aufzuweisen, da dieses System wenigstens Export- und Importfunktionen für ASCII-Dateien und darüber hinaus auch recht flexible Zugriffsoperationen auf die Bibliotheksmodule besitzt. Schließlich wurden eine Reihe spezieller Anforderungen aus der ökologischen Modellierung identifiziert, die über die heute in kommerziellen Simulationswerkzeugen angebotene Funktionalität hinausgehen. Beispielsweise ist in vielen Modellen dieses Anwendungsbereiches der Zugriff auf raumbezogene Daten, wie sie in Geographischen Informationssystemen (GIS) gehalten werden, erwünscht, so daß sich die Frage nach geeigneten Schnittstellen zwischen Simulationswerkzeugen und GIS stellt. Außerdem wird die hohe Rechenzeit bei der Simulation komplexerer ökologischer Modelle zunehmend zu einem Engpaß (vgl. [22]).

Einige der genannten Probleme werden im Rahmen unserer experimentellen Forschungsarbeiten zur prototypischen Entwicklung von geeigneten Simulationswerkzeugen für unterschiedliche ökologische Anwendungsfelder (vgl. auch [23], [24], [25], [26]) näher analysiert. In dem vorliegenden Anwendungsbereich der Expositionsanalyse von Chemikalien in der Umwelt wurde EXTEND als Basissoftware gewählt und dessen Erweiterung um spezielle Funktionen (z.B. Datenbankschnittstellen, Modellbausteine für Kompartimente oder graphentheoretische Verfahren zur Analyse der topologischen Modellstruktur) befindet sich zur Zeit in Bearbeitung.

Literatur

[1] Trauboth, H.: *Was kann die Informationstechnik für den Umweltschutz tun*?, in: Automatisierungstechnik (1987), H.35, S. 431-442.

[2] Bossel, H.: *Modellbildung und Simulation: Konzepte, Verfahren und Modelle zum Verhalten dynamischer Systeme.* Vieweg, 1992

[3] Angerer, G., Hiessel, H.: *Umweltschutz durch Mikroelektronik. Anwendungen, Chancen, Forschungs- und Entwicklungsbedarf.* vde-verlag, 1991

[4] Häuslein, A.: *Wissensbasierte Unterstützung der Modellbildung und Simulation im Umweltbereich. Konzeption und prototypische Realisierung eines Simulationssystems.* Europäische Hochschulschriften, Verlag P. Lang, 1993

[5] Fischlin, A.: *Interactive Modeling and Simulation of Environmental Systems on Workstations,* in: Möller, D.P.F., Richter, O. (Hrsg.): Analyse dynamischer Systeme in Medizin, Biologie und Ökologie. Proceedings, Informatik-Fachberichte 275, Springer-Verlag, S. 131-145, 1991

[6] Grützner, R.: *Simulationsumgebungen für Modell- und Experimentbeschreibungen im Umweltbereich*, in: Grützner, R. (Hrsg.): Beiträge zum Workshop "Modellierung und Simulation im Umweltbereich", Rostock 25.-26.6.1992, Universität Rostock, Fachbereich Informatik, S.14-22, 1992

[7] Grützner, R., Häuslein, A., Page, B.: *Softwarewerkzeuge für die Umweltmodellierung und -simulation*, in: Handbuch Umweltinformatik, 2. Aufl., Oldenbourg, S. 191-218, 1995

[8] Forrester, J. W.: *Industrial Dynamics*. M.I.T. Press, 1961

[9] Häuslein, A., Hilty, L.M.: *Zur Transparenz von Simulationsmodellen*, in: Valk, R. (Hrsg.): Vernetzte und komplexe Informatik-Systeme. Proc. GI - 18. Jahrestagung, Informatik-Fachberichte Bd. 187, Springer-Verlag, S.279-293, 1988

[10] Jørgensen S.E.: *Fundamentals of Ecological Modelling*. 2. Auflage, Developments in Environmental Modelling, Band 19. Elsevier, 1994.

[11] Trapp, S., Matthies, M.: *Dynamik von Schadstoffen - Umweltmodellierung mit Cemos*. Springer, 1996

[12] Matthies, M., Behrendt, H., Münzer, B.: *EXSOL - Modell für den Transport und Verbleib von Schadstoffen im Boden*. GSF-Bericht 23/87, 1987.

[13] Behrendt, H., Brüggemann, R.: *Modeling the fate of Organic Chemicals in the Soil Plant Environment: Model Study of Root Uptake of Pesticides*, in: Chemosphere H. 27 (1993), S. 2325-2332

[14] Behrendt, H., Brüggemann, R.: Benzol - Modellrechnungen zum Verbleib in der Umwelt, in: UWSF - Z. Umweltchem. Ökotox, 6. Jg. (1994), H. 2, S. 1-10

[15] Behrendt, H., Brüggemann, R., Morgenstern, M.: *Numerical and Analytical Model of Pesticide Root Uptake. Model Comparison and Sensitivities*, in: Chemosphere H. 30 (1995), S. 1905-1920

[16] Brüggemann, R., Drescher-Kaden, U., Münzer, B.: *E4CHEM - A Simulation Program for the Fate of Chemicals in the Environment*. GSF-Bericht 2/96, 1996

[17] Christy, D. P., Lewis, H. S.: Software Review: STELLA, in: ORMIS Today, 17. Jg. (1990), H. 1, S. 46-49

[18] Peterson, S., Richmond, B.: *STELLA II: Technical Documentation*. High Performance Systems Inc., 1994

[19] Diamond, B., Hoffman, P.: *User's Manual for EXTEND: Version 3*. Imagine That Inc., 1995

[20] Krahl, D.: *An Introduction to EXTEND*, in: Tew et al. (Hrsg.): Proceedings 1994 Winter Simulation Conference, S. 538-545, 1994

[21] Krahl, D.: *Building End User Applications with EXTEND*, in: Alexopoulos et al. (Hrsg.): Proceedings 1995 Winter Simulation Conference, S. 413-419, 1995

[22] Dimitrov, E., Pawletta, S., Pawletta, T.: *Anforderungen an Simulationssysteme im Umweltbereich unter dem Aspekt der Durchführung komplexer Experimente*, in: Mitteilungen aus den Arbeitskreisen Nr. 35, Arbeitsgemeinschaft Simulation in der Gesellschaft für Informatik, 1995

[23] Hilty, L.M., Martinssen, D., Page, B.: *Designing a Simulation Tool for the Environmental Assessment of Logistical Systems and Strategies*, in: Guariso, G., Page, B. (Hrsg.): Computer Support for Environmental Impact Assessment. IFIP Transactions B-16. North-Holland, Amsterdam, S. 187-198, 1994

[24] Freese, H., Häuslein, A., et al.: *Ein Werkzeug zur Modellierung der Verkehrsträgeremissionen auf der Basis einer tabellen-orientierten, grafischen Simulationsmethodik*, in: Hilty, L.M., Jaeschke, A., et al. (Hrsg.): Informatik für den Umweltschutz, 8. Symposium, Hamburg 1994, Bd. 1, Metropolis Verlag, Marburg, S. 327-334, 1994

[25] Wohlgemuth, V.: *Design and Implementation of a Chemical Environmental Model using Interactive Simulation tools*, Studienarbeit, Fachbereich Informatik der Universität Hamburg., 1995

[26] Hilty, L.M., Page, B., et al.: *Konzeption eines Systems zur Abschätzung der Auswirkungen verkehrsbezogener Maßnahmen auf die Umwelt.* Bericht Nr. FBI-HH-B-184/96, Fachbereich Informatik der Universität Hamburg, 1996

Danksagung

Die Autoren bedanken sich beim Bundesministerium für Bildung, Wissenschaft und Forschung und beim New Zealand Ministry of Research, Science and Technology für die Förderung dieses Vorhabens im Rahmen des deutsch-neuseeländischen Forschungs- und Technologieabkommens.

9

Das Modell REGIOPLAN+ und seine Anwendungsmöglichkeiten

Norbert Grebe

Zusammenfassung

Dieser Beitrag stellt REGIOPLAN+ vor, ein Simulationsmodell, das in erster Linie zur Unterstützung der Entscheidungsträger in der Raumplanung entwickelt wurde. Durch seinen Aufbau ist es besonders für ländliche, touristisch geprägte Gebiete geeignet. In diesen Regionen spielen der Umweltschutz sowie die Erhaltung der Natur- und Kulturlandschaft eine wichtige Rolle, da sie die Grundlagen des Tourismus darstellen. Darüber hinaus läßt sich REGIOPLAN+, versehen mit einer didaktischen Oberfläche, in der Ausbildung und zur Informationsvermittlung einsetzen. Das Modell wurde bisher in vier Fallstudien auf verschiedene Regionen in Süddeutschland und in der Schweiz angewendet.

9.1 Einsatzmöglichkeiten von REGIOPLAN+

REGIOPLAN+ ist ein Simulationsmodell, das einen landschaftlichen Raum mit seinen relevanten Komponenten und den zugehörigen Wirkungsbeziehungen abbildet. Seine Spezifikation berücksichtigt die Anforderungen des objektorientierten Ansatzes, was zu einer großen Strukturähnlichkeit zwischen dem realen System einer Region und dem Modell führt. Daraus resultieren Vorteile in bezug auf Verständlichkeit, Bedienbarkeit, Pflegbarkeit und Wiederverwendung. REGIOPLAN+ ist mit Hilfe des universellen Simulationssystems SIMPLEX II und seiner Modellbeschreibungssprache SIMPLEX-MDL entwikkelt und bereits in vier Fallstudien eingesetzt worden. Durch seinen Aufbau ist es besonders für ländliche, vom Tourismus geprägte Regionen geeignet. Darüber hinaus verlangt der ganzheitliche Ansatz in der Raumplanung die Berücksichtigung aller Bereiche einer realen Region, also beispielsweise der Bevölkerung, der verschiedenen Wirtschaftsbereiche, der öffentlichen Infrastruktur und der Einflüsse der Außenregion auf das Untersuchungsgebiet.

Das Modell REGIOPLAN+ stellt ein wertvolles Instrument für die Entscheidungsträger in der Raumplanung dar, weil sie mit seiner Hilfe planerische Maßnahmen vor ihrer Realisierung am Simulationsmodell quasi »durchspielen« und die Auswirkungen untersuchen können, bevor sie in das komplexe Wirkungsgefüge der realen Planungsregion eingreifen. Beispiele für solche Maßnahmen betreffen etwa die Bereiche Bevölkerungs- und Wirtschaftsentwicklung, Tourismusförderung oder Verkehrs- und Umweltschutzkonzepte. Das Modell REGIOPLAN+ bietet den Vorteil, gefahrlos planerische Maßnahmen im Simulationsexperiment auszuprobieren, um die Erkenntnisse aus dieser Arbeit anschließend auf die Realität zu übertragen. Direkte und indirekte Wirkungsketten im komplexen realen System eines landschaftlichen Raums, die zum Teil noch zeitlichen Verzögerungen unterliegen, werden durch das Modell anschaulich abgebildet. Der Entscheidungsprozeß der Verantwortlichen wird objektiviert und transparent gestaltet. Mit Hilfe eines Raumplanungsmodells lassen sich somit bessere Informationen über die Region gewinnen, um auf diesem Wege besser begründete Entscheidungen treffen zu können.

Bei touristisch genutzten Gebieten ist es besonders wichtig, das Zusammenwirken zwischen der Naturlandschaft als ein gefährdetes und belastetes Ökosystem einerseits und dem sozioökonomischen System andererseits mit Vor- und Weitsicht zu lenken, um die Grundlage des Fremdenverkehrs, nämlich die intakte Natur- und Kulturlandschaft, nicht zu zerstören. Kurzfristig angelegte Fehlplanungen in der Vergangenheit haben vielerorts bereits zu beeinträchtigten Naturlandschaften, zu durch bedenkenlose Bautätigkeit verunstalteten Ortsbildern und zu vom Verkehr verstopften Straßen geführt. Es stellt sich also die Frage, wie die Region als ein System mit vielen voneinander abhängigen Komponenten als Lebens-, Wirtschafts-, Erholungs- und Naturraum langfristig erhalten werden kann.

Eine weitere Einsatzmöglichkeit des Modells außerhalb der Raumplanung liegt in einer didaktischen und informativen Verwendung. Durch die Eigenschaft, komplexe Abläufe anschaulich darstellen zu können, schult die Beschäftigung mit dem Simulationsmodell das vernetzte Denken und Planen seiner Benutzer und führt aus den gewohnten linearen Denkstrukturen heraus. So könnte das Modell beispielsweise in Informationszentren von Erholungsgebieten installiert werden, um die Besucher über den spielerischen Umgang mit dem Modell für die Problematik der Region zu sensibilisieren, indem sie Planungsszenarien am Rechner durchführen. Außerdem bietet die bereits oben angedeutete verbesserte Transparenz des Entscheidungsprozesses die Möglichkeit, die Planungsbetroffenen, also in erster Linie die regionale Bevölkerung, über die Konsequenzen geplanter Maßnahmen anschaulich zu informieren.

9.2 Die Teilmodelle von REGIOPLAN$^+$

Dieser Abschnitt beschreibt in einem Überblick die Submodelle von REGIOPLAN$^+$, deren Vernetzung in Bild 1 dargestellt ist.

9.2.1 Das Modell für die regionale Wirtschaft

Eine der bedeutendsten Einflußgrößen in der Regionalplanung ist die Wirtschaftskraft einer Region. Wichtige Kennziffern, die das Modell ermittelt, sind beispielsweise die Zahl der Arbeitsplätze, die Größe der Gewerbefläche und die Höhe der Umsätze aller Wirtschaftssektoren der Region. Insbesondere dem Arbeitsplatzangebot kommt große bevölkerungspolitische Bedeutung zu, da es die Zu- und Abwanderung einer Region maßgeblich bestimmt.

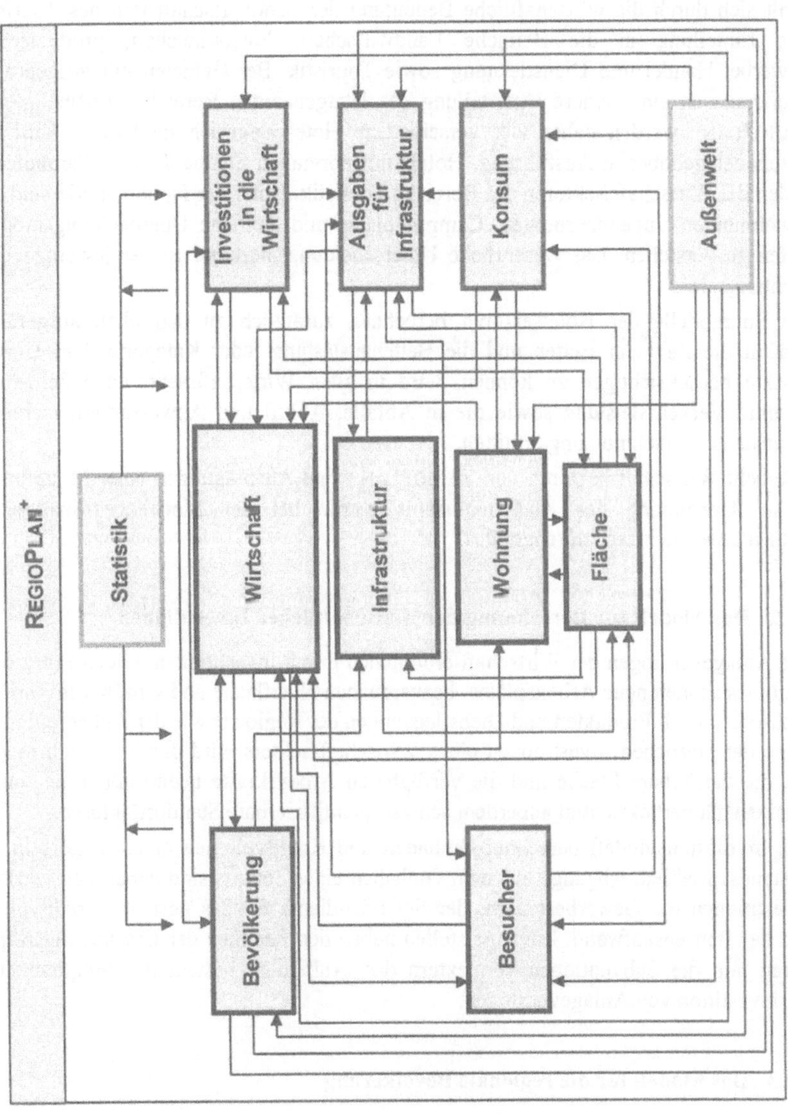

Bild 1 Die Vernetzung in REGIOPLAN^{+}

Um die Wirtschaft des Untersuchungsgebiets genauer untersuchen zu können, wird sie in verschiedene Bereiche unterteilt, die sich eventuell ihrerseits aus einer Reihe von Wirtschaftssektoren zusammensetzen. In den von REGIOPLAN$^+$ modellierten Regionen empfiehlt sich durch die wirtschaftliche Bedeutung der Landwirtschaft und des Tourismus eine Einteilung in die Bereiche Landwirtschaft, Forstwirtschaft, produzierendes Gewerbe, Handel und Dienstleistung sowie Touristik. Bei Gebieten mit ausgeprägtem Tourismus ist eine feinere Unterteilung des letztgenannten Bereichs vorzunehmen. In REGIOPLAN$^+$ werden daher vier verschiedene Hotelkategorien modelliert: Kurhotels, Hotels der gehobenen Ausführung, Hotels mit normalem Standard sowie Parahotellerie bilden die Wirtschaftssektoren des Bereichs Touristik. Unter der Parahotellerie sind Ferienwohnungen, Jugendherbergen, Campingplätze und ähnliche Übernachtungsmöglichkeiten zu verstehen. Das wesentliche Unterscheidungsmerkmal ist der jeweilige Übernachtungspreis.

Die Submodelle der Hotelsektoren berechnen zusätzlich zu den oben aufgeführten Größen die Zahl der Betten und die Bettenauslastung jeder Kategorie. Um Umweltaspekte berücksichtigen zu können, wird in allen Wirtschaftssektoren außerdem die gesamte Verkehrsleistung sowie die in Abfälle, Abluft und Abwasser unterschiedene verursachte Verschmutzung ermittelt.

Alle acht Wirtschaftssektoren von REGIOPLAN$^+$ sind Ausprägungen einer Modellklasse. Diese Anwendung des Klassenkonzepts wurde bei der Modellspezifikation von REGIOPLAN$^+$ mehrfach durchgeführt.

9.2.2 Das Modell zur Berechnung der wirtschaftlichen Investitionen

Das Anlagevermögen der Wirtschaft erhöht sich durch Investitionen. Gleichzeitig schaffen Investitionen neue Arbeitsplätze, beanspruchen Nutzfläche und schaffen Investitionsnachfragen nach Produkten und Dienstleistungen der Region sowie der Außenregion. Die Höhe der jährlichen Investitionen eines Wirtschaftssektors wird durch das Jahresergebnis, die verfügbare Fläche und die verfügbaren Arbeitskräfte beeinflußt. Eine sonstige Attraktivität berücksichtigt außerdem schwer quantifizierbare Standortfaktoren.

Das Investitionsmodell berechnet Guthaben und Kreditvolumen eines Sektors in zwei Zustandsvariablen. Abgänge aus dem Guthaben eines Sektors sind neben den jährlichen Investitionen die Gewerbesteuern, der Schuldendienst für das gesamte Kreditvolumen und der Betriebsaufwand. Zugänge stellen neben den Krediten der Umsatz, der Kapitalertrag und die Subventionen von extern dar. Außerdem besteht die Möglichkeit zur Desinvestition von Anlagevermögen.

9.2.3 Das Modell für die regionale Bevölkerung

Im vornehmlichen Interesse der Regionalplanung steht die Entwicklung und Struktur der ansässigen Wohnbevölkerung. Sie erfährt eine Zunahme durch Geburten und Zuwanderung, während Sterbefälle und Abwanderung zu einem Rückgang führen. Das quantitative und qualitative Angebot an Arbeitsplätzen in der Wirtschaft beeinflußt in besonderem Maße die Migration. Aus diesem Grunde besteht in REGIOPLAN$^+$ eine sehr enge Kopplung mit dem Wirtschaftsbereich, denn wie dort unterscheidet auch die Bevölkerungskomponente insgesamt acht Sektoren, wobei die den Hotelkategorien zuzuordnenden Bevölkerungssektoren zur Touristik zusammengefaßt sind.

Für jeden Bevölkerungssektor berechnet das Modell die Zahl der Erwerbstätigen und die der Arbeitslosen sowie eine sektorielle Arbeitslosenquote. In einer Summenkomponente wird neben einigen Gesamtgrößen der Bevölkerung die Unterscheidung in fünf Altersklassen vorgenommen. Damit sind Untersuchungen möglich, die beispielsweise einer Überalterung der Wohnbevölkerung durch Abwanderung entgegenwirken sollen. Außerdem ermittelt dieses Teilmodell die Berufsein- und -auspendler und deren verursachtes Verkehrsaufkommen, was insbesondere in ländlichen Gebieten oftmals ein nicht unerhebliches Problem für die Regionalplanung darstellt. Weitere wichtige Größen des Summenbausteins in der Bevölkerungskomponente sind die gesamten Erwerbstätigen und Arbeitslosen, die regionale Arbeitslosenquote sowie die arbeitsfähigen und nichtarbeitsfähigen Personen.

9.2.4 Das Modell für die Besucher der Region

In den für die Anwendung von REGIOPLAN+ in erster Linie vorgesehenen Regionen spielt der Tourismus als Wirtschaftsfaktor eine wesentliche Rolle. Aus diesem Grund ist der Bereich des Gastgewerbes im Modell aufgegliedert in vier Hotelkategorien, deren Übernachtungsangebot analog von vier Besuchergruppen nachgefragt wird: von Kurgästen, von Gästen der gehobenen Kategorie, von Gästen der Standardkategorie sowie von Parahotelleriegästen. Diese Besucherkategorien unterscheiden sich neben ihrer durchschnittlichen Aufenthaltsdauer sowohl im Ausgabeverhalten in ihrem Urlaubsgebiet als auch in ihrer Sensibilität für die attraktivitätsbestimmenden Charakteristika der Region, wie zum Beispiel den Besucherdruck oder das Verkehrsaufkommen.

REGIOPLAN+ modelliert neben der Zahl der Übernachtungsgäste auch die der Tagesausflügler. Diese Gruppe stellt – beispielsweise durch das verursachte Verkehrsaufkommen und den damit verbundenen Schadstoffemissionen – in vielen Regionen ein Problem dar, da sie vielerorts vergleichsweise nur geringe wirtschaftliche Relevanz besitzt. Im Mittelpunkt steht die Berechnung der Attraktivität der Region für jede Besucherkategorie, die sich aus der gewichteten Summe mehrerer Einzelattraktivitäten ergibt. Die Abgaben der Gäste an den regionalen Haushalt, beispielsweise in Form von Kurbeiträgen oder auch Parkgebühren und Eintrittsgeldern, werden als Sonderausgaben ebenfalls in diesem Teilmodell ermittelt. Alle fünf Besucherkategorien sind Ausprägungen einer Modellklasse.

9.2.5 Das Modell für die öffentliche Infrastruktur

In der aktuellen Modellversion der öffentlichen Infrastruktur existieren die für die Bevölkerungs- und Tourismusentwicklung relevanten Bereiche »Verkehr«, »sonstige Infrastruktur« und »Naturschutzeinrichtungen« sowie als weitere wichtige Kostenträger im öffentlichen Haushalt »Bildung/Soziales« und »Verwaltung«, die alle wieder Ausprägungen einer Modellklasse sind. Unter dem Sammelbegriff »sonstige Infrastruktur« sind beispielsweise öffentliche Schwimmbäder und Kultureinrichtungen, aber auch Wanderwege und Skilifte zu verstehen.

Das Modul berechnet in erster Linie die jeweilige Größe des Anlagevermögens sowie für die sonstige Infrastruktur und die Naturschutzeinrichtungen je eine Attraktivität, die in die Gesamtattraktivität der Region eingeht. Da bei einigen Einrichtungen der öffentlichen Infrastruktur Einnahmen für den regionalen Haushalt in Form von Gebühren und Beiträgen entstehen, ist für jeden Infrastrukturbereich die Möglichkeit gegeben, Einnahmen zu ermitteln.

9.2.6 Das Modell für den öffentlichen Haushalt

Diese Komponente berechnet für die oben genannten fünf Infrastrukturbereiche sowohl die Kosten zum Betrieb der bestehenden Anlagen als auch die Neuinvestitionen. Außerdem werden soziale Aufwendungen und der Werbungsaufwand für die Region in bezug auf den Tourismus berücksichtigt. Die Ausgaben unterliegen einer Prioritätenstaffelung, nach der vor den Investitionen zunächst der Betriebs- und der Sozialaufwand geleistet werden müssen. Das Teilmodell ermittelt darüber hinaus die Verschuldung der Region und die Kreditbeschaffung. Die Einnahmenseite besteht aus Steuern, unterteilt in Einkommen-, Gewerbe- und Grundsteuern, aus den im vorherigen Abschnitt genannten Einkünften aus Infrastruktureinrichtungen, aus Sondereinnahmen aus dem Fremdenverkehr sowie aus externen Zuschüssen, beispielsweise von Bund und Ländern.

9.2.7 Das Modell für die Wohnungen in der Region

In diesem Baustein von REGIOPLAN$^+$ findet die Berechnung der Wohneinheiten statt. Es wird in zwei Ausprägungen einer Komponentenklasse zwischen Erstwohnungen für die Bevölkerung und Zweitwohnungen für Auswärtige unterschieden. In einigen Regionen stellt die Zunahme an Zweitwohnungen ein Problem dar, da dieser Wohnungstyp einerseits für die Gemeinden Anschlußkosten verursacht, andererseits aber nur wenige kommunale Einnahmen bringt. Außerdem sind Wohnungen, die nur wenige Tage im Jahr bewohnt sind, optisch wenig reizvoll. Es sind in den letzten Jahren verstärkte Anstrengungen von Gemeinden festzustellen, den Erwerb von Wohnungen durch Nichtansässige zu verhindern oder zumindest zu erschweren. Auch solche planerischen Maßnahmen und ihre Konsequenzen lassen sich mit dem Modell überprüfen.

Außerdem ermittelt die Komponente die durchschnittliche Wohnungsbelegung sowie die von Wohnungen verursachte Verschmutzung, analog zum Wirtschaftsmodell aufgeteilt in Abfall, Abluft und Abwasser. Die durch Bautätigkeit erzeugte Nachfrage an die regionale und die externe Wirtschaft wird mit Hilfe von Nachfragekoeffizienten aus dem jährlichen Bauvolumen bestimmt.

9.2.8 Das Modell für die regionale Flächennutzung

REGIOPLAN$^+$ unterscheidet – wieder durch Anwendung des Klassenkonzepts – fünfzehn Flächennutzungstypen in der Untersuchungsregion: Dies sind die acht Wirtschaftssektoren, die fünf Infrastrukturbereiche und die zwei Wohnungskategorien. Für diese fünfzehn Flächentypen werden die Bestände an bereits genutzter Fläche und an noch verfügbarer Fläche getrennt ermittelt. Die Flächenverfügbarkeit ist eines der Kriterien für Investitionen bzw. Wohnungsbau. Weiterhin differenziert das Flächenmodul die gesamte Regionalfläche in nutzbare Fläche und in Ödland, das wegen seiner Lage oder Beschaffenheit nicht für Flächennutzung zur Verfügung steht. Darunter sind beispielsweise Hochgebirgsregionen, Seen, Sumpfland oder auch geschützte Flächen, wie Nationalparke, zu verstehen.

Die vorgenannten insgesamt dreißig Flächenbestandsgrößen für bereits genutzte und für noch verfügbare Flächen enthalten keine Informationen zu ihrer geographischen Lage innerhalb der Region, sondern können als jeweilige Gesamtgrößen betrachtet werden. REGIOPLAN+ besitzt somit ein mittleres räumliches Aggregationsniveau. Aus der Veränderung der einzelnen Flächenbestände lassen sich Rückschlüsse auf die räumlichen Veränderungen in der Untersuchungsregion ziehen.

Die Zusammensetzung der Flächennutzungsarten bestimmen das Landschaftsbild einer Region. Eine für Bevölkerung und Besucher gleichermaßen attraktive Region besteht aus einer idealen Zusammensetzung der verschiedenen Flächennutzungstypen. Das Flächenmodell ermittelt aus den Anteilen der jeweiligen Nutzflächen an der gesamten Regionalfläche eine Attraktivität aus dem Landschaftsbild, die sich in erster Linie auf die Migration und den Tourismus auswirkt.

9.2.9 Weitere Teilmodelle von REGIOPLAN+

- Der private Konsum:

  Dieses Modul berechnet ausgehend von einer jeweils verfügbaren Geldmenge die Konsumnachfragen der Bevölkerung und der fünf Gästegruppen nach Produkten und Dienstleistungen der regionalen Wirtschaft und der Außenregion. Bei der ansässigen Wohnbevölkerung kann eine Sparquote berücksichtigt werden.

- Das Statistikmodell:

  Dieses Modul ermittelt aus verschiedenen Einzelgrößen der anderen Submodelle Gesamt- und Durchschnittswerte der Untersuchungsregion, wie etwa die gesamte Verkehrsleistung, die gesamte Verschmutzung, die durchschnittliche Siedlungsdichte oder die durchschnittliche Übernachtungsintensität im Tourismus.

- Das Modell für die Außenwelt:

  In diesem Baustein werden die äußeren Einflüsse auf die Untersuchungsregion berücksichtigt. Beispiele sind Subventionen für die Wirtschaft, Zuschüsse für den öffentlichen Haushalt und externe Nachfragen für die regionale Wirtschaft.

9.3 Die Anwendung von REGIOPLAN+

Bei der Anwendung von REGIOPLAN+ auf eine Untersuchungsregion bleibt der strukturelle Aufbau des Modells unverändert. Diese Eigenschaft bezeichnet man auch als »Übertragbarkeit«. Die Anpassung an eine Region erfolgt über die Vorbesetzung der etwa 1000 Konstanten und Zustandsvariablen des Modells mit den realen Werten, wie sie in der Region zum Anfangsjahr der Untersuchung vorliegen. Grundlage hierfür ist eine sehr gründliche Datenerhebung in der Zielregion und die uneingeschränkte Zugriffsmöglichkeit auf sämtliche Modellparameter. Dieses Anfangsjahr – auch als Initialisierungsjahr bezeichnet – sollte etwa von der Gegenwart aus 15 bis 20 Jahre zurückliegen, um bei der Validierung die Modellberechnungen der wichtigsten Größen an die realen Entwicklungen anzugleichen. Ist dies bei einem Simulationslauf gelungen, so kann er als »Referenzlauf« gesichert werden, da er die Entwicklung in der Untersuchungsregion mit ausreichender Genauigkeit nachspielt. Anschließend steht das Modell mit der Parametrisierung des Referenzlaufs für Simulationsexperimente zur Prognose künftiger Verläufe von regionalen Größen zur Verfügung.

9.4 Die bisherigen Einsatzstudien mit REGIOPLAN$^+$

REGIOPLAN$^+$ wurde bisher zur Überprüfung seiner Übertragbarkeit in vier verschiedenen Regionen in Süddeutschland und der Schweiz angewendet. Die Vorgehensweise entsprach in allen Fallstudien der Beschreibung aus dem vorangegangenen Abschnitt. Dabei wurde besondere Aufmerksamkeit auf die Validierung des Modells für die jeweilige Untersuchungsregion gelegt, indem die Entwicklungen wichtiger Größen der realen Region über einen Vergangenheitszeitraum nachgebildet wurden. Abschnitt 4.4.3, der sich mit der Übertragung von REGIOPLAN$^+$ auf die Region Berchtesgaden beschäftigt, zeigt in den Bildern 2 und 3 einige exemplarische Ergebnisse eines Simulationslaufs über den Vergangenheitszeitraum, die das Modell positiv für die Region validieren.

9.4.1 Hindelang

Hindelang mit seinen Ortsteilen Bad Oberdorf, Oberjoch, Unterjoch, Hinterstein und Vorderhindelang liegt im Oberallgäu unweit von Sonthofen entfernt. Es ist ein Heilklimatischer Kneippkurort mit einem gut ausgebauten Skigebiet in Oberjoch. Die Bevölkerungszahl beträgt etwa 5000 Einwohner, die Zahl der Gästebetten liegt bei 7500.

Nach der positiven Validierung des Modells über den Zeitraum von 1974 bis 1993, die ausführlich in [3] geschildert wird, sind drei planerische Szenarien durchgeführt worden: Eine Einsparung beim Werbungsaufwand für die Fremdenverkehrsregion Hindelang führt zu einem starken Rückgang der Besucher und zu einer großen Abnahme der Arbeitsplätze im Touristikgewerbe. Der finanzielle Spielraum der Gemeinde wird stark eingeengt, und die Gesamtattraktivität der Region verschlechtert sich zunehmend.

Anders die Ergebnisse eines Szenarios »Besuchersonderabgabe«, das über Gästekarten, Parkgebühren, Eintrittsgelder etc. die Übernachtungsgäste geringer als die Tagesausflügler belastet. Die resultierende Abnahme der überproportional Verkehrsbelästigungen verursachenden Tagesgäste erhöht die Attraktivität der Region für die Übernachtungsgäste. In der Folge steigen deren Zahlen und die der Arbeitsplätze in der regionalen Wirtschaft. Die finanzielle Situation der Gemeinde verbessert sich bei diesem Szenario.

Das dritte Szenario gehört zur Klasse der von außen auf die Region einwirkenden Maßnahmen und untersucht die Folgen eines externen Wirtschaftsaufschwungs. Diese veranschaulichen die große Außenabhängigkeit einer einzelnen Gemeinde. Die positiven Auswirkungen auf Arbeitsplätze, Investitionen und Steuereinnahmen werden aber auch von den negativen Folgen eines erhöhten Verkehrs- und Verschmutzungsaufkommens begleitet.

9.4.2 Landkreis Freyung-Grafenau

Der Landkreis Freyung-Grafenau – bestehend aus 25 Städten, Märkten und Gemeinden – erstreckt sich im Nordosten Niederbayerns über eine Fläche von ca. 984 Quadratkilometern an der Grenze zur Tschechischen Republik. Er enthält den Nationalpark Bayerischer Wald von etwa 13000 Hektar Größe. Die Zahl der Einwohner des Landkreises betrug 1992 ca. 80000 Einwohner, die der Erwerbstätigen 32500. Der Tourismus spielt eine wichtige Rolle für den Landkreis; besonders der Nationalpark und das günstige Preisniveau sorgen für eine hohe Attraktivität der Region.

Diese Fallstudie, die umfassend in [2] beschrieben wird, bestand aus zwei Teilaufgaben: Zum einen sollte gezeigt werden, daß das Modell REGIOPLAN+ nach der Kurgemeinde Hindelang im Allgäu auch auf einen ganzen Landkreis angewendet werden kann, und zum anderen hatte sie das Ziel, eine graphische Bedienoberfläche zu entwickeln, die sowohl einem Simulationsexperten als auch einem weniger geübten Anwender die Möglichkeit bietet, mit dem Modell zu arbeiten, ohne Kenntnisse der Modellspezifikationssprache und des Simulationssystems SIMPLEX II. Während die Expertenversion alle vorzubesetzenden Modellgrößen enthält, bietet eine zweite Oberflächenversion lediglich eine Teilmenge aller Parameter an für einen eher ungeübten Anwender, der das Modell ausschließlich für Simulationsexperimente einsetzen möchte. Eine Reihe von ortsunabhängigen oder übertragbaren Modellgrößen werden in dieser zweiten Version intern vom System vorbesetzt. Die Konfigurierungsdateien zur Erstellung der Bedienoberfläche sind sehr flexibel gehalten, um durch einfaches Auskommentieren bzw. Kommentieren die Parameterauswahl der Anwendergruppe entsprechend zu gestalten.

Trotz einiger Probleme bei der Datenbeschaffung kann die Validierung des Modells über den Zeitraum von 1973 bis 1993 als erfolgreich betrachtet werden. Die Wertebereiche und Tendenzen wichtiger realer Größen konnten mit dem Modell nachgebildet werden. Das gilt insbesondere für die Zunahme der Bevölkerung, den Anstieg der Erwerbstätigen, den generellen Rückgang der Arbeitslosen im Landkreis sowie für die Steigerung der Gästezahlen im Tourismus. Auch die Verteilung der Erwerbslosen auf die fünf Wirtschaftsbereiche wurde vom Modell zutreffend berechnet. Allerdings sorgte die Grenzöffnung nach Osten für eine sprunghafte Entwicklung des Landkreises in den Jahren 1989/90, was mit dem zeitkontinuierlichen Modell und seinen Differentialgleichungen erster Ordnung nur in Annäherung nachgebildet werden konnte. Immerhin ließen sich diese Vorgänge durch eine Steigerung der Erreichbarkeit, bestimmter Attraktivitäten, etwa der für Pendler, und durch die Anpassung einiger Tabellenfunktionen, beispielsweise der für den regionalen Durchgangsverkehr, berücksichtigen.

Die vorgenommenen Modellszenarien untersuchen besonders das seit der Grenzöffnung nach Osteuropa stark gestiegene Verkehrsaufkommen und seine Folgen, unter der der Landkreis besonders leidet. Es kann zusammenfassend festgestellt werden, daß diesbezüglich sowohl eine bundesweite Verteuerung der Benzinpreise als auch – wie bereits in Hindelang – eine regionale Erhöhung der Besuchersonderabgabe positive Auswirkungen auf den Landkreis haben, insbesondere in bezug auf den Tourismus. Beide Szenarien bewirken letztlich einen Rückgang des Straßenverkehrs, der sich speziell auf die Entwicklung der Übernachtungsgästezahlen positiv auswirkt.

Ein weiteres Szenario simuliert den Beitritt Tschechiens zur Europäischen Union und zeigt, daß in besonderem Maße der Arbeitsmarkt und die Bevölkerungsentwicklung von einem solchen Schritt und dem Aufholen der Wirtschaft des Nachbarlandes betroffen wären. Gleichzeitig bedeutet die Befreiung aus der Randlage Europas natürlich auch eine große Chance für die regionale Wirtschaft.

9.4.3 Südlicher Landkreis Berchtesgadener Land

Die dritte Fallstudie beschäftigte sich mit der Anwendung von REGIOPLAN$^+$ auf das Gebiet der fünf Gemeinden Berchtesgaden, Bischofswiesen, Marktschellenberg, Ramsau und Schönau am Königssee im südlichen Teil des Landkreises Berchtesgadener Land. Die Region ist hauptsächlich vom Sommertourismus geprägt und besitzt mit dem Gebiet um den Königssee einen besonderen Anziehungspunkt. Es erstreckt sich über etwa 348 Quadratkilometer mit 25000 Einwohnern bei ca. 3,1 Mio. Übernachtungen 1991. Der Königssee und seine Umgebung stellen dazu ein beliebtes Ziel von Tagesausflügen für Besucher aus zum Teil weit entfernten Nachbarregionen dar. Dies sorgt insbesondere in der Gemeinde Berchtesgaden an vielen Tagen im Jahr für ein sehr hohes Verkehrsaufkommen, dem die Verantwortlichen in der Planung mit Verkehrskonzepten wie Park-and-Ride-Systemen und einem Ausbau des öffentlichen Personennahverkehrs begegnen. Auch eines der Szenarien in der Anwendungsstudie von REGIOPLAN$^+$ in [4] untersucht Möglichkeiten zur Verbesserung der Verkehrssituation. Andere Szenarien beschäftigen sich mit den Auswirkungen eines zur Zeit in Bau befindlichen Kur- und Erlebnisbades in Berchtesgaden und mit der sich ändernden Altersstruktur der ansässigen Wohnbevölkerung, was im zweiten Schwerpunkt der Arbeit begründet liegt, der weiter unten erläutert wird.

Mit Unterstützung der Kurdirektion in Berchtesgaden konnten viele der benötigten Daten in den Fragebögen erhoben werden. Doch wie schon im Landkreis Freyung-Grafenau mußte in einzelnen Fällen auf überregionale Parameter zurückgegriffen werden, die in den meisten Fällen aus dem Statistischen Landesamt Bayerns stammen. Die relativ geringe Größe des Untersuchungsgebiets mit lediglich fünf Gemeinden besaß allerdings Vorteile bei der Datenerhebung. Die Validierung des Modells über den Zeitraum 1974 bis 1995 gelang mit ausreichender Genauigkeit, wie exemplarisch die Bilder 2 und 3 anhand einiger Modelldaten zeigen.

In Bild 2 sind im oberen Teil die Verläufe der Arbeitslosen, der Erwerbstätigen, der Gesamtbevölkerung und der Wohneinheiten in der Realität abgebildet (alle Ergebnisbilder sind [4] entnommen). Darunter befindet sich das Ergebnisbild des Validierungslaufs mit den entsprechenden Modellgrößen. Sprünge in den realen Verläufen können mit dem Modell und seinen Differentialgleichungen nicht nachvollzogen werden. Hierzu wären diskrete Veränderungen der Zustandsvariablen und der Konstanten notwendig. Bei den Erwerbstätigenzahlen aus der Realität ist zu berücksichtigen, daß die öffentlichen Statistiken lediglich die sozialversicherungspflichtigen Personen ausweisen, während sie im Modell in ihrer Gesamtheit ermittelt werden.

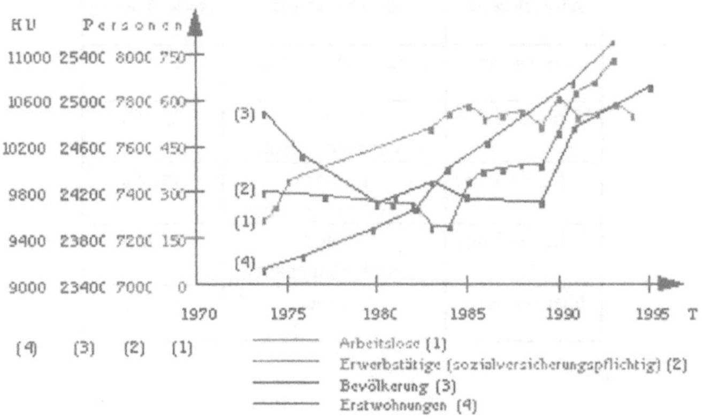

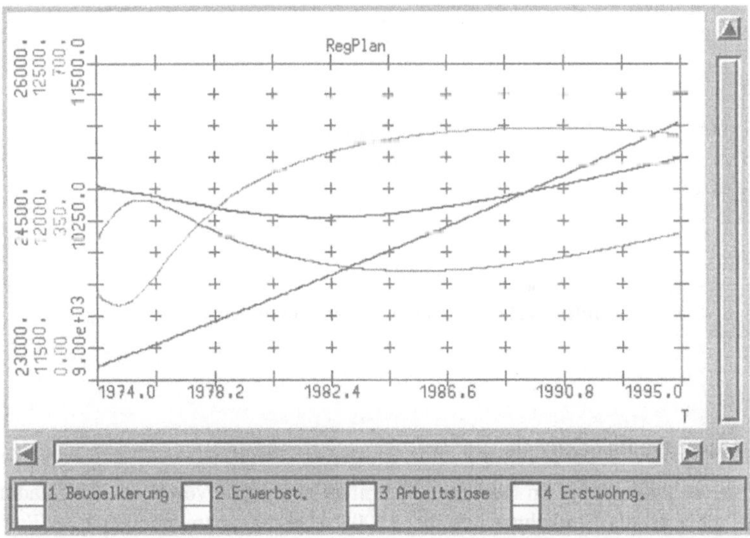

Bild 2 Validierung einiger Bevölkerungsgrößen für die Region Berchtesgaden

In Bild 3 oben sind in der Tabelle die Altersklassen in REGIOPLAN+, ihre Beschreibung und die Zusammensetzung der ansässigen Wohnbevölkerung in der Untersuchungsregion im Jahre 1993 wiedergegeben. Darunter befindet sich ein Ergebnisbild nach einem Simulationslauf von 1974 bis 1993, das eine gute Übereinstimmung der vom Modell berechneten Daten mit den realen Größen darstellt.

Altersklasse	Beschreibung	reale Anteile
0 bis 14 Jahre	Jugendliche, Schüler	15,3%
15 bis 29 Jahre	frühes Erwerbstätigenalter	22,4%
30 bis 44 Jahre	mittleres Erwerbstätigenalter	19,3%
45 bis 64 Jahre	spätes Erwerbstätigenalter	24,8%
über 65 Jahre	Rentner	18,2%

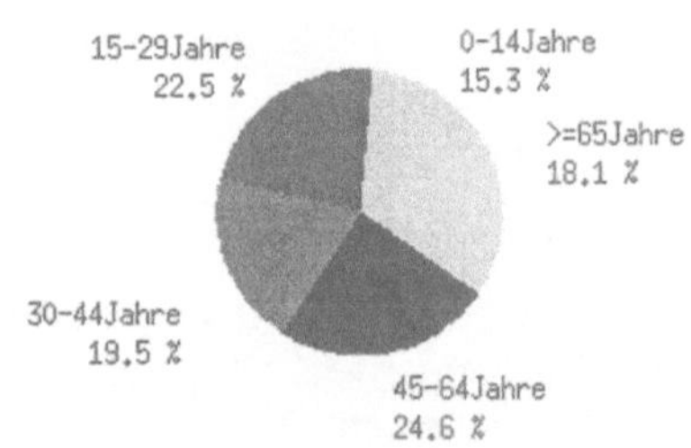

Bild 3 Validierung der Altersstruktur im Jahre 1993

9.4.4 Oberengadin / Schweiz

Die Untersuchungsregion im Oberengadin umfaßt ein Gebiet von etwa 722 Quadratkilometern, die Zahl der Einwohner liegt bei 15000. Haupteinnahmequelle ist der Fremdenverkehr mit etwa 2 Mio. Übernachtungen in der Hotellerie. Doch die touristische Entwicklung des Gebiets ist leider nicht ohne negative Folgen geblieben: Das unkontrollierte Wachstum führt immer mehr zu einer Überlastung der Biosphäre durch Abwasser, Abfall und Luftverschmutzung durch Verkehr. Vor allem der enorme Ausbau des Parahotelleriesektors macht wertvolle Flächen immer knapper. Von 1970 bis 1990 wurden jedes Jahr durchschnittlich 225 neue Zweitwohnungen gebaut.

Die Modelluntersuchungen, die ausführlich in [5] vorgestellt werden, befassen sich vor allem mit der dortigen Zweitwohnungsproblematik. Ihr Anteil beträgt im Oberengadin fast 60%, was zu einer Verteuerung der Baulandpreise und in der Folge zur Verdrängung der einheimischen Wohnbevölkerung vom Wohnungsmarkt führt. Andererseits hat sich eine große Abhängigkeit der Region von der Bauindustrie und damit indirekt vom Zweitwohnungsbau entwickelt.

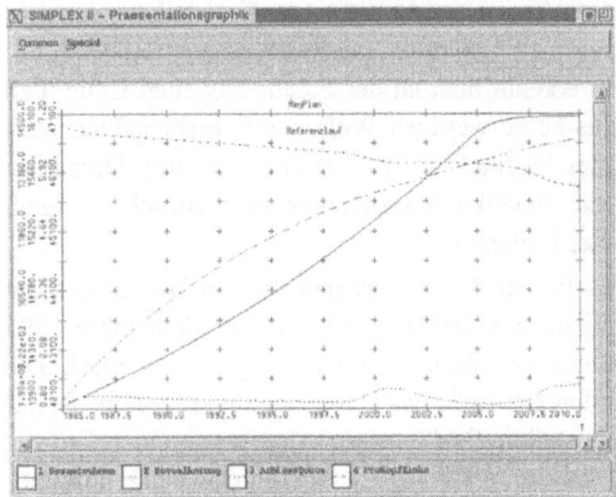

Bild 4 Der Referenzlauf (Oberengadin)

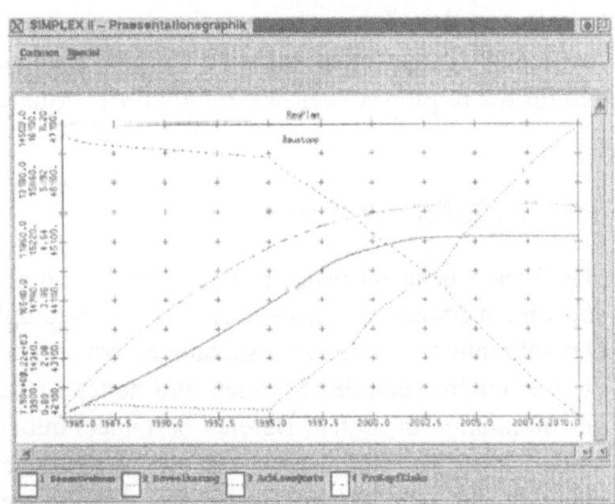

Bild 5 Das Szenario »Baustopp«

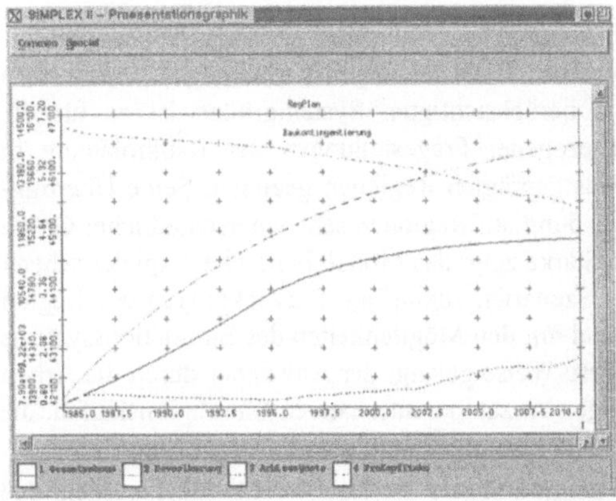

Bild 6 Szenario »Baukontingentierung«

Die drei Ergebnisgraphiken in den Bildern 4 bis 6 zeigen die Gegenüberstellung von vier Modellgrößen in drei verschiedenen Simulationsläufen: Im Referenzlauf (Bild 4), der keine planerischen Maßnahmen enthält, erkennt man an der durchgezogenen Linie, daß gegen Ende des Untersuchungszeitraums keine weiteren Wohnungen mehr gebaut werden können; das verfügbare Bauland des Hochtals ist vollkommen genutzt. Daraufhin nimmt die Arbeitslosenquote zu und die Bevölkerungszunahme geht zurück. Folglich sinkt auch das verfügbare Einkommen der Einheimischen.

Die starke Bedeutung des Baugewerbes für die Region erkennt man in Bild 5, das die Ergebnisse eines Szenarios veranschaulicht, das daraus besteht, daß ab dem Jahre 1995 kein weiteres Bauland außer dem bereits genehmigten mehr ausgewiesen wird. Die Arbeitslosenquote steigt dramatisch, und gegen Ende des Untersuchungszeitraums ist gar ein leichter Bevölkerungsrückgang festzustellen. Bild 6 zeigt exemplarisch einen Teil der Ergebnisse eines Szenarios, das eine jährliche Wohnungsbaukontingentierung simuliert. Die Resultate zeigen, daß es möglich ist, über eine »sanfte« Reduzierung der Bautätigkeit die starke Abhängigkeit vom Baugewerbe zu verringern und die Abwanderung der einheimischen Bevölkerung zu unterbinden. Weitere Untersuchungen mit dem Modell können die Wirkungsketten aufzeigen, um so die noch vorhandenen negativen Konsequenzen für die Region so weit wie möglich zu vermeiden.

9.5 Schlußbemerkungen

Das Wissen über ein reales System läßt sich im allgemeinen durch experimentelle Untersuchungen erweitern. Insbesondere bei der Raumplanung – aber zum Beispiel auch in der Umweltplanung – sind Untersuchungen am realen System allerdings nicht möglich, ohne die Gefahr irreversibler Schäden und hoher Kosten. Aus diesem Grunde ist der Einsatz der Simulation in diesem Bereich besonders nützlich, wenn man auf ein Raumplanungsmodell zurückgreifen kann, das die wesentlichen Eigenschaften einer realen Region abbildet, übersichtlich strukturiert ist, sich für verschiedene Regionen wiederverwenden läßt und über eine am potentiellen Anwenderkreis ausgerichtete Bedienoberfläche verfügt.

Das Modell REGIOPLAN$^+$ hat in den bisherigen vier Fallstudien gezeigt, daß es die Verantwortlichen in der Raumplanung bei ihren Entscheidungen wirkungsvoll unterstützen kann. Durch seinen Aufbau und die berücksichtigten Systemgrößen ist es für die Bearbeitung zahlreicher nichtflächenbezogener Fragestellungen der Raumplanung in vornehmlich ländlichen, vom Tourismus geprägten Regionen geeignet. Seine Übertragbarkeit hat das Modell durch die Anwendung auf Regionen sehr unterschiedlicher Größe unter Beweis gestellt. Seine besondere Stärke zeigt das Modell beim eher »spielerischen« Experimentieren, um im Rahmen von Szenarien zukünftige Entwicklungen der Region zu prognostizieren. Dies geht schnell und mit den Möglichkeiten des Simulationssystems SIMPLEX II relativ komfortabel. Auf diese Weise gelangt der Anwender durch die Arbeit mit dem Modell zu einer aussagekräftigen Anzahl an alternativen Simulationsläufen, die ihn bei der Entscheidungsfindung für seine Planungsfragen unterstützen können.

Mit dem Modell REGIOPLAN$^+$ konnte somit erstmals der Nachweis geführt werden, daß die Methode der objektorientierten Modellspezifikation bei einem Simulationsmodell für die Raumplanung deutlich bessere Ergebnisse liefert als frühere Entwicklungen. Ein solchermaßen konzipiertes Modell stellt durch die übersichtliche Offenlegung der Systemzusammenhänge, durch die Möglichkeit, planerische Maßnahmen im Simulationsexperiment untersuchen zu können und durch die anschauliche Visualisierung der Berechnungsergebnisse ein wertvolles Werkzeug zur Entscheidungsunterstützung in der Raumplanung dar und kann somit helfen, neue Anwenderkreise für die Simulationstechnik zu erschließen.

Literatur

[1] Grebe, N.: *Das übertragbare Regionalplanungsmodell REGIOPLAN+*; in: A. Sydow (Hrsg.): 8. ASIM Symposium in Berlin, Vieweg Verlag 1993

[2] Kaesen, S.: *Anwendung eines übertragbaren Regionalplanungsmodells auf den Landkreis Freyung-Grafenau unter besonderer Berücksichtigung sozio-ökonomischer Zusammenhänge.* Universität Passau, Lehrstuhl für Operations Research und Systemtheorie, Diplomarbeit, 1994

[3] Moll,M.: *Anwendung eines übertragbaren Regionalplanungsmodells auf die Region Hindelang unter besonderer Berücksichtigung sozio-ökonomischer Zusammenhänge.* Universität Passau, Lehrstuhl für Operations Research und Systemtheorie, Diplomarbeit, 1993

[4] Rosenberger, J.: *Integration einer Altersstruktur in ein übertragbares Regionalplanungsmodell und dessen Anwendung auf die Region Berchtesgaden.* Universität Passau, Lehrstuhl für Operations Research und Systemtheorie, Diplomarbeit, 1996

[5] Wegele, P.: *Systemanalyse und Implementierung des öffentlichen Haushalts für ein übertragbares Regionalplanungsmodell und dessen Anwendung auf die Region Oberengadin.* Universität Passau, Lehrstuhl für Operations Research und Systemtheorie, Diplomarbeit, 1996

10

Entwicklung komplexer Simulationsmodelle für ökologische Raumentwicklung

Nguyen Xuan Thinh

Zusammenfassung

Der Beitrag gibt zunächst einen Überblick über Modelltypen in Umwelt- und Raumforschung. Weil die bekannten komplexen Modelle aus diesem Gebiet (beispielsweise Modelle von Forrester, Meadows, Vester) bisher kaum in der Planungspraxis eingesetzt wurden, beschreibt der Autor einen Weg, wie komplexe Simulationsmodelle mit praxisnahem Bezug in Umwelt- und Raumplanung entwickelt werden können. Die einfache Formel dafür lautet integrative Systemanalyse und objektorientierte Modellspezifikation. Was integrative Systemanalyse heißt und wie sie durchgeführt werden kann, wird beantwortet. Das Konzept erklärt der Autor konkret an der Erstellung eines komplexen Simulationsmodells für ökologische Raumentwicklung in Sachsen. Erste Simulationsergebnisse für die sächsische Landesplanung werden vorgestellt und diskutiert.

10.1 Modellbildung und Simulation in Umwelt- und Raumforschung - ein Überblick

10.1.1 Bedeutung und Zielstellung der Modellbildung und Simulation

In vielen Gebieten und Bereichen der Wirtschaft, Wissenschaft und Technik hat sich die Computersimulation einen unumstrittenen Stammplatz erobert, z. B. in der Physik. Neben den beiden klassischen Disziplinen, der theoretischen und der experimentellen Physik, ist die Computersimulation dank gestiegener Rechnerleistung ein wichtiger Schlüssel für neue Entdeckungen und Erkenntnisse geworden und hat sich als dritte wissenschaftliche Methodik fest etabliert. Nach einer Studie des amerikanischen Standford Research Institute sind Computersimulationen gar eine "Schlüsseltechnologie der neunziger Jahre".

Kann man durch Experimente mit dem realen Lebensraum zu wissenschaftlichen Erkenntnissen über ökologische Raumentwicklung gelangen? Diese Frage kann mit "Ja" beantwortet werden, wenn man Beispiele aus der Forstwissenschaft anführen würde. Aber der Aufwand dafür ist in der Regel groß. Es dauert sehr lange, bis eine Maßnahme wirksam wird und das dynamische Verhalten beobachtet werden kann. Mit der Computersimulation kann der zeitliche Ablauf des dynamischen Verhaltens erheblich verkürzt oder - bei den in der Natur sehr schnell ablaufenden Vorgängen - auch umgekehrt erheblich gedehnt werden, so daß genaue Beobachtungen möglich sind. Manche Experimente mit dem realen Raum sind gar nicht sinnvoll, wenn sie gefährliche Vorgänge und Entwicklungen beinhalten. Durch Computersimulationen ist kein Eingriff am realen Lebensraum notwendig. Der reale Lebensraum wird keinerlei Risiko unterzogen.

Als erstes werden deshalb Modellbildung und Simulation in der Umwelt- und Raumforschung mit dem Ziel eingesetzt, um Erkenntnisse über die Umwelt und den Lebensraum zu gewinnen.

Außerdem können mittels Computersimulationen Prognoseberechnungen, Szenarien und Variantenvergleiche leicht und bequem durchgeführt werden. Somit können durch Modellbildung und Simulation Beiträge zur Planung, Systemanalyse und Ermittlung der Umweltverträglichkeit menschlicher Eingriffe in die Natur geleistet werden.

Computersimulationen beruhen auf mathematischen Modellen. Mathematische Modelle gewährleisten eine logisch einwandfreie Verknüpfung verschiedener Kenntnisse und Vorstellungen, sie organisieren das Nachdenken. Das ist für eine interdisziplinäre Wissenschaft wie die Umwelt- und Raumforschung ein entscheidender Vorteil.

Die Lösung von Umweltfragen verlangt das Denken im System. Durch Modellierung und Abstraktion wird das Systemdenken erleichtert.

Umweltprobleme zeichnen sich durch derartige dynamische Entwicklungen aus, die häufig auf überraschenden Eigendynamiken der beteiligten Systeme beruhen und die in ihrem weiteren Verlauf verursachten Wirkungen und Rückwirkungen kaum zu überschauen sind. Deswegen ist für Umweltplanungen die verläßliche Darstellung dynamischen Verhaltens komplexer Systeme auch unter zukünftigen und neuartigen Bedingungen notwendig. Dies ist ohne Modellbildung und Simulation nur sehr schwer zu bewerkstelligen. Auch wenn Umweltinformationssysteme und Datenbanken jeder Art hier wertvolle Hilfe leisten können, sind sie jedoch im allgemeinen auf statische Bedingungen ausgerichtet.

Hierin sind eine weitere Bedeutung und zugleich eine weitere Zielstellung der Modellbildung und Simulation in Umwelt- und Raumforschung zu sehen. Trotz komplexer interagierender Systemdynamiken sollen Modellbildung und Simulation zu verläßlichen Aussagen über mögliche Entwicklungspfade, aber auch Schaden und Schadensfolge durch menschliche Aktivitäten sowie Wirkung von Umweltschutzmaßnahmen führen.

Schonung von natürlichen Ressourcen, Verringerung von Energieverbrauch und Minimierung der prozeßbedingten Emissionen gehören zu den ersten Geboten des Umweltschutzes. Deshalb können die Modellbildung und Simulation auf dem Gebiet des technischen Umweltschutzes bereits eine lange Tradition vorweisen. Sie werden zur Planung, Analyse, Überwachung, Führung und Steuerung von technischen Prozeßanlagen und in der Gebäudetechnik eingesetzt, um Emissionen zu reduzieren, Energie zu sparen und die Sicherheit der Anlagen zu erhöhen.

Auch in der Raumforschung bzw. -entwicklung haben die Modellbildung und Simulation eine sehr lange Tradition. Bereits 1826 modellierte J. H. von Thünnen ökonomische Zusammenhänge zwischen agrarischer Landnutzung, Marktpreisen und Transportkosten auf der Basis eines abstrakten Konzepts des isotropen, homogenen Raums. Das zentrale Objekt der Modellierung und Simulation in diesem Gebiet ist der Raum als natürliche Umwelt, als Erlebnisraum, Anschauungsraum, Handlungsraum (Aktionsraum) des Menschen, als sozialer Raum, ökonomischer Raum, wo die alltäglichen Aktivitäten des menschlichen Lebens (Wohnen, Arbeiten, Erholen, Verkehr, Kommunikation usw.) stattfinden. Dieser Raum ist dynamisch, probalistisch und äußerst komplex. Erst durch vereinfachende und idealtypische Annahmen (Modellbildung) ist es überhaupt möglich, räumliche Phänomene, Gesetzmäßigkeiten und Entwicklungen zu analysieren und Theorien zu formulieren.

Zum Schluß dieses Abschnittes soll die Frage, welche Zielstellung verfolgen die Modellbildung und Simulation in Umwelt- und Raumforschung, zusammenfassend wie folgt beantwortet werden:

- Forschung und Wissenschaft zur Erkenntnisentwicklung,
- Planung, Systemanalyse, Entscheidungshilfen zur Ermittlung der Umweltverträglichkeit menschlicher Eingriffe in die Natur,
- Vorhersage von Entwicklungspfaden (-mustern), Schäden, Schadensfolge und Wirkung von Umweltschutzmaßnahmen,
- Planung, Analyse, Überwachung, Führung, Steuerung von technischen Prozeßanlagen und Gebäuden mit dem Ziel der Emissionsreduktion und Energieeinsparung; Entscheidungshilfe zur Einführung alternativer Prozesse mit integriertem Umweltschutz,
- Erforschung und Prognose der räumlichen Verteilung von Bevölkerung, Arbeitsstätten und infrastrukturellen Einrichtungen.

10.1.2 Schwierigkeiten und Besonderheiten der Modellbildung und Simulation in Umwelt- und Raumforschung

- Umfassende theoretische Konzepte und Abbildungen fehlen (siehe hierzu Grützner, Häuslein, Page [9-11]).
- Wirkungszusammenhänge in der Natur sind noch weitgehend unerforscht (ill-defined systems).
- Die Zahl der Modellvariablen und simultanen Gleichungssysteme ist sehr groß (große Systemkomplexität und Strukturvariabilität, Steifheit der Systeme).
- Die Natur kann nur beobachtet werden, weshalb kaum kontrollierbare Experimente mit Konstellationen von Variablen zur Modellgewinnung durchgeführt werden können.
- Die Reaktionszeiten, Jahre bis Jahrzehnte, sind sehr lang.
- Ziele der Optimierung eines Ökosystems können oft nicht eindeutig formuliert werden.
- Die Natur ist ein offenes, probalistisches System.
- Die Integration von ökologisch-orientierten und technischen Modellen ist noch wenig bekannt.

Aus diesen Gründen kann man folgende Anforderungen an Hard- und Software ableiten:

- Hohe Verarbeitungsgeschwindigkeit und große Speicherkapazität. Erst durch den Einsatz von Hochleistungsrechnern, wie z. B. Parallelrechnern ist die Simulation von anspruchsvollen Umweltproblemen möglich geworden.
- Vernetzung von Rechnern und verteilte Verarbeitung sind notwendig, da Umweltwissen verteilt und Daten aus unterschiedlichen Gebieten nötig sind.
- Leistungsstarke graphische Datenverarbeitung zur 3D-Darstellung und Visualisierung von Umweltdaten.
- Simulationssysteme (Software) sollen Kopplungs- bzw. Integrationsmöglichkeiten mit Geoinformationssystemen, Datenbank- und Tabellenkalkulationsprogrammen anbieten und gute Integratoren für Differentialgleichungen besitzen.

10.1.3 Modelltypen

Ein Gesamtüberblick über die Modelle im Umweltbereich ist nur schwer zu erlangen, zumal selten ausreichende Informationen über die konkrete Vorgehensweise bei der Modellierung publiziert sind. Doch allgemein bekannte Umwelt- und Raummodelle kann man in folgende Modelltypen einteilen:

- Verfahrenstechnische Modelle (Prozeßmodelle),
- Ausbreitungsmodelle,
- Ökosystemmodelle,
- Geographische (raumwissenschaftliche) Modelle,
- Landschaftsmodelle,
- Integrierte Modelle.

Hier muß gleich bemerkt werden, daß man eine strenge Unterscheidung zwischen geographischen Modellen, Ökosystem- und Landschaftsmodellen nicht erreichen kann. Es ist möglich, daß ein Modell sowohl Ökosystemmodellen als auch geographischen Modellen sowie Landschaftsmodellen zugeordnet werden kann. In diesem Zusammenhang soll man sich auch daran erinnern, daß die Begriffe "Ökosystem", "Geosystem", "Landschaftsökosystem" und "Umweltsystem" sowohl in der Literatur als auch im täglichen Sprachgebrauch der Wissenschaftler synonym verwendet werden.

Prozeßmodelle

Zahlreiche Umweltprobleme werden durch technische Anlagen verursacht. Die Prozesse, die in ihnen ablaufen, verbrauchen Ressourcen und setzen Schadstoffe unterschiedlicher Art frei. In Prozeßmodellen werden die Abläufe der Prozesse nachgebildet, um sie einer näheren Untersuchung und gezielten Beeinflussung zugänglich zu machen mit den Zielen

- Schonung von natürlichen Ressourcen,
- Minimierung der prozeßbedingten Emissionen und
- Erhöhung der Sicherheit der Anlagen.

Beispiele sind u. a.

- Prozesse der verfahrenstechnischen Produktion, wie sie in großen Chemieanlagen realisiert sind,
- Prozesse bei der Abwasserreinigung in Kläranlagen,
- Prozesse zur Entsorgung und Beseitigung von Müll und Abfällen und
- Prozesse der Energieerzeugung in Kraftwerken.

Ausbreitungsmodelle

Mit Hilfe von Prozeßmodellen kann man die Emissionen von Schadstoffen nicht vollständig verhindern. Bei sachgerechtem Einsatz vermag beispielsweise der moderne Katalysator in Kraftfahrzeugen die Emission bestimmter Schadstoffe (Kohlenmonoxid, Stickoxide, Kohlenwasserstoffe) weitestgehend zu unterbinden. Jedoch können durch den Katalysator sonstige Wirkungen des Straßenverkehrs wie z. B. Flächenverbrauch und die Emission des klimarelevanten Kohlendioxids wenig beeinflußt werden. Deshalb eine wichtige Frage: Wie breiten sich die Emissionen in der Luft, in Wasser und im Boden aus? Zur Untersuchung dieser Fragestellung werden Ausbreitungsmodelle erstellt.

In der Literatur gibt es eine große Anzahl von Wasser- und Luftausbreitungsmodellen, wie z. B. Ausbreitungsmodelle für Luftschadstoffe in verschiedenen Maßstäben, globale Atmosphärenmodelle, Wettermodelle und globale Zirkulationsmodelle für Ozeane.

Ausbreitungsmodelle beruhen meist auf fundamentalen Gesetzen der Physik, wie beispielsweise Massen- und Energieerhaltungssatz. Sie unterscheiden sich im wesentlichen durch folgende Merkmale:

- räumliche Ausdehnung und Auflösung des zu untersuchenden Gebietes und zeitliche Betrachtung,
- Grad der Vereinfachung der fundamentalen Gleichungen und
- die angewendete Berechnungsmethode zur Approximation der Lösung dieser Gleichungen.

Ökosystemmodelle

Nun kommt die Frage: Wie wirken sich die Schadstoffe bzw. die Immissionen auf die natürliche Umwelt aus? Die Immissionen werden durch menschliche Aktivitäten verursacht. Schadstoffe zur chemischen und biologischen Schädlingsbekämpfung werden auch von Menschen eingesetzt. Daher wäre besser die Frage zu stellen: Welche Auswirkungen verursachen die menschlichen Aktivitäten auf die Umwelt? An dieser Stelle sollen die konventionellen Probleme der Umweltkrise, wie Waldsterben oder Aussterben von Tier- und Pflanzenarten erwähnt werden. Nach dem Bericht "Global 2000" sterben täglich ungefähr 20 Tier- und Pflanzenarten aus. Jährlich werden Urwälder von der Gesamtfläche Österreichs vernichtet. Allein diese Zahlen übersteigen unser Vorstellungsvermögen. Daher gehören überhaupt zu den drängendsten Fragen des Umweltschutzes auch die folgenden:

Wie kann die zunehmende Ausbeutung der natürlichen Ressourcen bewältigt werden?

Wie hoch ist die Belastbarkeitsgrenze der natürlichen Umwelt?

Zur Untersuchung derartiger Fragestellungen werden die Ökosystemmodelle entwickelt. Im wesentlichen verfolgen die Ökosystemmodelle die Zielstellung:

- grundsätzliche Erkenntnisse über die Zusammenhänge in der Natur zu gewinnen,
- grundsätzliche Einsichten in den Aufbau und die Funktion von Ökosystemen zu erlangen,
- Auswirkungen der menschlichen Aktivitäten auf die natürliche Umwelt abzuschätzen und
- Einflüsse des Menschen auf Ökosysteme zu untersuchen.

Typische Modelle sind Wachstums- und Populationsmodelle, Konkurrenzmodelle (Konkurrenz um gemeinsame Nahrung), Weidemodelle, Räuber-Beute-Modelle und umfassende Ökosystemmodelle. In umfassenden Ökosystemmodellen werden Wechselwirkungen zwischen mehreren Populationen und der Einfluß von abiotischen Faktoren, z. B. Licht, Temperatur, Schadstoffe, abgebildet.

Ökosystemmodelle beruhen meist auf einer Nachbildung der Stoff- und Energieflüsse im System.

Geographische Modelle

Wir leben in einer sich ständig verändernden Umwelt. Kulturelle, soziale und wirtschaftliche Veränderungen können täglich wahrgenommen werden.

Geographische Modelle werden entwickelt, um zunächst Veränderungen in der Kultur, sozialen Gesellschaft, Bevölkerung und Wirtschaft zu erfassen und zu bewerten, aber auch um räumliche Phänomene zu simulieren, vorherzusagen und zu erklären. Sie können in drei Kategorien, nämlich demographische Modelle, Netzwerkmodelle und geometrische Modelle eingeteilt werden.

Manche geographischen Modelle sind deterministisch, während andere rein statistischen Charakter haben.

In einigen Modellen wird die Wahrscheinlichkeitstheorie mit empirisch entwickelten Regeln kombiniert, um stochastische Simulationen zu erzeugen.

Landschaftsmodelle

Infolge menschlicher Aktivitäten (Arbeiten, Wohnen, Erholen, Bildung, Kommunikation) entstehen ständig Ströme von Energie, Waren und Informationen.

Gerade an diesem Punkt liegt ein wichtiger Gegenstand der Raumforschung, solche Ströme zu modellieren, um die energetischen, stofflichen und informationellen Wechselbeziehungen zwischen Landschaften (bzw. Landschaftsteilen) zu erfassen und zu bewerten. Dabei steht die Beantwortung folgender Fragen im Vordergrund:

- Wie sieht die Landschaft aus? (Beschreibung des Zustandes der Landschaft)
- Wie funktioniert die Landschaft?
- Funktioniert die Landschaft gut? (Bewertung von Schönheit, Attraktivität, Kosten usw. der Landschaft)
- Wie, wo und wann soll die Landschaft verändert werden?

- Welche Auswirkungen könnten die Veränderungen haben? (Simulation der Auswirkungen der Veränderungen)
- Soll die Landschaft verändert werden?

Integrierte Modelle

Integrierte Modelle sind umfassende Modelle, in denen Modelle verschiedener Typen miteinander verknüpft und zu einem Gesamtmodell zusammengebaut werden. Sie sind hierarchisch oder modular aufgebaut.

10.1.4 Schwäche von komplexen Modellen

Zweifellos haben alle globalen Umweltmodelle (u. a. Modelle von Forrester [7], Meadows [14], Vester [27]) zum besseren Verständnis der Komplexität des Umweltsystems beigetragen. Jedoch konnten bisher keine praktikablen Handlungsstrategien aus diesen Modellen abgeleitet werden. Der Grund dafür liegt zunächst im begrenzten Potential, das dem Menschen für bewußte Wahrnehmung, Informationsverarbeitung und Handlung zur Verfügung steht, aber auch in sektoral orientierten Entscheidungsstrukturen unserer Gesellschaft.

Beispielsweise konstruierten Vester und Hesler [27] ein sehr komplexes Modell, das aus mehreren hundert Variablen und Interdependenzen besteht. Eine praktische Ausfüllung mit konkreten Werten für einen Lebensraum ist aber bisher noch nicht gelungen. Dies liegt zum einen an fehlenden statistischen Daten und zum anderen an den noch weitgehend unbekannten Interdependenzen der in das Modell eingehenden Variablen.

10.2 Der Weg zu einem komplexen Modell

Um komplexe Systeme richtig verstehen und behandeln sowie komplexe Modelle für solche Systeme erstellen zu können, brauchen wir eine **integrative Systemanalyse**, die das zu untersuchende System stets als Ganzes betrachtet, mehr auf die Vernetzung zwischen den Komponenten des Systems statt auf deren weitere Detaillierung achtet und Erkenntnisse über das System aus verschiedenen Disziplinen in Beziehung setzen und gemeinsam interpretieren kann. Dabei soll der Erfassung von Rückkopplungen der Wirkungsstruktur des Systems besondere Aufmerksamkeit geschenkt werden.

Wie führt man die integrative Systemanalyse durch? Wie kann man vorgehen?

Zunächst gibt es aus systemtheoretischer Sicht stets zwei anwendbare Ansätze, nämlich Top-down- und Buttom-up-Ansatz. Zur integrativen Systemanalyse sind jedoch beide Ansätze parallel auf zwei wechselseitig aufeinander bezogene Arbeitsebenen zu benutzen. Integrative Systemanalyse ist als evolutionärer Prozeß zu verstehen.

Das Modell für ein System wird iterativ, vom Ganzen zum Detail und gleichzeitig durch ständiges Feedback aller Teile bis zur Endform (vom Detail zum Ganzen) erarbeitet, so wie die Bildung eines Organismus geschieht (wie bei einem Embryo ist die endgültige Gestalt - wenn auch als unscharfes Muster - von Anfang an in ihrer Ganzheit vorhanden).

Vorlaufphase (Systembeschreibung und Datensammlung)

Zuerst sind alle Faktoren zu sammeln, die für das System von Bedeutung sind. Daten, Zahlen, Fakten, Expertenmeinungen, aus denen dann Variablen gebildet wurden, also Größen, die variabel (veränderlich) sind. In vielen Fällen kann ein Bündel von Fakten, soweit inhaltlich zusammengehörig, zu einer einzigen Variablen aggregiert werden. Auf diese Weise fließt das recherchierte Material in eine überschaubare Zahl von Variablen ein, wobei die ohnehin veränderlichen quantitativen Angaben implizit dahinstehen. Mit diesen Variablen läßt sich dann nach und nach ein praktikables kybernetisches Modell aufbauen.

Mit dem so entstandenen groben Wirkungsgefüge des Gesamtmodells ist ein auch optisch nachvollziehbarer Überblick über das zu untersuchende System gegeben. Man erkennt daraus schnell die Wechselwirkung der Teilsysteme. Das komplexe System muß in Teilsysteme (Subsysteme) zerlegt werden, um es methodisch und arbeitstechnisch handhaben zu können. Die Ausgliederung von Subsystemen erfolgt dabei nach dem **Prinzip der Systemhierarchie**. Das heißt, zwischen allen Subsystemen bestehen funktionale Verbindungen, die sich auch hierarchisch ordnen lassen. Diese hierarchische Ordnung gilt auch für den inneren Aufbau der Subsysteme.

Systemhierarchie ist eine Folge von Systemen, wobei ein System der Stufe n Teilsystem eines Systems der Stufe n+1 ist (nach H. Klug & R. Lang, zitiert in Leser [13] S. 120).

Eine Systemhierarchie liegt dann vor, wenn zwei oder mehr Systeme zu einem System höherer Ordnung ihrerseits wieder durch entsprechende Kopplungen zu Systemen noch höherer Ordnung vereinigt sind usw. (G. Klaus, zitiert in Leser [13] S. 120).

Die Interpretation des Systemhierarchieprinzips erfordert die Beantwortung der Fragen über:

- Abgrenzung von Teilsystemen,
- Homogenität und Heterogenität, welche die Inhalte des Systems aufweisen müssen oder noch aufweisen dürfen und
- forschungspraktische Problematik, die sich mit der Datenerhebung verbindet.

Die allgemeine Systemtheorie besagt, daß Systeme willkürlich, jedoch zweckgerichtet abgegrenzt werden dürfen, um über einen handhabbaren Gegenstand zu verfügen.

Das Problem der Abgrenzung von Teilsystemen in der Landschaftsökologie stellt einen traditionellen Schritt geographischer und raumforscherischer Arbeit dar. Dessen Entwicklung drückt sich im Übergang von der naturräumlichen Gliederung zur naturräumlichen Ordnung aus. Bei der Abgrenzung der Teilsysteme wird dem Verfahren der naturräumlichen Ordnung gefolgt. Dabei entscheiden die Rauminhalte darüber, ob es sich um Raumeinheit A oder B (System A oder B) handelt. Zugleich wird deutlich, welches von beiden das über- und welches das untergeordnete System ist bzw. ob beide gleichrangig sind.

Durch Aufteilung und Untergliederung der Variablen des Gesamtsystemmodells können nun die Teilmodelle skizziert werden, ohne daß der Zusammenhang mit den anderen Teilen verlorengeht.

Danach erfolgt die **Teildisziplinphase** (Arbeit in Teilsystemen). Hier müssen die Teilsysteme im Hinblick auf die Fragestellungen des Modellzweckes analysiert werden, um Subsystemmodelle zu entwickeln, ohne dabei das anzustrebende Gesamtmodell aus dem Auge zu verlieren. Die Subsystemmodelle werden mit dem Ziel erstellt, um dem komplexen Gesamtmodell zuzuarbeiten. Sie müssen zueinander kompatibel sein. In der Regel sind Subsystemmodelle, wenn sie nicht als wirkliche Submodelle eines Gesamtmodells konzipiert wurden, nicht kompatibel. Die Gründe dafür sind methodischer, datentechnischer, meßtechnischer und zum Teil auch rein mathematischer Natur. Integrative Systemanalyse erfordert bei der Arbeit in Teilsystemen ein Höchstmaß an gemeinsamer Orientierung auf einen möglichst klar formulierten Zweck des Gesamtmodells.

In dieser Phase ist es erforderlich und gleichfalls weittragend, mitunter aus dem System herauszuspringen und von außen in das System hineinzuschauen. Das bedeutet auch, daß man viele Fragestellungen zu einem Gegenstand (System) selbst stellen und Antworten dafür suchen soll.

Wesentlich und entscheidend ist in dieser Phase die Bereitschaft aller beteiligten Systemanalytiker, sich in die Begriffswelt anderer Wissenschaften einzuarbeiten und die erforderlichen und zeitaufwendigen Kommunikationsprozesse durchzuführen.

Verknüpfungsphase

Auf dieser Ebene wird die Vielzahl der Beziehungen und Wechselwirkungen zwischen den betrachteten Einzelphänomen miteinander verknüpft und zur Darstellung gebracht.

Dieses parallele Vorgehen erlaubt eine wechselseitige Unterstützung: Die Erkenntnisse aus der Arbeit in den Teilsystemen versorgen den Aufbau des Gesamtmodells mit den erforderlichen fachdisziplinären Grundlagen, während die systematische Erörterung von Einflußbeziehungen im Verlauf des Verknüpfungsprozesses wiederum die Berücksichtigung von thematischen Querbezügen bei der Bearbeitung der Teilprojekte fördert.

Den Zyklus (Arbeit in Teilsystem → Verknüpfung → Arbeit in Teilsystem) wiederholt man, um Erfahrungen zu sammeln, Schritt für Schritt das Modell zu verbessern und auch die Anzahl der erfaßten Komponenten des Systems (Teilmodelle) zu vergrößern.

Klassifizierung von Modellvariablen

Durch Verwendung des Verfahrens "Papiercomputer" von Vester [26, 27] können die Modellvariablen klassifiziert und auf diese einfache Weise bereits interessante Aussagen über das Systemverhalten des Modells gewonnen werden.

Dazu belegt man in der Wirkungsmatrix (siehe Tab. 1) alle Zellen mit dem numerischen Wert 1 (oder auch 2 oder 3 usw. gemäß Erkenntnisse der Systemanalyse), wo eine Wirkung von Zeile auf Spalte vorhanden ist (oder mit anderen Worten: Spalte ist von Zeilen abhängig). Leere Zellen (keine Wirkung von Zeile auf Spalte) haben den Wert Null. Dann summiert man in jeder Zeile und Spalte, um die sogenannten aktiven Summen (AS) bzw. passiven Summen (PS) zu berechnen. Anschließend werden die Produkte AS*PS und Quotienten AS/PS gebildet. Auf der Basis dieser AS*PS- und AS/PS-Zahlen erkennt man:

- Welche Modellvariablen sind aktive Variablen (Variablen mit hoher AS/PS-Zahl), die alle anderen Variablen stark beeinflussen, aber von allen anderen schwach beeinflußt werden.
- Welche Modellvariablen sind passive Variablen (Variablen mit niedriger AS/PS-Zahl), die alle anderen Variablen schwach beeinflussen, aber selbst stark beeinflußt werden.
- Welche Modellvariablen sind kritische Variablen (Variablen mit hoher AS*PS-Zahl), die alle anderen Variablen stark beeinflussen und gleichzeitig von ihnen stark beeinflußt werden.
- Welche Modellvariablen sind puffernde Variablen (Variablen mit niedriger AS*PS-Zahl), die alle übrigen Variablen schwach beeinflussen und auch von ihnen schwach beeinflußt werden.

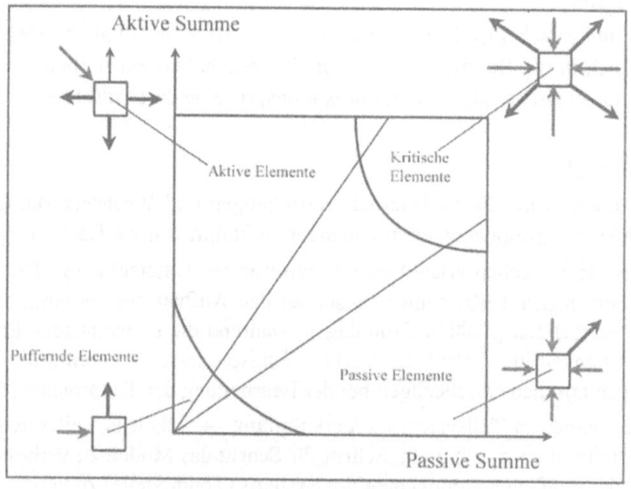

Bild 1 Vier Typen von Modellvarianten

Diesen Arbeitsschritt kann man mit einem Tabellenkalkulationsprogramm wie EXCEL problemlos und bequem ausführen. Gemäß Tabelle 1 sind die Variablen Gesamtbevölkerung, Industrie-, Baugewerbe- und Dienstleistungsbetriebe kritische Variablen; landwirtschaftliche Nutzfläche ist eine puffernde Variable; Arbeitslose ist z. B. eine aktive Variable; Umweltbelastung ist eine passive Variable.

Aktive Variablen verwenden wir im Modellgeschehen als Entscheidungsvariablen. Chaotische Entwicklungen werden in der Regel von kritischen Modellvariablen verursacht

		1	2	3	4	5	6	7	8	9	10	11	12	13	14	15	16	17	18	19	20	21	22	23				
	Wirkung von Zeile auf Spalte	Gesamtbevölkerung	Beschäftigte im primären Sektor	Beschäftigte in der Industrie	Beschäftigte im Baugewerbe	Beschäftigte im Dienstleistungsbereich	Kinder, Schüler, Studenten	Rentner	Arbeitslose	Landwirtschaftliche Betriebe	Industriebetriebe	Baugewerbe	Dienstleistungsbereich	Wohnungen	Transportinfrastruktur	Energie- und Wasserversorgung	Ausbildung	Gesundheit	Landwirtschaftliche Nutzfläche	Industriell genutzte Fläche	Gewerblich genutzte Fläche	Flächenbedarf für Wohnen	Flächenbedarf für Infrastruktur	Umweltbelastung	Aktive Summe (AS)	Passive Summe (PS)	AS/PS	AS*PS
1	Gesamtbevölkerung	1					1							1	1	1		1				1		1	8	12	0,66	96
2	Beschäftigte im primären Sektor	1	1					1		1															4	2	2,00	8
3	Beschäftigte in der Industrie	1		1				1			1	1	1	1											7	2	3,50	14
4	Beschäftigte im Baugewerbe	1			1			1			1	1	1	1											7	2	3,50	14
5	Beschäftigte im Dienstleistungsbereich	1				1		1			1	1	1	1											7	2	3,50	14
6	Kinder, Schüler, Studenten	1					1		1																3	2	1,50	6
7	Rentner	1						1									1								3	6	0,50	18
8	Arbeitslose	1						1	1		1	1	1	1											7	2	3,50	14
9	Landwirtschaftliche Betriebe		1							1														1	3	1	3,00	3
10	Industriebetriebe			1							1	1	1		1	1			1	1				1	9	11	0,82	99
11	Baugewerbe				1						1	1	1		1	1			1		1			1	9	11	0,82	99
12	Dienstleistungsbereich					1					1	1	1		1	1			1		1			1	9	11	0,82	99
13	Wohnungen	1												1	1	1			1			1		1	7	7	1,00	49
14	Transport- und Kommunikationsinfrastruktur	1									1	1	1						1				1	1	7	6	1,17	42
15	Energie- und Wasserversorgung										1	1	1						1				1	1	6	5	1,20	30
16	Ausbildung	1																	1				1		3	1	3,00	3
17	Gesundheit	1																	1				1		3	1	3,00	3
18	Landwirtschaftliche Nutzfläche																		1						1	1	1,00	1
19	Industriell genutzte Fläche																				1	1	1	1	4	2	2,00	8
20	Gewerblich genutzte Fläche																			1		1	1	1	4	3	1,33	12
21	Flächenbedarf für Wohnen																			1	1		1	1	4	4	1,00	16
22	Flächenbedarf für Infrastruktur																			1	1	1		1	4	6	0,67	24
23	Umweltbelastung																								0	12	0,00	0
	Passive Summe (PS)	12	2	2	2	2	2	6	2	2	9	9	9	6	5	5	1	1	9	4	5	5	7	12				

Tabelle 1 Beispiel für eine Wirkungsmatrix und Klassifikation von Modellvariablen

Schwierigkeit der integrativen Systemanalyse

Wer Ganzheitlichkeit und Komplexitätsbeherrschung nicht als bloße Absichtserklärung begreift, sondern in den konkreten Arbeitsprozeß einführen und umsetzen will, stößt bald auf methodische und erkenntnis-praktische Schwierigkeiten.

Da alle Umweltsysteme in Struktur und Funktion einen hohen Komplexitätsgrad aufweisen, wird es verständlich, daß die Erfassung und Darstellung der am System beteiligten Speicher, Regler und Prozesse sehr schwierig sind. Außerordentlich schwierig ist die Modellierung von Rückkopplungen zwischen verschiedenen Teilsystemen. Forschungsarbeit hierüber ist besonders gefragt.

Integrative Systemanalyse und objektorientierte Modellspezifikation

Integrative Systemanalyse impliziert die objektorientierte Modellspezifikation, die nach Schmidt [17, 18] zwei Anforderungen beinhaltet:

- Ein Teilmodell (Komponente) muß auch für sich allein ablauffähig sein. Das heißt, jede Komponente, die zunächst als Teil eines Gesamtmodells konzipiert ist, kann auch als eigenständiges Modell betrachtet werden. Der Unterschied zwischen Komponente und Modell entfällt. Es gibt nur noch Modelle, die zu Gesamtmodellen zusammengefaßt werden können.
- Die Reihenfolge, in der Komponenten spezifiziert werden, darf keine Rolle spielen. Es muß unwichtig sein, ob zuerst Komponente 1 und dann Komponente 2 beschrieben wird oder umgekehrt.

Diese Eigenschaften stellen hohe Anforderungen an die Reihenfolgeunabhängigkeit bei der Behandlung von Ereignissen und der Abarbeitung der algebraischen Gleichungen und folglich auch an die Programmierung (Implementierung).

Ebenso wie die Systemanalyse beruht die objektorientierte Modellspezifikation auf Erkenntnissen der allgemeinen Systemtheorie. Der entscheidende Vorteil des objektorientierten Ansatzes ist die erhöhte Strukturähnlichkeit zwischen Modell und System. Jedes Subsystem entspricht einer dazugehörigen Komponente im Modell. Durch integrative Systemanalyse und objektorientierte Modellspezifikation erhöht sich die Übersichtlichkeit des Modells. Weiterhin wird der Aufbau von komplexen Modellen schneller; die Modellgüte wird gesteigert; und schließlich können bestehende Modelle leichter verbessert (modifiziert) und gepflegt werden.

10.3 Systemdynamische Simulation für ökologische Raumentwicklung in Sachsen

Probleme der Raumentwicklung erfordern eine systemorientierte Behandlung. Mit der systemdynamischen Simulation für ökologische Raumentwicklung in Sachsen soll dazu ein Beitrag geleistet werden. Auf der Basis des urprünglich von J. W. Forrester entwikkelten System-Dynamics-Ansatzes - einer systemorientierten Modellierungsmethode - und der in [12] beschriebenen Erfahrungen erstellen wir ein komplexes Simulationsmodell SACHSEN zur Behandlung von Fragen der Raumentwicklung. Die Anwendung von Informatikmethoden und -werkzeugen (Datenbank, Tabellenkalkulation, GIS) zum

Herausarbeiten, Erkennen und Darstellen von räumlich-zeitlichen Dynamiken in einem Lebensraum und damit zum Entwickeln eines Simulationsmodells für den zu untersuchenden Lebensraum wird demonstriert.

Für die Erstellung des Simulationsmodells ist zunächst eine integrative Systemanalyse durchzuführen. Der Grundgedanke der integrativen Systemanalyse besteht darin, den zu untersuchenden Lebensraum Sachsen stets als Ganzes zu betrachten und von verschiedenen Dispziplinen gewonnene Erkenntnisse über den Untersuchungsraum zusammenzuführen.

Der Lebensraum Sachsen wird zuerst in sechs folgenden Sektoren (Teilmodellen bzw. Modellkomponenten) aufgeteilt: Bevölkerung, Wirtschaft, Wohnungen, Infrastruktur, Flächennutzung und Umweltbelastung.

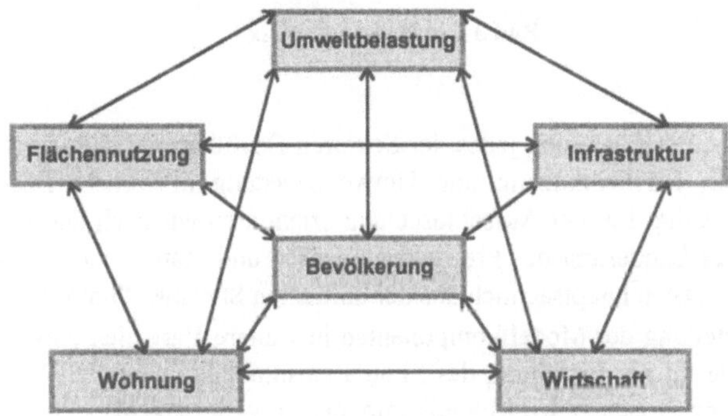

Bild 2 Die sechs Modellkomponenten

Ökologische Raumentwicklung ist in erster Linie auf die Menschen auszurichten. Deshalb ist Bevölkerung ein wichtiges Teilmodell. Da die Grundfunktionen eines Lebensraumes Arbeiten, Wohnen, Verkehr, Versorgung, Kommunikation, Bildung und Erholung sind, kommen die Sektoren Wirtschaft, Wohnungen und Infrastruktur als Teilmodelle vor. Diese Grundfunktionen haben spezifische Flächen- und Raumansprüche. Dies soll durch das Teilmodell Flächennutzung erklärt werden.

Mit diesem Simulationsmodell SACHSEN wird das Ziel verfolgt:

- den Lebensraum Sachsens systemtheoretisch handhabbar zu machen,
- Einsicht in das Systemverhalten zu gelangen,
- raumrelevante Aussagen abzuleiten und die Entwicklungen in den Sektoren Bevölkerung, Wirtschaft, Wohnungen, Infrastruktur und Umweltbelastung zu prognostizieren.

Die integrative Systemanalyse und der Modellaufbau erfolgen wie im Abschnitt 10.2 beschrieben wurde.

Durch die Festlegung der Teilmodelle entsteht ein Wirkungsgefüge des Gesamtmodells, wodurch bereits ein optisch nachvollziehbarer Überblick über das zu untersuchende System gegeben ist. Für den Aufbau des angestrebten Simulationsmodells genügt dieses

Wirkungsgefüge jedoch nicht, da hier ein komplexes, ineinander verschachteltes Gefüge vorliegt, wo alles mit allem zusammenhängt.

	Bevölkerung	Flächennutzung	Wirtschaft	Wohnen	Infrastruktur	Umweltbelastung
Bevölkerung	$	$	$	$	$	$
Flächennutzung	$	$	$	$	$	$
Wirtschaft	$	$	$	$	$	$
Wohnen	$	$	$	$	$	$
Infrastruktur	$	$	$	$	$	$
Umweltbelastung	$	$	$	$	$	$

Bild 3 Die Wirkungsmatrix

Deshalb ist eine Aufschlüsselung jedes der Sektoren Bevölkerung, Wirtschaft, Wohnungen, Infrastruktur, Flächennutzung und Umweltbelastung in weitere Bestandsgrößen (Variablen) notwendig. Bei der Aufschlüsselung orientieren wir nach der amtlichen Statistik (Statistisches Landesamt des Freistaates Sachsen und Statistisches Bundesamt), da die beschaffbaren Daten hauptsächlich aus der amtlichen Statistik stammen.

Durch diese Aufteilung der Modellkomponenten in weitere Variablen entsteht eine Wirkungsstruktur, die für die Erstellung des Simulationsmodells sehr nützlich ist, ohne daß der Zusammenhang zwischen den Modellkomponenten verlorengeht.

Die Modellkomponente Umweltbelastung umfaßt CO_2-, CO-, NO_x-, SO_2- und Nitrat-Emissionen sowie Abfallmenge, Energie- und Wasserverbrauch pro Einwohner und Jahr.

Die geschaffenen Daten über Bevölkerung, Wirtschaft, Wohnungen, Infrastruktur, Flächennutzung, Umweltbelastung vom Land Sachsen (zum großen Teil auf Kreisbasis) in den Jahren 1989, 1990, 1991, 1992 und 1993 bilden die Datenbasis für die Simulation. Die Datenbasis wurde in dBase für Windows als Datenbank "Grundinformation Sachsen" aufgebaut und mit dem Geoinformationssystem SPANS gekoppelt. Die Kopplung mit dem SPANS-GIS ist ein wichtiger Arbeitsschritt, da wir Probleme der Raumentwicklung nicht losgelöst vom Raumbezug behandeln dürfen. Mit dem GIS können wir viele raum- und zeitabhängige Prozesse leicht und bequem visualisieren, Modellierungs- und Simulationsergebnisse nicht isoliert, sondern im Gesamtkontext betrachten und analysieren. Dadurch werden die Modellbildung und Simulation sicherer und transparenter. Diese Transparenz fördert gleichzeitig die Akzeptanz der Modellierungs- und Simulationsergebnisse. Auf der Grundlage des SPANS-GIS wurden die Daten mit verschiedenen GIS-Funktionen ausgewertet und analysiert, um räumlich-zeitliche Dynamiken bzw. Phänomene herauszuarbeiten und zu visualisieren. Diese Auswertung von umfangreichem und zweckmäßigem Datenmaterial ist für den Modellaufbau fruchtend.

Die Bestandsgrößen (Modellvariablen) werden nach der Formel :

$$\text{Neuer Bestand} = \text{Alter Bestand} + \int_{t_0}^{t} (\text{Zuflußrate} - \text{Abflußrate})\, dt$$

berechnet. Es kommt darauf an, die Zu- und Abflußraten hinreichend genau zu bestimmen. Bei der Bestimmung der Zu- und Abflußraten werden die Abhängigkeiten zwischen Modellkomponenten berücksichtigt.

Einige Systemzusammenhänge werden analog dem Modell BAYMO70 [12] modelliert.

Auf eine ausführliche Modellbeschreibung muß in diesem Rahmen verzichtet werden. Es sei auf ein IÖR-TEXTE-Heft von Thinh [23] verwiesen.

Warum wurde Sachsen als Untersuchungsgebiet ausgewählt? Der erste Grund ist die Verfügbarkeit von statistischen Daten. Eine Menge statistischer Daten, die für den Modellaufbau erforderlich ist, liegt nur auf der Landesbasis vor. Der zweite Grund besteht in der Instabilität der Entwicklung in fast allen Bereichen der neuen Länder. Daher wurde in Analogie zum Gesetz der großen Zahlen der Wahrscheinlichkeitstheorie bzw. Gesetz der großen Systeme nicht eine Region oder Stadt von Sachsen, sondern das gesamte Land Sachsen als Untersuchungsgebiet ausgewählt, um starke Schwankungen zu kompensieren.

Im Sinne der Chaos- und Fraktaltheorie muß der Autor als Modellentwickler nach Entwicklungsmustern für die Sektoren (Bevölkerung, Wirtschaft, Wohnungen, Infrastruktur, Flächennutzung und Umweltbelastung) bzw. für Gliederungs-, Beziehungs- und Meßzahlen dieser Sektoren von Sachsen suchen.

10.4 Simulationsergebnisse

Leider ist das Gesamtmodell SACHSEN wegen sehr hohen Aufwandes zur Systemanalyse noch nicht fertig. Eine weitere Ursache dafür liegt in der Schwierigkeit bei der Berücksichtigung von Rückkopplungen. Jedoch konnte aufgrund der beschriebenen Methodologie bereits mit den Teilmodellen Bevölkerung, Wirtschaft und Wohnungen experimentiert werden. An dieser Stelle werden einige erste Simulationsergebnisse des Modells SACHSEN vorgestellt.

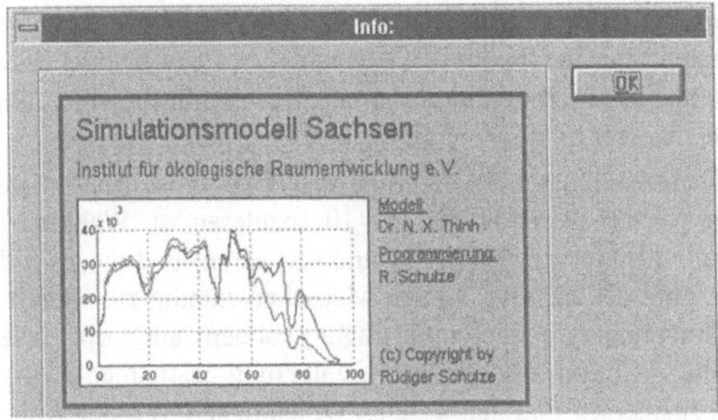

Bild 4 Das PC-Simulationsprogramm in Borland Pascal

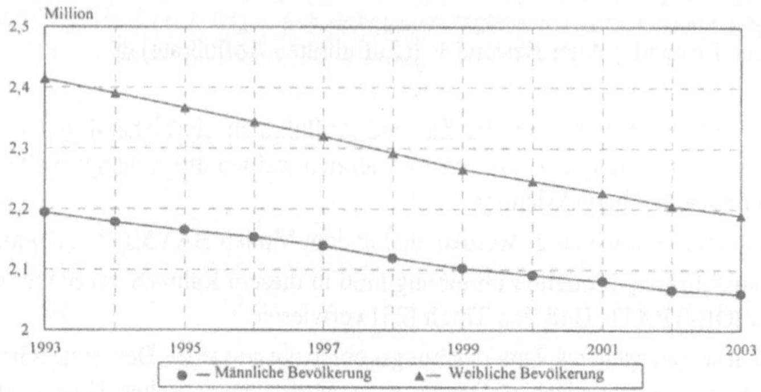

Bild 5 Entwicklung der sächsischen Bevölkerung

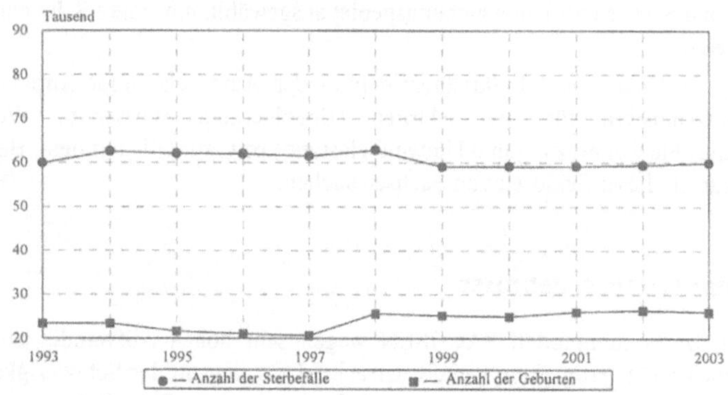

Bild 6 Natürliche Bevölkerungsentwicklung in Sachsen

Die Simulationsergebnisse zeigen deutlich, daß die Sächsische Bevölkerung wegen des seit 1991 abrupten und drastischen Rückganges der Geburtenrate tendentiell abnimmt, auch wenn der Massenabwanderungsstrom aus Sachsen in die alten Länder inszwischen gestoppt wurde.

Wesentliches Kennzeichen der Bevölkerungsentwicklung ist die Veränderung im Altersaufbau, wie sie aus den Abbildungen 7 - 10 abzulesen ist. Während die arbeitsfähige Bevölkerung (alle Personen zwischen 15 und 65 Jahren) und die Zahl der Grundschüler stetig sinken, nimmt die Zahl der älteren Menschen ständig zu. Diesen Tendenzen muß nicht nur die Raumplanung Rechnung tragen, sondern auch die Gesellschaft und die Politik. Denn die Zahl und Struktur der Bevölkerung bestimmen maßgeblich die Nachfrage nach Arbeitsplätzen und damit einen wesentlichen Teil der Arbeitsmarktentwicklung. Von der Bevölkerungsentwicklung hängt die Zahl der privaten Haushalte ab und damit der Bedarf an Wohnungen, aus dem sich wiederum der notwendige Wohnbaulandbedarf und die weitere Siedlungstätigkeit ergeben. Des weiteren beeinflußt die Bevölkerungsentwicklung die Auslastung und damit den Nachhol-, Ersatz- und Neubedarf an Infrastruktureinrichtungen, wie Schulen, Hochschulen, Berufsschulen, Krankenhäuser, Altersheime, Verkehrseinrichtungen, Freizeiteinrichtungen usw. Sie ist auch eine der Bestimmungsgrößen für den Grad der realisierbaren Umweltqualität.

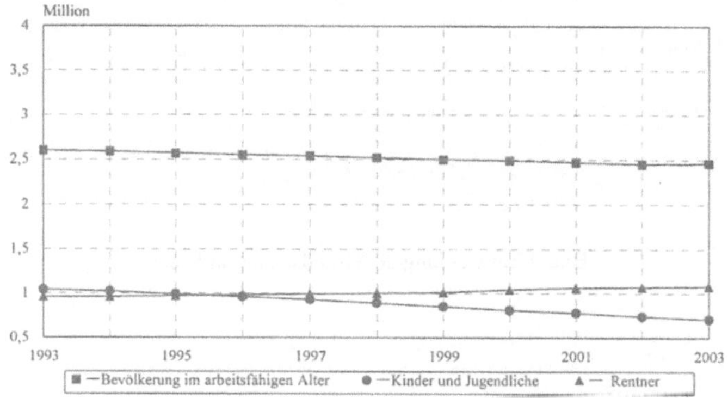

Bild 7 Entwicklung der Bevölkerungsstruktur

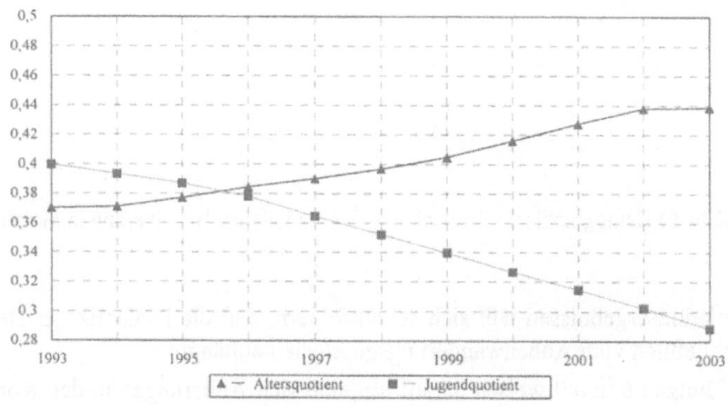

Bild 8 Entwicklung des Alters- und Jugendquotienten in Sachsen

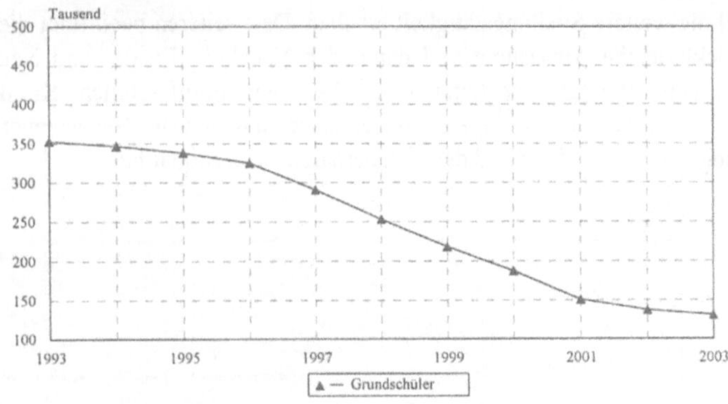

Bild 9 Entwicklung der Grundschüler in Sachsen

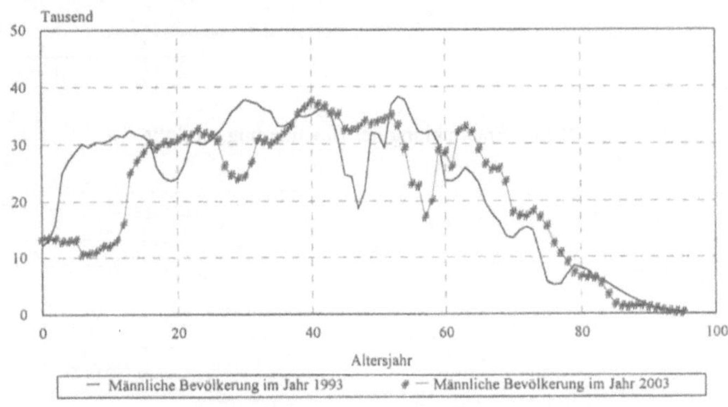

Bild 10 Demographische Entwicklung der männlichen Bevölkerung in Sachsen

Aus Simulationsergebnissen läßt sich schlußfolgern, daß die Dynamik der Bevölkerung fast ausschließlich vom Außenwanderungsgeschehen abhängt.

Die Abbildungen 6 und 9 weisen darauf hin, daß sich Änderungen in den Komponenten der Bevölkerungsentwicklung erst nach vielen Jahren vollständig auswirken und daher eine eventuelle Einflußnahme bereits in einem sehr frühen Stadium erfolgen muß.

Literatur

[1] Bossel, H.: *Modellbildung und Simulation: Konzepte, Verfahren und Modelle zum Verhalten dynamischer Systeme*, Vieweg-Verlag, Braunschweig, Wiesbaden 1992

[2] Bossel, H.: *Umweltproblematik und Informationsverarbeitung*, in: B. Page/L. M. Hilty (Hrsg.), Umweltinformatik, R. Oldenbourg Verlag, München 1994

[3] Caughley, G.: *Pflanzen-Herbivoren Systeme*, in: Theoretische Ökologie, Hrsg. R. May, Verlag Chemie, Weinheim 1980

[4] Clarke, M., Wilson, A. G.: *The Dynamics of Urban Spatial Structure: Progress and Problems*, in: Journal of Regional Science 23 (1) 1983, 1-18

[5] Dendrinos, D. S.: *Urban Evolution*, Oxford University Press, 1985

[6] Dendrinos, D. S., Sonis, M.: *Chaos and Socio-Spatial Dynamics*, Springer-Verlag, New York 1990

[7] Forrester, J. W.: *Industrial Dynamics*, The MIT Press, Cambridge, 1961

[8] Forrester, J. W.: *Grundzüge einer Systemtheorie*, Wiesbaden 1972

[9] Grützner, R., Häuslein, A., Page, B.: *Softwarewerkzeuge für die Umweltmodellierung und -simulation*, in: B. Page/L. M. Hilty (Hrsg.), Umweltinformatik, R. Oldenbourg Verlag, München 1994

[10] Grützner, R.: *Environmental Modeling and Simulation - some Features of Experiments*, in: EUROSIM'95 Simulation Congress, F. Breitenecker and I. Husinsky (Editors), Elsevier 1995

[11] Häuslein, A.: *Wissensbasierte Unterstützung der Modellbildung und Simulation im Umweltbereich, Konzeption und prototypische Realisierung eines Simulationssystems*, Dissertation am Fachbereich Informatik, Universität Hamburg, 1992

[12] Klatt, S., Kopf, J., Kulla, B.: *Systemsimulation in der Raumplanung*, Veröffentlichungen der Akademie für Raumforschung und Landesplanung, Band 71, Hannover 1974

[13] Leser, H.: *Landschaftsökologie*, UTB 521, Stuttgart 1991

[14] Meadows, D., Meadows, D., Randers, J.: *Die neuen Grenzen des Wachstums*, Deutsche Verlags-Anstalt, Stuttgart 1992

[15] Metzler, W.: *Dynamische Systeme in der Ökologie*, B. G. Teubner, Stuttgart 1987

[16] Richter, O.: *Simulation des Verhaltens ökologischer Systeme*, VCH Weinheim, 1985

[17] Schmidt, B.: *Die objektorientierte Modellspezifikation*, Simulation in Passau, Heft 1 (1994)

[18] Schmidt, B.: *Die objektorientierte Modellspezifikation*, Simulation in Passau, Heft 1 (1996)

[19] Sklar, F. H., Costanza, R.: *The Development of Dynamic Models for Landscape Ecology: A Review and Prognosis*, in [23]

[20] Statistisches Landesamt des Freistaates Sachsen, *Statistisches Jahrbuch 1991, 1992, 1993, 1994*

[21] Thinh, N. X.: *Untersuchung und Analyse dynamischer Elementarsysteme in der Ökologie auf der Grundlage von Mathcad*, Vortrag zur ASIM-Tagung "Umweltsystemanalyse - Umweltinformatik“, 28.-30.04.94, Bad Münster am Stein, Ebernburg

[22] Thinh, N. X.: *Systemorientierte Behandlung von Fragen der Raumentwicklung*, IÖR-SCHRIFTEN 11, Festschrift für Gerd Albers, 1995

[23] Thinh, N. X., Schulze, R., Walke, T.: *Modellierung und Simulation in Umwelt- und Raumforschung*, IÖR-TEXTE 094, März 1996

[24] Trauboth, H.: *Simulation, Umweltmodelle*, in: GME-Fachbericht, Beitrag der Mikroelektronik zum Umweltschutz, vde-Verlag GmbH Berlin, Offenbach 1988

[25] Turner, M. R., Gardner, R. H. (Editors): *Quantitative Methods in Landscape Ecology*, Springer-Verlag 1991

[26] Vester, F.: *Ballungsgebiete in der Krise*, dtv Sachbuch, 5. Auflage, 1994

[27] Vester, F., von Hesler, A.: *Sensitivitätsmodell*, 2. Auflage, Umlandverband Frankfurt 1988

[28] Wilson, A. G.: *Catastrophe Theory and Bifurcation - Applications to Urban and Regional Systems*, London 1981

11

The DYMOS Model System for the Analysis and Simulation of Regional Air Pollution

Achim Sydow, Thomas Lux, Peter Mieth, Matthias Schmidt, Steffen Unger

Abstract

The paper presents results of the development and application of an air pollution simulation system at GMD FIRST which aims to support users in governmental administration and industry with forecasting and operative decision-making as well as short to long-term regional planning. The components of the simulation system are parallelly implemented simulation models for meteorology, transport and air chemistry, data bases for model input and simulation results, as well as a graphic user interface for spatial data visualization. Results will be presented from two recent applications in the regions of Berlin/Brandenburg and Munich (Germany).

11.1 Introduction

The rapid hardware development in the last years enabled the formulation of comprehensive computer models which treat the transport, chemical transformations, emission and deposition processes of air pollutants in the lower atmosphere. The use of these models in simulation experiments and scenario analyses is aimed to:

- support governmental administrations and industry in their short to long-term decision-making activities such as emergency management, measures in case of exceeding critical loads (short term), compatibility tests, source-receptor relationships (medium-term), and planning purposes (long-term)
- serve as a scientific basis for national or international negotiations (e.g. air pollution abatement strategies)
- provide short-term predictions of air pollutant concentrations for the public (e.g. support for TV networks showing a smog forecast).

The development of air pollution simulation systems having the above mentioned tasks is generally characterized by various difficulties.

1. The assimilation of input data for the models is mostly very time-intensive and in some cases only estimations can be used. Progress can be expected by using remote sensing data of satellite observations and dynamic emission models.
2. According to the special application and the scale of the application domain the best-suited models have to be selected from the group of available simulation models.

3. Comprehensive models require extremely large amounts of computing time because the governing equations are nonlinear, highly coupled, and/or extremely stiff. Progress in this point can be expected by the use of high-performance computing.
4. To get the highest level of user-friendliness the simulation system has to be integrated under a user interface with point-and-click interaction together with a geographical information system for data visualization and a database management system which handles not only simulation inputs and outputs, but also other available data such as measurements.

Up to now there is no simulation system available which meets all of these requirements. Section 2 presents the DYMOS system [12, 13] developed at GMD FIRST for the analysis and simulation of regional air pollution. Section 3 describes the model parallelization for the implementation of DYMOS on HPC platforms. In Section 4 the necessity of traffic flow and emission models for air pollution simulations is discussed. Two exemplary applications of the DYMOS system are presented in Section 5. Finally, some perspectives of the future work are listed in Section 6.

11.2 The DYMOS Model System

At GMD FIRST the DYMOS system (see Figure 1) has been developed, a parallelly implemented air pollution simulation system for mesoscale applications. The regional air pollution problems which DYMOS is able to deal with are:

- winter smog: high concentration of inert (regarding the model domain) pollutants (e.g. SO2, NOx, dust, etc.) caused by high pressure weather situations in the winter months.
- summer smog: high concentration of ozone and other photochemical oxidants caused by strong insolation during high pressure weather situations in the summer months.
- antigenic air pollution: high concentration of substances with antigenic effect on the human immune system (bio-polymers such as polypeptides, polysaccharides, nucleic acids, as well as synthetic polymers and a few low-molecular compounds connected with macro-molecules) produced by technological processes and natural sources.

DYMOS consists of three meteorology/transport models and one air chemistry model for the calculation of photochemical oxidants like ozone. The meteorology/transport models include REWIMET [3] - a hydrostatic mesoscale Eulerian model with a low vertical resolution, GESIMA [4] - a non-hydrostatic mesoscale Eulerian model with a high vertical resolution, and one Lagrangian model. The air chemistry model is CBM-VI [2] dealing with 34 spezies in 82 reaction equations for simulating the photochemical processes in the lower atmosphere.

REWIMET is a mesoscale atmospheric model which is officially distributed by the German Engineer Association VDI. Mesoscale models describe processes (e.g. thunderstorms, cloud clusters, low-level jets) occurring over a horizontal extension of about 20 to 200 km and therefore provide the foundation for simulations covering urban areas. REWIMET is based on a hydrostatic, divergenceless and dry atmosphere. In contrast to true three-dimensional models calculating the variables at the nodes of a locally fixed spatial grid REWIMET uses the fixed grid structure only horizontally. Vertically, the model is subdivided into 3 layers lying on top of each other. A part of the model variables, namely, the horizontal wind components, the potential temperature, and the air pollutant concentrations, is calculated for each horizontal grid point as box average in all 3 layers. The vertical wind component, the pressure, and the turbulent flux of impulse, heat and air pollutants are determined at the boundaries between the layers.

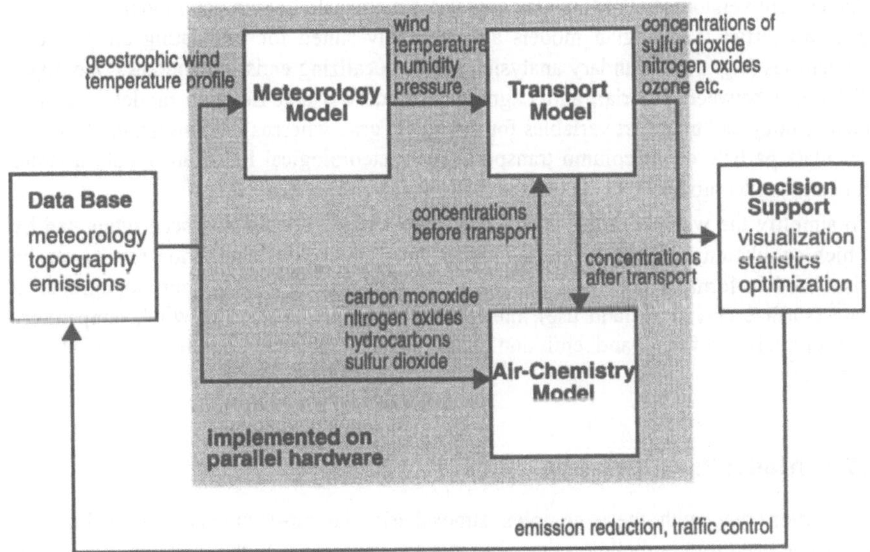

Figure 1 Structure of the DYMOS system

The model REWIMET is driven by the suprascale stratification, the suprascale horizontal pressure gradient (geostrophic wind), and the surface temperature. The input of the geostrophic wind and surface temperature can be time-dependent. REWIMET considers the orography and the land utilization in the model domain. The transport of several air pollutants can be calculated simultaneously.

CBM-IV is a popular and sufficiently tested reaction scheme describing the most important chemical processes in the gas phase chemistry for the production of ozone and other photooxidants. It is officially distributed by the Environmental Protection Agency of the United States. CBM-IV is a condensed version of the original CBM. Carbon atoms with similar bonding are treated similarly. There is no need for the definition of an average molar weight so that this mechanism is mass balanced. Some species are handled explicit because of their special character in the chemical system (for example isoprene which is the most emitted biogenic species). The mechanism involves 34 species and 82 reactions, and contains 9 primary organic compounds. To profit from the features of the CBM-VI detailed information of the hydrocarbon mixture is necessary.

In order to be able to use a higher vertical resolution of the model domain and to include cloud physics when it seems to be important the atmospheric model GESIMA has been implemented in the DYMOS system. GESIMA is a true three-dimensional, non-hydrostatic mesoscale model which realizes the inelastic Boussinesq approximations (density variations are considered only in the buoyancy term) and which includes cloud physics. The viscosity properties of air are neglected.

The current version of DYMOS also contains a mesoscale Lagrangian model [8]. Due to their properties, Lagrangian models are especially suited for calculating air pollutant trajectories (e.g. transboundary analysis) and for localizing emission sources. One major difference between Eulerian and Lagrangian models is that Eulerian models calculate meteorology and transport variables for the model grid, whereas Lagrangian models only calculate particle or air column transport. The meteorological fields are input variables for Lagrangian models.

To simplify the work with the DYMOS system a user interface has been integrated by which simulation runs can be started and stopped, as well as simulation results can be visualized in form of 2D raster images of the model domain. As inputs topographical data (surface elevation, land use), meteorological data (geostrophic wind, temperature and pressure profiles), and emission data (industry, private households, traffic) are necessary.

11.3 Model Parallelization

Simulation runs with these complex atmospheric and air-chemistry models have an extensive need for computation time. In order to supply users with results of case studies in acceptable time or to actually allow smog prediction (computation time less than simulation period) the DYMOS system is already parallelized and implemented as message-passing version on parallel computers with Intel i860 and PowerPC processors using tools like PVM [9]. Because the model domain of REWIMET, CBM-IV and GESIMA is represented by a 3D grid the model parallelization is performed by grid partitioning.

On Parsytec PowerPC systems the functionality provided by the operating system PARIX eases the system implementation in form of a message-passing version. From PARIX the concept of virtual processors, the concept of virtual topologies (tree structure for host-worker-communication, mesh structure for worker-worker-communication), the synchronous communication, and the dynamic code loading is used. Figure 2 shows the values of the execution time, speed-up, and parallel efficiency depending on the number of used processors on the PowerGC with 8 nodes (16 processors) for a typical simulation. The simulated time horizon is 12 minutes, and the model domain consists of 2597 grid points.

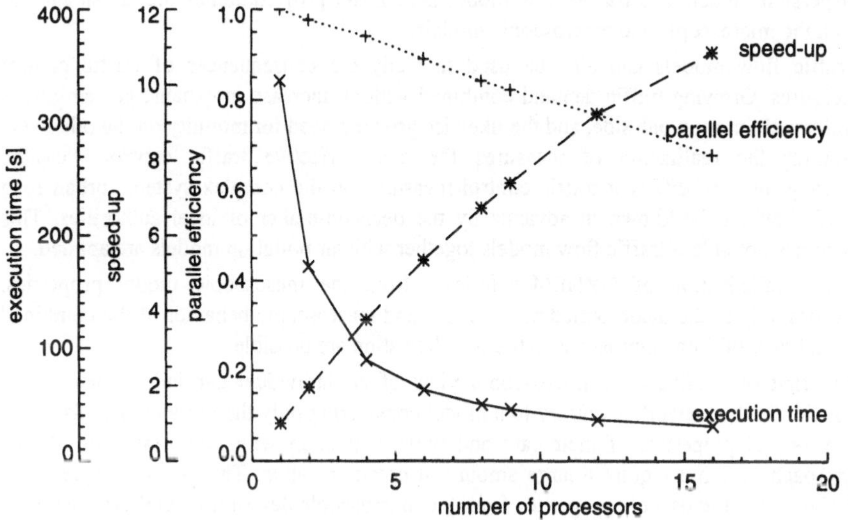

Figure 2 Run-time measurements of a Parsytec PowerGC implementation

11.4 Traffic Flow and Emission Models

In order to perform air pollution simulations, a major precondition is the availability of detailed and, if possible, dynamic emission data. According to the group of polluters (industry, private households, traffic) the effort to pre-process the available data into the input data for the models differs considerably.

For industry emissions (power plants, etc.) and emissions of private households, given amounts per year have to be converted into amounts per hour by means of several factors. The determination of the dynamic function of traffic emissions is far more complicated. Best results are achieved if a traffic flow model together with a traffic emission model is used. The traffic flow model calculates the location, speed and acceleration of single vehicles or groups. With this input the traffic emission model calculates for every street section the dynamic emission amount.

The traffic flow models which have been developed in recent years can be mainly divided into two classes. The first class covers microscopic models in which the movement of individual vehicles is simulated. The computational effort for these models increases rapidly with the number of vehicles considered.

The second class consists of macroscopic models in which aggregate variables such as traffic density, mean speed and volume describe the traffic flow. Due to the representation by aggregate variables, less computation time is required than with microscopic variables. On the other hand, macroscopic models are not able to provide information on travel time, fuel consumption or route choice. But especially this non-satisfactory behavior becomes important for a coupled system with an air pollution dispersion model. The traffic flow model DYNEMO [10] combines the advantages of both the microscopic and macroscopic models.

Traffic flow models can also be used to study the consequences of traffic control measures. Growing traffic demand combined with an increase in exhaust gas emissions and travel times on one side, and the likewise growing need for mobility on the other side requires the realization of measures for more effective traffic control. Possible consequences of different traffic control measures on the complex system "urban road traffic" should be known in advance by the decision-maker of local authorities. This becomes possible if traffic flow models together with air pollution models are applied.

The parallelization of DYNEMO follows from the mesoscopic model properties. Accordingly to the incorporated microscopic and macroscopic behavior of the combined model two different approaches to the parallelization are possible.

The first one reflects the microscopic view of an individual car independent of its position in the network. Contrary to a model considering only the individual skills of the drivers and properties of their cars and their interaction with other cars, the chosen approach does not require a large amount of communication. This is a consequence of deriving the microscopic properties from the macroscopic description. Only the maximal street capacity during a traffic jam, the queueing at traffic lights or the merging of streets having equal rights add some communication.

The second approach for parallelizing the program is based on a (geographical) decomposition of the traffic network. Calculating vehicle movement is done sequentially. The traffic flow between the subnetworks requires communication between the processors.

In both cases, the simulation of the traffic flow is reduced to a number of separate problems and can be carried out in parallel, resulting in a granular program structure which will decrease computation time and enhance efficiency.

11.5 Exemplary applications

11.5.1 Analysis of the Region of Berlin/Brandenburg

By means of DYMOS on behalf of the environmental department of the state government of Berlin and the ministry for environment of the state Brandenburg summer smog analyses were carried out concerning the duration of the measuring campaign FLUMOB (July 1994) [5, 6, 7]. Besides of the topographical and meteorological data the available statistical data of traffic emissions in Berlin were pre-processed for model input.

The visualization of the simulation results shows a significant wide-area ozone trail on the lee-side of the urban region resulting from man-made emissions of ozone precursor substances in Berlin. This phenomenon could be confirmed by measurements. The available large amount of data made it possible to extract the initial and boundary values necessary for simulation runs in relatively small model domains from the measurements. Moreover, a comparison of computed values with the values measured in upper layers could be performed for the first time.

By means of the DYMOS system scenario analyses were carried out to study the consequences of possible measures for emission reduction on the production of ozone. The success of a special measure under defined meteorological conditions could be evaluated. In Figure 3 the simulated surface-near ozone concentration in $\mu g/m^3$ of the standard case and scenario 1 on July 25, 1994 at 4 p.m. is presented. Scenario 1 means:

- traffic ban for cars and trucks without emission-reduction technology like controlled catalytic converters.
- speed limit:
  1. 90 km/h on highways
  2. 80 km/h on normal roads outside of urban areas.
- reduction of the emissions caused by
  1. private households by 5 %
  2. industry by 15 %
  3. point sources (e.g. power plants) by 10 %.

The horizontal extent of the model domain Berlin/Brandenburg is about 100 km x 100 km. The horizontal grid resolution is 2 km x 2 km. The surface is relatively flat. The meteorological situation of the considered episode is characterized by a long-term high-pressure weather condition with strong solar radiation and high temperatures as well as a large mixing layer.

The comparison between simulation results and measurements shows a relatively good correspondence of the location of the computed and measured ozone trail and its extent. The simulation runs confirm the existence of a significant ozone production mainly caused by the man-made emissions of precursor substances in Berlin. In most cases the maximum of the ozone concentration is reached in some distance from Berlin in the state of Brandenburg.

11.5.2 Analysis of the Region of Munich

Commissioned by Greenpeace the influence of emissions caused by city traffic on the ozone concentration in the Munich region was analyzed for a typical mid-summer day in 1994 [11]. The extent of the model domain of the region of Munich is 150 km x 80 km. Due to the available data the grid resolution is 5 km x 5 km. The surface of the model domain is formed by the Alpine foothills steeply ascending south of Munich, by the river valleys of Isar and Inn, and the big lakes Chiemsee, Ammersee, Starnberger See.

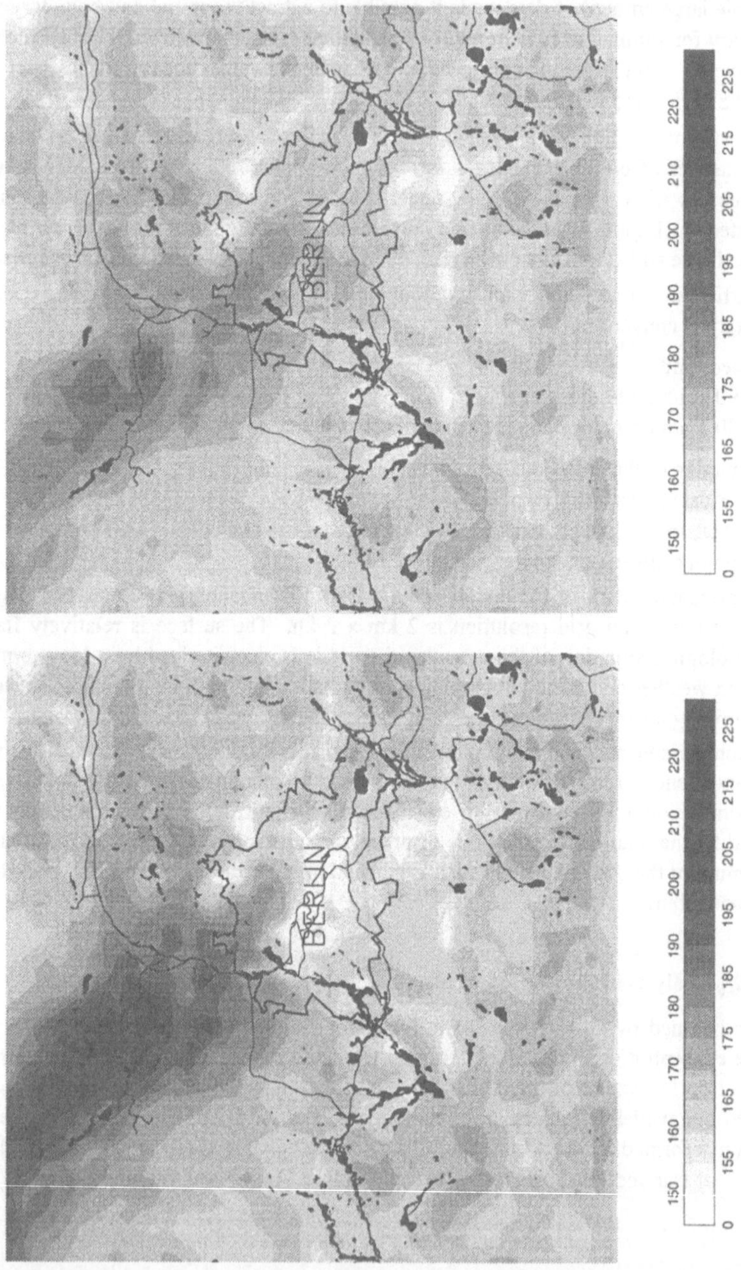

Figure 3 Simulated surface-near ozone concentration in µg/m^3 in the region of Berlin-Brandenburg on July 25, 1994 at 4 p.m. (left - standard case, right - scenario 1)

The selection of meteorological data should be representative for weather conditions with high ozone concentrations. Climatological investigations show that in case of northeast to north wind high ozone concentrations have been registered, whereas west and south wind is connected with low ozone values. As standard case a day in July was chosen characterized by strong and relatively long-term solar radiation. A summery high-pressure region with maximum temperatures of 30 °C, clear sky, a relatively light geostrophic wind from northeast, and a surface-near inversion in the morning define the meteorological situation. These assumptions can be considered as typical for a summer smog period in the model domain Munich.

The ozone and precursor substances concentration of the inflowing air is already quite high which is also characteristic for long-term high-pressure weather conditions in summer. The maximum ozone concentration of the simulations reaches 200 mg/m3 and is computed in the trail of air pollutants emitted by sources in munich in a distance of about 20 to 25 km from the city in southwest direction.

The scenario analyses show that insignificant emission-reduction measures (5 %) do not result in a reduced ozone concentration. Quite drastic emission-reduction measures in the field of traffic (50 to 70 %), however, lead to a very significant improvement of the air quality (see Figure 4).

11.6 Perspectives

A focal point of further research at GMD FIRST is the embedding of the DYMOS system in a macroscale atmospheric model. By means of this hierarchy, improved meteorological boundary and initial values can be provided as well as background concentrations of air flowing into the model domain. On the other hand the DYMOS system will be integrated into the measuring networks of Berlin for meteorology and air pollutants concentration. These are basic preconditions for the regular forecast of ozone concentrations in local television for the public in the region of Berlin-Brandenburg which is planned for the near future.

The further development of the DYMOS system into an integrated simulation system involving traffic flow and air pollution dispersion models is a second objective at GMD FIRST. This system is directed toward providing support for users in local authorities, and at the same time, providing a more detailed assessment of the consequences of traffic control measures (e.g. speed, limits, closing parts of the city for individual traffic, permission only for cars with catalytic converters, building new roads) on urban air quality.

Within the framework of a new European research project already started, a first prototype of this integrated simulation system for traffic flow and traffic-induced air pollution will be implemented as a HPCN system. First demonstrations of the prototype are planned for the regions of Berlin/Brandenburg, Vienna, Milan and the area of Randstad (including all big cities of the Netherlands such as Amsterdam, Utrecht, Rotterdam and The Hague).

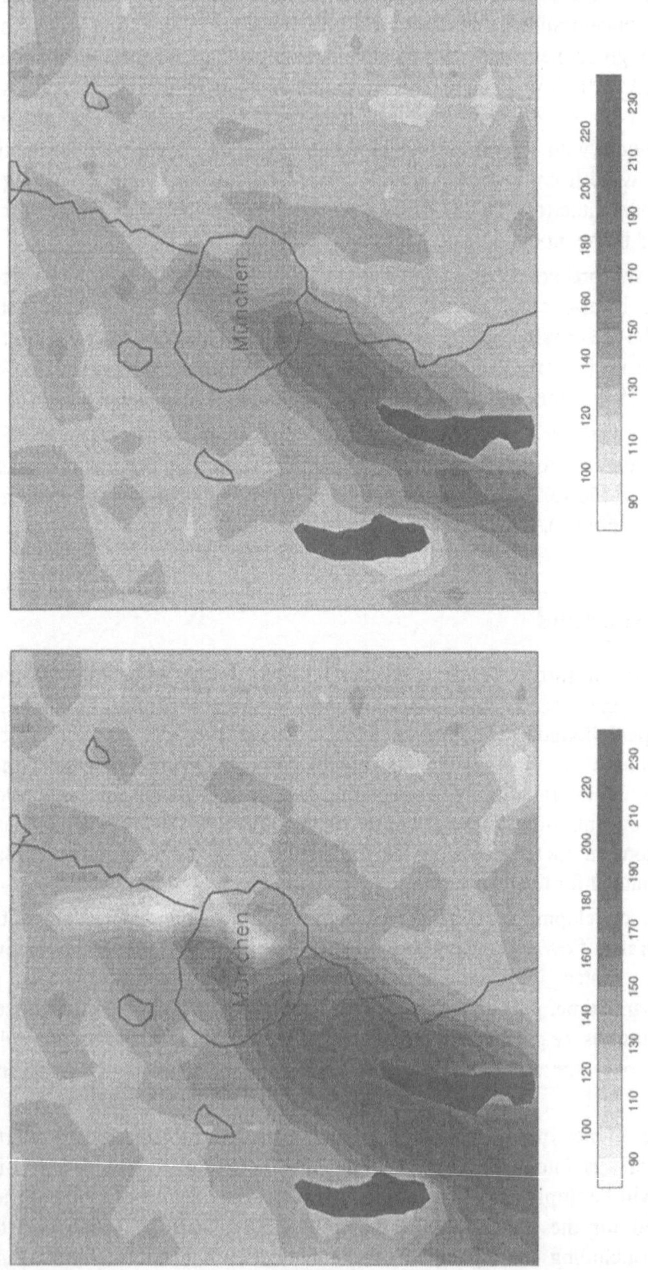

Figure 4 Simulated surface-near ozone concentration in the Munich region on a typical mid-summer day in 1994 at 4 p.m. (left - standard case, right - reduction of traffic emissions of 70 %)

Literatur

[1] Gerharz, I.; Mieth, P. and Sydow, A.: *A Model to Identify Sources of Particles in Air*, Proc. IEEE/IMACS Multiconference on Computational Engineering in Systems Applications (CESA'96), Part I: Modelling Analysis and Simulation, July 9-12, 1996, Lille, France

[2] M.W. Gery, M.W.; Whitten, G.Z. and Killus, J.P.: *Development and testing of the CBM-IV for urban and regional modeling*, US Environmental Protection Agency, EPA-600/3-88-012, USA, 1988

[3] Heimann, D.: *Ein Dreischichten-Modell zur Berechnung mesoskaliger Wind- und Immissionsfelder über komplexem Gelände*, Dissertation, Universität München, 1985

[4] Kapitza, H. and Eppel, D.P.: *The Non-Hydrostatic Mesoscale Model GESIMA. Part I: Dynamic Equations and Tests*, Beitr. Phys. Atmosph., Vol. 65, pp. 129-146, May 1992

[5] Mieth, P.; Unger, S.; Schäfer, R.-P. and Schmidt, M.: *Simulation der Ozonproduktion in Berlin und Brandenburg für den Zeitraum der FLUMOB-Meßkampagne (Vergleichende Betrachtungen und Szenarienrechnungen),* Editor: Senatsverwaltung für Stadtentwicklung und Umweltschutz, Berlin, 1995

[6] Mieth, P. and Unger, S.: *Estimation of the Influence of Anthropogenic Emissions of the City of Berlin on the Ozone Production*, Proc. 5th International Conference on Atmospheric Sciences and Applications to Air Quality, June 18 - 20, 1996, Seattle, Washington, USA

[7] Mieth, P. and Unger, S.: *Comparison of Identical Emission Reduction Measures under Different Meteorological Conditions*, Proc. 4th International Conference on Air Pollution, August 28 - 30, 1996, Toulouse, France

[8] Schäfer, R.-P. and Schmidt, M.: *Simulation of Traffic Emissions*, Proc. IEEE/IMACS Multiconference on Computational Engineering in Systems Applications (CESA'96), Part I: Modelling Analysis and Simulation, July 9-12, 1996, Lille, France

[9] Schmidt, M.; Hänisch, R.: *Implementation of an air pollution transport model on parallel hardware*, Proc. International Conference on Massively Parallel Processing, June 21 - 23, 1994, Delft, The Netherlands

[10] Schwerdtfeger, Th.: *DYNEMO: A Model for the Simulation of Traffic Flow in Motorway Networks*, Proc. 9th Int. Symposium on Transportation and Traffic Theory, 1984

[11] Smid, K.: *Cities cause ozone smog in rural areas*, in: GMD-Spiegel, Special: Simulation Models, Sankt Augustin, 1996.

[12] Sydow, A.: *Smog Analysis by Parallel Simulation*, in: GMD-Spiegel, Special: Simulation Models, Sankt Augustin, Germany, 1996

[13] Sydow, A.; Lux, Th.; Schmidt, M.; Unger, S.: *Air Pollution Simulation Models for Air Quality Management and Risk Analysis*, Invited Keynote Paper at the IEEE/IMACS Multiconference on Computational Engineering in Systems Applications (CESA'96), Part I: Modelling Analysis and Simulation, July 9-12, Lille, France

12

ECOBAS - Ein Modelldokumentationssystem

Joachim Benz, Ralf Hoch

Zusammenfassung

Mathematische Modelle von Ökosystemen und ökologischen Prozessen stellen eine umfangreiche Ansammlung von Wissen über die Eigenschaften und Strukturen dieser Systeme bzw. Prozesse dar. Jedoch ist dieses Wissen aufgrund unzureichender und nicht standardisierter Dokumentation nur sehr schlecht verfügbar.

Zunächst wird anhand einer theoretischen Betrachtung der Informationsbedarf für eine vollständige Dokumentation hergeleitet. Darauf aufbauend wird der Inhalt und die formale Darstellung der ECOBAS-Dokumentation sowie die Datenbank ECOBAS dargestellt.

12.1 Einleitung

In den vergangenen Jahrzehnten wurde weltweit in erheblichem Umfang versucht, ökologische Prozesse mit Hilfe von mathematischen Modellen zu beschreiben. Die entwickelten Modellansätze stellen eine umfangreiche Ansammlung von Wissen über die Eigenschaften und Strukturen dieser Prozesse dar.

Dieses Wissen kann aber nur dann effizient genutzt werden, wenn es vollständig dokumentiert und mit vertretbarem Aufwand verfügbar ist. Darüber hinaus ist es wünschenswert, daß unterschiedliche mathematische Beschreibungen ein und desselben Prozesses einem Vergleich zugänglich sind.

12.1.1 Ausgangssituation, Motivation

Die gegenwärtige Situation entspricht nur in wenigen Fällen diesen Anforderungen. Die einzelnen Modellansätze unterscheiden sich z.T. bezüglich ihrer Frage- bzw. Aufgabenstellung, in den Zeit- und Raumskalen, dem Detaillierungsgrad sowie ihren Gültigkeitsgrenzen.

Diese Unterschiede und/oder Einschränkungen der Aussagefähigkeit sind dem Außenstehenden nur in wenigen Fällen offensichtlich. Oftmals ist ein genaueres Studium der Modellansätze sowie der entsprechenden Einbettung der Entwicklungsarbeiten notwendig, um sich diese Information zu beschaffen. Darüber hinaus fehlen in der Dokumentation der mathematischen Beschreibungen vielfach Angaben zu den Gültigkeitsgrenzen, den wichtigsten Annahmen und den Eigenschaften bezüglich der Prozessumgebung. Aufgrund der Unterschiede in den Modellansätzen ist die unmittelbare Vergleichbarkeit nur in einzelnen Fällen oder nur eingeschränkt möglich. Die Publikation der Modellansätze bzw. ihrer Anwendungen erfolgt überwiegend in Zeitschriften unterschiedlichster Fachrichtungen [1]. Darüber hinaus (wie später noch ersichtlich wird) würde der notwendige Umfang einer vollständigen Dokumentation auch weit über den üblichen Rahmen wissenschaftlicher Veröffentlichungen in Zeitschriften hinausgehen. Dies bedeutet, daß das oben angesprochene Wissen in heterogener Weise verteilt und zum Teil nur unvollständig vorliegt. Die Folge dieser eingeschränkten Verfügbarkeit ist, daß die Kenntnisse z. Zt. nicht optimal und umfassend genutzt werden können.

12.1.2 Ziele

Ziel des Projektes ECOBAS ist es, die Verfügbarkeit dieses Wissens zu verbessern. Es wird eine Datenbank aufgebaut, in der Dokumentationen mathematischer Beschreibungen ökologischer Prozesse gespeichert und abrufbar sind. Ferner wird versucht einen Standard zur Dokumentation von mathematischen Modellen bzw. mathematischen Formulierungen ökologischer Prozesse zu entwickeln [3]. Um die Akzeptanz, die Effizienz und die Vollständigkeit der Durchführung der Dokumentation zu unterstützen wird im Rahmen dieses Projektes Softwareunterstützung entwickelt. Ein wichtiger Aspekt in diesem Zusammenhang ist, daß versucht wird Dokumentation und *source code* (für die Simulation) zu koppeln; d.h. die einmal erstellte Dokumentation ist sowohl für die gut lesbare textliche Dokumentation als auch als Quellcode für Simulationssysteme verwendbar. Im einzelnen werden folgende Ziele verfolgt:

- vollständige und genaue Dokumentation mathematischer Formulierungen von ökologischen Prozessen
- Dokumentation der Gültigkeit der mathematischen Formulierungen und der Einbettung der Prozesse
- Standardisierung der Dokumentation und Verbesserung der Vergleichbarkeit
- leichte Verfügbarkeit der Information.

Um diese Dienste allgemein verfügbar bereitzustellen wurde ein WWW-Server eingerichtet:

URL: http://dino.wiz.uni-kassel.de/ecobas.html

Neben dem Recherche-Interface der Datenbank ECOBAS und der Dokumentationsunterstützung ist hier auch die Metadatenbank **Register of Ecological Models (REM)** integriert [2].

12.2 Herleitung des Informationsbedarfes

Um dem Ziel der vollständigen und eindeutigen Dokumentation gerecht zu werden, muß zunächst der diesbezügliche Daten- und Informationsbedarf ermittelt werden. Dies soll im folgenden kurz skizziert werden.

Bei der Abstraktion eines realen Ökosystems bzw. Ökosystemausschnitts auf die Ebene der mathematischen Darstellung kann man sich zunächst vorstellen, daß das entsprechende Ökosystem bzw. der zu untersuchende Ökosystemausschnitt aus einer sehr grossen Zahl *atomarer* Prozesse[1] besteht, die untereinander in Wechselwirkungen stehen. Dies ist schematisch im Bild 1 dargestellt.

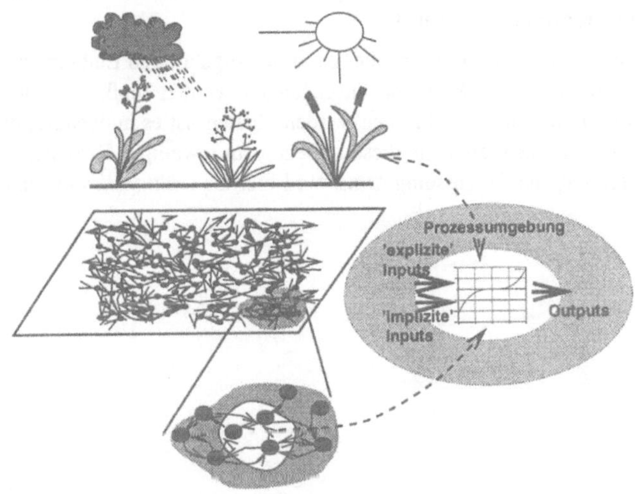

Bild 1 Schematische Darstellung der Abstraktion realer Prozesse auf die Ebene der mathematischen Beschreibung.

Bei der Beschreibung eines Prozesses eines realen Systems werden nun mehrere dieser *atomaren* Prozesse, die sich einer funktionalen oder phänologischen Einheit dieses Systems zuordnen lassen, zusammengefaßt und von deren Umgebung abgegrenzt. Es können dann die, das Teilsystem beeinflussenden Inputgrößen und die vom Teilsystem nach außen (auf die Umgebung) wirkenden Outputgrößen festgelegt werden. Die mathematische Beschreibung des Prozesses hat das Ziel, die Eigenschaften des Systemverhaltens, beschrieben anhand der Outputgrößen, in Abhängigkeit der Inputgrößen (und des Anfangszustandes bzw. der Randbedingungen) zu beschreiben (siehe hierzu Bild 2).

Dabei darf aber nicht übersehen werden, daß in der Regel nicht alle Inputgrößen in der mathematischen Beschreibung explizit berücksichtigt werden. Vielmehr existiert vielfach eine mehr oder minder große Anzahl von *präterierten* Inputgrößen, die aber die Systemeigenschaften in seiner Einbettung in eine konkrete Prozessumgebung prägen. Als Beispiel sei hier nur erwähnt, daß z. B. zeitinvariante Umgebungsbedingungen in einer mathematischen Beschreibung oft in den Parametern einer Gleichung (bzw. Gleichungssystem) enthalten sind. Neben den expliziten Inputs existieren also auch implizite Inputs.

Daraus läßt sich für eine vollständige Dokumentation ableiten:

1. Für einen ökologischen Prozeß existieren ein oder mehrere *Typen von mathematischen Beschreibungen* (Gleichung, Gleichungssystem).

[1] Unter atomaren Prozessen sind hier gedachte kleinste und unteilbare Teilprozesse zu verstehen.

2. Für **einen** Typ einer mathematischen Beschreibung existieren, in Abhängigkeit von der Einbettung in konkrete Prozessumgebungen, spezifische Ausprägungen dieses Typs (z. B. spezifische Parameterwerte, Gültigkeitsgrenzen). Diese Ausprägungen werden hier als *Realisationen* eines Typs einer mathematischen Beschreibung eines ökologischen Prozesses bezeichnet.
3. Jede Realisation steht im Zusammenhang mit der zugehörigen Einbettung in die konkrete Prozessumgebung. Da davon ausgegangen werden muß, daß die impliziten Inputs nicht im einzelnen beschrieben werden können, ist es notwendig, die Prozessumgebung zu dokumentieren und diese in Bezug zur jeweiligen Realisation zu setzen. Die Beschreibung der Prozessumgebung wird hier als *Gültigkeitsumgebung* bezeichnet.

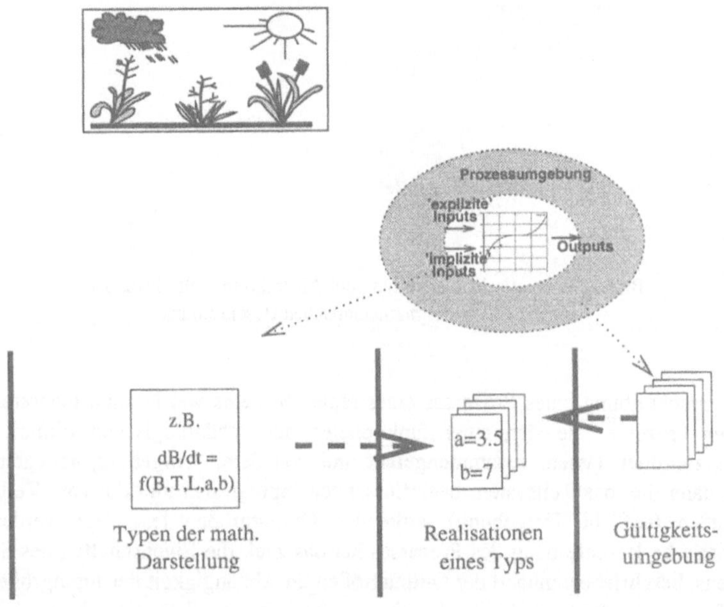

Bild 2 Zusammenhang zwischen Typ, Realisierung und Gültigkeitsumgebung

Es existiert zum Beispiel für die Primärproduktion (B) die Gleichung $dB/dt = f(B,T,L,a,b)$ mit den Eingangsgrößen Temperatur (T) und Strahlung (L) und den beiden Parametern a und b. Bei unterschiedlichen Pflanzenbeständen oder unterschiedlichen Standorten werden a und b unterschiedliche Werte annehmen. Die Gleichung selbst entspricht dem Prozesstyp, die Dokumentation der jeweiligen Parametersätze sowie der Bezug zur Beschreibung der jeweils zugehörigen Umwelt des konkreten Prozesses entspricht der Dokumentation der Realisierungen.

Die oben angesprochene Zusammenfassung von *atomaren* Prozessen ist nicht allgemein vorgegeben, sondern wird von der Fragestellung, vom Abstraktionsgrad des Modells und anderen Aspekten bestimmt (siehe hierzu u.a. [5] und [8]). So kann z. B. in einem Fall die Nettoprimärproduktion für das, im Bild 1 dargestellte Beispiel, jeweils für die Pflanzenarten getrennt als einzelne Prozesse formuliert werden. In einem anderen Fall wird nicht nach Arten differenziert, aber dafür die gesamte Nettoprimärproduktion als zwei getrennte Prozesse (Bruttoprimärproduktion und Respiration) beschrieben. Jedem Knoten in diesem Graphen sind ein oder mehrere Typen von mathematischen Beschreibungen zugeordnet. Das bedeutet für eine vollständige Dokumentation, daß jeder Typ einer mathematischen Beschreibung eines ökologischen Prozesses in diesen Aggregationsgraphen eingeordnet werden muß (siehe hierzu Bild 3, linke Hälfte).

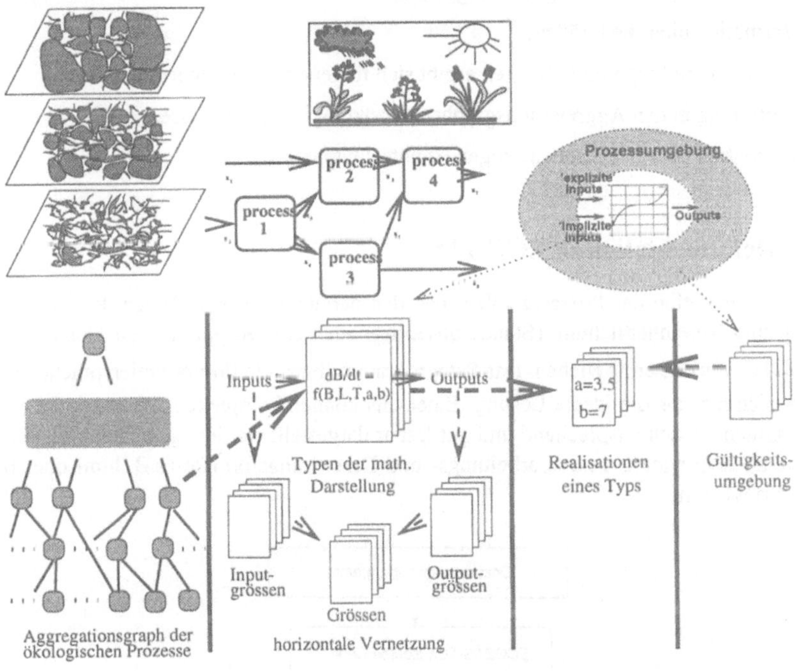

Bild 3 Aggregation und horizontale Vernetzung ökologischer Prozesse

Ein weiterer wichtiger Aspekt ist die *horizontale Vernetzung* ökologischer Prozesse. Bestimmte Ausgangsgrößen eines Prozesses sind Eingangsgrößen anderer Prozesse. Aufgrund dieser Zusammenhänge lassen sich Ökosysteme bzw. Ökosystemausschnitte als *Netze* von Prozessen darstellen.[2] Auch dieser Sachverhalt muß durch eine vollständige Dokumentation durch:

[2] Im graphentheoretischen Kontext entsprechen die Prozesse den Knoten, die verbindenden Größen (Aus-/Eingangsgrößen) den Kanten.

1. die Beschreibung der Größen und
2. die Zuordnung der Größen als Input- bzw. Outputgrößen zu den einzelnen Typen der mathematischen Beschreibung

erfaßt werden. Dies ist im Bild 3 schematisch ergänzt. Es ergeben sich folgende Gruppen des Daten- bzw. Informationsbedarfs, um dem Anspruch einer vollständigen Dokumentation gerecht zu werden:

- Information über den Typ der mathematischen Darstellung,
- Information über die Realisation,
- Information über die Gültigkeitsumgebung,
- Information über die Größen.

Im Falle der Kopplung von Prozessen ergibt sich folgender zusätzlicher Bedarf:

- Einordnung in den Aggregationsgraphen der ökologischen Prozesse,
- Information über Wechselwirkungen (Inputs, Outputs).

12.3 Dokumentation in ECOBAS

Die Dokumentation der Prozesse soll neben den bereits genannten Zielen der Vollständigkeit und Vereinheitlichung (Standardisierung) auch eine Kopplung von Dokumentation und Quellcode ermöglichen. Das Satzprogramm (bzw. die Programmiersprache) $\TeX$ erwies sich hier als die ideale Lösung. Einerseits können komplexe mathematische Formulierungen optisch ansprechend und gut lesbar dargestellt werden, gegebenenfalls können sie auch in andere Textverarbeitungs- und Darstellungsformate (z.B. html oder rtf) überführt werden.

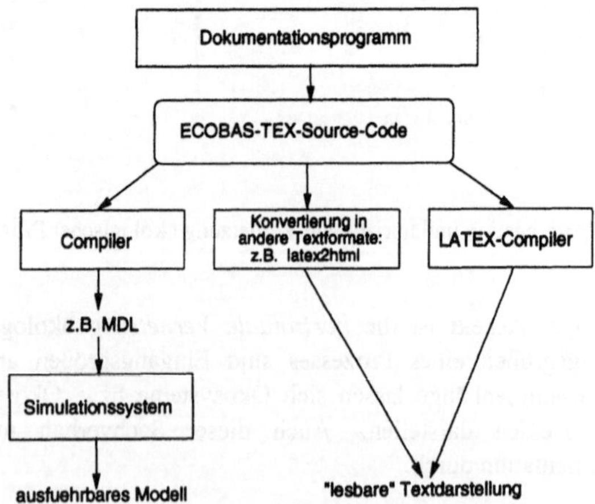

Bild 4 Schema möglicher Anwendungen von ECOBAS

Andererseits ist es möglich das T_EX-Dokument bei geeigneter Formalisierung (s.u.) in andere Programmiersprachen (insbesondere Modellbeschreibungssprachen (MDL`s) von Simulationssystemen) zu transformieren und dann zu compilieren, um z.B. Simulationsexperimente durchzuführen.

Daraus ergeben sich verschiedene Anforderungen an das Dokumentationssystem hinsichtlich Struktur und Syntax, die im folgenden erläutert werden. Daneben soll ECOBAS dem Nutzer den eigentlichen Vorgang der Dokumentation weitgehend erleichtern.

12.3.1 Struktur des T_EX-Dokuments

Die Dokumentation (T_EX -Datei) eines ökologischen Prozesses basiert auf einer festen Struktur mit einem T_EX-spezifischen Header und der eigentlichen Dokumentation. Diese ist wiederum in 13 verschiedene Abschnitte unterteilt, die jeweils als T_EX-Makros realisiert sind.

Der Informationsbedarf, der sich aus den Ausführungen in Kapitel 12.2 ergeben hat, muß in dem Dokumentationsschema von ECOBAS darstellbar sein. Tabelle 1 zeigt die Struktur eines ECOBAS-Dokumentes sowie deren Bedeutung im Hinblick auf die Befriedigung des Informationbedarfs. Im folgenden Paragraph wird der Aufbau einzelner Abschnitte dargestellt.[3]

Abschnitte	Bedeutung(s. Kap. 12.2)
Typendeklaration	Information über Typ
Deklaration der Eingangsgrößen, Parameter, Hilfsvariablen, Ausgangsgrößen	Information über Größen
Deklaration von Funktionen	Information über Typ
Gleichungen	Information über Typ
Bedingungen	Information über Typ
Schrittweite	Information über Typ
Beschreibung (Text)	Information über Typ
Klassifikation der Gültigkeitsumgebung	Information über Gültigkeitsumgebung
Werte bzw. Wertebereiche	Information über Realisation
Literaturreferenzen	Information über Typ und Realisation

Tabelle 1 Abschnitte eines ECOBAS-Dokumentes und Bedeutung als Informationsträger

[3] Die Syntax in allen Einzelheiten darzustellen, würde an dieser Stelle zu weit führen. Ein Arbeitspapier, das die Syntax in einer graphischen Darstellung der Backus-Naur-Notation enthält ist über das WWW verfügbar. (http://dino.wiz.uni-kassel.de/ecobas/syntax.html)

Im Abschnitt Typendeklaration werden allgemeine Informationen über den Prozeß geführt:

- Name des Prozesses,
- Name des Modells dem die Formulierung des Prozesses entstammt,
- Versionsnummer,
- Prozeßtyp,
- Keyword-Liste.

Den Prozeßgrößen (d.h. Eingangsgrößen, Parameter, Ausgangsgrößen, Hilfsvariablen) liegt eine einheitliche Syntax zugrunde. Es werden Angaben über Einheiten, Dimensionen, „Typangaben" (z.B. Skalar, Vektor, Matrix) sowie zeitliche und räumliche Aggregation benötigt.

Zur Beschreibung der Gleichungen werden zunächst 5 Hauptsprachelemente festgelegt:

- einzelne Gleichungen: mit diesem Sprachelement können algebraische Gleichungen, zweispaltige Tabellen mit einer Interpolationsfunktion, gewöhnliche oder partielle Differentialgleichungen und Differenzengleichungen beschrieben werden. Auch abschnittsweise definierte Funktionen sind möglich.
- Vektor- /Matrixgleichungen.
- Referenz auf einen externen Prozeß: mit diesem Sprachelement wird die Verbindung zu einem anderen Prozeß hergestellt und ist notwendig, wenn zwingend eine bestimmte Abfolge bei der Berechnungen einzelner Gleichungen eingehalten werden muß (z.B. Differenzengleichungen).
- Definition einer Prozedur: in einer Prozedur werden zwei oder mehrere Gleichungen zusammengefaßt. Die Reihenfolge der Bearbeitung ist vorgegeben.
- Referenz auf eine Prozedur.

Um die Gültigkeitsumgebung des Prozesses zu beschreiben, können einerseits Informationen im Rahmen verschiedener Klassifikationssysteme gegeben werden:

- Bodentyp (FAO- Klassifikation),
- Klimatyp (nach Walter und Lieth),
- Ökosystemtyp (nach Ellenberg),
- biologische Klassifikation.

Darüber hinaus können in einem Textfeld weitere, die Gültigkeit charakterisierende Informationen gegeben werden.

12.3.2 Unterstützung der Dokumentation

Um die Dokumentationsarbeit zu erleichtern wird gegenwärtig ein Programm entwickelt. Hier ist zu berücksichtigen, daß ein Dokument möglichst schnell und einfach zu erstellen sein muß. Das bedeutet insbesondere, daß auch Anwender, die $\TeX$ nicht beherrschen, in der Lage sein müssen das Dokumentationssystem zu nutzen. So gibt es mausgesteuerte Fenster, die Menus mit mathematischen Standardformulierungen anbieten.

Außerdem sollte das Programm den Anwender im Hinblick auf eine vollständige Dokumentation Unterstützung bieten und mögliche Mängel aufzeigen. In diesem Zusammenhang gehört auch eine Korrektheit- und Konsistenzprüfung, die im nächsten Abschnitt erläutert wird. Um eine weite Verbreitung des Dokumentationsprogramms und Unabhängigkeit von der Hardware und Betriebsystem zu gewährleisten soll es über das Internet online frei verfügbar sein.

12.3.3 Konsistenzprüfungen

Für Modellentwickler (-„dokumentierer") ist es wichtig, das Modell sofort auf seine „Richtigkeit" hin überprüfen zu können. Deshalb muß bereits innerhalb der Dokumentation eine Konsistenzprüfung möglich sein.

Unter Richtigkeit wird hier die Prüfung von Dimensionen und Einheiten verstanden. Außerdem muß die Verträglichkeit der Datentypen operativ verbundener Prozeßgrößen als auch die korrekte Initialisierung von Größen (z.B. bei Reihenfolgeabhängigkeiten in Differenzengleichungen) kontrolliert werden. Desweiteren wird gegenwärtig geprüft, inwieweit es möglich ist, inhaltliche Bedeutungen von Größen als weiteres Kriterium in die Korrektheitsprüfung einzubeziehen und damit weitere Fehlerquellen auszuschließen.

12.4 Datenbank ECOBAS

12.4.1 DB-Konzept

Die oben beschriebenen Anforderungen und Zusammenhänge zwischen den in ECOBAS gespeicherten Informationen ergeben die im Bild 5 schematisch dargestellte Datenbankstruktur. Die Datenbank ist als relationales Konzept realisiert.

Zusätzlich (im Vergleich zur Dokumentation) eingeführt werden hier die Informationseinheiten *ökologische Prozesse* und *ökologische Größen*. In den Tabellen **tab_ecovar** und **tab_ecop** werden die Bezeichnungen ökologischer Prozesse bzw. Größen mit zugehörigen Kurzbeschreibungen gespeichert. Jedem ökologischen Prozeß sind die entsprechenden Typen mathematischer Formulierungen bzw. jeder ökologischen Größe die entsprechenden mathematischen Variablen zugeordnet.

Der Grundgedanke hierfür ist der Sachverhalt, daß in vielen Fällen für einen bestimmten ökologischen Prozeß unterschiedliche (alternative) mathematische Formulierungen existieren und ebenso für eine bestimmte ökologische Größe auf der Abstraktionsebene der mathematischen Formulierung mehrere mathematische Variable existieren, die sich in ihrer Skala und Aggregation bezüglich Raum und Zeit unterscheiden.

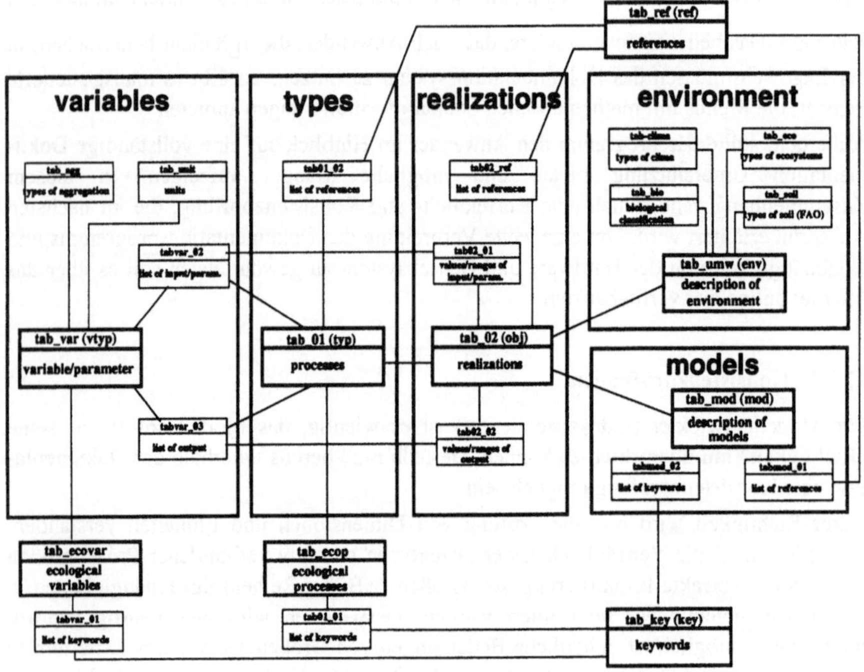

Bild 5 Übersicht zur Datenbankstruktur

12.4.2 Informationsrecherche

Für die Recherche in der Datenbank ECOBAS wird von der Überlegung, die im vorangegangenen Abschnitt kurz skizziert wurde ausgegangen. Es werden zwei wesentliche Pfade der Informationsrecherche in Betracht gezogen (siehe Bild 6).

Zum einen kann der Benutzer von ECOBAS mit der Suche nach, für seine Fragestellung interessierenden ökologischen Prozessen beginnen und dann die entsprechenden Typen der mathematischen Formulierung recherchieren. In einem weiteren Suchschritt können dann für einen bestimmten Typ die Informationen über die zugehörigen Realisationen abgefragt werden. Zur Einschränkung dieser Suche können Angaben zur Gültigkeitsumgebung und/oder Angaben zu dem mathematischen Modell, aus dem die mathematischen Formulierungen stammen, verwendet werden.

Die zweite Recherchemöglichkeit geht von den ökologischen Größen aus, die für die jeweilige Fragestellung von Interesse sind. Für diese ökologischen Größen können dann die entsprechenden mathematischen Variablen ermittelt werden. Darauf aufbauend kann dann eine Suche nach Prozessen, die diese Variablen als Input- oder Outputgrößen aufweisen, angeschlossen werden. Ebenso wie bei der Suche, ausgehend von ökologischen Prozessen, können auch hier Angaben zur Gültigkeitsumgebung und/oder zum mathematischen Modell als Einschränkung der Suche verwendet werden.

Durch Kombination dieser elementaren Abfragetypen können komplexe Recherchen durchgeführt werden. Für die weitere Entwicklungsarbeit ist geplant, Recherchemöglichkeiten zu schaffen, die die Bearbeitung systemanalytischer Fragestellungen erlauben.

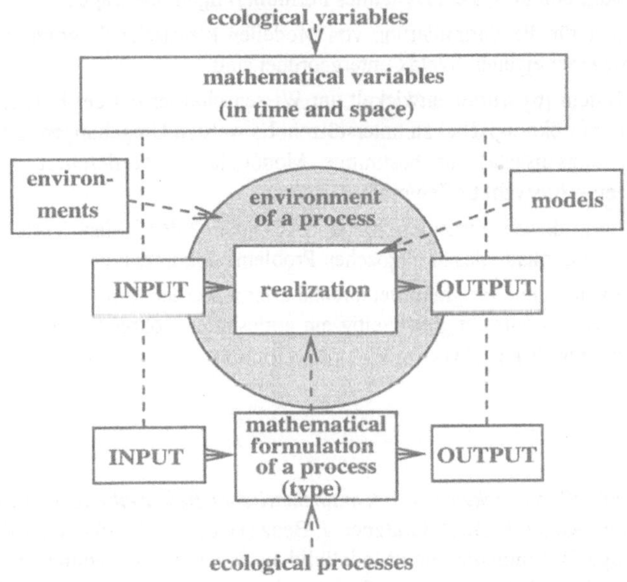

Bild 6 Datenmodell zur Informationsrecherche

12.5 Ausblick

Im Rahmen des Forschungsprojektes SACOM[4] soll das Dokumentationssystem ECOBAS in ein System zur Generierung von Simulationsmodellen und zur Überprüfung dieser Modell integriert werden. Dieses weitergehende System umfaßt die Komponenten

- Dokumentationsunterstützung
- die Datenbank ECOBAS
- Modellgenerierung und graphischer Modelleditor
- Übersetzung in verschiedene Simulationssprachen.

[4] Gemeinschaftsprojekt der Universität Gesamthochschule Kassel und der Universität Rostock

Mit diesen Entwicklungsarbeiten wird das Ziel verfolgt Modelle zu bestimmten Fragestellung mit möglichst geringem Aufwand zu erstellen und in Simulationsexperimenten bezüglich ihrer Eigenschaften zu überprüfen. Ebenfalls ist zu erwarten, daß durch die einfache Überführung der ECOBAS-Dokumente in ausführbare Simulationsmodelle die Akzeptanz dieser Dokumentation verbessert wird.

In dieser Richtung gibt es oder gab es Ansätze, die teilweise ähnliche Ziele verfolg(t)en: Im ECO-Projekt [7] werden Modelle mit Hilfe einer speziellen logischen Programmiersprache entwickelt und in System Dynamics Formulierungen übertragen.

MMS [4] benutzt für die Formulierung von Modellen klassische Programmiersprachen (C, Fortran), die einer eigenen Syntax untergeordnet sind.

Das SIGMA-System [6] wurde entwickelt um Wissenschaftler bei der Entwicklung von Modellen (nicht nur ökologische) zu unterstützen. Es werden Umgebungen (z.B. typische Größen, Gleichungsansätze) für bestimmte Modellklassen vordefiniert, so daß der Anwender nur eine Auswahl treffen muß.

Im Vergleich mit diesen Systemen bietet SACOM/ECOBAS den Vorteil, daß der Anwender „nur" die Inhalte des ökologischen Problems dokumentiert.

Einerseits muß keine neue Programmiersprache erlernt werden, um Simulationen durchzuführen. Andererseits entsteht gleichzeitig ein gutlesbares Dokument, so daß auch eine Vergleichbarkeit gewährleistet ist.

Literatur

[1] Benz,J.: *ECOBAS - Dokumentation mathematischer Beschreibungen ökologischer Prozesse* in: Keller, H.B.; R. Grützner; J. Benz (Hrsg.): 3. Treffen des AK 5 "Werkzeuge für Simulation und Modellbildung in Umweltanwendungen" 28.10.-29.10.93 in Kassel/Witzenhausen. Berichte des Kernforschungszentrums, KfK 5310 (1994).

[2] Benz, J.; K. Voigt: *Umwelt-Metadatenbanken im Internet.* in: Page, B.; L.M. Hilty (Hrsg.): Umweltinformatik. 2. Auflage (1995), R. Oldenbourg Verlag, München Wien, S. 57-72.

[3] Benz, J.; M. Knorrenschild: *Call for a common model documentation etiquette.* Ecological Modelling, (1996), (angenommen, im Druck)

[4] Cadwes: *Modular Modelling System (MMS).* Users manual, Vol. 1, Univ. of Colorado, 1994

[5] Gardner, R.H.; W.G. Cale; R.V. O'Neill): *Robust Analyses of Aggregation Error.* Ecology, 63(6), (1982), S. 1771-1779.

[6] Keller, R.M, Rimon, M., Das, A.: *A Knowledge Based Prototyping Environment for Construction of Scientific Modeling Software.* Technical Report #FIA-93-23, Computational Sciences Division, NASA Ames Research Center, 1994

[7] Robertson, D., Bundy, A., Muetzelfeldt, R., Haggith, M, Uschold, M.: *Eco-Logic: Logic-Based Approaches to Ecological Modelling,* MIT Press, Cambridge, 1991

[8] Zeigler, B.P.: *The Aggregation Problem.* in: Patten, B.C. (Hrsg.): Systems Analysis and Simulation in Ecology 4 (1976). Academic Press, New York, S. 299-311

13

Fuzzy in der Landschaftsforschung und -modellierung

Gerd Lutze, Ralf Wieland

Zusammenfassung

Zur Analyse und Bewertung von Landnutzungs- und Naturschutzstrategien in Kulturlandschaften entwickelt die Landschaftsmodellierung notwendige Instrumentarien. Im Beitrag werden Ursachen und Quellen der Unschärfe aus diesem Bereich diskutiert. Sie entspringt u. a. aus der natürlichen Variabilität von Ökosystemen, einschließlich der räumlichen Ausprägungen und der Notwendigkeit nach synoptischen Bewertungen von Nutzungsstrategien. Es folgt die Darstellung wesentlicher Verfahren der mathematischen Behandlung von Unschärfe. Schließlich werden an zwei Beispielen Erfahrungen aus der Habitatmodellierung mit Neuro-Fuzzy-Technologien beschrieben.

13.1 Einleitung

Für die Analyse und Bewertung von Kulturlandschaften einschließlich der in ihnen betriebenen Landnutzung und der in ihnen verfolgten Naturschutzstrategien entwickelt die Landschaftsmodellierung die notwendigen Instrumentarien, um die naturbedingte Leistungsfähigkeit, Empfindlichkeit und Belastbarkeit abschätzen zu können. Die „Landschaft" erscheint dabei als *die* Integrationsebene, auf der sich sowohl die natürlichen Stoffwechselprozesse als auch der Stoffwechsel zwischen Natur und Gesellschaft vollziehen.

Komplexe, in Raum und Zeit vielschichtige Systeme, wie Kulturlandschaften mit ihren multifunktionalen Nutzungen, bedürfen für ihre Analyse eines Instrumentariums, das Zusammenhänge zwischen abiotischen, biotischen und anthropogenen Zustandsvariablen in der Landschaft darzustellen, zu interpretieren und zu prognostizieren erlaubt. Unter Beachtung der Komplexität, Variabilität und Heterogenität des Forschungsgegenstandes „Landschaft" wurde ein Modellierungskonzept entwickelt, das offen und flexibel ist für die Integration von formalisiertem Wissen verschiedener geo- und bioökologischer sowie agrarwissenschaftlicher Fachdisziplinen [6; 16]. Unter dem Begriff „dynamisches Landschaftsmodell" wird ein System von durchaus verschiedenen Simulationsmodellen verstanden, das es erlaubt, Verhaltensmuster von Landschaftszustandsvariablen in Raum und Zeit nachzubilden und zu interpretieren.

Eine besondere Herausforderung für die Landschaftsmodellierung leitet sich aus der derzeit noch mit konventionellen Modellierungsmethoden „unterbelichteten" Behandlung wichtiger Teilgebiete - etwa der biologischen Komponenten - und der zunehmend erforderlichen Unterstützung der integrativen, ganzheitlichen Bewertung von Landschaften ab. Es ist wenig verwunderlich, daß gerade in diesen Bereichen dem Umgang mit „Unschärfe“ eine besondere Bedeutung zukommt.

Im Folgenden sollen einige Aspekte bezüglich der Quellen und Ursachen von Unschärfe auf dem Gebiet der Landschafts- und Landnutzungsforschung diskutiert werden. Dem schließt sich die Darstellung der mathematischen Behandlung von Unschärfe an. Schließlich werden die erarbeiteten Modellierungstechnologien für den Umgang mit Unschärfe an zwei Beispielen veranschaulicht.

13.2 Unschärfe in der Landschaftsforschung und -modellierung

Unschärfe hat in der Landschafts- und Landnutzungsforschung sehr vielfältige Ursachen und Quellen. Sie entspringt u. a. der natürlichen Variabilität der Ökosysteme, einschließlich ihrer räumlichen Ausprägung, und der Notwendigkeit nach synoptischen Wertungen von naturwissenschaftlichen, sozioökonomischen und kulturellen Aspekten. Nicht unwesentlich bewirken auch Defizite im Theorie- und Erkenntnisstand auf den Gebieten der Landschaftsökologie als auch der Naturschutz- und der Landnutzungsforschung Unsicherheit und Unschärfe bei der Strategieentwicklung. Neben der objektiv bedingten tritt insbesondere bei Bewertungsproblemen subjektiv bedingte Unschärfe auf. In [13] werden in diesem Zusammenhang 10 Aspekte angeführt, für deren Lösung sich sehr unterschiedliche Instrumentarien anbieten.

Im Folgenden wird an Hand von Erfahrungen aus verschiedenen Forschungsprojekten auf 4 Bereiche eingegangen, in denen Probleme der Unschärfe auftreten und zu behandeln sind.

13.2.1 Natürliche Variabilität und Heterogenität abiotischer und biotischer Parameter

Die natürliche Variabilität und Heterogenität in der Ökologie bereiten nicht wenig Probleme, um Meß- und Erhebungsprogramme so zu gestalten, daß die notwendigen Primärinformationen zur zuverlässigen Beurteilung bestimmter Situationen mit vertretbarem Aufwand gewonnen werden können. Nur selten kommen fundierte Stichprobenverfahren, wie sie z. B. von [15] diskutiert werden, zur Anwendung.

In einem instruktiven Datenerfassungsexperiment auf einem Versuchsfeld zeigen [11] am Beispiel von Bodenfeuchte und Bodenstickstoff, daß flächenbezogene abiotische ökologische Parameter neben der natürlichen Variabilität und der räumlichen Heterogenität auch einer erheblichen saisonalen Variabilität unterliegen. Die Streuung bei der Messung vieler abiotischer Parameter liegt im Bereich von 20% - 40%, kann aber manchmal durchaus noch größer sein.

Bei Erhebungen von biotischen Parametern (Dichteermittlungen, Aktionsradien, ...), die überdies stark durch die Person des Beobachters oder des biotischen Objekts beeinflußt werden, liegt die „normale“ Streuung eher noch höher.

Diesen Randbedingungen sollte bei der Modellierung unbedingt Rechnung getragen werden.

13.2.2 Unschärfe im Bereich der Bioökologie

Im Bereich der biotischen Komponenten tritt Unschärfe in verschiedener Weise in Erscheinung. Z. B. liegen nicht selten umfassende Beobachtungsreihen über bestimmte Objekte (z. B. Weißstorch) vor, konkretes Wissen in Form von klar definierten Beziehungen, Gleichungen oder auch Regelwissen bildet eher die Ausnahme. Einen Überblick der bei der Modellierung biotischer Komponenten vielfältig verwendeten traditionellen und neuen Ansätze und Modelle wird in [12] gegeben. Da jedoch trotz aufwendiger Feldbeobachtungen biologischer Objekte nicht genügend Daten für eine konventionelle Modellierung erfaßt werden, entscheidet man sich nicht selten für Fuzzy-Methoden, um das biologische Wissen zu verarbeiten [4]. So erzielt man zwar keine exakten, aber biologisch plausible Schlüsse.

Wesentlich für die Methodenwahl bei der Modellierung biologischer Objekte ist neben dem Umgang mit der Unschärfe bei den Daten und dem Wissen auch die Abbildung von Eigenschaften, die aus inneren dynamische Beziehungen biologischer Systeme entspringen und mit Eigenschaften, wie „Robustheit“ und „Kompensation“ charakterisiert werden können [17].

Robustheit meint in diesem Fall, daß kleine Änderungen in den Eingangsgrößen (z. B. durch Meßfehler oder relativ enge Grenzwertsetzungen) nur dann zu einer spürbaren Änderung der Ausgangsgrößen führen sollen, wenn die Änderung der Eingangsgröße in sensiblen Bereichen liegt. Falls aber die Eingangsgrößen sich im Zentrum ihrer Klassen befinden, so sollen kleine Änderungen möglichst keine Auswirkungen auf das Modell haben. Diese Forderung ist sowohl wichtig, um den subjektiven Charakter von Beobachtungen möglichst klein zu halten, als auch um die Eigenschaft der Belastbarkeit biologischer Systeme bis zu einer gewissen Grenze abzubilden, ehe sie dramatisch auf Umwelteinflüsse reagieren. Diese „dramatischen„ Reaktionen erfolgen oft an den Grenzen der Klassen, wo auch das Modell sensibel reagieren soll.

Unter Kompensation wird die Möglichkeit verstanden, eine Änderung einer Eingangsgröße, die zu einer Verschlechterung der Güte (z. B. des Lebensraumes) führt, durch eine Änderung einer oder mehrere Eingangsgrößen abzupuffern. Eine Kompensation darf aber nur in einem kleinen Bereich der Eingangsgrößen wirksam werden, da eine Überschreitung des Kompensationsbereiches (der sich noch dazu dynamisch mit der Situation ändert) z. B. eine Verschlechterung der Lebensraumgüte bewirkt.

13.2.3 Unschärfe im Raumbezug

Die Notwendigkeit der Darstellung und Wertung von ökologischen und Landnutzungsproblemen mit einem möglichst präzisen Raumbezug führte zu einer stark gewachsenen Einführung und Anwendung von leistungsfähigen Geographischen Informationssystemen (GIS). Hierbei treten Probleme der räumliche Unschärfe auf verschiedenen Ebenen auf.

Im Rahmen der einzelnen Fachdisziplinen muß zunächst für relevante ökologische Daten, die sich auf einen Punkt beziehen, ein Flächenbezug hergestellt werden. Während auf dem Gebiet der Vegetationskunde noch eine gute räumliche Zuordnung möglich ist, bereitet dies für die Tierökologie z. T. beträchtliche Schwierigkeiten, weil u.a. relative

Lagebezüge, Distanzen, Gewichtungen und topologische Beziehungen beachtet werden müssen [2]. Nicht selten wird die Abbildung „weicher“ räumlicher Übergänge und Überlagerungen mit differenzierten Wichtungen erforderlich, die aber in den üblichen GIS-Applikationen oft mit scharfen Konturen dargestellt werden.

Noch anspruchsvollere Problemlösungen erfordern die synoptischen Abbildungen von multifunktionalen Bezügen in Kulturlandschaften. Um z. B. Leitbilder für die Entwicklung größerer, komplexer Raumeinheiten abzubilden, müssen Teile (Landwirtschaftliche Nutzung, Gesamtlebensräume von Tierpopulationen, soziologische Aspekte von Gemeinden, Konstellation von Wassereinzugsgebieten u. a. m.) in Beziehung gebracht werden, die eine sehr unterschiedliche Raumkonfiguration aufweisen und mit beträchtlicher räumlicher Unschärfe behaftet sind [10].

13.2.4 Unschärfe bei Bewertungsverfahren, Strategiebildung und Entscheidungssystemen

Auf dem Wege der Entwicklung nachhaltiger Landnutzungskonzepte für Landschaften sind auf Grund zunehmender ubiquitärer Belastungen, eines wachsenden Nutzungsdrukkes und der unbefriedigenden ökologischen Gesamtentwicklung neue, ganzheitliche Strategien geboten, die sowohl den Naturschutz als auch die agrarische Landnutzung integrieren. Seitens des Naturschutzes sind die bisher verbreiteten konservierenden Strategien - im Sinne eines Segregationsmodells - durch Konzepte der Umweltsicherung in der gesamten Kulturlandschaft zu ersetzen [9]. Andererseits muß die landwirtschaftliche Nutzung sich neben den acker- und pflanzenbaulichen sowie betriebsökonomischen Anforderungen nun auch oftmals wenig präzisen Erfordernissen des abiotisch und biotischen Naturschutzes stellen. Bei der Erarbeitung eines von beiden Seiten akzeptierten Leitbildes ist es bereits problematisch, einen genau definierten „Sollzustand“ der Landschaft zu beschreiben, weil dies bei der Annäherung an das Ziel zu einer zunehmenden Statik führen würde [10]. Im Leitbild soll deshalb nicht ein bestimmter Zielzustand, sondern die Grenzen von Entwicklungsspielräumen beschrieben werden (inhaltliche Unschärfe). Von einem Konzept der „Optimierung“ muß zu einem Konzept „tolerabler Nutzungen“ übergegangen werden.

Sowohl für die wissenschaftliche Entwicklung von Bewertungsverfahren als auch für eine spätere praktische Anwendung sind methodische Bausteine und Entscheidungshilfssysteme (Expertensysteme) notwendig. Expertensysteme zur Managementberatung können zur Verbesserung von Plausibilität und Transparenz beitragen [1]. Fuzzy- und Neuro-Technologien werden dabei zweifellos befördernd wirken.

13.3 Mathematische Behandlung von Unschärfe

13.3.1 Scharfe Entscheidungssysteme

In der klassischen Modellierung werden zur Problembeschreibung vorwiegend mathematische Hilfsmittel, wie Gleichungen, Ungleichungen für die Beschreibung statischer

Problemstellungen und Differentialgleichungen für die Beschreibung dynamischer Problemstellungen etabliert. In der Praxis zeigte sich aber, daß der Mensch auf Grund seiner Erfahrung und seiner „Intuition“ häufig bessere Entscheidungen trifft als ein Modellsystem. Besser bedeutet in diesem Zusammenhang „weitsichtiger“ oder auch in „geringerer“ Zeit. Mit Aufkommen der Expertensysteme Anfang der achtziger Jahre wurde versucht, menschliche Entscheidungsverfahren als Grundlage für automatisierte Systeme zu nutzen.

Heutige Expertensysteme sind in der Lage, sowohl klassische mathematische Verfahren als auch auf der Logik basierende Entscheidungsverfahren anzuwenden. Scharfe Entscheidungssysteme, als Teil der Expertensysteme, basieren in der Regel auf der Prädikatenlogik bzw. sind auf sie zurückführbar. Prädikate beschreiben Tätigkeiten, Eigenschaften und Beziehungen. Über diese Prädikate können logische Beziehungen in einem Regelsystem oder auch in einer Programmiersprache (PROLOG) formuliert werden. Über in der Logik verwendete Entscheidungsverfahren, wie dem Modus Ponens oder das Resolutionsprinzip können aus einer Menge von Eingangsgrößen und der Regelmenge Ausgangsgrößen abgeleitet werden. Ausführlich wird dieser Prozeß in [5] erklärt. Ohne näher auf dieses Verfahren einzugehen, soll an dieser Stelle darauf verwiesen werden, daß der Bildung der Prädikate häufig ein Klassifikationsprozeß zugrunde liegt.

Dieser Prozeß ist scharf, d.h. Übergangsprozesse zwischen den Klassen bleiben unberücksichtigt. Das schränkt die praktische Nutzbarkeit dieser auf der Prädikatenlogik basierender Expertensysteme im Umweltschutz recht ein.

13.3.2 Unscharfe Entscheidungssysteme

Unscharfes Wissen wird mittels unscharfer Mengen formalisiert. Unter einer unscharfen Menge A soll im weiteren folgendes verstanden werden:

$$A = \left\{ (x_1, \mu(x_1)), (x_2, \mu(x_2)), \dots , (x_n, \mu(x_n)) \right\} \qquad x_i \in G \qquad (1)$$

Hierin bezeichnet G die Gesamtheit der Objekte und $\mu\ (x_i)$ die Zugehörigkeit des Elements x zur unscharfen Menge A. Das meint, daß ein Element nicht mehr, wie in der klassischen Mengenlehre üblich, nur zu einer Klasse gehört, sondern das Element x kann zu einem gewissen Grad $\mu_B(x)$ zur Klasse B gehören. Das erlaubt wirkungsvoll die Modellierung von Übergängen, wo ein Element schon nicht mehr zur Klasse A aber auch noch nicht zur Klasse B gehört.

Diese Form der Modellierung setzt die Kenntnis der Verläufe der Zugehörigkeitsfunktion voraus. Der Wissensträger (Experte) muß in seinem Erfahrungsschatz prinzipiell Aussagen über die Unschärfe in seiner Domäne machen können [14]. Es liegt in der Hand des Modellierers, geeignete Funktionen zu wählen. In der Praxis haben sich einfache Trapez-Funktionen bewährt. Sie sind einerseits leicht parametrierbar, andererseits noch genügend genau für die meisten Anwendungen. Bild 1 zeigt eine Zugehörigkeitsfunktion für die Einschätzung des Gefährdungsgrades einer Straße aus der Sicht der Bewertung der Lebensraumgüte der Schleiereule.

In der Regel gelingt die Einführung einer geeigneten Zugehörigkeitsfunktion erst nach einer Reihe von Absprachen zwischen Modellierer und Experten. Die Zugehörigkeitsfunktionen durchlaufen damit einen Prozeß der schrittweisen Verfeinerung. D.h. ausgehend von groben Annahmen wird die Zugehörigkeitsfunktion im Laufe der Problemlösung immer weiter adaptiert.

Die Behandlung von Unschärfe in der Modellierung erfordert die Quantifizierung unscharfen Wissens. Gegenüber einfachen, auf einer scharfen Klassifikation beruhenden Enscheidungssystemen, sind unscharfe Systeme genauer, aber auch aufwendiger. Die Regelbasis in einem unscharfen System unterscheidet sich im Allgemeinen nicht von der Regelbasis eines vergleichbaren scharfen Systems. Der Inferenzmechanismus, d.h. das Verfahren zur Generierung der „Schlußfolgerungen“ ist dann aber wieder fuzzy-spezifisch.

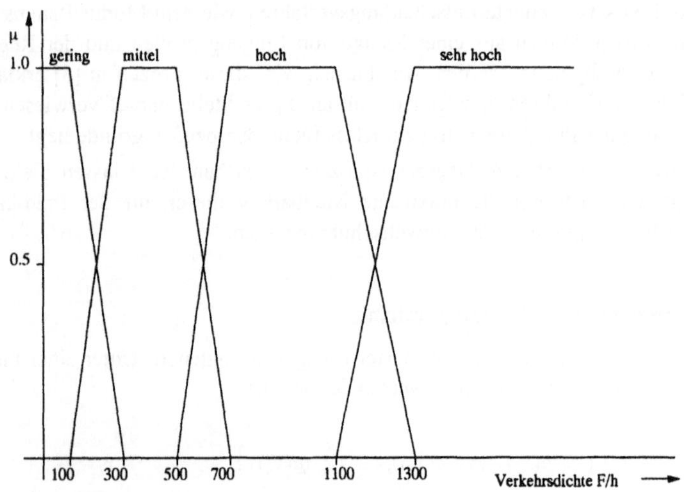

Bild 1 Trapezfunktion als Zugehörigkeitsfunktion Verkehrsdichte einer Straße

13.3.3 Regeln

Regeln können allgemein als prädikatenlogische Implikationen formuliert werden:

$$\begin{aligned} p_{11} \wedge p_{12} \wedge \ldots \wedge p_{1n} &\Rightarrow q_1 \\ p_{21} \wedge p_{22} \wedge \ldots \wedge p_{2n} &\Rightarrow q_2 \\ &\vdots \\ p_{m1} \wedge p_{m2} \wedge \ldots \wedge p_{mn} &\Rightarrow q_m . \end{aligned}$$

Hierin bedeuten $p_{ij} = p_{ij}(x_1, x_2, ...)$ Prädikate. In praktischen Systemem wird die IF ... THEN ... Schreibweise der Formulierung aus der Logik meist vorgezogen.

Für weitergehende Informationen sei auch hier wieder auf die Literatur [5] verwiesen.

Wichtig ist aber in diesem Zusammenhang, daß die Regeln das gesamte Systemverhalten beschreiben können. Für eine große Klasse von Aufgaben bildet die Beschreibung in Regelform die einzig mögliche Modellierungsart. Gerade in großräumigen Zusammenhängen wird es zunehmend schwieriger, mathematische Modelle effektiv einzusetzen. Häufig liegt auch das der Modellierung zugrunde liegende Wissen nur in Form von Regelwissen vor. Auch das ist ein häufiger Grund, gleich auf dieses Wissen als Modellierungsform zurückzugreifen.

13.3.4 Unscharfe Systeme

Trotz der oben aufgezeigten Möglichkeit der Formulierung von Expertenwissen in Regelform, ist es keinesfalls abwegig, die Frage zu stellen, wie unscharfes Wissen in konventionellen Modell-Systemen wirken wird. Mit anderen Worten, welche Modellschärfe ist beim Einsatz unscharfer Eingangsgrößen in (scharfe) mathematische Modelle zu erwarten. Unter unscharfen Eingangsgrößen werden in diesem Fall unscharfe „Zahlen" verstanden, also z.B. ungefähr 10, ungefähr 3 usw. Häufig werden diese Zahlen über dreieckförmige Zugehörigkeitsfunktionen mit dem Maximum bei der scharfen Zahl genutzt.

Die folgende Gleichung steht für die Verknüpfung zweier Größen. Der Verknüpfungsoperator $\oplus$ steht für ein Modell (z.B. einer Multiplikation, einer logarithmischen Verknüpfung oder ähnlichen).

$$z = x \oplus y \tag{2}$$

Wie leicht einsichtig, kann die aus einer Verknüpfung resultierende Unschärfe, hier einmal als die Fläche unter der Zugehörigkeitsfunktion ausgedrückt, nicht kleiner als das Maximum der Unschärfen der Eingangsparameter sein.

$$\int_{-\infty}^{\infty} f(z)dz \geq MAX\left\{ \int_{-\infty}^{\infty} g(x)dx,\ \int_{-\infty}^{\infty} h(y)dy \right\} \tag{3}$$

Hierin meinen die $f(z)$, $g(x)$, $h(y)$ die entsprechenden Zugehörigkeiten der Größen x,y,z.

Aus obiger Beziehung läßt sich ableiten, daß mit steigender Komplexität der verwendeten Modelle die Ergebnisse zunehmend unschärfer werden. Ein geforderter Grad an zulässiger Unschärfe der Ergebnisse verlangt einerseits eine geringe Unschärfe der Eingangsgröße und andererseits aber auch genügend einfache Modelle. Komplexe Modelle mit vielen Iterationen führen sehr schnell dazu, daß sich der Fehler „aufschaukelt". Das erklärt auch die Dominanz von regelbasierten Verfahren in unscharfen Modellsystemen, da hier, bedingt durch die Einfachheit der Inferenz, die Unschärfe nur gering wächst.

13.3.5 Fuzzy-System

Ein Fuzzy-System besteht im Allgemeinen aus folgenden drei Modulen:

- Fuzzification,
- Inferenz und
- Defuzzification.

Die Fuzzification übernimmt die unscharfe Klassifikation oder allgemeiner gesprochen die Zuordnung der scharfen Eingangsgrößen in unscharfe Größen vor. Im Inferenzteil erfolgt die Ableitung der unscharfen Ergebnisse. Hier kommt das Modell, meist das Regelsystem, zum Tragen. Im optimalen Schritt der Defuzzification wird dem unscharfen Ergebnis wieder ein scharfer Wert zugeordnet. Das ist dann notwendig, wenn das Ergebnis in anderen Programmen, die scharfe Werte als Eingangsgrößen benötigen, verarbeitet werden soll. Häufig wird das berechnete Fuzzy-Ergebnis als Steuergröße in einem Regelkreis benötigt, was ebenfalls eine Defuzzification voraussetzt.

Im Laufe der Zeit wurden eine Vielzahl von Inferenzverfahren entwickelt. Auch hier zeigte sich, daß die einfachsten Verfahren bedingt durch ihre Robustheit anspruchsvolleren Verfahren oft überlegen sind. So hat die Min/Max-Methode sehr viele praktische Einsatzfälle und ihr kommt auch eine gewisse „Natürlichkeit“ [8] zu.

Zusammenfassend ist ein einfaches Fuzzy-System durch folgende Prozedur beschreibbar:

1. Eingänge: $x_1, x_2, \ldots, x_n$ sind scharfe Werte,

2. Zugehörigkeitsfunktion:

$$\begin{array}{l} \mu 11(x1),\ \ \mu 12(x1),\ \ \mu 13(x1),\ \ \ldots \\ \vdots \\ \mu n1(xn),\ \ \mu n2(xn),\ \ \mu n3(xn),\ \ \ldots, \end{array}$$

3. Rules $_k^1 \rightarrow a_k^1 = \min\{\mu 1R_k(x1), \mu 2R_k(x1), \ldots\}$,

4. Rules $k \rightarrow ak = \max\left\{a_k^1, a_k^2, \ldots\right\}$,

5. Defuzzification: $O = \dfrac{\sum_k ak \times ok}{\sum_k ak}$; O_k als output der Regel k.

Zu bemerken ist an dieser Stelle, daß hier bei der Defuzzification angenommen wurde, daß die Ausgangswerte scharfe Größen darstellen. Falls die Ausgabewerte auch unscharfe Größen sind, so wird als Defuzzification häufig die Flächenschwerpunktsmethode eingesetzt. Damit ergibt sich folgende Gleichung:

$$O = \frac{\int_{xa}^{xe} x \times \mu(x)\,dx}{\int_{xa}^{xe} \mu(x)\,dx} \tag{4}$$

Welche Methode zum Einsatz kommt hängt von der Aufgabenstellung ab.

Zusammenfassend kann gesagt werden, daß die Fuzzy-Modellierung ein sehr leistungsstarkes Verfahren zur Modellierung unscharfen Wissens darstellt. Sie ist mathematisch wohluntersucht und in vielen Einsatzgebieten erprobt. Ein großer Vorteil dieser Art von Modellierung liegt in der guten Interpretierbarkeit und der Nachvollziehbarkeit der Methode. Als nachteilig ist der subjektive Charakter der Zugehörigkeitsfunktion selbst zu werten. Der Eingangs beschriebene Prozeß der Bestimmung einer geeigneten Zugehörigkeitsfunktion und deren Parametrierung bildet die Hauptschwierigkeit beim Einsatz.

13.3.6 Modellierung mit Neuronalen Netzen

Neuronale Netze haben sich als ein modernes und leistungsfähiges Verfahren der Analyse von Daten bewährt. In der überwiegenden Zahl veröffentlichter Anwendungen kommt es darauf an, aus großen Datenmengen Strukturen und Abhängigkeiten zu erkennen. Diese gewonnenen Abhängigkeiten dienen dann in der Modellierung zur Prognose zukünftiger Verläufe. Ausgehend von diesem traditionellen Einsatzgebiet Neuronaler Netze wurde ein Verfahren entwickelt, Neuronale Netze als Werkzeuge für die „unscharfe" Modellierung zu verwenden. Dem Verfahren liegt die Idee zugrunde, Expertenwissen zu kodieren und dann als Inputdaten für ein Neuronales Netz zu verwenden. Der Experte wird also weiterhin als Träger des Regelwissens angesehen, nur daß die Darstellung der Regeln kodiert erfolgt. Die Eingangsgrößen bilden wieder scharfe Grössen, die dann durch das Neuronale Netz einer Verarbeitung unterzogen werden. Das Prinzip besteht darin, den gesamten Fuzzy-Formalismus durch ein Neuronales Netz ersetzen zu lassen. Das hat große Vorteile, da hier der aufwendige Anteil an manueller Programmierung des Fuzzy-Systems durch den mechanisierten Trainingsprozeß des Neuronalen Netzes ersetzt wird. Ein solches Neuronales Netz ist im Bild 2 dargestellt.

Der Lernprozeß basiert auf einer schrittweisen Minimierung des Fehlers. Durch das häufig eingesetzte Lernverfahren der Backpropagation ergibt sich eine recht effiziente Annäherung an das Lernziel. Leider ist die Erreichung des Lernziels nicht garantiert. Es kommt häufig vor, daß lokale Minima angestrebt werden. In einem solchen Fall muß der Modellierer mit geänderten Parametern das Problem zu lösen versuchen. Neben der Erfahrung des Modelliers läßt sich hier ein gewisser Anteil von „Trial and Error" kaum vermeiden. Damit relativiert sich der Vorteil einer mechanisierten Arbeit des Lernverfahrens.

13.4 Anwendungen

Für die Eingangs aufgezeigten Bereiche des Auftretens von Unschärfeproblemen in der Landschaftsforschung gilt es, sorgfältig die geeigneten Modellierungstechnologien auszuwählen. Die oben aufgeführten Verfahren zur Behandlung von Unschärfe, also die Fuzzy-Technologie und die Neuronalen Netze, zeigen, bedingt durch ihre unterschiedliche mathematische Realisierung, unterschiedliches Verhalten der erzeugten Modelle. Während die Fuzzy-Technologie durch die mögliche Wahl unstetiger Funktionen (Max,Min) ein Verhalten erzeugt, das sehr sensibel an den Klassengrenzen, ansonsten aber weniger steil ist, so ergeben die Neuronalen Netze eher ein kontinuierliches Verhalten. Beim Einsatz ist diesem unterschiedlichen Verhalten Rechnung zu tragen. Für die praktischen Aufgabenstellungen hat es sich gezeigt, daß für die Modellierung elementarer Prozesse, also Prozesse, die mit dem Objekt selbst verbunden sind, besser Fuzzy-Ansätzen verwendet werden. Aufgabenstellungen höherer Abstraktionsebenen, also Prozesse, wo das Objekt nur indirekt beeinflußt wird, besser über den Neuronalen-Netz-Ansatz gelöst werden.

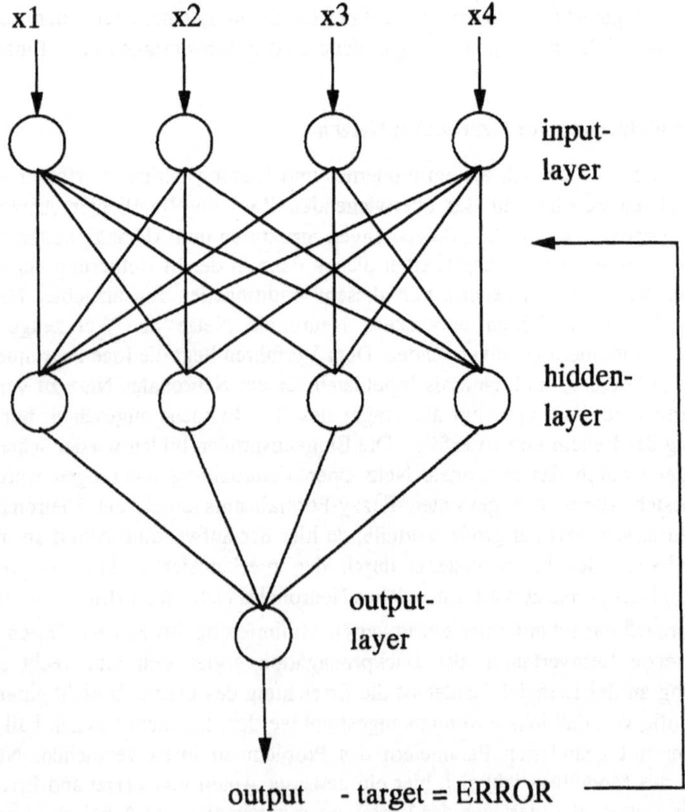

Bild 2 Lernen im Neuronalen Netz

Die folgenden zwei Anwendungen, die aus der Habitatmodellierung stammen, sollen diesen Gedanken verdeutlichen. In der Habitatmodellierung geht es darum, die Güte von Landschaften anhand ihrer Eignung als Habitat für ausgewählte Tierarten zu ermitteln. Diese Tierarten sind in der Regel „heimische" und für die Landschaft „typische" Tierarten. Ein Verschwinden dieser Arten zeigt häufig einen Defekt in Landschaft viel eher an, als das durch andere Anzeichen bemerkt wird. Das Auftreten der Tierarten dient also in gewisser Weise als Bioindikator für gesunde Landschaften.

Im BMBF-Forschungsverbundprojekt „Naturschutz in der offen agrar genutzten Kulturlandschaft ..." werden im Gebiet des Biosphärrenreservates Schorfheide-Chorin Habitatmodelle für die Tierarten Schleiereule (*Tyto alba*), Kranich (*Grus grus*) und Rotbauchunke (*Bombina bombina*) entwickelt. Dazu wurden gemeinsam mit den Biologen zuerst die Habitatstruktur anhand der Wirkung einzelner Faktoren aufgebaut. Für die Schleiereule wurde ein Teil der Struktur im Bild 3 dargestellt:

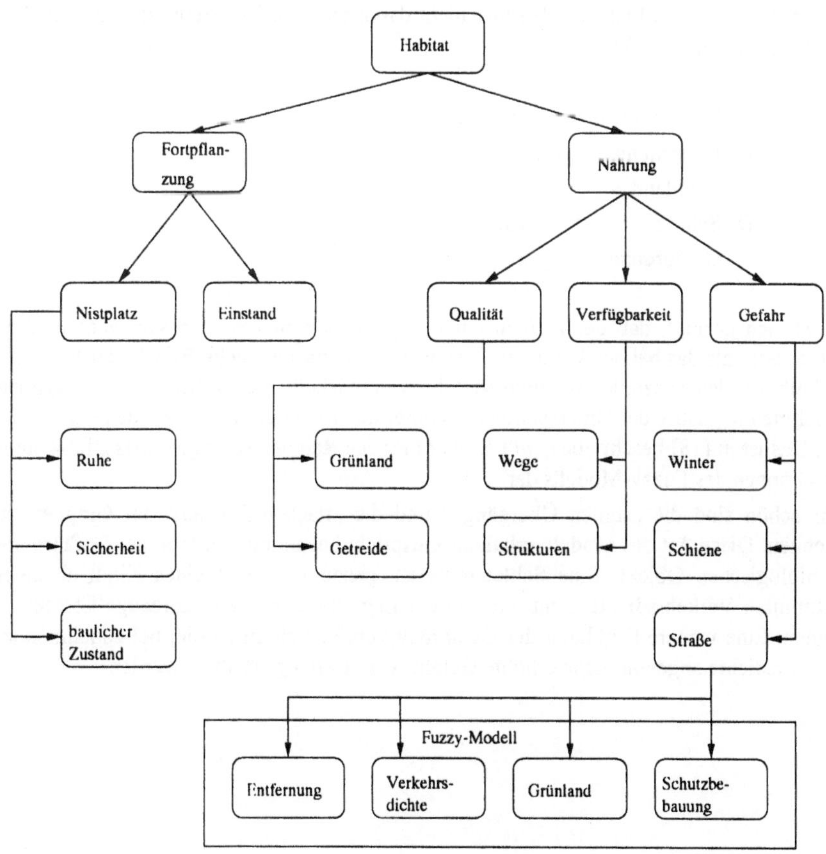

Bild 3 Habitatstruktur der Schleiereule

Im nächsten Schritt wurden aus der Struktur Teilmodelle, die die Abhängigkeiten der einzelnen Faktoren bzgl. der übergeordneten Faktoren beschreiben, gebildet. In den folgenden Beispielen soll das Vorgehen einmal mit einem Fuzzy-Modell, das andere Mal mit einem Neuronalen Netz demonstriert werden.

13.4.1 Fuzzy-Modell

Im Fuzzy-Modell wird der „elementare" Prozeß der Bestimmung des Gefährdungsgrades durch eine Straße beschrieben. Dieser Prozeß ist aus Sicht der Schleiereule deshalb „elementar", da sie hier einer realen Gefahr unterworfen ist. Die Bewertung der Nahrungsgüte des Habitats bildet eine Zusammenfassung indirekter Faktoren und ist aus dieser Sicht nicht mehr „elementar".

Eine weitere Voraussetzung für den Einsatz eines Fuzzy-Systems bildet neben den Zugehörigkeitsfunktionen die Verfügbarkeit einer Regelbasis. Die Regelbasis umfaßt 72 Regeln und kann aus Platzgründen hier nicht dargestellt werden. Stellvertretend sei aber eine Regel herausgegriffen:

```
IF          Verkehrsdichte     = = gering
       AND  Entfernung   = = mittel
       AND  Grünland     = = hoch
       AND  Schutz       = = gering
THEN        Gefährdung   = = gering.
```

Es hat sich gezeigt, daß der Aufbau einer Regelbasis dem Experten vor weniger Probleme stellt, als das bei der Wahl der Zugehörigkeitsfunktion (siehe Bild 1) der Fall war. Deshalb wurden spezielle Adaptionsverfahren entwickelt, die es erlauben, aus groben Annahmen im Laufe der Untersuchungen immer qualifiziertere Fuzzy-Modelle zu erzeugen. Das ist in [18] beschrieben, würde aber hier den Rahmen sprengen. Das Bild 4 stellt den Graphen des Fuzzy-Modells dar.

Sehr schön sind die „steilen Übergänge" und die „flachen Plateaus" im Graphen zu erkennen. Diese Art des Modellverhaltens entspricht bestimmten Phasen der Gefährdung im biologischen Objekt. Eine Schleiereule ist, genau wie ein kleines Kind, ab einer bestimmten Verkehrsdichte nicht mehr in der Lage die einzelnen Fahrzeuge korrekt zu trennen. Eine weitere Erhöhung der Gefährdung ergibt sich durch die, bei zunehmender Verkehrsdichte angenommene erhöhte Gefahr, vom Luftzug erfaßt zu werden.

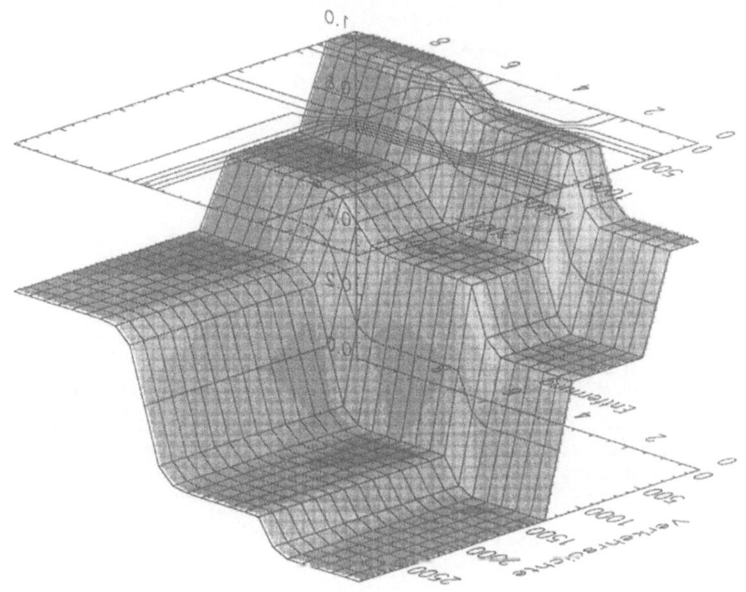

Bild 4 Kennlinie des Fuzzymodells Gefahr = f(Verkehrsdichte, Entfernung, Grünlandanteil = 0.18, Schutzbebauung = 0)

13.4.2 Neuronales Netz

Im Neuronalen-Netz-Modell wird der Zusammenhang der Habitatgüte als Funktion der Faktoren Fortpflanzung und Nahrung abgebildet. Hierbei handelt es sich um ein Modell, das nicht mehr als elementar zu bezeichnen ist. Bild 5 zeigt eine Kennlinie eines trainierten Neuronalen Netzes. Deutlich sind die „sanfteren“ Übergänge zu erkennen. Anhand der Höhenlinien ist die Fähigkeit zur Kompensation nachvollziehbar. Verändert sich eine Eingangsgröße in Richtung Verschlechterung, kann durch die andere Eingangsgröße das (in Grenzen) kompensiert werden.

Zwischen diesen beiden, bzgl. der Struktur extrem unterschiedlichen Beispielen, gibt es natürlich Übergangsbereiche, wo sowohl ein Fuzzy-Ansatz oder ein Neuronales Netz eingesetzt werden kann. Hier sollte dann je nach Verfügbarkeit des Wissens, mehr regelbasiert oder mehr beispielsbasiert, ein zweckmäßiges Herangehen gewählt werden. Zu bemerken sei an dieser Stelle, daß es durchaus auch andere Neuronale-Netz-Strukturen, wie die Radial-Basis-Funktion [3] gibt, die ein Verhalten, ähnlich den Fuzzy-Modellen erzeugen. Im Umkehrschluß wurde in [18] ein Verfahren entwickelt, das eine Adaption in Fuzzy-Systemen ermöglicht.

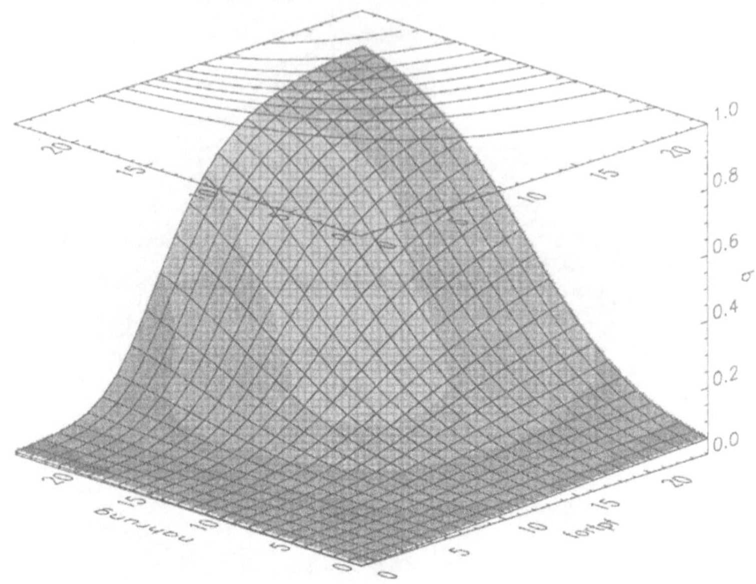

Bild 5 Kennlinie eines Neuronalen Netzes: Habitatgüte = f(Fortpflanzung, Nahrung) Werte nahe 0 stehen für schlechte Bedingungen, Werte nahe 1 stehen für ausgezeichnete Bedingungen

13.5 Schluß

Der Einsatz von Fuzzy-Methoden und Neuronalen Netzen erlaubt eine Modellierung auch in Bereichen, die einer traditionellen Modellierung bisher verschlossen waren. Die mit diesen Methoden erzeugten Modelle, können bei der Bewertung von Landschaften unter heutigen oder zukünftigen Bedingungen herangezogen werden. Zu beachten ist dabei, daß beide Methoden ihre Vorzüge haben und für unterschiedliche Aufgabenstellungen sehr genau abgewägt werden muß, welcher Methode der Vorzug zu geben ist. Weitere Anregungen zur Nutzung von Neuro-Fuzzy-Systemen sind in [7] zu finden.

Danksagung

Wir möchten uns ganz herzlich für die gute Zusammenarbeit und die fachliche Beratung bei Frau Dr. Wuntke, Frau Quaisser und Frau Wilkening Humboldt Universität Berlin, Institut für Biologie, Projektgruppe Naturschutz bedanken. Ohne sie wären die Modellierung der Habitatstrukturen und der Abhängigkeiten innerhalb dieser nicht möglich gewesen.

Diese Arbeit wurde gefördert vom BMFT, Förderkennzeichen Nr.: 0339539, vom BML und vom MELF des Landes Brandenburg.

Literatur

[1] Asshoff, M.: *Expertensysteme in der biozönotischen Modellierung: ein Beratungssystem zum Feuchtwiesenmanagement.* EcoSys, Kiel (1996), 4, S. 255-280

[2] Blaschke, Th.: *DGM- und Habitatmodellierung mit ARC/INFO als Grundlage von Biotopverbundplanung und Ressourcenmanagement.* ESRI 4. Deutsche ARC/INFO Anwenderkonferenz (1996), S. 9-20

[3] Brause R.: *Neuronale Netze,* B.G.Teubner, Stuttgart, 1995

[4] Daunicht, W., A. Salski, P. Nöhr u. C. Neubert: Ein fuzzy-wissensbasiertes Modell zur Reproduktion von Feldlerchen (Alauda arvensis) im Ackerland. EcoSys, Kiel (1996), 4, S 99-106

[5] Lusti M: *Wissenbasierte Systeme* Wissenschaftsverlag, Zürich, 1990

[6] Lutze, G. u. A. Schultz: *Dynamische Landschaftsmodelle als Werkzeug zur Bewertung nachhaltiger Landnutzungssysteme.* Informatik für den Umweltschutz; 8. Symposium, Hamburg (1994), Bd. II, S. 251 - 258

[7] Nauk D., F.Klawonn, R.Kruse: *Neuronale Netze und Fuzzy-Systeme* Vieweg Verlag, Braunschweig, 1994

[8] Peschel M.: *Der Taoismus in Religion und Wissenschaft* ; in: Seminar Systemwissenschaften Report 9, TU Chemnitz, 1995

[9] Plachter, H.: *Naturschutz in Kulturlandschaften: Wege zu einem ganzheitlichen Konzept der Umweltsicherung.* In: GEPP. J. (ed.): Naturschutz außerhalb von Schutzgebieten. Verlag Inst. für Naturschutz Graz (1995), S.47-96

[10] Plachter, H., Schultz, R. u. E. Heidt: *Leitbild und Naturschutzfachliche Bewertungsverfahren.* Zwischenbericht BMBF-DBU-Verbundprojekt „Naturschutz in der offenen agrar genutzten Kulturlandschaft am Beispiel des Biosphärenreservates Schorfheide-Chorin" (1995), S. 59-86

[11] Schultz, A. u. W. Mirschel: *Modelle auf dem Prüfstand - Wie genau sind agrarökologische Simulationsmodelle?* Zeitschr. f. Agrarinformatik (1994) 2, S. 22-29

[12] Schultz, A. u. R. Wieland: *Die Modellierung von biotischen Komponenten im Rahmen von Agrarlandschaften.* Arch. für Nat.- Lands.- (1995) 34, S. 79-98

[13] Syrbe, R.-U.: *Fuzzy-Bewertungsmethoden für die Landschaftsökologie und Landschaftsplanung.* Arch. für Nat.- Lands.- (1996) 34, S. 181-206

[14] Traeger H.: *Einführung in die Fuzzytheorie* B.G. Teubner, Stuttgart, 1994

[15] Trommer, R.: *Stichprobenverfahren für mobile biotische Komponenten. Arch. für Nat.- Lands.-* (im Druck) 1996

[16] Wenkel, K.-O., A. Schultz u. G. Lutze: *Landschaftsmodellierung - eine neue Richtung in der Agrarlandschaftsforschung.* Landschaftsmodellierung, Beiträge eines Workshops, Eberswalde, November 1993, ZALF-Berichte Nr. 13 (1994), S. 8-16

[17] Wieland, R., G. Lutze u. J. Hoffmann: *Fuzzy-Methoden und Neuronale Netze in der Landschaftsmodellierung.* Workshop „Werkzeuge für Simulation und Modellbildung in Umweltanwendungen". Magdeburg 13.03. ... 15.03.1996, im Druck

[18] Wieland R., A.Schultz, J.Hoffmann: *The use of neural networks and fuzzy-methods in landscape modelling* ; in: Tagungsunterlagen, Fuzzy 96, Zittau 1996

14

Modellierung und Simulation von Grundwasserprozessen

Peter-Wolfgang Gräber

Zusammenfassung

Die Simulation von Prozessen des Boden- und Grundwasserbereiches ist eine der Voraussetzungen für die Steuerung und Überwachung solcher Anwendungsfälle wie: die Förderbrunnen in Wasserwerken oder Entwässerungssystemen in Tagebauen oder Baugruben, sowie die Sanierung von Altlasten und Deponien. In diesem Zusammenhang müssen physikalische, chemische und biologische Prozesse berücksichtigt werden. Die Modellierung der physikalischen Prozesse führt auf ein System von partiellen Differentialgleichungen und auf ein System von chemischen Reaktionsgleichungen. Die biologischen Prozesse werden meist als Quell-/ Senkenterme der physikalischen bzw. chemischen Prozesse betrachtet. Die Modellierung erfolgt mit den Methoden der theoretischen und experimentellen Prozeßanalyse. Die dabei entstehenden partiellen Differentialgleichungen werden mittels gängiger Quantisierungsverfahren (FEM, FDM, FVM) in ein Gleichungssystem überführt, welches zum einem bis zu mehreren Millionen Unbekannte haben kann und zum anderen durch eine starke Nichtlinearität gekennzeichnet ist. Die effektive Lösung des Gleichungssystems stellt ein Hauptproblem für eine sinnvolle Simulation der Grundwasserprozesse dar. Neben der numerischen Behandlung werden zunehmend auch die Methoden der Wissensverarbeitung und der Unscharfen Mengen eingesetzt, um den Schwierigkeiten bei der Prozeßanalyse und der Parameterbestimmung entgegen zu wirken.

14.1 Einführung

Grundwasserprozesse sind mit vielen Bereichen des täglichen Lebens und der Industrie direkt oder indirekt verknüpft. Wesentliche Bereiche sind die Trinkwasserversorgung, die Braunkohlengewinnung und -verarbeitung sowie die Altlasten und Deponien.

Das Trinkwasser wird sowohl im Freistaat Sachsen als auch bundesweit zu 60% bis 70 % aus Grundwasser bereitgestellt. In lokalen Zentren erfolgt dies bis zu 100 %. Allein dafür werden im Freistaat Sachsen durch die 2055 Trinkwasserschutzgebiete 13 % der Landesfläche reserviert. Zur optimalen Hebung des Grundwassers hinsichtlich der Menge und Beschaffenheit sind entsprechende Szenarienanalysen und Berechnungen notwendig.

Bei der Braunkohlengewinnung müssen enorme Wassermengen gehoben werden, um die 100 m bis 500 m tiefen Tagebaue zu entwässern. Im Lausitzer Revier entspricht die Wassermenge ca. die 80- bis 100-fache Menge der geförderten Kohle. Neben der optimalen Gestaltung des Absenkungstrichters haben sich in letzter Zeit vor allem Problem mit der Stillegung von Tagebauen ergeben. So ist z. B. im Laufe der Zeit im Gebiet der Lausitz ein Absenkungstrichter, infolge der Bergbauaktivitäten, von einer Fläche von ca. 2 000 km^2 und einem Wasserdefizit von rund 13 Mrd. m^3 entstanden. Überläßt man den Wiederauffüllungsprozeß der Natur, so wären ca. 70 bis 100 Jahre notwendig. Um weitere Schäden für die Umwelt, für den Menschen und für die Industrie zu verhindern, muß dieser Prozeß durch künstliche Flutungskonzeptionen optimiert werden, wozu Großraumsimulationen von Nöten sind. Neben der mengenmäßigen Gestaltung/Steuerung dieser Prozesse sind die Wasserbeschaffenheitsprobleme mindestens ebenso gravierend. So haben wir es mit Problemen der extremen Versauerung (bis zu einem pH-Wert von kleiner 3) infolge der Pyritverwitterung und mit der Kontamination durch organische Stoffe (CKW, PAK, Phenole, Benzin usw.) infolge der Braunkohlenverarbeitung in Kokereien, Raffinerien u. ä. zu tun.

Altlasten und Deponien gefährden im zunehmenden Maße das Grundwasser. Die schädigende Wirkung tritt auf Grund der großen Zeitkonstanten solcher Prozesse erst jetzt in Erscheinung, obwohl die Ursachen vielleicht 30 oder 100 Jahre zurückliegen. Besonders sind Schadstoffe im Zusammenhang des Betreibens chemischer Anlagen (z.B. Buna, Wolfen, Bitterfeld), militärischen Liegenschaften (z. B. Truppenübungsplätzen, Flughäfen), Gaswerken, Chemikalienumschlagplätze u. a. in den Boden gelangt. Eine besondere Gefahr geht von den Deponien auch dadurch aus, daß diese durch den Wiederanstieg des Grundwasser in den Bergbauregionen der Lausitz und des Mitteldeutschen Raumes jetzt bis in das Grundwasser reichen und eine Mobilität der Schadstoffe aufgrund der geänderten geohydraulischen und chemischen Bedingungen einsetzt. Dies trifft insbesondere auf Deponien zu, die in ehemalige Tagebaurestlöcher eingebracht sind.

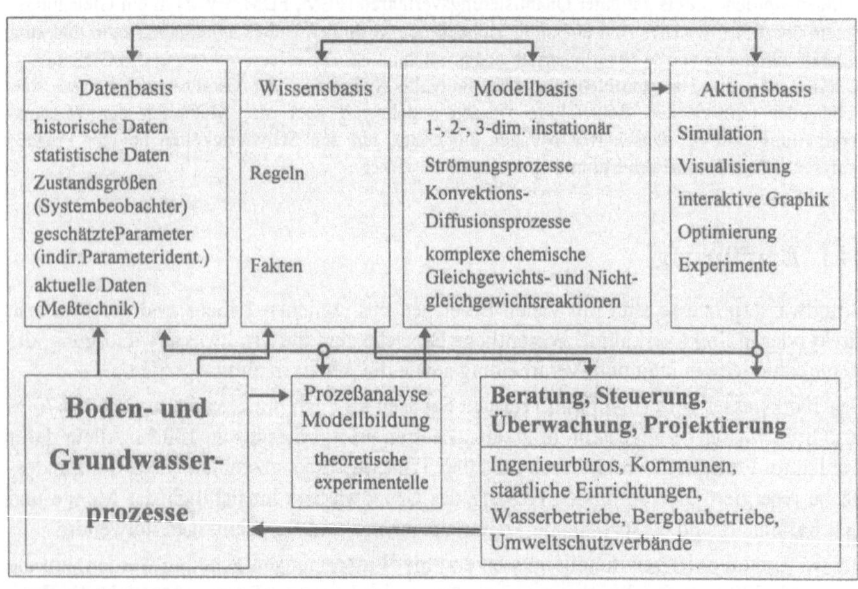

Bild 1 Steuerung und Überwachung von Grundwasserprozessen

Die Untersuchung, die Überwachung und Steuerung dieser komplexen Systeme ist nur mittels fundamentierter Modelle und Simulationstechniken über Szenarienanalysen möglich, wobei heute noch das unvollständige Wissen über die Prozeßabläufe und Prozeßzustände sowie über die Systemparameter limitierende Faktoren sind.

14.2 Modellbildung

In der Boden- und Grundwasserzone finden physikalische und/oder chemische aber auch biologische Prozesse statt, die bei den eingangs erwähnten Problemstellungen dominierend in Erscheinung treten. Grundlage für die Simulation dieser Prozesse bzw. der Szenarioanalyse für bestimmte Gefährdungsabschätzungen bilden die Modelle. Dabei werden sowohl die theoretische als auch die experimentelle Modellbildung/Prozeßanalyse bei den physikalischen und chemischen Prozessen eingesetzt. Biologische Vorgänge, meist die Aktivitäten von Mikroorganismen, werden als Quell-/Senkenterme bzw. in Form von chemischen Reaktionsgleichungen angesetzt.

Die physikalischen Prozesse lassen sich in die sogenannten Mengenströmungs- und die Stoffprozesse einteilen. Die Benutzung des Energie- und Massenerhaltungsgesetzes führt auf folgendes System von gekoppelten partiellen Differentialgleichungen, bei denen für die Stoffprozesse nur der Transport angesetzt wurde.

- die dynamischen Grundgleichung des Mengenproblems $\vec{v} = k \operatorname{grad} h$
- die Bilanzgleichung des Mengenproblems $\operatorname{div} \vec{v} = S_0 \frac{\delta h}{\delta t} - w$
- die Grenzbedingungen des Mengenproblems.

Bei der Modellbildung für den Stoff- und Energietransport muß für jeden Wasserinhaltsstoff bzw. bei nichtmischbaren Stoffprozessen für jede Stoffgruppe und für jede Phase im Mehrphasensystem Boden (z. B. flüssig (Wasser, Öle), fest (Gesteinsmatrix), gasförmig (Luft, Gase)) dieses Gleichungssystem aufgestellt werden. Für jedes Teilsystem müssen die Bilanzgleichungen definiert werden, die sich aus folgenden Teilen zusammen setzen.

- die dynamischen Grundgleichungen für den Stofftransport
  - Transport durch Dispersion $\vec{g}_1 = \vec{D} \operatorname{grad} P$
  - Transport durch Konvektion $\vec{g}_1 = \vec{v} P$
- die Bilanzgleichung für den Stoffstrom $\operatorname{div} \vec{g} = (n_0 + \alpha) \frac{\delta P}{\delta t} - w_g$
- die Grenzbedingungen für den Stoffstrom.

Die Verkopplung der Gleichungen innerhalb eines jeden Teilsystems ist durch die Austauschterme gegeben. Über die Teilsysteme hinweg erfolgt sie durch die interne Reaktionsterme.

Der Transport von Stoff- und Wasser erfolgt durch:

Transport = interne Reaktionen + Speicherung + Austausch + externe Quellen.

Zu diesen Grundgleichungen kommen noch die chemischen Reaktionsgleichungen (Stoffwandlungsprozesse) und biologische Wachstumsprozesse hinzu.

Das mathematische Modell besteht damit aus einem System von gewöhnlichen bzw. partiellen Differentialgleichung und algebraischen Gleichungen, deren Koeffizienten meist eine Funktion des Ortes, der Zeit und des Potentials sind. Damit ist das System nichtlinear und sowohl orts- als auch zeitvariant. Die Prozesse im Boden- und Grundwasserbereich sind durch eine hohe Komplexität, einer schlechten Kondition, einem großem Bereich der Zeitkonstanten und einer hohen Unsicherheit der Eingangsparameter gekennzeichnet.

Die Grundgleichungen lassen sich jeweils für den Strömungs- und den Stoffprozeß zusammenfassen und man erhält zwei nichtlineare partielle Differentialgleichungen (PDGL) zweiter Ordnung:

- die Leitungsgleichung für den Strömungsprozeß (parabolische PDGL)

$$\operatorname{div}\left(k_{(x,y,z)} \operatorname{grad} h\right) = S_0 \frac{\delta h}{\delta t} - w \tag{1}$$

- die Konvektions-Diffusions-Gleichung für den Stofftransport (hyperbolische PDGL)

$$\operatorname{div}(\bar{D} \operatorname{grad} P - \vec{v}P) = (n_0 + \alpha)\frac{\delta P}{\delta t} - w_g \tag{2}$$

Die Verkopplung des Mengen- und des Stoffstromes erfolgt über die Kennwerte der Wasserbeschaffenheit (Temperatur T, Stoffkonzentration C, kinematische Zähigkeit ν und Dichte ρ) und über die Kennwerte der unterirdischen Strömungsvorgänge (Filtergeschwindigkeit $\vec{v}$, Speicherinhaltsänderung $C \cdot \partial\rho / \partial t$ sowie innere Strömungsquellen und -senken w).

Diese komplexe Form der Systembeschreibung wird oft durch vereinfachte Formen, bei denen der eine oder andere Prozeß vernachlässigt wird oder die Abhängigkeit von der einen oder anderen unabhängigen Variablen außer acht gelassen wird, angenähert. Eine grundlegende Vereinfachung entsteht durch die entkoppelte Betrachtungsweise der Strömungs-, Transportprozessen und chemischer Kinetik. Wesentliche Vereinfachung erhält man auch durch die Reduzierung des mehrdimensionalen Raumes auf eine Ortskoordinate und/oder der Zeitvariablen. Folgendes soll exemplarisch diese Vorgehensweise an oft verwendeten und ingenieurmäßig bedeutungsvollen Beispielen demonstrieren.

Brunnengleichung

Unter der Voraussetzung vereinfachter Strömungsbedingungen sowie der Betrachtung im Zylinderkoordinatenraum und der Integration über der Höhe z durch eine Transformation, z. B. des so genannten GRINSKIJ-Potentials Φ, erhält man für das rotationssymmetrische Strömungsfeld folgende Gleichungen :

stationäre Strömung:

$$\frac{d^2\Phi}{dr^2} + \frac{1}{r}\frac{d\Phi}{dr} + \frac{w}{k} = 0 \tag{3}$$

„undichter" Strömungsleiter (Leaky aquifer):

$$\frac{d^2Z}{dr^2}+\frac{1}{r}\frac{dZ}{dr}-\frac{Z}{B^2}=0 \qquad (4)$$

nichtstationäre Strömung:

$$\frac{\partial^2 Z}{\partial r^2}+\frac{1}{r}\frac{\partial Z}{\partial r}-\frac{Z}{B^2}=a\frac{\partial Z}{\partial t} \qquad (5)$$

Für diese Gleichung sind von THEIS u. a. analytische Lösungen gefunden worden. Diesen Gleichungen kommt die große Bedeutung zu, daß sie für viele ingenieurmäßige Untersuchungen, die lokalen Charakter tragen (ca. 200 m Ausdehnung, z. B. Baugruben) und für die die hydrogeologischen Vorausetzungen erfüllt sind, brauchbare Ergebnisse liefert. Außerdem bilden sie die Grundlage für Verfahren zur indirekten Parametererkundung, z. B. der sogenannten Pumpversuche. Ähnliche Voraussetzungen trifft man auch bei der parallelen Grabenströmung an, wobei die PDGL folgende Form hat:

parallele Grabenantrömung

$$\frac{\partial^2 Z}{\partial x^2}-\frac{w}{k}=a\frac{\partial Z}{\partial t} \qquad (6)$$

Bedeutung haben die eindimensionalen Prozesse auch bei der Untersuchung der Transportvorgänge in sog. Stromröhren im Zusammenhang mit Schadstoffeinträgen.

Horizontalebene Grundwasserströmungsgleichung

Die horizontalebene Grundwasserströmungsgleichung stellt neben der Brunnengleichung einen Fundamentalsatz für die Betrachtung der Strömungsprozesse dar. Mittels der DUPUIT-Annahmen, die einen vereinfachten Grundwasserleiter charakterisieren, und einer Integraltransformation zur Beschreibung der Profildurchlässigkeit, der Transmissibilität T, ergibt sich die Strömungsgleichung zu:

$$\operatorname{div}\left(T_{(x,y)}\operatorname{grad} z_R\right)=S\frac{\partial z_R}{\partial t}-w_N \qquad (7)$$

Diese Gleichung kann für jedes Grundwasserstockwerk getrennt angesetzt werden und über hydraulische Fenster die Kopplung zwischen den Grundwasserleitern erzielt werden. Diese Gleichung bildet die Grundlage der meisten hydrogeologischen Großraummodelle, so auch für die Bergbaugebiete des Mitteldeutschen und des Lausitzer Raumes.

Eindimensionaler Stofftransport

Für den Stofftransport spielt die Modellierung der eindimensionalen Prozesse eine ebenso große Rolle, da sie teilweise analytisch lösbar sind und zum anderen die Basis bilden für die Modelleichung (z. B. bei so genannten Säulenversuchen) und die indirekte Parameterestimation darauf zurückgreift (z. B. Tracerversuche). Als Beispielsgleichungen lassen sich ableiten:

Wärmetransport infolge von Niederschlägen in der ungesättigten Bodenzone durch Wasser (Index w) und

$$\frac{\partial}{\partial z}\left(k_w\frac{\partial}{\partial z}\left(\frac{p_w}{\rho_w}+z\right)\right)=\frac{\partial n_w}{\partial t}-w_w \qquad (8)$$

durch Luft (Index L):

$$\frac{\partial}{\partial z}\left(k_L \frac{\partial}{\partial z}\left(\frac{p_L}{\rho_L}+z\right)\right)=\frac{\partial n_L}{\partial t}-w_L \tag{9}$$

eindimensionaler Transport durch:

Konvektion:

$$\varepsilon\frac{\partial C}{\partial t}=-q\frac{\partial C}{\partial x} \tag{10}$$

Dispersion:

$$\frac{\partial^2 C}{\partial z^2}=a\frac{\partial C}{\partial t} \tag{11}$$

Dispersion und Konvektion:

$$MD_1\frac{\partial^2 C}{\partial x^2}-q\frac{\partial C}{\partial x}=\varepsilon\frac{\partial C}{\partial t}+\lambda C-w \tag{12}$$

Dabei werden die drei Fälle unterschieden, bei denen λ und/oder w gleich bzw. ungleich von Null sind.

Mehrphasenströmung

Bei der Modellierung der Mehrphasenströmung wird das gleichzeitige Wirken mehrerer Phasen im porösen Medium, dem Boden bzw. dem Grundwasserleiter berücksichtigt. In [13] werden an einem Dreiphasensystem die Beziehungen aufgestellt. Entsprechend der Gleichung (2) folgt bei Vernachlässigung des Dispersionsanteiles

$$\operatorname{div}(\rho_a\vec{v}_a)+\frac{\partial(\phi\rho_\alpha S_\alpha)}{\partial t}=\rho_\alpha \tag{13}$$

In diesem Fall stellt α eine allgemeine Fluidphase dar. Bei dem Dreiphasensystem werden die Phasen Wasser (α=w), NAPL (n) und Luft (a) berücksichtigt. Dabei ist NAPL die Abkürzung für Mineralölprodukte (Non-Aqueous-Phase-Liquid).

Unter Vernachlässigung des Impulsatzes zwischen den Fluidphasen, kann das DARCY-Gesetz auf das Mehrphasensystem erweitert werden.

$$\vec{v}_\alpha=-\frac{k\cdot k_{r\alpha}}{\mu_\alpha}(\operatorname{grad}p_\alpha+\rho_\alpha\cdot\vec{g}) \tag{14}$$

Die Wechselwirkungen zwischen den einzelnen Phasen wird durch zusätzliche Gleichungen, den Nebenbedingungen beschrieben.

$S_w+S_n+S_a=1$ (der Porenraum wird von der Summe der drei Phasen ausgefüllt)

$p_n - p_w = P_{Cnw(Sw,\,Sa)}$ (Kapillardruck-Sättigungsbeziehung)

$p_a - p_n = P_{Can(Sw,\,Sa)}$

$k_{r\alpha} = k_{r\alpha(Sw,\,Sa)}$ (Relative Permeabilität-Sättigungsbeziehung)

Das nichtlineare Gleichungssystem läßt sich in vielen praktischen Anwendungsfällen unter Annahme, daß die Luft unendlich mobil ist, auf jeweils eine Bewegungsphase für die Wasserphase und die NAPL-Phase beschränken.

Bei dem eindimensionalem Verdrängungsvorgang von Öl durch Wasser wird die analytische Lösung von BUCKLEY und LEVERETT [2], die die instationären Vorgänge beschreibt, verwendet. Zur Beschreibung der relativen Permeabilitäts-Sättigungskurve kann die COREY-Funktion angesetzt werden.

$$k_{rw} = S^{*4} \tag{15}$$

$$k_{rn} = (1 - S^{*})^{2} \cdot (1 - S^{*2}) \tag{16}$$

$$\text{mit:} \quad S^{*} = \frac{(S_w - S_{wr})}{(1 - S_{wr} - S_{nr})} \qquad S_{wr} = S_{nr} = 0{,}2$$

Für den zweidimensionalen Fall und der Untersuchung des Dreiphasensystems Luft/NAPL/Wasser werden folgende Ansätze untersucht:

Für die Kapillardruck-Sättigungsbeziehung wird der Ansatz von PAKER [12] zur Parametrisierung verwendet.

$$P_{Cnw} = p_n \quad p_w - \frac{1}{\alpha_{vG} \cdot \beta_{nw}} \left(S_e^{\frac{n_{vG}}{(1-n_{vG})}} - 1 \right)^{\frac{1}{n_{vG}}} \tag{17}$$

$$P_{Can} = p_a - p_n = \frac{1}{\alpha_{vG} \cdot \beta_{an}} \left(\left(\frac{S_n + S_w - S_{wr}}{1 - S_{wr}} \right)^{\frac{n_{vG}}{(1-n_{vg})}} - 1 \right)^{\frac{1}{n_{vG}}} \tag{18}$$

$$\text{mit:} \quad S_e = \frac{S_w - S_{wr}}{1 - S_{wr}}; \qquad \beta_{nw} = \frac{\sigma_{aw}}{\sigma_{nw}}; \qquad \beta_{an} = \frac{\sigma_{aw}}{\sigma_{an}}$$

Für die relative Permeabilität-Sättigungsbeziehung für die nichtbenetzende Flüssigkeit (NAPL) wird ein Modell von STONE [2] benutzt.

$$k_{rn} = \frac{S_n (1 - S_{wr}) k_{rnw} \cdot k_{ran}}{(1 - S_w)(S_n + S_w - S_{wr})} \tag{19}$$

wobei k_{rnw} und k_{ran} die relative Permeabilität-Sättigungsbeziehung der NAPL-Phase in einem Zweiphasensystem (Wasser/NAPL) und (Luft/NAPL) darstellen. Die in der ursprünglichen Form des Stoneschen Modells vorkommenden Parameter S_{nr} und k_{rncw} wurden mit den Werten „0" und „1" belegt. Für die Wasserphase wird die Beziehung von PAKER [12] verwendet.

$$k_{rw} = \sqrt{S_e} \left(1 - \left(1 - S_e^{\frac{n_{vG}}{(n_{vG}-1)}} \right)^{\frac{(n_{vG}-1)}{n_{vG}}} \right)^{2} \tag{20}$$

mit: $$S_e = \frac{S_w - S_{wr}}{(1 - S_{wr})}$$

14.3 Simulation

Die Simulation ist sehr eng an die Modellbildung geknüpft. Für die unterschiedlichen Formen der partiellen Differentialgleichungen können die verschiedensten Methoden und Techniken zur Simulation benutzt werden. Es werden dabei sowohl kontinuierliche, wie z.B. analytische Lösungen, Integraltransformationen) als auch diskontinuierliche, wie z. B. Finite Differenzen, Finite Volumen, Finite Elemente, Blockmodelle, aber auch stochastische Verfahren (Randow-Walk, Particel Tracking) eingesetzt. Im folgenden soll auf einige exemplarisch eingegangen werden.

Historisch gesehen haben die analytischen Methoden der direkten Lösung der PDGL's und die Analogiemodelle eine große Verbreitung erlangt. Bei den analytischen Methoden werden die PDGL's direkt einer Lösung zugeführt oder über Integraltransformationen wie der LAPLACE-Transformation und/oder dem GIRINSKIJ-Potential, und deren Rücktransformationen gelöst. Typisches Beispiel dafür ist die Brunnengleichung.

Analogiemodelle unterteilen sich in die physikalisch ähnlichen Modelle (z. B. Sandmodelle, Säulendurchlaufversuche, Spaltmodelle) und in die physikalisch unähnlichen wie z. B. die Elektroanalogiemodelle, die durch die numerischen Modelle der Computer zurückgedrängt werden. Für die Ausbildung hatten die Elektroanalogiemodelle auf Grund ihrer guten Anschaulichkeit eine große Bedeutung. Bei den numerischen Methoden unterscheidet man auf der einen Seite numerische Berechnung der analytischen Lösungen, so z. B. die numerische Integration, die Lösung der BESSEL- und ähnlicher Funktionen, die numerische LAPLACE-Transformation und auf der anderen Seite die numerischen Verfahren zur Lösung von Feldproblemen wie z. B. die Finiten Differenzen, die Finiten Volumina, die Finiten Elemente oder die Blockmodelle. Wesentliche Simulationsmodelle sind MODFLOW, MODPATH, ASM, PCGEOFIM, FEFLOW, um nur einige zu nennen. Große Bedeutung hat die numerische Simulation auch durch die stochastische Modellierung gewonnen.

14.4 System CAE-Grundwasser

Das im Institut für Abfallwirtschaft und Altlasten der TU Dresden in Entwicklung befindliche CAE-System Grundwasser soll dem Fachmann, z. B. dem Geohydrologen, dem Wasserwirtschaftler, bei der Steuerung und Überwachung der Grundwasserprozesse unterstützen (z.B. [6], [8]).

Mit Hilfe von Dienstprogrammen des CAE-Systems Grundwasser soll sowohl die Datenerfassung, Datenaufbereitung und der Berechnungsverlauf als auch die Ergebnisauswertung effizienter gestaltete werden. Des weiteren ist ein Rahmen zu schaffen, in dem Programme mit unterschiedlichen Aufgabenprofilen eingeordnet werden können.

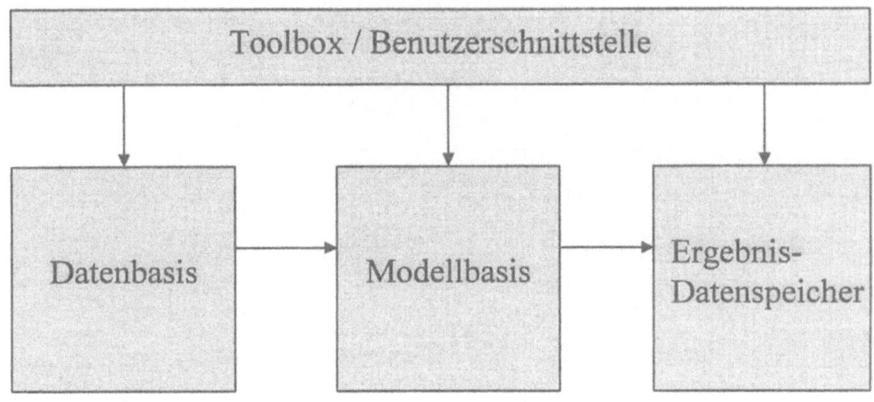

Bild 2 CAE-System Grundwasser

Bei dem System CAE-Grundwasser handelt es sich um ein umfangreiches Softwaresystem mit sehr unterschiedlichen Funktionen und relativen großen zu verarbeitenden Datenmengen. Das setzt die sorgfältige Konzeption der Struktur des Systems voraus. Das CAE-System ist schematisch in Primärdatenkreis, Modellbibliothek, Ergebnisspeicher und Toolbox/Benutzerschnittstellen strukturiert. Das Grobkonzept sieht so aus, daß der Nutzer über Einzelprogramme, die in einer Toolbox enthalten sind, sowohl auf die Datenbasis, die Modellbibliothek als auch auf die Ergebnisdaten zugreifen kann. Der Verfahrensablauf wird ebenfalls über die Toolbox-Algorithmen gesteuert. In der Regel entscheidet sich der Nutzer zunächst für ein Modell, das zur Lösung der anstehenden Aufgaben am besten geeignet ist. Die folgenden Schritte sind dann die Formierung der konkreten Modelldaten aus der Datenbasis, die Berechnung des Problems und die objektspezifische Auswertung der Modellergebnisse. Daran kann sich bei Entscheidungsprozessen eine Variantenformulierung und eine Szenarioanalyse anschließen. Das heißt, die Modelldaten werden modifiziert und der Gesamtablauf wiederholt.

Ein wichtiger Schritt, der in der Regel vor der eigentlichen Berechnung durchzuführen ist, ist die Modellgleichung, da die Primärdaten oftmals mit beträchtlichen Unschärfen behaftet sind. Als Folge des Eichungsprozesses, der oft aufwendiger als die eigentliche Berechnung ist, sind sowohl die Modelldaten als auch die Primärdaten zu modifizieren.

Im Folgenden soll auf die einzelnen Komponenten des CAE-Systems näher eingegangen werden.

Die **DATENBASIS** ist in drei Blöcke aufgeteilt:

- informationsadäquate Daten

- verarbeitungsadäquate Daten

- Modelldaten.

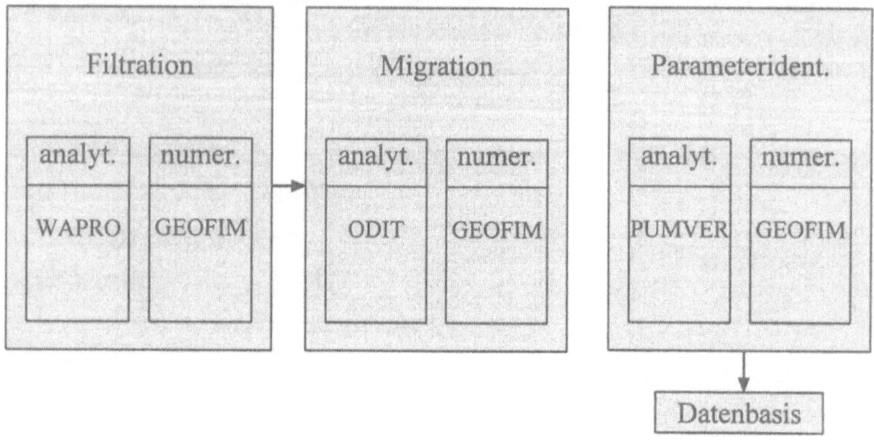

Bild 3 Modellbasis

Hierbei sind die informationsadäquaten Daten die Daten, wie sie vom Erkunder oder Beobachter gesammelt wurde. Generell kann man sie in Punkt-, Linien- und Zeitdaten gliedern.

Die informationsadäquaten Daten werden von verschiedenen wasserwirtschaftlichen Einrichtungen erfaßt, wobei oft „hauseigene" Erfassungs- und Speicherverfahren verwendet werden. Seitens des CAE-Systems sind deshalb Konvertierungsprogramme vorzusehen, die diese Daten in eine den Bearbeitungsprogrammen zugänglichen Form überführen. Hier ist auch die Schnittstelle zu den GIS-Systemen, speziell dem Umweltinformationssysteme (UIS) des Freistaates Sachsen, zu realisieren. Des weiteren enthält das CAE-System ein Programm zur Digitalisierung von Karten.

Die informationsadäquaten Daten sind in der Regel als direkter Input für die Simulationsmodelle noch nicht verwendbar. So wird von den Modellen eine raum-/zeitliche Gebietsbeschreibung verlangt, während die geologischen Daten zunächst nur für einzelne Punkte des Untersuchungsgebiet vorliegen. Außerdem sind die geologischen Daten nach geohydrologischen Gesichtspunkten zu bearbeiten (Ausgrenzung von Grundwasserleitern und -stauern, Herstellung von Zusammenhängen zwischen den einzelnen Bohrpunkten, Plausibilitätsuntersuchungen). Ganglinien sind zu schematisieren und auf Meßfehler zu prüfen. Aus den Niederschlagswerten meteorologischer Stationen ist die Grundwasserneubildung eines Gebietes als Zeitfunktion zu ermitteln. Für diese Bearbeitungen stehen in der Toolbox Programme bereit.

Das Ergebnis dieser Bearbeitung ist das verarbeitungsadäquate Datenmodell. Die entsprechenden Daten liegen dann als dBase/ACCES- oder Textdateien bzw. als GKS-Metafiles vor.

Das verarbeitungsadäquate Datenmodell ist noch vollkommen unabhängig von den Simulationsmodellen, es berücksichtigt lediglich die allgemeinen Forderungen der

Modelle. Die Transformation der verarbeitungsadäquaten Daten in die Modelldaten erfolgt durch modellspezifische Interface-Programme der Toolbox. Dieser Schritt erfolgt nach der Konzeption des Modells (Festlegung des Untersuchungsgebietes und seiner inneren und äußeren Randbedingungen, Modelldiskretisierung). Grundsätzlich ist festgelegt, daß die Modelldaten Textdateien sind, so daß ihre Bearbeitung sowohl durch modellspezifische Service-Programme als auch durch beliebige Textprozessoren-Programme erfolgen kann.

Mit der strikten Trennung von Datenbasis und Modell ist eine hohe Flexibilität des Systems gegeben. Änderungen von Modellen bzw. das Hinzufügen neuer Modelle in die Modellbibliothek bedingen nicht gleichzeitig das Ändern der kompletten Datenbasis, sondern nur der Interfacemodule und der Modelldaten. Bei Modell-Updates werden zusätzliche Programme bereitgestellt, die „alte" Modelldaten in evtl. neue Formate konvertieren und „neue" Daten aus dem verarbeitungsadäquaten Modell den Modelldaten hinzufügen.

Um die Flexibilität des Systems zu erhöhen ist weiterhin die Möglichkeit geschaffen worden, die Modelldaten „per Hand" mit modellspezifischen Erfassungsprogrammen zu erzeugen.

Für die SIMULATION von geohydraulischen Prozessen liegt inzwischen eine große Anzahl von Rechenverfahren vor. Generell werden die Lösungsverfahren in verschiedene Klassen eingeteilt:

* nach der Aufgabe
    - Lösung des Mengen- (Filtrations-) Problems,
    - Lösung des Beschaffenheits- (Migrations-) Problems,
    - Identifikation von Parametern (Lösung der umgekehrten Aufgabe),
* nach der Dimension (räumlich und zeitlich),
    - ein-, zwei- oder dreidimensional,
    - stationär oder instationär,
* nach dem Einsatzbereich,
    - gesättigte,
    - ungesättigte Zone.

Als mathematisches Lösungsverfahren kommen zum Einsatz:

- analytische Lösungen für einfache Strömungsprobleme,
- Finite-Differenzen- und Finite-Volumen-Verfahren für komplexere Probleme,
- Random-Walk-Methode für die Simulation von Schadstoffausbreitungen.

Alle Berechnungsprogramme lagern ihre Ergebnisse in speziellen Ergebnisdateien aus. Diese Berechnungsergebnisse sind:

- Grundwasserstände,
- Volumenströme über Randbedingungen,

- Stoffkonzentrationen,
- indirekt identifizierte Parameter.

Mit Ausnahme der identifizierten Parameter stehen diese Ergebnisse prinzipiell für alle Modellelemente und für alle durch das Programm ausgeführten Zeitschritte zur Verfügung. Aus praktischen Gründen wird jedoch vorher selektiert, welche speziellen Ergebnisse abgespeichert werden, denn normale Grundwassermodelle haben mehrere Tausend bis Millionen Elemente und für eine Berechnung sind im Durchschnitt mehr als 100 Zeitschritte erforderlich. Es entstehen also neben der Datei mit den zu druckenden Ergebnissen zwei Files für spezielle Auswertungen. Das sind:

- Ganglinien der Wasserstände oder Konzentrationen,
- Isolinien der Wasserstände oder Konzentrationen,
- 3-D-Darstellungen und
- Stromlinien.

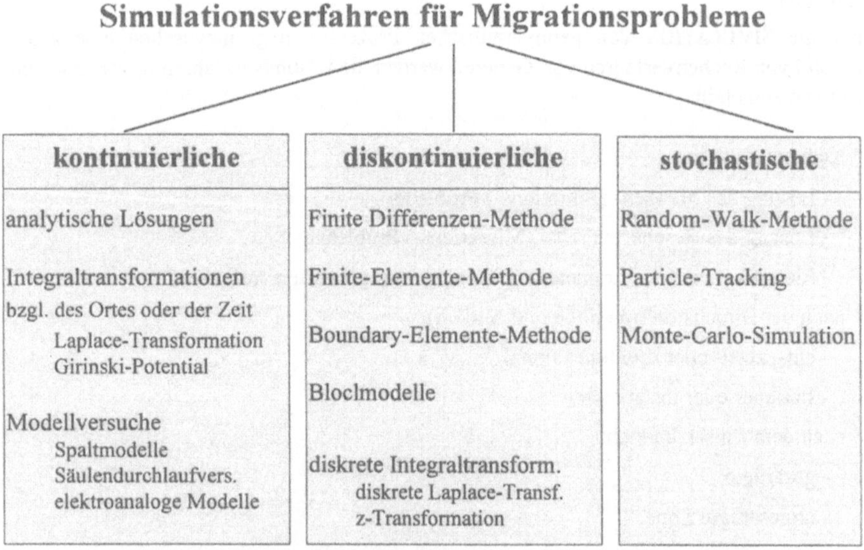

Bild 4 Simulationsverfahren

Die Dateistruktur der Ergebnisdaten ist im System nicht fest vorgeschrieben, jedoch existieren Empfehlungen. Für die konkrete Auswertung mit einem in der Toolbox enthaltenen Programm gibt es wieder Interface-Programme, die die modellspezifischen Ergebnisdaten in die Form, die die Auswerteprogramme erfordern, konvertieren. Damit ist das System auch nach unten hin für Erweiterungen oder Modifikationen offen.

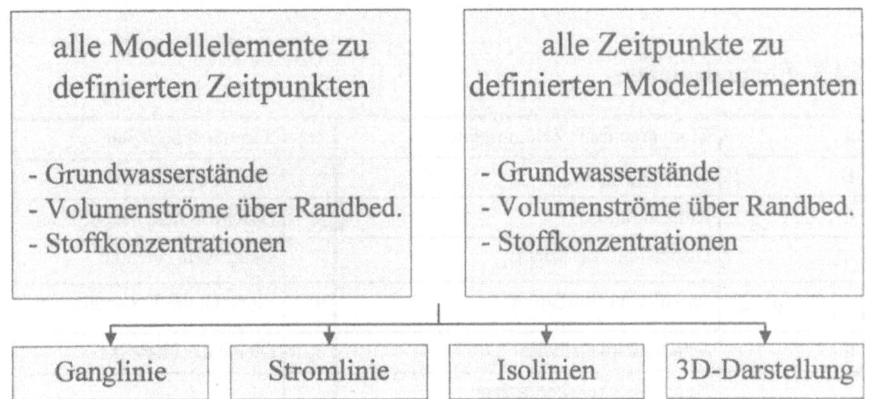

Bild 5 Ergebnis Datenspeicher

Es sei noch angemerkt, daß die Auswerteprogramme auch für die Darstellung der verarbeitungsadäquaten und der Modell-Daten verwendet werden können. So können z. B. Isolinien der Grundwasserleitersohlen oder Stromlinien aus einem gemessenen Anfangszustand eines Grundwassersysteme konstruiert werden.

Zur Zeit sind im Institut für Abfallwirtschaft und Altlasten verschiedene Teile unter Ausnutzung der Windsow-Utilities des CAE-Systems-Grundwasser realisiert, während andere nur in einer MS-DOS-Oberfläche mit nachgeschalteter GKS-Grafik zur Verfügung stehen.

14.5 Formelzeichen

a	geohydraulische Zeitkonstante	α	Sorptionskoeffizient
B	Speisungsfaktor	ε	Speicherkoeffizient
C	Konzentration	λ	Geschwindigkeitskoeffizient
$\vec{D}$	Dispersionskoeffizient	Φ	GRIRINSKIJ-Potential
$\vec{g}_1, \vec{g}_2, \vec{g}_3, \vec{g}$	spezifischer Stoffstrom	Φ	Porosität des Lockergesteins
h	Standrohrspiegelhöhe	ρ_α	Dichte der Phase α
k	Durchlässigkeitskoeffizient		
M	Mächtigkeit		
P	Stoffpotential		
p	Druckverhältnisse		
q, q_α	spez. Stoffstrom, Quell- Senkenterm der Phase α		
S_0	spezifischer Speicherkoeffizient		
S_α	Sättigungsgrad des Porenraumes		
$\vec{v}, \vec{v}_\alpha$	Filtergeschwindigkeit, Filtergeschw. der Phase α		
w, w_g	Quell-/Senkenintensität		
Z	Potentialdifferenz		

Literatur

[1] Arnold, W.: *Beitrag zur Modellierung und digitalen Simulation von Mehrphasen-/Mehrmigranten-Prozessen im Untergrund*, Diplomarbeit, Techn. Univ. Dresden, Fak. Bau-, Wasser- und Forstwesen, 1991

[2] Aziz, K.; Settari, A.: *Petroleum Reservoirs Simulation*, Elseviers Applied Science, New York, 1979

[3] Buckley, S. E.; Leverett, M. C.: *Mechanism of Fluid Displacements in Sands*. Transaction of the AIME, 146: pp 107 - 116, 1942

[4] Busch, K.-F.; Luckner, L.; Tiemer, K.: *Geohydraulik*, Gebrüder Bornträger, Berlin, Stuttgart. 1993

[5] Gottschalk, Th..: *Analyse und Testung von Software im Rahmen der Altlasten behandlung*, Diplomarbeit, Techn. Univ. Dresden Fak. Forst- Geo- und Hydrowissenschaften, 1994

[6] Gräber, P.-W.: *Entwicklung von CAD-Elementen zur Beeinflussung nichttechnischer Prozesse im Boden- und Grundwasserbereich*, Wissensch. Zeitschrift der Techn. Univ. Dresden, Dresden, 39(1990), H. 5, S. 181-187

[7] Gräber, P.-W.: *Beitrag zur Entwicklung von geräte- und programmtechnischen Komponenten für die Steuerung und Überwachung nichttechnischer Systeme am Beispiel des Boden- und Grundwasserbereiches*; Habilitationsschrift Techn. Univ. Dresden, Fakultät für Elektrotechnik/Elektronik, 1991, 175 S.

[8] Gräber, P.-W.; Gutt, B.; Kemmesies; O.; Arnold, W.: *Einheitliche Window- und Schnittstellengestaltung für das Pre- und Postprozessing innerhalb der CAE-Software für Boden- und Grundwasserprozesse*; Dresden: Techn. Univ. Dresden, Proc. 2. Dresdner Informatiktage, 1991, S. 83 - 91

[9] Kinzelbach, W.; Rausch, R.: *Grundwassermodellierung*, Gebrüder Bornträger, Berlin, Stuttgart. 1995

[10] Kolrep, H.: *Entwicklung eines Windows-gestützten CAE-System „Grundwasser"*, Diplomarbeit, Techn. Univ. Dresden, Fak. für Informatik, 1994

[11] Parker, J. C.; Lenhard, R. J.; Kuppusamy, T.: *A parametric model for constitutive properties governing multiphase flow in porous media*, Water Res. Res., 23(4), pp 618 - 624, 1987

[12] Schäfer, G.; Helmig, R.; Thiez, P. L.: *Vergleich numerischer Pehrphasenströmungsmodelle zur Simulation von NAPL-Migrationsvorgänge in porösen Medien*, Fortschr. in der Simulationstechnik, Bd. 10, Vieweg Verlag, Braunschweig / Wiesbaden 1996, S. 355 - 360

15

Monte Carlo und Fuzzy Methoden zur Behandlung von Modellunsicherheiten

Wolfgang Paul

Zusammenfassung

Zahlreiche Modellunsicherheiten lassen sich auf Parameterunsicherheiten zurückführen. Je nach Art der Unsicherheiten stehen mit Monte Carlo Analysen für Wahrscheinlichkeitsverteilungen und Fuzzy Ansätzen für Zugehörigkeitsfunktionen Methoden zur Abbildung der Unsicherheiten auf das Simulationsergebnis zur Verfügung. Die Verbesserung der Aussageschärfe bei beiden Ansätzen hat entscheidende praktische Bedeutung und ist durch Korrelationen und Regeln möglich. Die inverse Betrachtung, d.h. die Identifikation von Eingangsverteilungen, die am besten eine gegebene Ausgangsverteilung treffen, ist durch die bei genetischen Algorithmen übliche Betrachtung von Populationen zu erreichen.

15.1 Einleitung: Modellunsicherheiten, Parameterunsicherheiten

Modellunsicherheiten sind bei der Simulation ökologischer Vorgänge besonders groß, weil hier zu den oftmals nur unvollkommen bekannten Wirkungszusammenhängen innerhalb des Systems zusätzlich die bei natürlichen Prozessen häufig zu beobachtende besondere Bandbreite möglicher Variabilitäten hinzukommt. Wenn Modelle als praktikable Hilfsmittel zur Beschreibung interessierender Vorgänge aufgefaßt werden, leitet sich daraus ab, daß bei den praktisch immer vorhandenen Modellunsicherheiten anhand der Fragestellung (Zweck des Modells) stets auch die Güte (Aussagesicherheit) eines Modells beurteilt werden muß.

Je nach Fragestellung gehören die Modelle unterschiedlichen mathematischen Klassen an. Die Nachbildung natürlicher Vorgänge auf der Basis sicherer Grundregeln, z.B. der Erhaltung von Masse und Energie, bringt enorme Vorteile. Für dynamische Vorgänge zur Beschreibung ökologischer Vorgänge sind deshalb Systeme von Differentialgleichungen der natürliche und leicht gliederbare Ansatz für die interessierenden Stoff- und Energieströme. Im folgenden werden deshalb auf Differentialgleichungen basierende dynamische Modelle vorausgesetzt, wenn es darum geht, die Fragen von Modellunsicherheiten zu betrachten und Lösungsmöglichkeiten vorzustellen.

Der übliche, ziemlich allgemeingültige Ansatz für dynamische Prozesse ökologischer Fragestellungen mit Stoff- und Energieströmen zwischen den Kompartimenten des Systems ist

$$\dot{\underline{x}} = A(x,p,t)\,\underline{x}(t) + B\,\underline{u}(t); \qquad \underline{x}(t=0) = \underline{x}_0 \quad (1)$$

mit dem Zustandsvektor $\underline{x}$, dem Eingabevektor $\underline{u}$, den System- bzw. Eingabematrizen A und B, den Parametern p_i (i=1...n) sowie den Startwerten $\underline{x}_0$. Modellunsicherheiten betreffen nun die Modellstruktur, die Modellparameter (die die Austauschprozesse zwischen den Kompartimenten bezeichnen), die Startwerte und die Eingabegrößen. Strukturunsicherheiten betreffen Art und Anzahl der Zustandsgrößen (Kompartimente und ihre prinzipiellen Verknüpfungen). Diese strukturellen Unsicherheiten werden hier nichtbetrachtet. Alle anderen Unsicherheiten lassen sich parametrisieren und so auf Parameterunsicherheiten zurückführen. Das gilt direkt für die Parameterwerte p_i der unsicheren Prozesse. Aber auch unsichere Startwerte sowie unsichere Eingaben lassen sich durch entsprechende Matrixerweiterungen und Substitutionen in Form von unsicheren Parametern darstellen. Deshalb werden im folgenden nur die Auswirkungen von Parameterunsicherheiten in Systemen von Zustandsdifferentialgleichungen betrachtet.

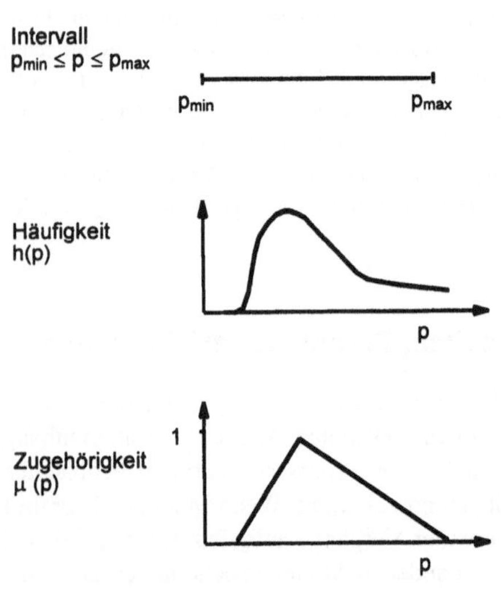

Bild 1 Betrachtete Parameterunsicherheiten

Parameterunsicherheiten können auf vielfältige Weise auftreten. Parameter können absolut oder eingeschränkt unsicher sein. Letzteres ist der Normalfall. Denn auch wenn ein Parameter unsicher ist, sind häufig Zusatzinformationen bekannt (Bild 1). Aus übergeordneten Gründen können z.B. Grenzwerte für einen Parameter bekannt sein ("Parameter p muß im Intervall $p_{min} \leq p \leq p_{max}$ liegen"). Aus dem unsicheren Parameter wird so eine Intervallgröße. Die Angabe von Häufigkeiten (Wahrscheinlichkeitsverteilungen) entspringt oft empirischem Wissen ("p liegt gaußverteilt um den Mittelwert pm"). Zugehörigkeiten (Möglichkeitsverteilungen) resultieren aus heuristischer Erfahrung ("über p grobe Aussagen möglich").

Wie auch immer, im Kern geht es stets um die Frage, wie sich unsichere Modellparameter (Eingabedaten) auf das Modellergebnis abbilden (Bild 2). Nur exakte Parameter ergeben exakte Ergebnisse. Bei unsicheren Parametern interessiert nicht so sehr, ob die Parameterunsicherheit als diskret oder gleichverteilt in einem Intervall, als Häufigkeitsverteilung (Summe aller Häufigkeiten = 1) oder als Zugehörigkeitsverteilung (Summe aller Möglichkeiten ≠ 1) vorausgesetzt ist. Betrachtet werden vielmehr die Fragen nach der Praktikabilität und Aussageschärfe der Ergebnisse. Es ist schon erstaunlich, wie oft bei Simulationsverfahren über Fehlergrößen nach dem Komma aufgrund der Rechentechnik diskutiert wird, wenn die Fehlermargen aufgrund unsicherer Parameter eine ganz andere Größenordnung einnehmen.

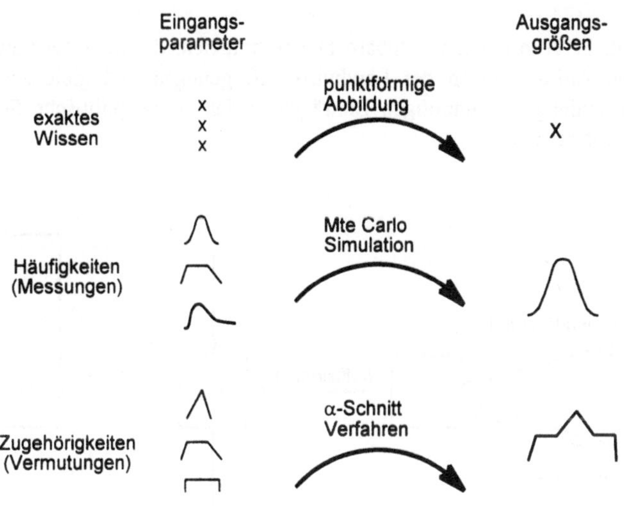

Bild 2 Abbildung von Parameterunsicherheiten

15.2 Beispiel: Nitratauswaschung unter Grünland

Ein typisches Beispiel für die genannten Thesen ist die mögliche Auswaschung von Nitrat aus landwirtschaftlich genutztem Grünland in das Grundwasser. Die Grobstruktur des Modells ist hier bekannt (Bild 3) und als Kompartmentmodell für den Stickstoffaustausch in Form der Grundgleichung (1) (Matrix-Differentialgleichung) darstellbar. Innerhalb der obersten, vom Gras relativ flach durchwurzelten Bodenschicht gibt es enorm große Stickstoffspeicher, hier konzentriert in einem relativ stabilen Humuspool und einem weiteren Pool an leichter umsetzbaren organischen Verbindungen. Die Stickstoffspeicher können je nach äußeren Einflußgrößen zu Ammonium abgebaut ("mineralisiert") oder rückverwandelt ("immobilisiert") werden. Ein weiterer mikrobieller Prozeß ist die Nitrifizierung von Ammonium zu Nitrat. Nur Nitrat wird nennenswert von der Pflanze aufgenommen, nur Nitrat kann ausgewaschen werden, wenn ein entsprechender Wasserfluß vorhanden ist. Wegen der leichten Adsorption von Ammonium an Tonminerale gilt für dieses Ion eine deutlich eingeschränkte Mobilität. Pflanzen, und hier insbesondere Wurzeln, wachsen nicht nur, sondern sterben auch ab und bilden neue Stickstoffpools. Der Hauptanteil des Stickstoffs im Biosystem 'Grünland' wird also im Kreis geführt.

Während die Struktur des Modells für die Stickstoffzyklierung im Boden in groben Zügen bekannt und unstrittig ist, sind die Raten der beteiligten Prozesse unsicher und stark schwankend. Für die Eingabegröße 'Wasserfluß', die ja als Produkt mit der Nitratkonzentration die unerwünschte Nitratauswaschung ergibt, sind je nach Boden- und Klimaparametern parametrisierbare Eingangsscenarien angebbar. Ziel der Untersuchungen sind eventuell in Verordnungen faßbare Düngestrategien, die trotz der natürlichen Variabilitäten den Anforderungen der Landwirtschaft genügen und gleichzeitig eine weitgehende Vermeidung von unnötigen Einträgen in das umweltpolitische Schutzgut 'Grundwasser' gewährleisten.

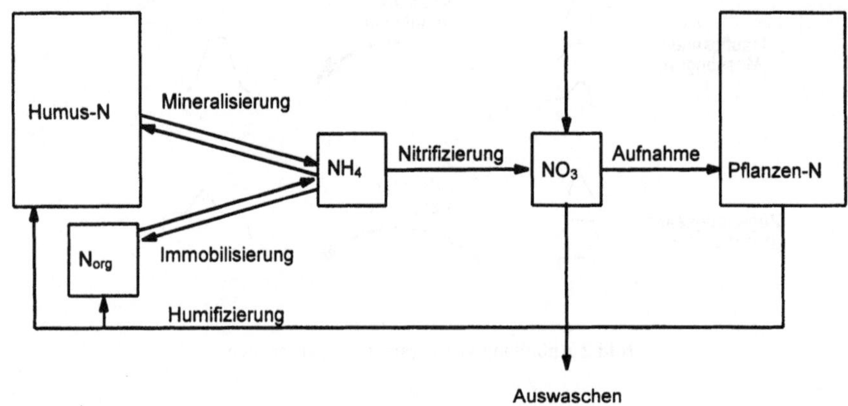

Bild 3 Struktur des Stickstoffkreislaufs

Wegen der Unsicherheiten sind exakte Simulationen zur Beantwortung der Fragestellung nicht möglich. Gleichwohl sind für die beteiligten Teilprozesse doch eine Fülle von Informationen und Abschätzungen bekannt [1]. Die Komponenten des Modells und dessen modulare Struktur (mögliche Vernetzungen) stehen fest, die tatsächlichen Stoffflüsse sind unsicher, aber parametrisierbar. Gefragt ist nach der Analyse des gesamten Prozeßverhaltens, d.h. bei welcher Düngung welche ungefähren Stoffausträge zu erwarten sind.

Das Hauptproblem ist dabei der riesige Bodenvorrat an gebundenem Stickstoff (ca. 2000 bis 10000 kg N/ha) und die Tatsache, daß die Mineralisierung wie eine nicht vorhersagbare Nitratquelle wirkt. Zum Wachstum benötigt die Pflanze vor allem zu Beginn der Vegetationsperiode Stickstoff, deshalb wird gedüngt (z.B. 200 kg N/ha). Das Maximum der Nachlieferung aus dem Bodenvorrat liegt aber im Sommer oder Herbst, hat sehr stark schwankende Größenordnung und kann dann von der Pflanze kaum noch aufgenommen werden. Die Frage nach einer möglichen Auswaschung von Stickstoff ins Grundwasser je nach Düngergaben bei variablen Klima- und Bodenverhältnissen ist also ein typisches Problem der Abbildung von Parameterunsicherheiten.

15.3 Behandlungsmethoden, Vorgehensweisen

Zur Beurteilung der Auswirkungen von unscharfen Parametern auf das Modellergebnis stehen folgende Methoden zur Verfügung:

- Empfindlichkeitsmethoden.
- Qualitative Simulationen,
- Intervallmethoden,
- Wahrscheinlichkeitsmethoden,
- Methoden der Fuzzy Mathematik.

Mit Empfindlichkeitsmethoden erhält man den zeitlichen Verlauf der Auswirkungen kleiner Parameteränderungen auf das Simulationsergebnis. Qualitative Ansätze fragen nach den grundsätzlichen Auswirkungen von Parametern. Intervallmethoden dienen der linearen Approximation und der Abschätzung von Lösungshüllen. Die aussagekräftigsten Ergebnisse sind mit Wahrscheinlichkeitsmethoden und Fuzzy Ansätzen zu erwarten. Hier lassen sich auch am ehesten bewährte 'Handwerksregeln', d.h. der Stand gesicherten Wissens integrieren.

15.3.1 Monte Carlo Methoden

Bei der Monte Carlo Analyse werden aus den empirischen Parameterverteilungen des unsicheren Modells eine Vielzahl von Zufallswerten gezogen, mit denen dann die Modellergebnisse berechnet werden. Die auf dieser zufälligen Auswahl beruhende Vielzahl der Ergebnisse wird einer statistischen Auswertung unterzogen. Die Monte Carlo Analyse ist also nichts anderes als ein numerisches Experiment mit dem Modell und seinen Unsicherheiten (wie in Bild 4 am gewählten Beispiel dargestellt). Der Vorteil ist, daß das Modell im Original verwendet werden kann; irgendwelche fehleranfälligen Reformulierungen, Umrechnungen, Ableitungen etc. sind nicht nötig. Der Nachteil ist jedoch diebenötigte Rechenleistung. Um eine gesicherte Ausgangsverteilung zu erhalten, benötigt man eine große Anzahl von Zufallsläufen. Doch trotz großer Rechenleistung bleibt der Vorteil des Einsatzes maschineller statt menschlicher Ressourcen sowie die Möglichkeit, neben Wahrscheinlichkeitsmaßen wie mittlere Verläufe oder Streuungen auch z.B. 90 % Perzentile für Risikoabschätzungen oder Worst Case Aussagen für Extremwerte gleich mitzuliefern. Bild 5 zeigt, daß das Wahrscheinlichkeitskonzept gut für die Unsicherheitsanalyse geeignet ist. Jedoch sind die beiden praktischen Probleme der Anzahl der Testläufe und der Breite der Ausgangsverteilung nicht zu übersehen.

Die Anzahl der benötigten Testläufe nach der Monte Carlo Methode wird häufig überschätzt. Entscheidend ist bei dieser Methode, daß die Güte der Ausgangsverteilung des Ergebnisses nur von der Gesamtgröße m (= Anzahl der Testläufe) abhängt, nicht von der Anzahl n der unsicheren Parameter. Deshalb hängt die Anzahl der Testläufe auch nur von der gewünschten Genauigkeit des Ergebnisses (der Ausgangsverteilung) ab, d.h. zunächst nicht von der Anzahl n der unsicheren Parameter. Da üblicherweise aber die Varianz der Ausgangsverteilung mit der Anzahl der Eingangsunsicherheiten steigt, gibt es hier doch einen im Kern linearen (nicht exponentiellen!) Zusammenhang.

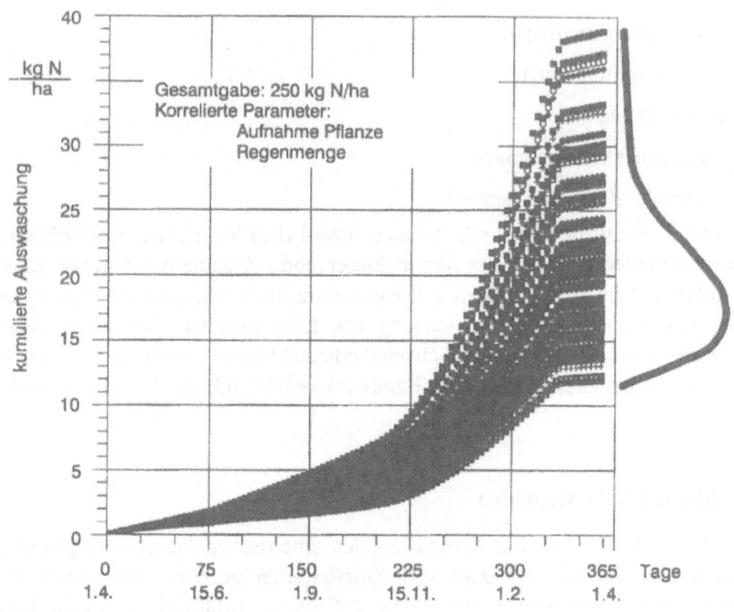

Bild 4 Zufallsläufe des Stickstoffmodells

Die Abschätzung der benötigten Testläufe erfolgt nach der in [2] angegebenen Formel unabhängig von der Form der Ausgangsverteilung mit

$$m = p(1-p)\,(2/\Delta p)^2. \qquad (2)$$

Als Beispiel errechnet sich mit einer ca. 95 % Sicherheit (was den Faktor 2 ergibt), daß für ein zwischen dem 85. und 95. Perzentil geschätztes 90. Perzentil $m = 0{,}9\ (1-0{,}9)\ (2/0{,}05)^2 = 144$ Läufe nötig sind. Im ungünstigen Fall, daß für eine ca. 95 %ige Sicherheit das 50. Perzentil auf ein Perzentil genau geschätzt ist, ergibt sich der sehr viel grössere Wert $m = 0{,}5\ (1-0{,}5)\ (2/0{,}01)^2 = 10000$. Eine große, rechentechnisch nicht mehr leistbare Zahl von Simulationsläufen tritt also nur bei übertriebenen Genauigkeitsanforderungen auf.

Das zweite Problem liegt in der möglichen Unschärfe der Ausgangsverteilung. Eine Aussage, daß bei gegebener Eingangsunsicherheit am Ausgang eine sehr breite, sich eventuell über mehrere Zehnerpotenzen erstreckende Verteilung und damit nahezu jeder beliebige Wert erreicht werden kann, hat keinen praktischen Nutzen. Von hohem Interesse sind also Methoden zur Einengung der Ausgangsverteilung.

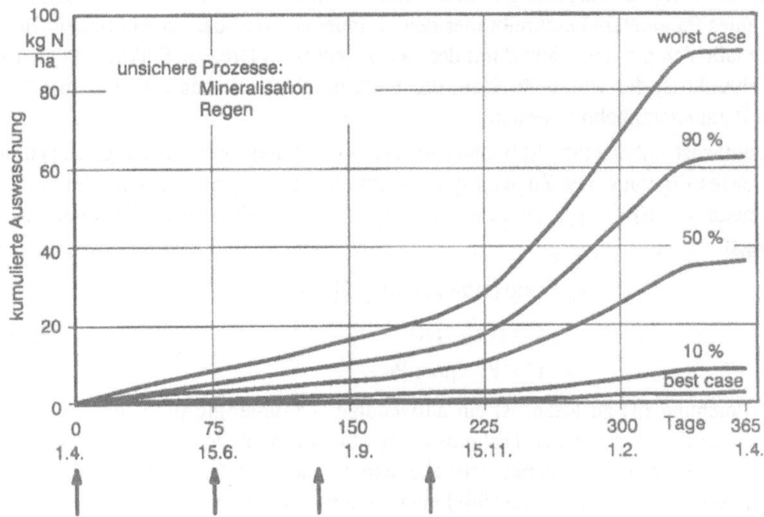

Bild 5 Grenzkurven für die limitierte Auswaschung bei insgesamt 300 kg N/ha zu den angegebenen Zeitpunkten

Der klassische Ansatz ist, auch hier empirisches Wissen über Abhängigkeiten der Einzelparameter (Kovarianzen) zu berücksichtigen [3]. Korrelierte Eingangsparameter berücksichtigen 'Handwerkswissen' und sind ein klassischer Ansatz zur Beschleunigung und Einengung der Zufallssuche. Eine weitere Methode ist, eine gleichförmige Verteilung des Parameterraumes zu erzwingen, indem man den Bereich jedes einzelnen Parameters unterteilt und aus jedem Teilintervall Zufallszahlen nimmt. Diese Suche innerhalb 'lateinischer Quadrate' ist ein bewährter Ansatz der Versuchstechnik. Schließlich ist eine Einengung auf kritische Parameterbereiche eine weit verbreitete und bewährte Technik zur Steigerung der Aussageschärfe.
Auch wenn die Monte Carlo Analyse, möglicherweise gerade weil damit kaum Probleme verbunden sind, nur geringes akademisches Interesse findet, so erscheint nicht nur nach Meinung des Autors im Licht der enormen Computerentwicklungen eine Neubewertung dieser Methode angebracht [4, 5].

15.3.2 Fuzzy Methoden

Unterliegen die unsicheren Parameter keiner statistischen Wahrscheinlichkeit (Häufigkeit), sondern ist noch weniger bekannt, nur eine vermutete unscharfe Zugehörigkeit, so läßt sich die Abbildung solcher unscharfer Eingangsparameter auf ein Simulationsergebnis durch die α-Schnitt Methode (Vertex-Methode) behandeln. Der Trick ist hierbei die Diskretisierung der Zugehörigkeitsfunktionen statt der Parameter. Die Verteilungsfunktion eines Parameters beschreibt hier den vermuteten Grad der Zugehörigkeit. Beispielsweise läßt sich p = 'ungefähr x' mit der häufig benutzten Dreiecksfunktion darstellen. Der Gipfelpunkt ist der vermutete Wert, die Verteilung gibt die subjektive Glaubwürdigkeit einer Parameterannahme wieder.

Die zunächst unbekannte Abbildung unscharfer Eingangsparameter ergibt ebenfalls ein unscharfes Ergebnis. Die Zugehörigkeitsfunktion des Ausgangs ist, wenn im Fall exakter Parameter $y = f(p_1 \ldots p_n)$ gelten würde, wegen des Erweiterungsprinzips bei unscharfen Mengen

$$\mu_y = \sup_{\substack{y = f(p1 \ldots pn) \\ p1 \,\varepsilon\, P1 \ldots pn \,\varepsilon\, Pn.}} [\min(\mu_{p1} \ldots \mu_{pn})] \tag{3}$$

Die Gleichung (3) zu lösen, ist ein aufwendiges Optimierungsproblem, das näherungsweise numerisch mit einer Diskretisierungs-Suchtechnik gelöst werden kann. Da die Suche mit diskretisierten Parametern aber exponentiell mit der Parameterzahl steigt, wird eine Diskretisierung der Zugehörigkeitsfunktionen vorgeschlagen. Solche 'α-Schnitte', bei der alle unscharfen Eingangsparameter die Zugehörigkeit μ=α haben, bilden einen Parameterraum in der Zielfunktion auf einen Raum für die Zugehörigkeit α des Ausgangs ab (Bild 6). Für den entsprechenden α-Wert der Ausgangsfunktion erhält man mit $y_\alpha = f(p_{1,\alpha} \ldots p_{n,\alpha})$ die Abbildung für die diskreten Werte aus dem Parameterraum. Die möglichen Intervalle (Minimal und Maximalwerte) für die Parameter $[p_{1,\alpha}^{min}, p_{1,\alpha}^{max}]$, ... $[p_{n,\alpha}^{min}, p_{n,\alpha}^{max}]$ ergeben einen n-dimensionalen Parameterraum ('Vertex'), indem das zugehörige Intervall $[y_\alpha^{min}, y_\alpha^{max}]$ gesucht werden muß. Die Zugehörigkeitsfunktion des Ausgangs wird also mit α-Schnitten und Intervallrepräsentationen angenähert, die zu suchenden Minima und Maxima der Ausgangsfunktion müssen bei monotonen Abbildungen auf den Eckpunkten des Parameterraums liegen.

Der Parameterraum hat 2^n Eckpunkte, gekennzeichnet durch die kleineren oder größeren, zu μ=α gehörenden Parameterwerte. Die Zugehörigkeitsfunktion μ_y des Ausgangs wird so einfach durch die zu suchenden Extremwerte der verschiedenen α-Niveaus angenähert. α=1 ist ein scharfer Punkt, die Intervallrechnung mit unscharfen Parameterzugehörigkeiten erfolgt in absteigender Folge bis α=0.

Der Parameterraum hat 2^n Eckpunkte, gekennzeichnet durch die kleineren oder größeren, zu μ=α gehörenden Parameterwerte. Die Zugehörigkeitsfunktion μ_y des Ausgangs wird so einfach durch die zu suchenden Extremwerte der verschiedenen α-Niveaus angenähert. α=1 ist ein scharfer Punkt, die Intervallrechnung mit unscharfen Parameterzugehörigkeiten erfolgt in absteigender Folge bis α=0.

Allerdings gilt die Aussage, daß die Extremwerte der Zugehörigkeit einer Ausgangsfunktion nur auf den Eckpunkten des durch die entsprechenden Eingangszugehörigkeiten aufgespannten Parameterraums zu finden sind, nur unter der Voraussetzung einer monotonen Abbildung durch das Modell. Nur bei monotonen Modellen reduziert sich die Suche nach der Zugehörigkeit eines Ausgangs auf die $2^n \cdot m$ Eckpunkte des unsicheren Parameterraums, wen m die Anzahl der Stufungen der Zugehörigkeitsfunktionen ist (Anzahl der α-Schnittwerte) und n die Anzahl der unsicheren Parameter. Da üblicherweise bei Modellen jedoch unbekannt ist, ob die Abbildung sich monoton verhält, ist eine weitere Suche um die vermuteten Maxima nötig. Diese Suche ist jedoch eingeschränkt, da man von kleinen Gebieten (bei Dreiecksverteilungen ist $\alpha = 1$ ein fester Punkt) ausgehen und mit wachsendem Parametergebiet die Suche auf die kritischen Bereiche beschränken kann.

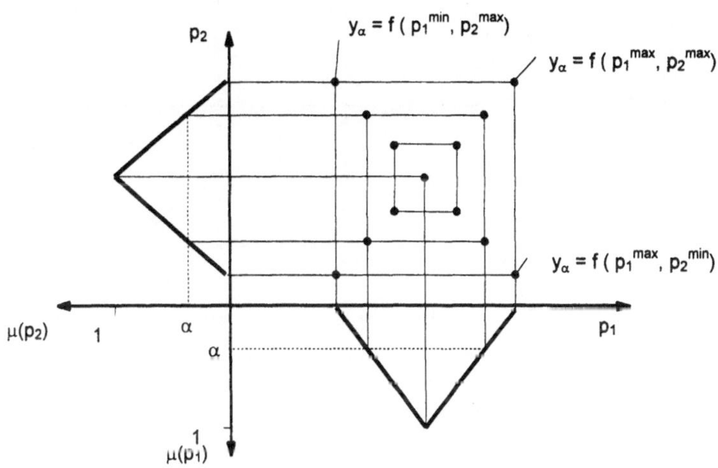

Bild 6 Parameterraum nach der α-Schnitt Methode

Insgesamt ist zur α-Schnitt-Methode der numerischen Annäherung der Zugehörigkeitsfunktion einer Ausgangsgröße ebenfalls festzustellen, daß keine Reformulierung des Modells nötig ist. Jedoch kann die Rechenzeit, insbesondere wenn eine Maximumssuche nachgeschaltet wird, ebenfalls sehr groß sein. Kleine Gebiete, z.B. 3 unsichere Parameter mit 5 Schnitten, ergeben $8 \cdot 5 = 40$ Simulationsläufe, was rechentechnisch schnell zu leisten ist. Ausgangsverteilungen in Form von Zugehörigkeitsfunktionen neigen jedoch wegen der fehlenden Normierung auf 1 dazu, noch "unschärfer", d.h. breiter zu sein als Wahrscheinlichkeitsverteilungen.

Eine so erhaltene Annäherung für die unscharfe Verteilung des Ausgangs ist in Bild 7 dargestellt. Eine Defuzzifizierung der Ausgangsverteilung ist hier nicht gefragt, entsprechende Grenzwerte (ähnlich Perzentilen), z.B. für minimal zulässige Zugehörigkeiten (Bsp. $\alpha \leq 0,1$), sind sofort ablesbar.

Eine deutliche Verschärfung der Aussage läßt sich ebenso wie im Fall der Wahrscheinlichkeiten durch Verknüpfungen der Eingangsparameter erreichen. Klassische Handwerksregeln (wenn p_1 klein, dann p_2 groß) oder Verhaltensnetzwerke lassen sich durch übliche Fuzzy-Verknüpfungen, z.B. Look-up Tabellen berücksichtigen. Auch hier bringt die Möglichkeit der Einbeziehung von Expertenwissen enorme Vorteile für die Schärfe der Aussage (Bild 8).

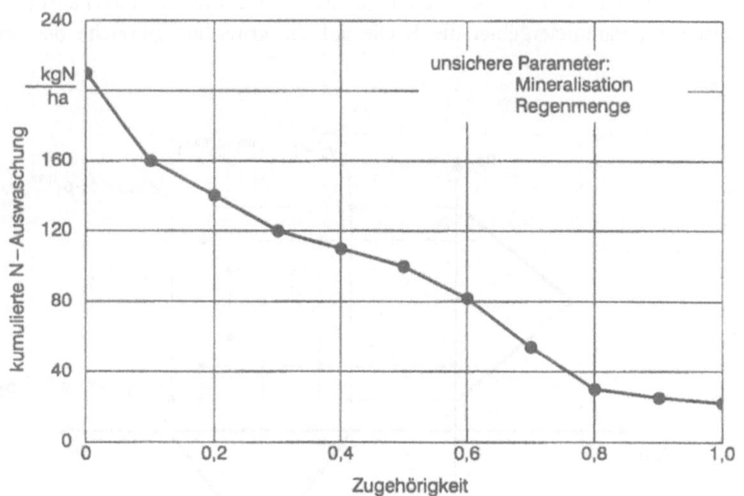

Bild 7 Abbildung von α-Schnittwerten der unsicheren Parameter

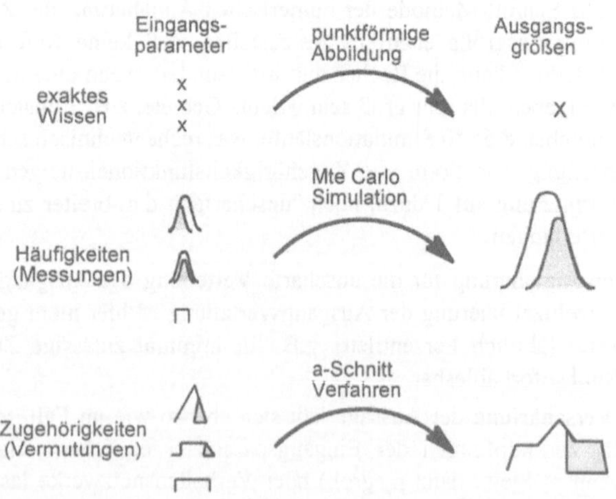

Bild 8 Verbesserung der Aussageschärfe durch Eingangsverknüpfungen

15.4 Ergebnisse

Das Risiko von möglichen Nitratauswaschungen aus Grünland variiert mit den stark schwankenden natürlichen Einflüssen wie z.B. Bodenart und Klimaverhältnissen. Es ist ferner von landwirtschaftlichen Eingriffen wie Düngermenge, -zeitpunkt und -art abhängig. Man muß die angesprochenen Variationsbreiten berücksichtigen, will man zu möglichst allgemein geltenden sinnvollen Verordnungen über Art und Einsatz von Düngemitteln kommen.

Die Betrachtung von Eingangsvariationen liefert ein gutes Gefühl, welche Parameter wichtig für die Ausgangsverteilung sind. So zeigen z.B. die Simulationen, daß entgegen vielen Behauptungen die Düngerart weitgehend uninteressant ist. Wichtig ist vielmehr nur die Gesamtmenge und der Düngezeitpunkt, weil die entscheidenden Prozesse für eine mögliche Auswaschung die Mineralisation und die Regenmenge im Winter sind. Nitrifikation, Humifizierung und Regenverteilung sind nur von geringem Einfluß. Der oftbetrachtete 'Starkregen' im Sommer hat praktisch keinen Einfluß. Die Nettomineralisation und damit die im Winter nachfolgende Auswaschung kann im Sommer und Herbst bei warmem und ausreichend feuchtem Boden jedoch besonders hoch sein.

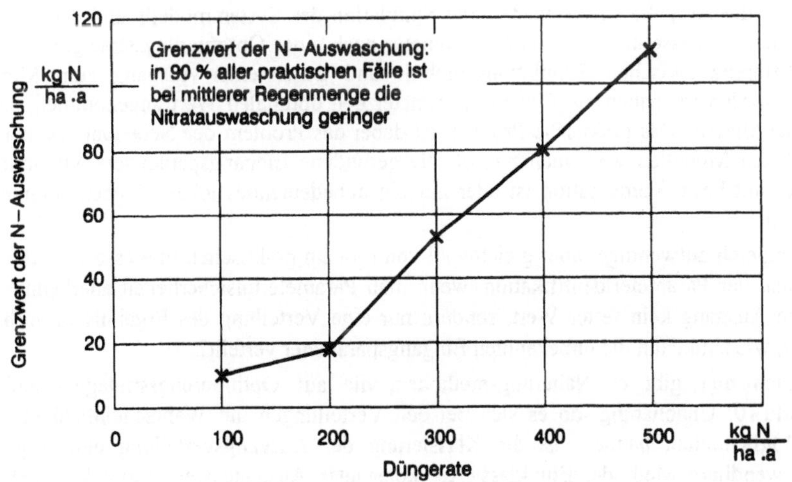

Bild 9 Risikoanalyse bei variablem Düngereinsatz

Das Ergebnis der Verteilung der Möglichkeiten zeigt Bild 7. Hier sind gegenüber der normalen Darstellung x- und y-Achse vertauscht, weil das Ergebnis die Auswaschung (nicht die Zugehörigkeit) ist. 20 kg/ha werden praktisch immer ausgewaschen, in selteneren Fällen auch deutlich mehr. Bild 9 zeigt die 90 %-Kurve, daß die Auswaschung geringer ist. Der Knick zeigt, daß bei Düngungen über 200 kg/ha die Auswaschungsgefahr steigt und im Modell der kritische Wert einer erhöhten Sickerwasserbelastung (wobei in 90 % aller Fälle die Auswaschung geringer ist!) bei ca. 300 kg N/ha liegt.

Nebenbei bemerkt: Wenn statt einer Mähwiese der Weidebetrieb bevorzugt wird, steigt wegen der bevorzugten Kotstellen der Tiere mit 'punktförmigen' Belastungen von über 1000 kg/ha die Wahrscheinlichkeit oder Möglichkeit einer unzulässig hohen Auswaschung in sichere Größenordnungen.

15.5 Inverse Abbildung

Die Frage nach der Auswirkung einer Parameter-Unschärfe bei den Eingangsdaten auf das Simulationsergebnis ist grundlegend für die Betrachtung ökologischer Systeme. Von großer praktischer Wichtigkeit ist aber auch die inverse Fragestellung: Gegeben sei eine gemessene oder vermutete Ausgangsverteilung. Welche Methoden gibt es, daraus die Verteilung der Eingangsparameter abzuschätzen? Es entspricht der Praxis, daß nicht so sehr Informationen über die Eingangsparameter als vielmehr Informationen über das Ergebnis vorliegen. Denn hier liegt das 'Expertenwissen'!

Im klassischen Fall mit festen Parametern in einem vorgegebenen Parameterraum löst man die Aufgabe durch wiederholte Simulation des Systemmodells und der systematischen Verbesserung der Eingabeparameter nach einer Optimierungsstrategie. Wenn die Differenz zwischen Simulationsergebnis und gemessenen Ausgang zum Minimum geworden ist, haben die Eingangsparameter den optimalen Wert angenommen, sie sind identifiziert. Das praktische Problem ist dabei das Problem der Nebenoptima: bei komplexen Modellen weiß man nie, ob die gefundene Eingangsparameterkombination die absolut beste Kombination ist oder nur ein unbedeutendes lokales Nebenoptimum darstellt.

Ungleich aufwendiger aber gleichwohl von großem praktischen Interesse wird die Frage nach der Parameteridentifikation, wenn man Parameterunsicherheiten anerkennt. Wenn am Ausgang kein fester Wert, sondern nur eine Verteilung des Ergebnisses vorhanden ist, wie sind dann die unbekannten Eingangsparameter verteilt?

Auch hier gibt es Näherungsmethoden, die auf Optimierungsstrategien aufbauen, Bild 10. Unabhängig, ob es sich bei den Verteilungen um Wahrscheinlichkeiten oder Möglichkeiten handelt, ist die Klassierung der Ausgangsverteilung eine allgemeine anwendbare Methode. Ein klassierter konstanter Ausgangswert ergibt konstante Eingangsparameter. Dies, genügend oft über die verschiedenen Teilhäufigkeiten der Ausgangsverteilung durchgerechnet, ergibt Häufigkeiten für die Eingabeparameter. Der Rechenaufwand ist sehr groß.

Und ebenso ist die Schnittannäherung möglich. Ausgehend von einem festen Punkt (α=1) muß die Gebietserweiterung vorgenommen werden. Die Suche nach den Extremwerten ist jedoch aufwendig und verlangt ein zielgerichtetes Vorgehen. In [6] sind entsprechende Verfahren angegeben.

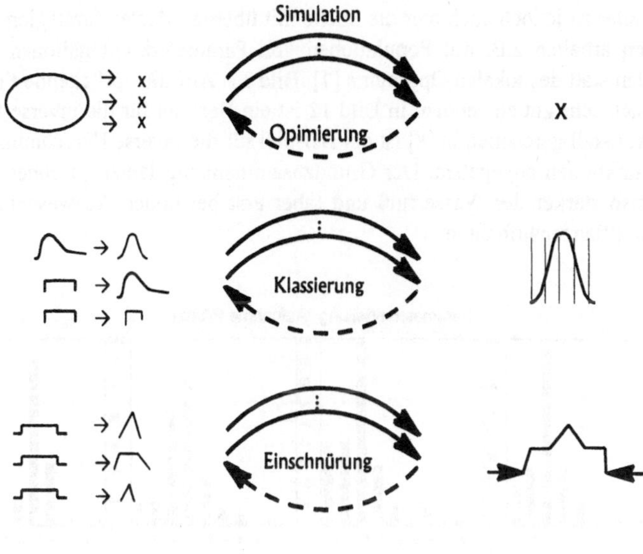

Bild 10 Inverses Problem

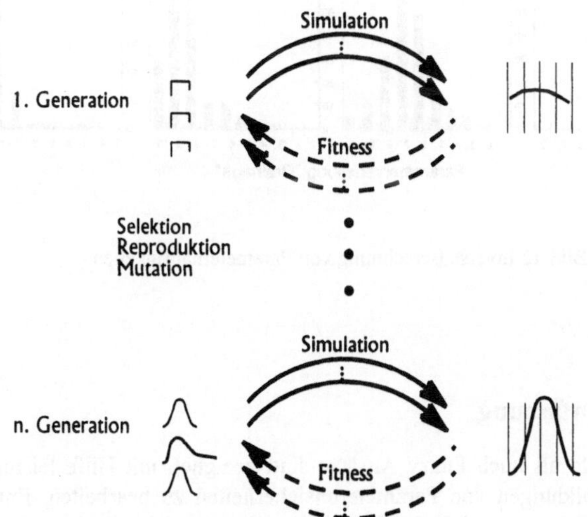

Bild 11 Genetische Algorithmen mit einer Population von Punkten je Eingangsparameter

Noch eleganter ist jedoch auch hier die Suche mit übergeordneten Strategien. Genetische Algorithmen arbeiten z.B. mit Populationen von Parameterkombinationen und neigen zum globalen statt des lokalen Optimums [7], Bild 11. Auf die vorliegende Fragestellung lassen sie sich sehr gut anwenden. In Bild 12 ist ein Beispiel für die inverse Berechnung im Häufigkeitsfall gerechnet, in [8] ist ein Beispiel für die inverse Berechnung von Zugehörigkeitsfunktionen angegeben. Der Grundzusammenhang lautet: je höher die Auswaschung, umso stärker der Wasserfluß und (aber erst bei hohen Auswaschungen) umso geringer die Pflanzenaufnahme.

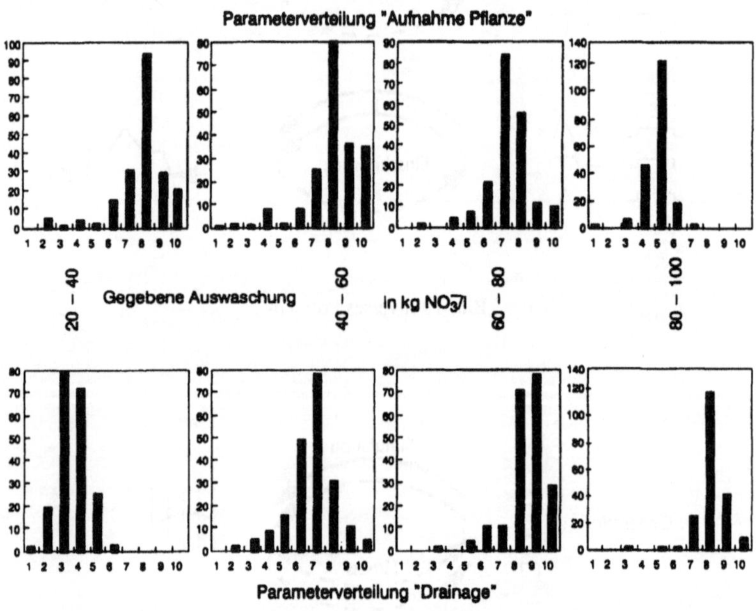

Bild 12 Inverse Berechnung von Parameterhäufigkeiten

15.6 Zusammenfassung

Sowohl Monte Carlo als auch Fuzzy Ansätze sind geeignet, mit Hilfe leistungsfähiger Rechentechnik Abbildungen von Parameterunsicherheiten zu bearbeiten. Entscheidend ist dabei weniger die Frage, welche Methode besser ist, als vielmehr die Frage, mit welcher Methode das vielfach vorhandene handwerkliche Zusatzwissen mit integriert werden kann. Denn nur so erhält man das 'beste' Ergebnis. Da dieses Zusatzwissen über die Abhängigkeiten der unsicheren Parameter untereinander in verschiedener Form vorliegen kann, kann eine Kombination beider Ansätze nötig sein. Hier liegen noch kaum Arbeiten vor. Trotzdem verspricht auf der bewährten Basis traditioneller mechanistischer Modelle die Berücksichtigung allen Zusatzwissens als Regeln, Wahrscheinlichkeitsabhängigkeiten und/oder als strenge Ursachen-Wirkungszusammenhänge, gleich wie es kommt, die beste Aussageschärfe. Für Mischbetrachtungen gilt, daß man grundsätzlich die α-Schnitt-Methode auch auf Wahrscheinlichkeitsverteilungen und die Monte Carlo Methode auch auf Zugehörigkeitsfunktionen anwenden kann. Insbesondere die inverse Betrachtung, die Validierung eines Modells mit unsicheren Parametern, entspricht der Praxis, daß über das Ergebnis häufig mehr bekannt ist als über die Ursachen.

Literatur

[1] Kersebaum, K.C.: *Die Simulation der Stickstoffdynamik in Ackerböden.* Doktorarbeit, Universität Hannover 1989

[2] Morgan, M.G. and Henrion, M.: *Uncertainty.* Cambridge University Press, Cambridge 1990

[3] Rubinstein, R.Y.: *Simulation and the Monte Carlo Method.* John Wiley & Sons, New York 1981

[4] Summers, I.K.; Wilson, H.T. and Kon, I.: *A method for quantifying the prediction uncertainties associated with water quality models.* Ecological Modelling (1993) H. 65, S. 161-176

[5] Taskinen, A. et al.: *Probabilities uncertainty assessment of phosphorus balance calculations in a watershed.* Ecological Modelling (1994) H. 74, S. 125-135

[6] Klepper, O. and Hendrix, E.M.T.: *A method for robust calibration of ecological models under different types of uncertainty.* Ecological Modelling (1994) H. 74, S. 161-182

[7] Goldberg, D.E.: *Genetic Algorithms in Search, Optimization and Machine Learning.* Addison Wesley, Reading 1989

[8] Bastian,: *A genetic algorithm for tuning membership functions. Fuzzy-Systeme und Neuronale Netze*, Wernigerode 1996

16

Neuro-Fuzzy-Systeme und deren Anwendung in der Umwelttechnik

D.P.F. Möller, M. Reuter, A. Berger, C. Zemke, J. Jungblut

Zusammenfassung

Fehlerzustände von Produktionsanlagen müssen frühzeitig detektiert und genau annonciert werden, um irreversible Schäden an der Anlage selbst, sowie Gefährdungen von Mensch und Umwelt zu minimieren. Um diesen Anspruch der Schadstoffminimierung und der Schadensabwendung zu erfüllen, wurden in den letzten Jahren in der Produktionssteuerung und Prozeßleittechnik neuro-, fuzzy- und neuro-fuzzy basierte Leitsysteme entwickelt.

Die Anwendung dieser softcomputing-basierten Methoden im Umweltbereich wird im folgenden Artikel beispielhaft anhand der optimierten Steuerung eines Kohlekraftwerkes und eines Klärwerkes gezeigt.

16.1 Einleitung

Antropogene Faktoren beeinflussen die biotischen und abiotischen Prozesse des globalen Ökosystems in hohem Maße. Besonders die in den Mittelpunkt vieler Interessen rükkende Klimaforschung diskutiert die Folgen des hohen Energieumsatzes.

Konventionelle Kohlekraftwerke sind durch die Belastung von Atmosphäre, Biosphäre und Pedosphäre Teil dieser umweltbelastenden Faktoren. Ziel einer innovativen Prozeßsteuerung muß es daher sein, diese umweltschädigenden Einflüssen zu reduzieren, ohne die Effektivität technischer Anlagen negativ zu beeinflussen.

Primärziel ist, geschlossene Stoffkreisläufe zu entwickeln, oder in einem offenen System natürliche Kreisläufe durch eine geeignete Aufbereitung der Abfallprodukte nicht zu belasten. Eine optimierte Prozeßsteuerung soll zudem die Ausnutzung der Produktionsanlage hinsichtlich ihrer Kapazität und Laufzeit gewährleisten. Fehlerzustände der Anlage müssen frühzeitig detektiert und genau annonciert werden, um irreversible Schäden an der Anlage selbst, sowie Gefährdungen von Mensch und Umwelt zu minimieren. Um diesen Anspruch der Schadstoffminimierung und der Schadensabwendung zu erfüllen, wurden in den letzten Jahren in der Produktionssteuerung und Prozeßleittechnik neuro,-fuzzy- und neuro-fuzzy basierte Leitsysteme entwickelt.

Neben der Emissionsreduzierung durch eine optimale Aussteuerung der verschiedenen Komponenten einer Produktionsanlage ist es, durch den Einsatz dieser neuronal-basierten Steuerungssysteme, auch möglich, alterungsbedingte Veränderungen in die Prozeßsteuerung zu integrieren, indem man das Lernprinzip der Sensibilisierung auf neuronale Klassifikatoren und Identifikatoren anwendet.

Die Berücksichtigung sich evolutionär entwickelnder Prozeßzustände in die Prozeßsteuerung erlaubt also eine optimale Nutzung der Kapazitäten bei minimierten Emissionswerten. Zudem wird es möglich gezielte Präventivmaßnahmen, wie z. B. den altersbedingten Austausch einzelner Anlagenbausteine, rechtzeitig vollziehen zu können.

16.2 Das Lernprinzip der Sensibilisierung

16.2.1 Theoretische Grundlagen

Die Sensibilisierung von neuronalen Netzen stellt den Versuch dar, kognitionswissenschaftliche Prinzipien in eine modifizierte Lernstrategie für Backpropagation-Netze zu integrieren. Ganz bewußt wurde die Theorie diesen neue Lernstrategie daher eng an die Modelle, wie ein natürlicher Neuronenverband sich selbst organisiert, angelehnt. Grundlagen dieser Theorie sind das Prinzip des Konzepts, des Prototyps und des Chunkingvorgangs. Der Begriff des *Konzepts* wird in diesem Zusammenhang als die Menge ähnlicher Objekte aufgefaßt [2], wobei die Objekte eines Konzepts auch als dessen *Kategorien* bezeichnet werden, welche die *Instanzen des Konzepts* bilden. Eine herausragende Kategorie, welche das Konzept repräsentiert, wird als *Prototyp* des Konzeptes bezeichnet [1].

Beispiel [8]:

> Gegeben sei der Begriff: "Hund".
> Der Begriff Hund ist ein Konzept (Oberbegriff) für eine Menge von Tieren.
> Hundearten können sein: Cockerspaniel, Rauhaardackel, Schäferhund, Windhund, ...
> Die aufgelisteten Hundearten bilden die Kategorien des Konzepts "Hund".

Der Prototyp eines Konzepts ist beim Menschen individuell bestimmt. Für jemanden, der beim Gedanken an einen Hund sofort an einen Schäferhund denkt, ist der Schäferhund der Prototyp von einem Hund.

Das Konzept ist keine statische Größe, sondern modifiziert sich dynamisch mit der Zeit.

> Jemand ordnet dem Begriff Hund folgende Arten zu:
> Cockerspaniel, Rauhaardackel, Schäferhund, Windhund, ...
>
> Er lernt nachträglich, daß ein Bobtail auch ein Hund ist.
> Sein Konzept Hund hat sich nun auf folgende Menge erweitert:
> Cockerspaniel, Rauhaardackel, Schäferhund, Windhund, Bobtail, ...

Damit hat er seinen Konzeptbegriff: "Hund" verfeinert.

Dieses Beispiel hat den Prozeß der Verfeinerung von Konzepten gezeigt, wobei in der kognitiven Psychologie dieser Prozeß im Zusammenhang mit dem *Chunking-Prinzip* gebracht wird:

> Jeder Mensch hat sein eigenes "geistigtes" Bild der Umwelt, welches als sein *mentales Modell* bezeichnet wird. Da das Gehirn nur beschränkt in der Lage ist, Information zu verarbeiten, ordnet es sein Wissen nach merkmalsspezifischen und bedeutungsrelevanten Informationen.

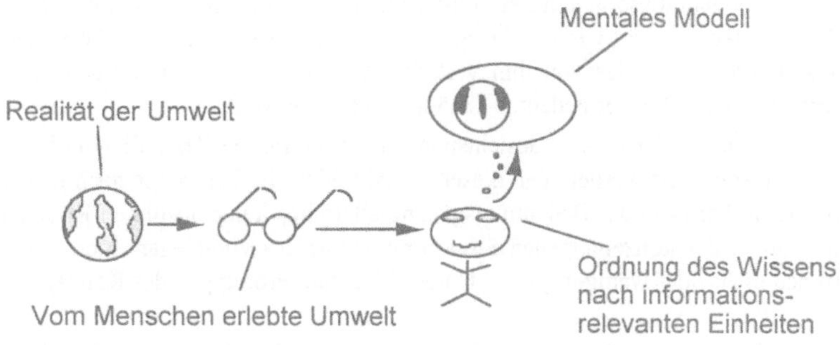

Bild 1 Der Mensch bildet sich über ein mentales Modell ein individuelles geistiges Abbild seiner Umwelt

Ein mentales Modell setzt sich aus sogenannten *chunks* (engl. Bündel) zusammen. Ein Chunk bezeichnet eine bedeutungsrelevante Informationseinheit. Dadurch, daß mentale Modelle sich nur aus bedeutungsrelevanten Informationen zusammensetzen, bleibt das mentale Modell ein individuelles geistiges Abbild der erlebten realen Welt.

Chunks können untereinander hierarchische Strukturen bilden (siehe Beispiel: Hund, Hundearten). Ein Konzept ist dabei eine zu einer Hierarchie von Chunks übergeordnete Informationseinheit.

Als neugeborenes Baby besitzt ein Mensch ein sehr simples mentales Modell. Indem sich das mentale Modell durch Erlernen neuer Fakten in der Auseinandersetzung mit seiner Umwelt erweitert, verfeinert sich nach und nach dieses Modell.

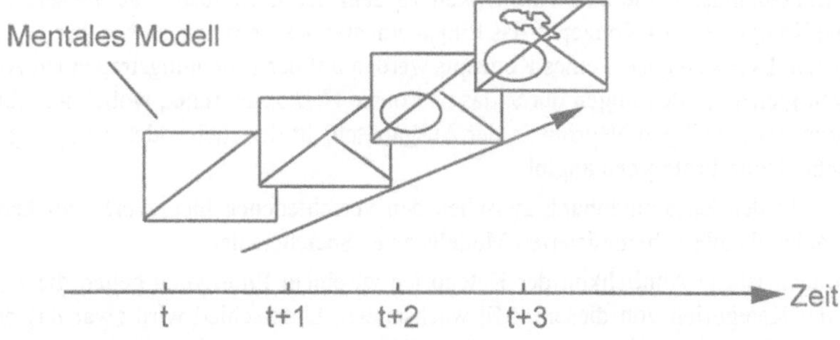

Bild 2 Das mentale Modell eines Menschen verkompliziert sich durch Hinzulernen mit der Zeit

Die Weiterentwicklung des mentalen Modells durch neue Fakten geschieht unter Zuhilfenahme schon erlernten Wissens. Der Prozeß des Erlernens von Informationen aus altem Wissen wird als *chunking* bezeichnet.

Die Fähigkeit der Assoziation von verschiedenen Mustern nach dem hier vorgestellten Mechanismus ergibt die Möglichkeit, Konzepte in künstlichen neuronalen Netzstrukturen zu realisieren, indem diese in den Lernmustern kodiert werden und über Kategorien ähnlicher Lernmuster erweitert werden. Je nach Struktur der Lernmuster wird dabei eines der Muster zum Prototypen des von ihm vertretenen Konzepts erhoben werden, dem alle Kategorien ähnlicher Muster bedeutungsmäßig zugeordnet sind.

Die Aufgabe eines unter diesen Gesichtspunkten strukturierten Klassifikators kann also dahingehend formuliert werden, daß dieser mit Abschluß der Lernphase nach Konzepten klassifiziert, wobei er in der Bedeutungsgebung allerdings keine absoluten Entscheidungen hinsichtlich der konzepteigenen Strukturmerkmale des vorgelegten Konzepts trifft, sondern den mehr oder weniger großen Unterschied zum Prototypen des Konzepts evaluiert.

Die Menge der erlernten Konzepte bestimmt dann die Dimensionierung des klassifikatoreigenen neuro-mentalen Modells und somit sein zu verfeinerndes oder zu erweiterndes "Basiswissen". Durch die *Sensibilisierung* [4],[8], die im folgenden als Lernprinzip neuronaler Netze diskutiert wird, ist es dann möglich, Chunking-Prozesse in Form von Konzeptverfeinerungen und durch das Erlernen neuer Konzepte zu simulieren.

16.2.2 Praktische Umsetzung

Ein Lernmuster setzt sich aus einem Eingabe- und einem Ausgabemuster zusammen, wobei das Ausgabemuster die zu erlernende Bedeutung des Eingabemusters bestimmt und somit die vom Netzentwickler vorgegebene bedeutungsgebende Interpretationsvorschrift darstellt.

Auf das kognitive Modell für eine Lernstrategie übertragen heißt dies, daß durch die Lernmuster Konzepte erzeugt werden, wobei das Ausgabemuster den Namen bzw. die Bedeutung des Konzepts bestimmt und das Eingabemuster dessen inhaltliche Komponente. Eingabemuster, die eine Ähnlichkeit zu dem des Lernmusters aufweisen, bilden dann die Kategorien des Konzepts, das Eingabemuster des Lernmusters beschreibt dessen Prototypen. Den Kategorien eines Konzepts werden auf der bedeutungstragenden Ausgabeschicht gleiche Bedeutungen durch das neuronale Netz zugeordnet, wobei der Aktivierungsgrad des jeweiligen Neurons in der Ausgabeschicht den mehr oder weniger großen Unterschied zum Prototypen angibt.

Bild 3 stellt den Zusammenhang zwischen den verschiedenen hier gebräuchlichen Begriffen anhand eines schematisierten Modells eines Speichers dar.

Aufgetragen ist die Ähnlichkeit der Kategorien zu einem Prototypen gegen die Abweichung der Kategorien von diesem. Mit wachsendem Unterschied wird zwar das neuromentale Modell und damit das repräsentierte Konzept erweitert, doch läuft man bei einer zu starken Erweiterung Gefahr, daß irgendwann die Eigenschaften des Prototyps nur untergeordnete oder sehr wenige Merkmale der Kategorien beschreiben.

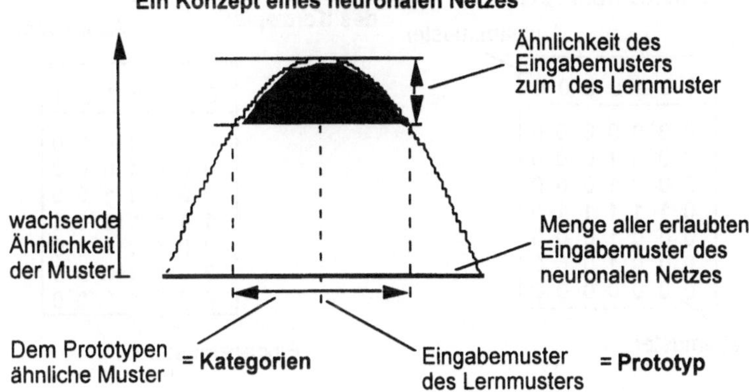

Bild 3 Ein von einem Lernmuster erzeugtes Konzept eines neuronalen Netzes

Die Sensibilisierung eines neuronalen Netzes unterliegt nach dem oben gesagtem den folgenden Teilschritten:

- Mit dem Erlernen der Konzepte nimmt ein vormals unkonditioniertes Netz seine *Basisstruktur* an [3]. Dieser Trainingsvorgang wird als *Vorkonditionierung* bezeichnet.
- Kann das neuronale Netz die Lernmuster zufriedenstellend klassifizieren, ist diese Vorkonditionierung beendet und die Dimensionierung des neuro-mentalen Modells abgeschlossen.
- Von der Basisstruktur ausgehend, können die Konzepte des Netzes verfeinert und theoretisch auch ehemals erlernte Konzepte vereinigt werden. Der dazu benötigte Trainingsvorgang wird *Sensibilisierung* [5] genannt. Mit der Sensibilisierung ist es möglich, Chunking in Form von Verfeinerung und Neuerlernen von Konzepten zu simulieren.

Die Sensibilisierung genügt den folgenden Merksätzen:

- Ein Konzept, welches in der Sensibilisierung verfeinert werden soll, ändert seine eigentliche Bedeutung durch die Verfeinerung nicht. Die Bedeutungsgebung der zu verfeinernden Konzepte ist durch die Art der Sensibilisierung bestimmt. Die Modifikation der Lernmuster erfolgt daher nur im Rahmen einer klassifikationspotentialmäßigen Orientierung der Konditionierungsphase.
- Das zur Verfeinerung eines Konzepts verwendete Eingabemuster muß dem der Vorkonditionierung ähnlich sein (relevante Basisstrukturanteile enthalten), da andernfalls das Netz seine Basisstruktur während der Konditionierung zu Gunsten eines gänzlich neuen Konzepts verliert.

Ein einfaches erweitertes Konzept ist im Bild 4 gezeigt.

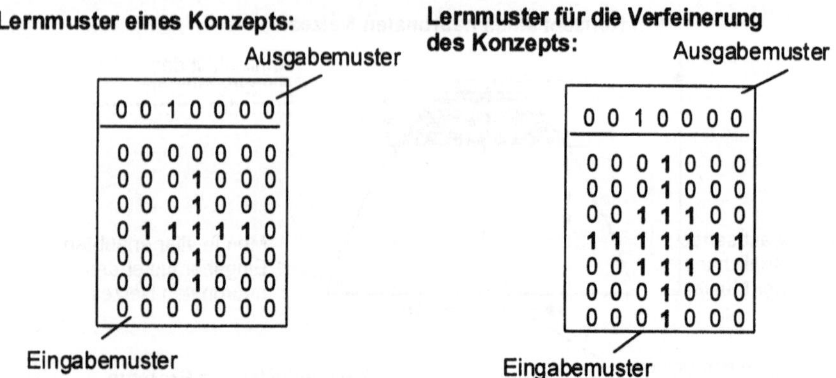

Bild 4 Lernmuster eines Konzepts und das seine Verfeinerung bestimmende Lernmuster

Ein Konzept kann nun solange schrittweise über verschiedene Sensibilisierungsphasen verfeinert werden, solange das Netz seine Basisstruktur beibehält und sich nicht zu neuen Konzepten umkonfiguriert oder in anderen Konzepten "aufgeht". Zwar würde man durch eine solche Modifikation des Konzepts über den Chunking-Mechanismus zu neuen (generalisierten) Konzepten gelangen, doch ist deren Verifikation auf Sinngehalt momentan nur auf der Herstellerebene gewährleistet, was wiederum ein tieferes Systemverständnis voraussetzt.

Jede Sensibilisierungsphase ist dann beendet, wenn die verfeinernden Lernmuster zufriedenstellend vom Netz erlernt wurden, d.h. das RMS-Error-Verhalten keinen weiteren Abfall mehr zeigt, wobei diese Stabilisierung unter dem Wert des RMS-Error der vormaligen Sensibilisierung/Konditionierung liegen muß.

Der Netzentwickler kann somit anhand des RMS-Error entscheiden, ob eine weitere Sensibilisierung die Grundkonzepte zerstören würde. Zudem gilt, daß wenn die Fehlerabweichung beim Beginn der Sensibilisierung auf über 20 % des letzten RMS-Error-Wertes angestiegen ist, die Wahrscheinlichkeit, daß sich das Netz nach neuen Konzepten umkonfiguriert und erlernte Konzeptinhalte verlernt hat, sehr hoch ist.

Im Bild 5 ist ein typisches RMS-Error-Verhalten einer erfolgreichen Sensibilisierung gezeigt. Deutlich sieht man, wie der RMS-Error beim Beginn der verschiedenen Sensibilisierungsphasen kurz ansteigt, um sich während der Sensibilisierung auf einen neuen tieferen Wert als zuvor einzupendeln.

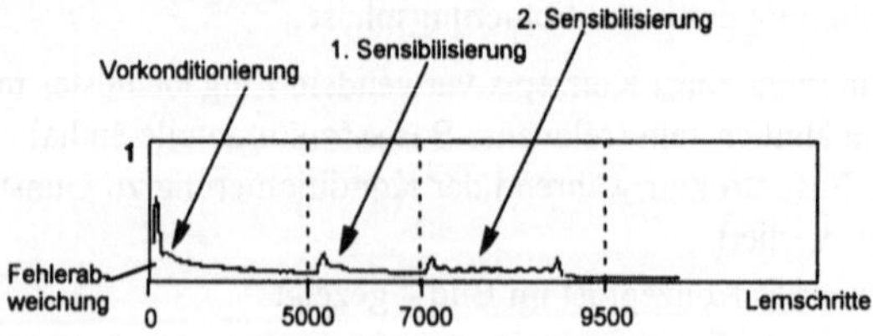

Bild 5 RMS-Error-Verhalten während eines erfolgreichen Sensibilisierungvorgangs

Im Bild 6 ist der prinzipielle Ablauf eines Sensibilisierungsvorgangs schematisch aufgezeigt. Die Entscheidung: "Basisstruktur zerstört J/N" ist momentan nur durch den Netzentwickler über das RMS-Error-Verhalten verifizierbar.

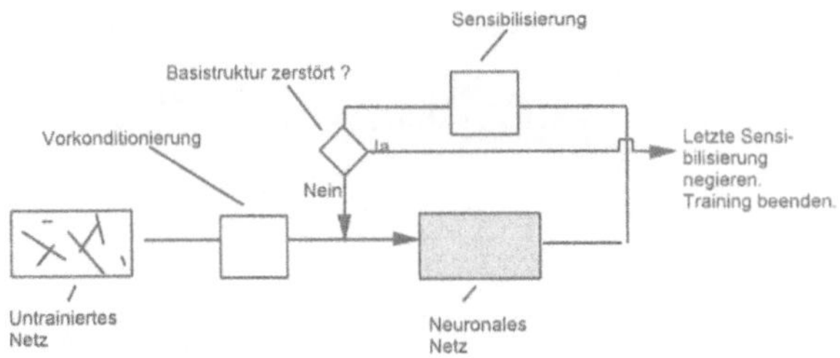

Bild 6 Ablaufdiagramm einer Sensibilisierung eines neuronalen Backpropagation-Netzwerkes

Die Verfeinerung/Sensibilisierung von neuro-mentalen Konzepten kann prinzipiell auch dazu verwendet werden, dem neuronalen Netz *Echtzeitklassifikationsvermögen* beizubringen, da ein sensibilisiertes Netz auch evolutionäre Zustände eines Konzepts speichern kann. Sollten verschiedene Konzepte dabei in ihrer frühevolutionären Phase ähnliche/gleiche Ausgangskonstellationen in ihrer sensoriellen Darstellung aufweisen, so wird sich dies im Klassifikatorverhalten durch eine indifferente Klassifikation offenbaren, die sich mehr oder minder plötzlich bei der weiteren evolutionären Entwicklung des Prozesses ausdifferenziert. Es gelingt einem damit, Prozeßzustände verschiedener evolutionärer Ausprägung im Klassifikator abzulegen und somit "Überwachungsnetze" zu kreieren, die den verschiedenen Anwendern als Frühwarnunterstüzungen beigestellt werden können, wobei diese nicht nur die Wahrscheinlichkeit für einen bestimmten Prozeßzustand (für ein bestimmtes Konzept) aufzeigen, sondern auch die Wahrscheinlichkeitsentwicklung aller abgelegter Konzepte über die Zeit.

Durch die mit der Sensibilisierung einhergehende Modifikation des neuro-mentalen Modells verkompliziert sich dieses Modell, indem durch die Sensibilisierungsphasen Konzepte verfeinert werden und neue Konzepte erlernt werden.

Aus dem bisher gesagten resultiert der folgende Merksatz:

- Durch die Sensibilisierung/Verfeinerung eines Konzeptes vergrößert sich die Menge der Muster, die als Konzeptkategorien identifiziert werden, d.h. das Spektrum nicht identifizierbarer Zustände wird minimiert.

Anmerkung: Neben der *Identifikation* von Kategorien ist es möglich, individuelle Konzeptinformationen zu reproduzieren, indem auch die Ausgabemuster der verfeinernden Lernmuster modifiziert werden. Der Fähigkeit zur *Reproduktion* ist durch den 'Gedächtniseffekt' eines neuronalen Netzes begrenzt.

Im Bild 7 ist diese Konzeptverfeinerung noch einmal über dem Raum aller zu klassifizierenden/identifizierenden Zustände aufgetragen. Umgeben von der Basisstruktur wird der

Klassifikations-/Identifikationsraum durch die Sensibilisierung unter Beibehaltung der ursprünglichen (Basis-)Struktur erweitert. Als Folge dieser Verfeinerung ist der Prototyp an sich nicht mehr einfach zu bestimmen, d.h. sein Bereich ist durch die zur Sensibilisierung verwendeten Muster eingegrenzt.

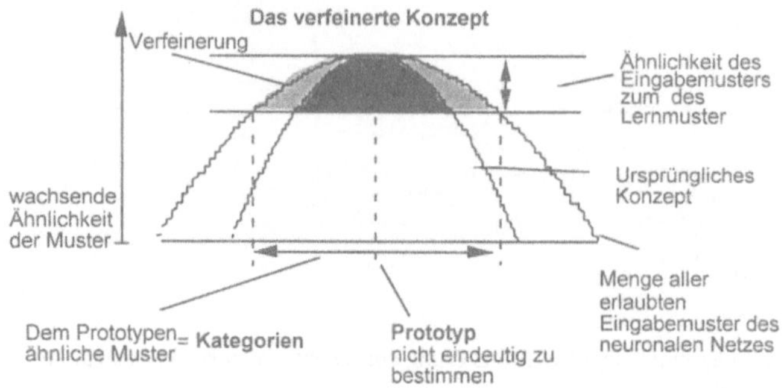

Bild 7 Idealisierte Form der Verfeinerung des im Bild 4 vorgestellten Konzepts [8]

Bei der Sensibilisierung eines neuronalen Netzes dürfen bezüglich der *Dimensionierung des Netzes*, der *Einstellung der Lernparameter* und der *Vorverarbeitung der Lernmuster* einige Punkte nicht unbeachtet bleiben:

- Die *Dimensionierung des Netzes* beschreibt die Anzahl der Neuronen eines Netzes und deren Verbindungen. Das neuronale Netz ist Träger von Mustern. Wenn sich die Dimensionierung des Netzes ändert, wird das Netz als Muster-Träger verändert. Durch die Verkleinerung dieses Trägers können Teilmuster, aus denen sich das Gesamtmuster zusammensetzt, verloren gehen, was sich in einem Verlorengehen (Verschwimmen) kodierter Konzepte und Konzeptinhalte äußern wird.
- Die Fehlerfläche E(W) des Klassifikators Netz verändert sich durch die Sensibilisierung wie nach einer Systemanregung. Die Wahl der *einstellbaren Lernparameter* (z.B. der Lernrate η und des Momentumfaktors α) bestimmt dabei die Auflösung dieses Potentials, was sich wiederum auf die Sensibilsierungseffizienz niederschlägt.

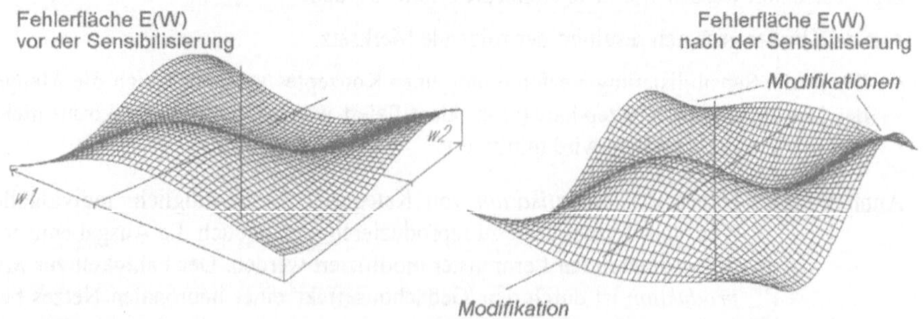

Bild 8 Fehlerfläche vor und nach einer Sensibilisierung (Beispiel eines Netzes mit zwei Verbindungen w_1 und w_2).

Das mentale Modell des Menschen setzt sich aus bedeutungsrelevanten Informationen zusammen. Auch bei der Entwicklung des neuro-mentalen Modells eines neuronalen Netzes sollten daher durch eine geeignete *Vorverarbeitung der Lernmuster* die Lerndaten auf ihre bedeutungsrelevanten Teile reduziert werden. Die in der Darstellung von Informationen nicht relevanten Lerndaten bilden im Lernprozeß einen Störfaktor und verschlechtern die Klassifikationsergebnisse des neuronalen Netzes, d.h. auch hier ist das Preprozessing erforderlich.

Die Möglichkeit der Sensibilisierung neuronaler Netze ergibt sich zwangsläufig aus den im physikalischen Teil erörterten Modellansätzen. Im einzelnen gilt:

- Wird ein neuronales Netz *sensibilisiert*, so entspricht der evolutionäre Verlauf seiner Phasenraumfigur dem eines ergodisch mischenden Flusses, d.h. die Phasenraumfigur verändert sich bifurktuationsartig.
- Der Konditionierungsvorgang des neuronalen Netzes läßt sich anhand der zeitabhängigen Schrödingergleichung beschreiben.
- Die Aktivität eines einzelnen Neurons ist für sich allein als unvollständig anzusehen und erzeugt nur im Verbund mit den Aktivitäten der übrigen Neuronen Klassifikationsbedeutungen, sprich ein neuronales Konzept [7], [8], [5] (siehe Bild 9).

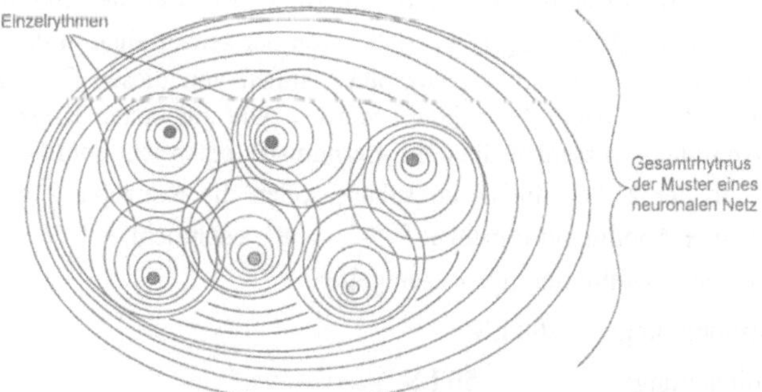

Bild 9 Rhythmische Muster eines neuronalen Netzes

- Die Deutung eines neuronalen Netzes als (quantenmechanisches) Ensemble legt die Einführung eines *Klassifikationspotentials* nahe, das bei der konditionierungsmäßigen Umstrukturierung in einen aufgabenspezifischen Klassifikator durch ein *Konditionierungspotential* verändert wird. Jedes Netz ist somit als perfekter Klassifikator aufzufassen, der einer neuen Aufgabe angepaßt wird.
- Der *Gedächtniseffekt* eines neuronalen Netzes ist bestimmt durch die Differenz zwischen dem Klassifikationspotential und dem Konditionierungspotential einer Lernphase. Je größer der Unterschied beider Potentiale ist, um so mehr macht sich ein Gedächtnisverlust des Netzes bez,glich seiner zuvor erlernten Konzeptinhalte bemerkbar. Bei einer klassifikationspotentialsmäßigen Orientierung des Konditionierungsvorgangs geht der Großteil an alten Konzeptinhalten verloren.

16.3 Experimentelle Umsetzung des Sensibilisierungsmodels

Nachdem die Sensibilisierung als Lernstrategie erläutert und theoretisch betrachtet wurde, soll anhand verschiedener Experimente gezeigt werden, wie sensibilisierte neuronale Netze agieren. Die Sensibilisierung wurde dabei an *Feedforward-Netzen* vorgenommen, deren Konzepte über die *Backpropagation-Lernregel* erlernt und über verschiedene *Sensibilisierungsphasen* verfeinert wurden.

16.3.1 Versuch zur allgemeinen Sensibilisierungstheorie

Ein Backpropagation-Netz soll vier Konzepte erlernen, welche dann in zwei unterschiedlichen Sensibilisierungsphasen verfeinert werden sollen.

Die Dimensionierung des Feedforward-Netzes sei:

8	Neuronen	in der Eingabeschicht,
4	Neuronen	in der Zwischenschicht,
4	Neuronen	in der Ausgabeschicht.

Die durch die Lernmuster der Vorkonditionierung beschriebene Abbildungsvorschrift entspricht somit einer Abbildung $f: \Re^6 \rightarrow \Re^4$ von der sensoriellen in die bedeutungsgebende Ebene. In der 1. Sensibilisierungsphase sollen von diesen Grundkonzepten das Konzept 1 und das Konzept 4 verfeinert werden. Die zur ersten Konzeptverfeinerung bestimmte Abbildungsvorschrift über die Lernmuster entspricht somit einer Abbildung $f: \Re^7 \rightarrow \Re^4$. In der 2. Sensibilisierungsphase sollen die Konzepte 2 und 3 verfeinert werden, was einer Abbildungsvorschrift $f: \Re^8 \rightarrow \Re^4$ entspricht.
Für die einzelnen Konditionierungsphasen gelte:

Vorkonditionierung:	200 LS
1. Sensibilisierung:	50 LS
2. Sensibilisierung:	50 LS

Die in der Vorkonditionierung und in der 1. und 2. Sensibilisierungsphase verwendeten Lernmuster sollen wie folgt aussehen:
Ein unter diesen Bedinungen trainiertes Netz weist dann nach Abschluß aller Konditionierungs- und Sensibilisierungsschritte die in Tabelle 2 aufgelisteten Klassifikationsergebnisse auf.
Wie man sieht, wächst die Identifikationswahrscheinlichkeit der Lernmuster nach der Konzeptzugehörigkeit mit der Beendigung der entsprechenden Konditionierungs-/Sensibilisierungsphase stetig an.

Konzept 1	1 0 1 0 0 0	1	0	0 0 0 1
Konzept 2	0 1 1 0 1 0	0	1	0 0 1 0
Konzept 3	0 1 0 0 0 1	0	1	0 1 0 0
Konzept 4	1 0 0 0 1 0	1	0	1 0 0 0

Vorkond.
1. Sensibilisierung
2. Sensibilisierung

Tabelle 1 Lernmuster sämtlicher - Konditionierungsphasen

Lernphase	Vorkond.	1. Sens.	2. Sens.
Konzept 1	0,719	0,876	0,920
Konzept 2	0,706	0,859	0,889
Konzept 3	0,735	0,835	0,890
Konzept 4	0,679	0,886	0,894

Tabelle 2 Testergebnisse nach Beendigung der einzelnen Konditionierungsphasen

Zur näheren Analyse des in zwei Phasen sensibilisierten neuronalen Netzes werden die Lernmuster der Konditionierungsphasen als Testmuster verwendet. In Tabelle 3 sind die Ergebnisse bezüglich der als Testmuster verwendeten Lernmuster aufgeführt.

Testphase	Vorkond.	1. Sens.	2. Sens.
Konzept 1	0,906	0,920	0,920
Konzept 2	0,902	0,902	0,889
Konzept 3	0,892	0,892	0,890
Konzept 4	0,899	0,894	0,894

Tabelle 3 Testergebnisse mit den als Testmuster verwendeten Lernmustern

Alle drei Lernmuster zu Konzept 1 werden im Test eindeutig mit den Werten 0,906, 0,920 und 0,920 als Kategorien des Konzepts, dessen Inhalt in der 1. Sensibilisierungsphase verfeinert wurde, identifiziert. Das gleiche gilt für die Testergebnisse der übrigen 3 Konzepte.

Die Konzepte 1 und 4 werden nur in der 1. Sensibilisierungsphase verfeinert, so daß die Testergebnisse mit den in diesen Lernphasen unveränderten Lernmustern mit den Werten 0,920 für Konzept 1 und 0,894 für Konzept 4 konstant bleiben. Entsprechendes ist zu den Testergebnissen der Konzepte 2 und 3 zu sagen.

Die verfeinernden Lernmuster der Konzepte 1 und 3 sind also deren Konzeptprototypen am ähnlichsten. Bei den Konzepten 2 und 4 hingegen ist die Musterähnlichkeit zwischen dem Konzeptprototyp und dessen in der Vorkonditionierung verwendeten Lernmustern am größten.

Die Testergebnisse zeigen, daß die Konditionierungen in hohem Maße klassifikationspotentialmäßig orientiert sind, eine Zerstörung der Basisstruktur durch die Sensibilisierungsphasen also nicht wahrnehmbar ist. Die von einem Konzept identifizierte Menge an Kategorien hat sich durch die Konzeptverfeinerungen im Rahmen der Sensibilisierungen erhöht. Das Netz ist durch die Sensibilisierungen in der Lage, eine vergrößerte Menge von Mustern als Kategorien eines Konzepts zu identifizieren.

16.3.2 Entwicklung eines neuronalen Netzes zur Störfall-Früherkennung eines Kohlekraftwerks

Weiteres Ziel der Forschungen in Rahmen einer Diplomarbeit [8] war es, die Daten eines Kohlekraftwerkssimulator durch ein Backpropagationnetz dahingehend klassifizieren zu lassen, daß dem Bedienpersonal nicht nur ein aufgetretener Betriebsfehler rechtzeitig angezeigt wird, sondern das Netz möglichst in einem frühen Entwicklungsstadium des jeweiligen Fehlers prognostizierend agiert. Hintergrund dieser Überlegungen war dabei, daß so einem Operateur die Möglichkeit gegeben wird, frühzeitig zu reagieren bzw. Präventivmaßnahmen zu ergreifen. Wie nämlich die Analyse der Simulatordaten ergab, unterscheiden sich viele Fehlerzustände des Kraftwerkes am Anfang kaum untereinander, so daß die Überwachung anhand von klassischen Anzeigen einer höchst konzentrierten Überwachung bedarf, was den Einsatz von neuronalen Klassifikatoren als besonders lohnend erscheinen ließ.

Bevor eine Prozeßstörung simuliert wurde, befand sich das Kraftwerk in seinem Normalzustand. Die Betriebsauslastung des Kraftwerks im Normalzustand lag bei 80%. Nach vier Sekunden unter normalen Simulationsbedingungen wurde eine Prozeßstörung aktiviert. Nach einer Zeitspanne von bis zu fünf Minuten wurde die Simulation abgebrochen. Handelte es sich bei der Prozeßstörung um den Ausfall einer Zulaufwasserpumpe, so schaltete sich das Kraftwerk bzw. der Simulator automatisch ab.

Als erstes wurden dem Netz Datensätze zur Konditionierung präsentiert, die die folgenden sensoriellen Repräsentationen der Betriebsbedingungen eines Kraftwerkes beschrieben:

i) Alle Teile des Kraftwerkes arbeiten im Betriebspunkt,

ii) alle Fehlerzustände sind deutlich präsent,

iii) einige Fehlerzustände befinden sich in einem frühen evolutionären Stadium.

Die Protokollierung der Prozeßstörung wurde folgendermaßen realisiert: Der Simulator legte die 158 Meßdaten in einem Datenblock (einer *Pipe*) an. Eine als "Socket" bezeichnete weitere Anwendung griff den auf der Pipe anliegenden Datenblock ab und sicherte diesen in dem dazu vorgesehenen Protokollfile. In diesem waren nach Abbruch der Simulation einer Prozeßstörung 300 Datenblöcke mit je 158 Meßwerten gespeichert.

Das neuronale Netz wurde auf seine elf Grundkonzepte vorkonditioniert, die die zehn Prozeßstörungen und den Normalfall repräsentierten. Diese elf Grundkonzepte wurden in den Sensibilisierungsphasen verfeinert.

Die Lernmuster der Vorkonditionierung wurden nach dem *Worst-Case-Prinzip* aus den Protokollfiles ausgewählt. Das Worst-Case-Moment war dabei der Zustand einer Prozeßstörung, der eindeutig identifiziert werden konnte, d.h. dessen evolutionäre Entwicklung soweit abgeschlossen war, daß keine andere Prozeßstörung mehr als Konzept in Betracht gezogen werden konnte.

Ausgehend von dem Zeitpunkt des Worst-Case-Moments wurde die Zeitspanne zwischen dem Worst-Case-Moment und dem Beginn der Störungssimulation halbiert. Der entsprechend aufgenommene Meßdatensatz wurde als sensibilisierendes Lernmuster der Prozeßstörung für die 1. Sensibilisierungsphase verwendet. Für alle weiteren Sensibilisierungsphasen wurden die Zeitspannen wieder jeweils halbiert und die entsprechenden

Meßdatensätze zur Sensibilisierung verwendet. In Bild 10 ist die Lerndatenerfassungen nochmals schematisiert dargestellt.

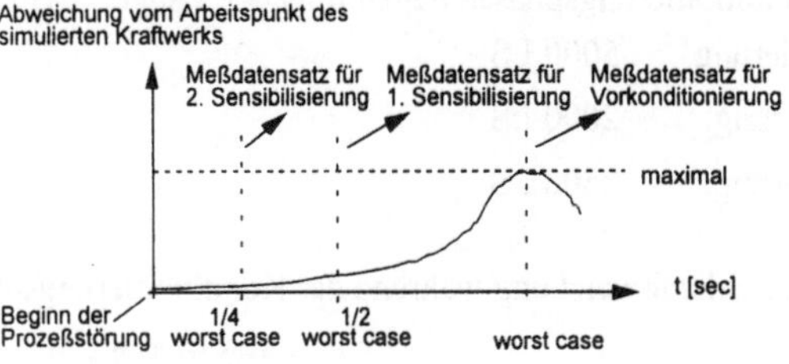

Bild 10 Evaluierung der Lerndaten nach dem Worst-Case-Prinzip

Für die einzelnen Meßdatensätze, die als Lernmuster verwendet wurden, ergab sich somit ausgehend vom Beginn der Prozeßstörung eine entsprechende Altersstruktur.

Als nächstes wurden die zur Weiterverarbeitung als Lernmuster ermittelten Meßdaten durch eine geeignete *Vorverarbeitung* auf ihre bedeutungshaltigen Bestandteile reduziert. Dazu wurden die Differenzleistungsspektren der Meßdaten des simulierten Kohlekraftwerks nach der folgenden Formel bestimmt:

$$Gradient_i = Meßwert(i) - Normalwert(i),$$

Daraus folgt, daß die i-te Komponente des Gradienten nur dann ungleich von Null war, wenn der entsprechende Meßwert die Information einer Prozeßstörung beinhaltete. Verwendete man nicht vorverarbeitete Lerndaten, so verlangsamte sich der Musterbildungsprozeß des neuronalen Netzes nicht nur um einen Faktor 10, sondern der Fehler persistierte auch auf einem nicht akzeptablen hohem Niveau (siehe Bild 11a).

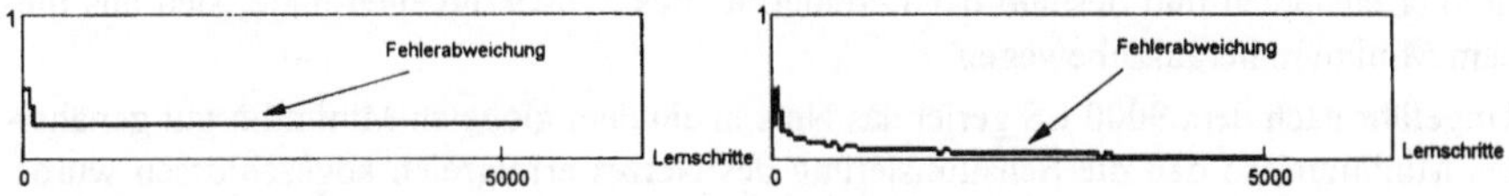

Bild 11a,b Fehlerabweichung im Lernvorgang mit den nicht vorverarbeiteten Lerndaten

Mit den vorverarbeiteten Lernmustern jedoch war das neuronale Netz sehr schnell in der Lage die zu erlernenden Grundkonzepte der Störfallsituationen auszubilden, wie im Bild 11b gezeigt.

Das verwendete Feedforward-Netz hatte die folgende Dimensionierung:

158 Neuronen in der Eingabeschicht,

30 Neuronen in der Zwischenschicht,

11 Neuronen in der Ausgabeschicht.

Die bezüglich des Kraftwerks zu erlerndende Abbildungsschrift entsprach damit in allen Sensibilisierungsphasen der Abbildung f: $\mathfrak{R}^{158} \rightarrow \mathfrak{R}^{11}$.
Die einzelnen Konditionierungsphasen hatten folgende Länge:

Vorkonditionierung: 5000 LS
1. Sensibilisierung: 2000 LS
2. Sensibilisierung: 2500 LS

Im Bild 12 ist die Fehlerabweichung während der Konditionierungsphasen gezeigt.

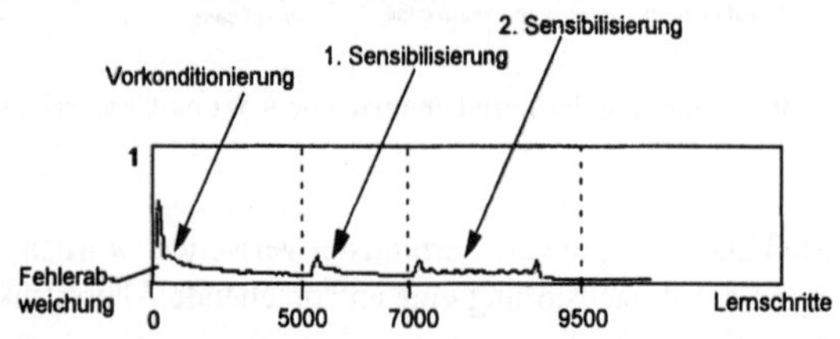

Bild 12 Fehlerabweichung während der Konditionierungsphasen

Zu Beginn einer Sensibilisierungsphase stieg der Fehler an und verringerte sich im Rahmen der Sensibilisierung. Da die Konditionierung klassifikationspotentialsmäßig orientiert war, war der Sprung des RMS-Error entsprechend klein, ein Beweis dafür, daß das Netz seine eigentliche Basisstruktur beibehielt und die erlernten Konzepte in der Sensibilisierung verfeinert wurden.
Innerhalb der 2. Sensibilisierungs-Phase fing das Netz an zu oszillieren, was bedeutet, daß sich die Netzkonfiguration in einem Minimum der Fehlerfläche befand, dessen Breite gleich der durch den Lernparameter η bestimmten Schrittweite der Gewichtsänderung entsprach und deshalb der Lernalgorithmus Schwierigkeiten hatte, sich aus diesem Minimum herauszubewegen.
Ungefähr nach dem 9000 LS geriet das Netz in ein dem globalen Minimum gut genähertes Minimum, so daß die Sensibilisierung des Netzes erfolgreich abgeschlossen wurde. Um die Leistungsfähigkeit des sensibilisierten neuronalen Netzes zu testen, wurde das Netz einem "normal" konditionierten Netz gegenübergestellt, die Identifikationszeiten der verschiedenen Störfälle in Sekunden festgehalten und die Ergebnisse in Balkendiagrammen aufgezeigt.
Bei der Prozeßstörung "Ausfall der Brennerebene 4" identifizierte das sensibilisierte neuronale Netz diese Störung nach 13 Sekunden mit 80% Wahrscheinlichkeit. Das normale neuronale Netz erkannte erst nach 33 Sekunden mit 80% Wahrscheinlichkeit diese Störung.

normales neuronales Netz
sensibilisiertes neuronales Netz
Identifikationsrate [%]
100
80
60
40
20
0 1 5 9 13 17 21 25 29 33 37 Sekunden

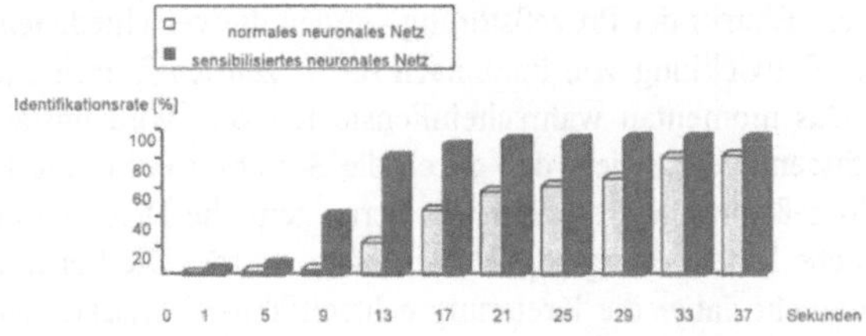

Bild 13 Identifikationsverlauf der Prozeßstörung "Ausfall der Brennerebene 4 "

Handelte es sich bei einer Prozeßstörung um ein Leck im Hochdruckvorwärmer 71, so war das normale Netz zu keinem Zeitpunkt in der Lage, das Leck in akzeptabler Weise zu erkennen. Das neuronale Netz gewann diese Fähigkeit erst, nachdem es sensibilisiert worden war. Nach 37 Sekunden wurde dieser Störfall mit 80% Wahrscheinlichkeit identifiziert.

normales neuronales Netz
sensibilisiertes neuronales Netz
Identifikationsrate [%]
0,8
0,6
0,4
0,2
0 1 7 13 19 25 31 37 43 49 55 Sekunden

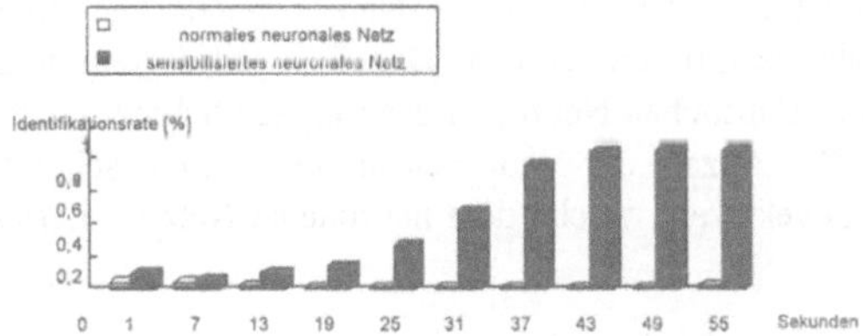

Bild 14 Identifikationsverlauf der Prozeßstörung "Leck im Hochdruckvorwärmer 71"

Die verschiedenen simulierbaren Störfälle wurden nacheinander untersucht und ausgewertet. Den Bedienern wurden die Ergebnisse dabei mittels des folgenden Displays dargeboten.

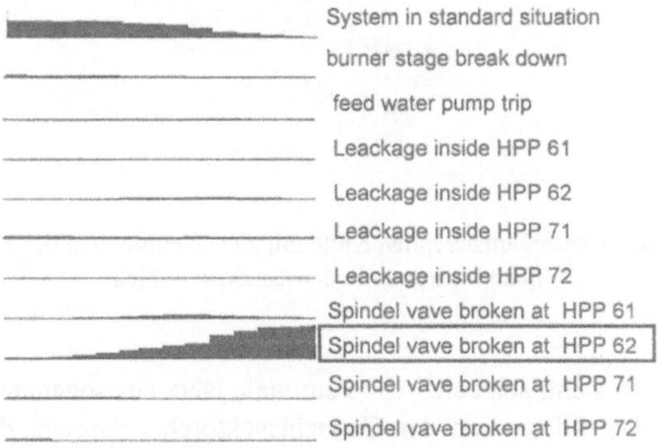

System in standard situation
burner stage break down
feed water pump trip
Leackage inside HPP 61
Leackage inside HPP 62
Leackage inside HPP 71
Leackage inside HPP 72
Spindel vave broken at HPP 61
Spindel vave broken at HPP 62
Spindel vave broken at HPP 71
Spindel vave broken at HPP 72

Bild 15 Verwendete Displayform für die Kraftwerksüberwachung

Beginnend mit dem Eintritt der Prozeßstörung werden die verschiedenen Fehlerkonzepte und ihre zeitliche Entwicklung von links nach rechts zeitlich fortschreitend farblich kodiert angezeigt. Das momentan wahrscheinlichste Konzept wird umrahmt hervorgehoben. Zusammenfassend zeigte sich, daß durch die Sensibilisierung die Identifikationsraten sämtlicher Prozeßstörungen, sowohl was deren zeitliche Detektierung, als auch was deren grundsätzliche Detektierung angeht, verbessert wurde. Die Sensibilisierung neuronaler Netze ermöglicht daher die Kreierung echtzeitfähiger Klassifikatoren, die zudem noch eine erhöhte Klassifikations-/Identifikationssicherheit zeigen. Die aus der Theorie zu erwartenden Eigenschaften und Möglichkeiten von sensibilisierten neuronalen Netzen konnten voll und ganz bestätigt werden, mithin konnte aber gezeigt werden, daß der Begriff des neuro-mentalen Konzeptes und seine Modifikation umsetzungstechnisch realisierbar sind.

16.4 Systemanalyse anhand Selbstorganisierende Karten

Selbstorganisierende Karten sind neuronale Netze, welche mit Hilfe eines nicht überwachten Lernverfahrens trainiert werden. Dabei ist jedes Neuron in der sogenannten Kohonen Schicht mit sämtlichen Neuronen der Eingabe Schicht über gewichtete Verbindungen verknüpft. Die Anzahl der Neuronen in der Eingabe Schicht entspricht der Dimension der Eingabevektoren, welche dem neuronalen Netz im Lernvorgang eingespielt wird.

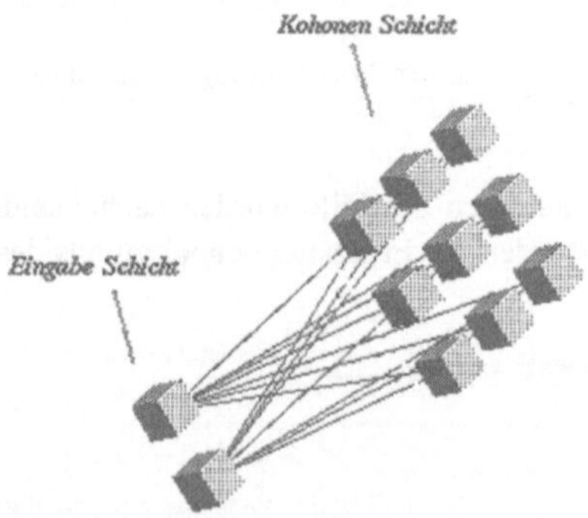

Bild 16 Aufbau einer selbstorganisierenden Karte mit zwei Neuronen in der Eingabe Schicht und neun Neuronen in der Kohonen Schicht

Wie man im Bild 16 sieht, setzt sich das neuronale Netz aus sogenannten Gewichtsvektoren zusammen. Die Dimension der Gewichtsvektoren entspricht der Dimension der Eingabevektoren und die Anzahl der Gewichtsvektoren der Anzahl der Neuronen in der Kohonen Schicht.

Der Lernalgorithmus läßt sich folgendermaßen beschreiben. Aus der Menge der zu erlernenden Eingabevektoren wird eines ausgewählt. Dieser Eingabevektor wird mit sämtlichen Gewichtsvektoren verglichen. Ist ein Gewichtsvektor bestimmt, der diesem Eingabevektor am ähnlichsten ist, ist auch das diesem Gewichtsvektor implizierte "Winner"-Neuron ermittelt. Nun werden die Gewichtsvektoren des "Winner"- Neurons und die Gewichtsvektoren der Neuronen in seiner Nachbarschaft entsprechend ihrer Entfernung zum "Winner"- Neuron dem Eingabevektor ähnlich gemacht. Wird dieses exhibitorische Umfeld der jeweiligen "Winner"- Neuronen stückweise verringert entstehen sogenannte Assoziationsfelder auf der Kohonen Schicht. Neuronen innerhalb eines Assoziationsfeldes reagieren auf einen gegebenen Eingabevektor mit ähnlich hohem Aktivitätsniveau.

Dadurch ist es möglich, Strukturen und Korrelationen von Prozeßdaten, welche in Eingabevektoren formuliert sind, über das neuronale Netz erkennen zu lassen. Selbstorganisierende Karten sind daher ein hervorragendes Hilfsmittel um innerhalb großer für das menschliche Auge unübersichtlicher Datenmengen innere Beziehungen und Zusammenhänge zu erschließen.

Als Eingabevektoren wurden die Meßdaten unserer Anlage, welche im Pilotversuch aufgezeichnet wurden, verwendet. Ein Eingabevektor besteht aus vier Meßwerten, die zu einem und demselben Zeitpunkt aufgenommen wurden. Die Gesamtheit aller Eingabevektoren beschreibt den Verlauf dieser Meßwerte an einem ganzen Tag.

16.4.1 Vorverarbeitung

Der erste Versuch, bei dem eine Selbstorganisierende Karte mit vier Neuronen in der Eingabeschicht und 15*15 Neuronen in der Kohonen Schicht angelernt wurde, war nicht erfolgreich.

Bild 17a Bild der Kohonen Karte mit nicht weiter vorverarbeiteten Meßdaten als Eingabevektoren

Bild 17b Bild der Kohonen Karte mit vorverarbeiteten Meßdaten als Eingabevektoren

Im Bild 17a,b sind die gelernte Kohonen Karte nach der Vorgabe eines der Eingabevektoren zu sehen. Das unterschiedliche Aktivitätsniveau der einzelnen Neuronen spiegelt sich in der Helligkeitsdarstellung der Pixelwerte wieder. Neuronen mit hohem Aktivitätsniveau sind sehr hell und Neuronen von geringer Aktivität sind sehr dunkel dargestellt.

Wie man sieht, sind keine Assoziationsfelder, wie sie zur Auswertung des neuronalen Netzes benötigt werden, zu sehen. Im Bild 17b ist das entsprechende Bild der Kohonen Karte mit vorverarbeiteten Eingabevektoren (siehe unten) gegenübergestellt.

Redundante Daten beeinflussen störend den Lernvorgang des neuronalen Netzes. Die an sich linear unabhängigen Systemparameter der Prozeßdaten des Klärwerkes werden durch von Störinformationen implizierte Korrelationen verfälscht. Wie man im Bild 17a sieht, erkennt das neuronale Netz damit im Lernvorgang Korrelationen an sich unabhängiger Systemparameter und wird so für eine Systemanalyse unbrauchbar.

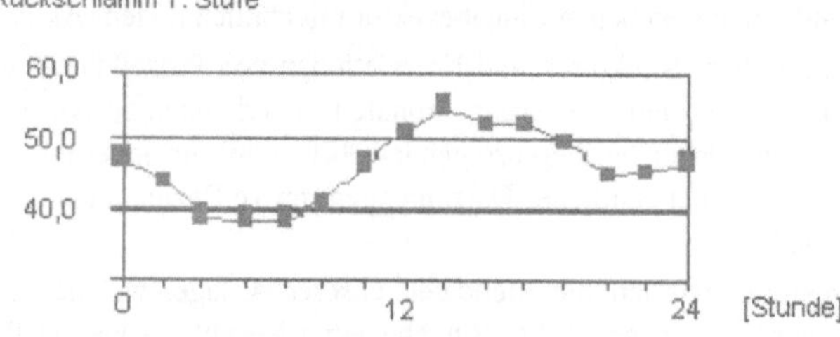

Bild 18 Mittelwerte der Tageskurve eines Klärwerkes am Beispiel: "Schlammrücklauf"

Mit Hilfe der Tageskurve können in geeigneter Weise die redundanten Anteile der Meßdaten eliminiert werden.

Der durchschnittliche Verlauf der Meßwerte am Tag ist relativ konstant. Indem man dieses konstante Element aus den Meßdaten eliminiert, wird ein großer Teil redundanter Daten entfernt.

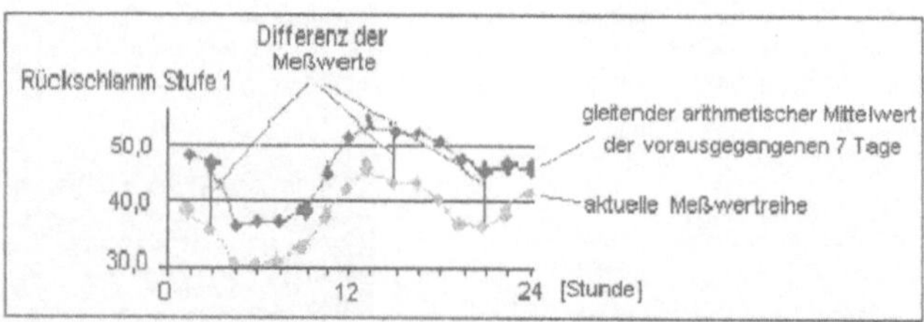

Bild 19 Vorverarbeitung der Meßwerte durch Löschen des konstanten Anteils der Meßwerte

Die Vorverarbeitung der Meßdaten sieht nun wie folgt aus. Man nimmt den allgemeinen durchschnittlichen Verlauf des Meßwertes am Tag und die aktuellen Meßwert an einem bestimmten Tag. Zu jedem zeitgleichen Punkt in den Meßwertreihen wird die Differenz zwischen dem durchschnittlichen und dem aktuellen Meßwert gebildet (siehe Bild 19). Diese Differenzwerte ergeben eine um redundante Daten minimierte Meßwertreihe des Tages.

Dieser soeben skizzierte Algorithmus wird zur Vorverarbeitung der Meßdaten verwendet. Diese vorverarbeiteten Daten werden dem neuronalen Netz in Form von Eingabevektoren zum Lernen vorgegeben.

16.4.2 Ergebnisse

Die verwendete Karte bestand aus vier Neuronen in der Eingabeschicht und 15*15 Neuronen in der Ausgabeschicht. Der gesamte Lernvorgang belief sich auf 10 Lernschritte und war nach einer Minute abgeschlossen.

In Bild 20 ist die zuvor beschriebene selbstorganisierende Karte zu sehen. Die unter jedem Teilbild angegebene Uhrzeit entspricht dem Zeitpunkt, an welchem die Meßaufnahmen, die von der Kohonen Karte erlernt und bewertet werden, aufgenommen wurden.

Das unterschiedliche Aktivitätsniveau der einzelnen Neuronen spiegelt sich wiederum in der Helligkeitsdarstellung der Pixelwerte wieder.

Während der Morgenstunden dominiert ein Bereich erhöhter Aktivität in der oberen Hälfte der Kohonen Karte. Gegen 6:00 Uhr morgens kommt es zu einem Umbruch. Die Felder erhöhter neuronaler Aktivität verlagern in Schwerpunkt langsam auf den unteren Bereich der Karte. Zwischen 7:30 und 10:00 Uhr bleibt nun das Bild auf der Kohonen Karte mit einem Schwerpunkt der Felder erhöhter neuronaler Aktivität im unteren Bereich der Karte relativ konstant. Zwischen 10:00 und 12:00 am Vormittag verändert sich wiederum dieses Bild hin zu einer Dominanz der oberen Kartenhälfte. Dieses assoziative Feld konzentriert sich am Nachmittag mit voranschreitender Zeit im linken oberen Kartenbereich. In den späten Abendstunden und gegen Mitternacht verbleibt der Bereich erhöhter neuronaler Aktivität im oberen Bereich auf der Kohonen Karte.

Der durch den Verlauf der Tageskurve erkennbare Rhythmus läßt sich sehr gut anhand der Kohonen Karte nachvollziehen. Besonders klar werden bei der Betrachtung der Kohonen Karte die Umbrüche im Prozeßverhalten der Kläranlage gegen 6:00 und 10:00 am Vormittag dargestellt.

Der durch den Verlauf der Tageskurve erkennbare Rhythmus läßt sich sehr gut anhand der Kohonen Karte nachvollziehen. Besonders klar werden bei der Betrachtung der Kohonen Karte die Umbrüche im Prozeßverhalten der Kläranlage gegen 6:00 und 10:00 am Vormittag dargestellt.

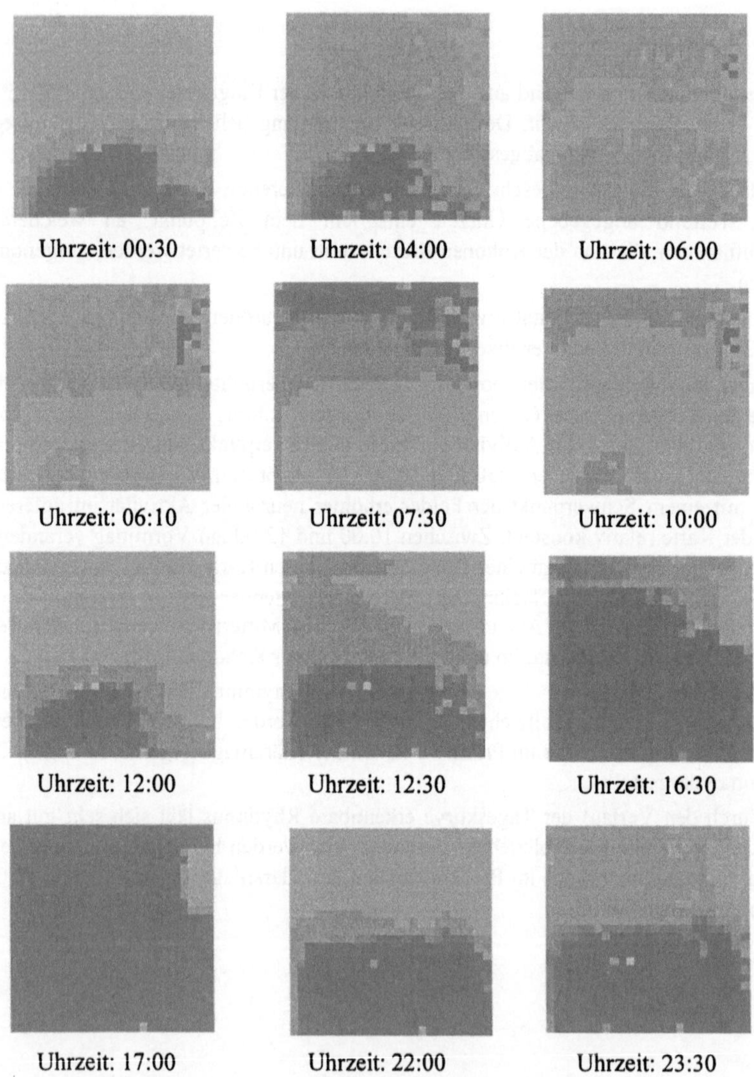

Bild 20 Bild der Kohonen Karte während eines Tageszyklus von 24 Stunden

16.5 Ausblick

Der Einsatz neuronaler Netze und Fuzzy-Klassifikatoren zeigt beispielhaft deren Leistungspotential in der systemimmanenten Klassifikation und der Charakterisierung evolutionären Verhaltens von Prozeß- und Anlagenzuständen in Realzeit. Diese Technologien zeigen somit die Fähigkeit die Systemparameter einer komplexen Produktionsanlage, wie z.B. einem Kohlekraftwerk, von der Kohlequalitätssicherung bis zur Emmissionskontrolle, nach Kriterien ökologischer und ökonomischer Relevanz, beurteilen und Steuern zu können.

Aus kleinsten Veränderungen der Systemparameter werden frühzeitig die aus ihnen folgenden Prozeßzustandsänderungen erkannt, gegensteuernde Maßnahmen vorgenommen und dem Bedienpersonal annonciert. Die Entwicklung ganzeinheitlicher Anzeigen, die auf nicht-numerischer Basis den Systemstatus farblich codiert darlegen, helfen dabei vermeiden, daß das streßinduzierte Fehlverhalten des Bedienpersonals zu einer Eskalation der Prozeßstörung führt.

Der Einsatz dieser Art Klassifikatoren verspricht daher, bedingt durch die Freisetzung von mentalen Kapazitäten des Bedienpersonals, eine effektivere Steuerung der Anlagen und eine bessere Adaption der mentalen (Modell-)Vorstellungen vom Prozeß des Bedienpersonals.

Literatur

[1] Anderson, A.: *Cognitive and Psychological Computation with Neural Networks*, IEEE Trans. on Systems, Man and Cybernetics, Vol. SMC-13, Sept./Oct. 1983

[2] Anderson, J.A.: *Kognitive Psychologie*, 2. Auflage, Spektrum der Wissenschaft, Heidelberg, 1989.

[3] Reuter, M.: *Frequency Difference Spectra and Their Use as a New Preprocessing Step for Acoustic Classifiers/ Identifiers,* EUFIT `93 Proceedings, September 1993, pp. 436-442

[4] Reuter, M.: *System Identification through 'General-Genetic-Conditionable' Neural Networks*, EUFIT '94 Proceedings, September 1994, pp. 85-94

[5] Reuter, M.; Elzer, P.E.; Berger, A.: *A proposed Method for Representing the Real-Time Behaviour of Technical Processes in Neural Nets*, Proceedings of the IEEE Conference of Man Maschine and Cybernetics, Vancover 1995

[6] Möller, D.P.F.: *Fuzzy Systems in Modelling and Simulation*, in: EUROSIM '95, pp. S. 55-64, Eds. F. Breitenecker, I. Husinky, Elsevier Publ. Amsterdam 1995

[7] Benesch, H.: *Der Ursprung des Geistes*, DTV München, 1980

[8] Berger, A.: *Simulation des Realzeitverhaltens von Kohlekraftwerken mit sensibilisierbaren neuronalen Netzen*, Diplomarbeit 1995.

Autorenverzeichnis

Dr. Joachim Benz

Universität-Gesamthochschule Kassel, FB Landwirtschaft, Internationale Agrarentwicklung und Ökologische Umweltsicherung, Nordbahnhofstr. 1a, 37213 Witzenhausen.
email: benz@wiz.uni-kassel.de

Angelika Berger

Technische Universität Clausthal, Institut für Technische Informatik, Erzstr. 1, 38678 Clausthal-Zellerfeld.
email: aberger@informatik.tu-clausthal.de

Dr. Rainer Brüggemann

Institut für Gewässerökologie und Binnenfischerei, Abt.: Ökohydrologie, Rudower Chausse 5, 12489 Berlin.
email: brg@igb.fta-berlin.de

Dr. Jörg Gebhardt

Technische Univerität Braunschweig, FB Mathematik und Informatik, Pockelstr. 14, 38116 Braunschweig.
email: gebhardt@ibr.cs.tu-bs.de

Dr. habil. Peter-Wolfgang Gräber

Technische Universität Dresden, Fakultät für Forst-, Geo- und Hydrowissenschaften, Institut für Grundwasserwirtschaft, 01062 Dresden.
email: graeber@hgwrs1.wasser.tu-dresden.de

Norbert Grebe

Gesellschaft für Kommunikation mbH, Karlsbader Str. 11, 94036 Passau.
email: norbert.grebe@zentrale.adac.de

Prof. Dr. habil. Rolf Grützner,

Universität Rostock, Fachbereich Infromatik, Lehrstuhl Modellierung und Simulation von Informatiksystemen, Albert-Einstein-Str. 21, 18059 Rostock.
email: gruet@informatik.uni-rostock.de

Prof. Dr. Hans-Dietrich Haasis

Universität Bremen, Fachbereich 7, Bibliotheksstr., 28359 Bremen.
email: haasis@zfn.uni-bremen.de

Dr. Lorenz M. Hilty

FAW-Forschungsinstitut für anwendungsorientierte Wissensverarbeitung, Helmholtzstr.16, 89081 Ulm.
email: hilty@faw.uni-ulm.de

Ralf Hoch

Universität-Gesamthochschule Kassel, FB Landwirtschaft, Internationale Agrarentwicklung und Ökologische Umweltsicherung, Nordbahnhofstr. 1a, 37213 Witzenhausen.
email: hoch@wiz.uni-kassel.de

Dr. Rüdiger Hohmann

Otto-von-Guericke Universität Magdeburg, Fachbereich Informatik, Institut für Simulation und Graphik, PF 4120, 39016 Magdeburg.
email: hohmann@informatik.uni-magdeburg.de

Jörg Jungblut

Technische Universität Clausthal, Institut für Technische Informatik, Erzstr. 1, 38678 Clausthal-Zellerfeld.
email: jjungblut@informatik.tu-clausthal.de

Dr. Hubert B. Keller

Forschungszentrum Karlsruhe, Institut für Angewandte Informatik, PSF 3640, 76021 Karlsruhe.
email:keller@iai.fzk.de

Prof. Dr. Wolfgang Kreutzer

Dept. of Computer Science, University of Canterbury, Christchurch, New Zealand.
e-mail: wolfgang@cosc.canterbury.ac.nz

Prof. Dr. Rudolf Kruse

Otto-von-Guericke Universität Magdeburg, FB Informatik, Institut für Informations- und Kommunikationssysteme, PF 4120, 39016 Magdeburg.
email: kruse@iik.cs.uni-magdeburg.de

Dr. Gerd Lutze

ZALF Müncheberg e.V., Institut für Landschaftsmodellierung, Eberswalder Str.8, 15374 Müncheberg.
email: glutze@zalf.de

Dr. Thomas Lux

GMD Forschungsinstitut für Rechnerarchitektur und Softwaretechnologie, Rudower Chaussee 5, 12489 Berlin.
email: lux@prosun.first.gmd.de

Peter Mieth

GMD Forschungsinstitut für Rechnerarchitektur und Softwaretechnologie, Rudower Chaussee 5, 12489 Berlin.
email: mieth@prosun.first.gmd.de

Erik Möbus

Otto-von-Guericke Universität Magdeburg, Institut für Simulation und Graphik, PF 4120, 39016 Madgeburg.
email: Moebus@isg.cs.uni-magdeburg.de

Prof. Dr. Dietmar P. F. Möller

Technische Universität Clausthal, Institut für Technische Informatik, Erzstr. 1. 38678 Clausthal-Zellerfeld.
email: MOELLER@vax.in.tu-clausthal.de

Bernd Müller

Forschungszentrum Karlsruhe, Institut für Angewandte Informatik, PSF 3640, 76021 Karlsruhe.
email: mueller@iai.fzk.de

Prof. Dr. habil. Bernd Page

Universität Hamburg, Fachbereich Informatik, Vogt-Kölln-Str.30, 22527 Hamburg.
email: page@informatik.uni-hamburg.de

Prof. Dr. Wolfgang Paul

Bundesforschungsanstalt für Landwirtschaft, Institut für Biosystemtechnik, Bundesallee 50, 38116 Braunschweig.
email:paul@bst.fal.de

Dr. Matthias Reuter

Technische Universität Clausthal, Institut für Technische Informatik, Erzstr. 1, 38678 Clausthal-Zellerfeld.
email: mreuter@informatik.tu-clausthal.de

Dr. Matthias Schmidt

GMD Forschungsinstitut für Rechnerarchitektur und Softwaretechnologie, Rudower Chaussee 5, 12489 Berlin.
email: schmidt@prosun.first.gmd.de

Guido Siestrup

Universität Bremen, Fachbereich 7, Bibliotheksstr., 28359 Bremen.
email: siestrup@zfn.uni-bremen.de

Prof. Dr. Achim Sydow

GMD Forschungsinstitut für Rechnerarchitektur und Softwaretechnologie, Rudower Chaussee 5, 12489 Berlin.
email: sydow@prosun.first.gmd.de

Dr. Nguyen Xuan Thinh

Institut für Ökologische Raumentwicklung e.V., Weberplatz 1, 01217 Dresden.
email: nguyen.thinh@pop3.tu-dresden.de

Dr. Axel Tuma

Universität Bremen, Fachbereich 7, Bibliotheksstr., 28359 Bremen.
email: atuma@zfn.uni-bremen.de

Dr. Steffen Unger

GMD Forschungsinstitut für Rechnerarchitektur und Softwaretechnologie, Rudower Chaussee 5, 12489 Berlin.
email: unger@prosun.first.gmd.de

Dr. Ralf Wieland

ZALF Müncheberg e.V., Institut für Landschaftsmodellierung, Eberswalder Str. 8, 15374 Müncheberg.
email: rwieland@zalf.de

Volker Wohlgemuth

Universität Hamburg, Fachbereich Informatik, Vogt-Kölln-Str. 30, 22527 Hamburg.
email: wohlgemuth@informatik.uni-hamburg.de

Christian Zemke

Technische Universität Clausthal, Institut für Technische Informatik, Erzstr. 1, 38678 Clausthal-Zellerfeld.
email: czemke@informatik.tu-clausthal.de

vieweg

vieweg

UNIVERSITÄT ROSTOCK
gegründet 1419